十三五规划教材 高等教育

普通高等教育“十三五”规划教材

过程装备制造工艺与检测技术

胡效东　罗　云　主编

中国石化出版社
HTTP://WWW.SINOPEC-PRESS.COM

内 容 提 要

本书分为压力容器制造、过程装备检测技术、过程机器零部件加工与装配三篇，共12章。其中，第一篇包括压力容器用钢、受压壳体制造准备、成形加工工艺、钢制压力容器焊接和典型压力容器等5章内容；第二篇包括过程装备的检测、射线检测及缺陷等级评定、超声波检测及缺陷等级评定、表面检测及缺陷等级评定等4章内容；第三篇包括机械加工质量、机械加工工艺规程、装配质量等3章内容。

全书内容结合大学工科教学目标，采用理论和实践相结合的方法，依托过程装备行业的工程标准、法规，结合相关的工程实例，具有较强的实际应用价值。本书既可作为普通高校过程装备与控制专业及相关专业的教材，也可作为工程技术人员的参考资料。

图书在版编目(CIP)数据

过程装备制造工艺与检测技术 / 胡效东，罗云主编．—北京：中国石化出版社，2019.12(2024.1 重印)
ISBN 978-7-5114-5650-2

Ⅰ．①过… Ⅱ．①胡… ②罗… Ⅲ．①化工过程-化工设备-高等学校-教材 Ⅳ．①TQ051

中国版本图书馆 CIP 数据核字(2020)第 016063 号

中国石化出版社出版发行

地址:北京市东城区安定门外大街 58 号
邮编:100011 电话:(010)57512500
发行部电话:(010)57512575
http://www.sinopec-press.com
E-mail:press@sinopec.com
北京科信印刷有限公司印刷
全国各地新华书店经销

*

787 毫米×1092 毫米 16 开本 21.5 印张 534 千字
2019 年 12 月第 1 版 2024 年 1 月第 1 版第 2 次印刷
定价:58.00 元

前言

“过程装备制造技术”是高等学校过程装备与控制工程专业的一门专业课，要求本专业学生在学习机械工程材料、金属工艺学、过程设备设计、工程训练等课程知识的基础上，掌握“过程装备制造技术”的基本知识和理论，具备初步的压力容器等承压设备与机械零件制造工艺设计能力，为后续的毕业设计打下基础，也为学生毕业后从事过程装备制造、维护及检测等工作打下基础。

过程装备主要包括过程机器和过程设备两部分。过程机器主要包括泵、压缩机、汽轮机、风机等动设备，该类设备结构复杂、精度要求高、零部件材料选择广泛，主要用来传输气体、液体和固体介质，且介质多具有易燃易爆、腐蚀特性。过程设备主要包括塔器、反应釜、换热器、储罐、压力管道等静设备，该类设备结构较为简单，制造以焊接为主，但是工作条件非常严酷，比如高温、高压、极低温，介质具有腐蚀性、易燃易爆性。在基于该类设备设计本质安全的基础上，对制造和检测过程提出了更高的要求。

本教材主要包括三个部分：第一部分按照压力容器的实际制造过程，结合制造技术实例讲述承压设备的制造工艺，主要包括压力容器制造技术的进展、压力容器用钢、受压壳体制造准备、成形加工工艺、钢制压力容器的焊接、典型压力容器的制造等内容。第二部分主要讲述承压设备的检测目的、常用方法及缺陷评定，主要包括过程装备的检测、射线检测、超声波检测、磁粉检测、渗透检测及其他检测技术等内容。第三部分主要结合过程机器关键零部件的制造，讲述机械加工质量、机械加工工艺规程、装配工艺等内容。

本教材以压力容器及过程机械零部件的制造与检测技术为主要内容，结合国内外的现行相关法规、国家标准及行业标准，以课堂教学为主，相应的实验和必要的工程实习为辅，结合工程实例，本着易学、易懂、有深度、重广度的宗旨，深入浅出地讲述承压设备及动设备零部件的制造及检测过程。

本教材可以作为过程装备与控制工程专业的教学用书，也可以作为其他机械类专业的选修教材，还可以作为石油化工、精细化工、煤化工、电力、环保等行业的工程技术人员及管理人员的参考用书。

本书的第一章由青岛科技大学翟红岩编写，第二章到第四章由中国石油大学(华东)罗云编写，第五章到第九章由山东科技大学胡效东编写，第十章到第十二章由山东科技大学王海霞编写，全书由胡效东统稿。

鉴于编者水平有限，虽然经过深思熟虑的规划、细致的编写，但书中难免存在不足之处，恳请广大读者批评指正。

目 录

第一篇 压力容器制造

第二篇　过程装备检测技术

第三篇 过程机器零部件加工与装配

0 绪 论

0.1 课程内容

过程设备主要是指化工、石油、制药、轻工、能源、环保和食品等行业生产工艺过程中所涉及的关键典型装备，在航天航空、海洋工程、军工等行业也离不开过程设备，如换热器、塔器、反应容器、储存容器、锅炉及压力管道等。过程设备制造对于过程装备与控制工程专业来讲，突出过程设备的制造内容。本书重点介绍过程设备制造和维护过程中的无损检测方法、焊接等制造工艺内容，便于在实际工作中的选型、维修和管理等。

在设备制造过程中，要涉及不同零部件的制造，直接影响到安全生产的承压部件的制造是最关键的。例如，一台管壳式换热器主要由壳体、接管、法兰、支座、管板、管束等零部件所组成，承压壳体的制造是核心问题。同样，塔器、反应容器、储存容器及锅炉等过程设备制造中最重要的核心问题也是承压壳体的制造问题。了解、掌握了承压壳体的制造工艺内容也就抓住了过程设备制造的重点。

世界各国规范对于压力容器分类的方法各不相同，本节主要介绍 TSG 21—2016《固定式压力容器安全技术监察规程》(简称《容规》)规定的分类方法。

(1) 按压力等级分类。按承压方式分类，压力容器可分为内压容器和外压容器。其中，内压容器按照设计压力(p)分为低压、中压、高压、超高压四个压力等级，划分如下：

低压(代号 L)：$0.1\text{MPa} \leqslant p < 1.6\text{MPa}$；

中压(代号 M)：$1.6\text{MPa} \leqslant p < 10\text{MPa}$；

高压(代号 H)：$10\text{MPa} \leqslant p < 100\text{MPa}$；

超高压(代号 U)：$p > 100\text{MPa}$。

(2) 按容器在生产中的作用分类。反应压力容器、换热压力容器、分离压力容器、储存压力容器。

反应压力容器(代号 R)：主要用于完成介质的物理、化学反应的压力容器，如反应釜、合成塔、煤气发生炉等。

换热压力容器(代号 E)：主要用于完成介质的热量交换的压力容器，如热交换器、冷却器、冷凝器、管壳式余热锅炉、加热器等。

分离压力容器(代号 S)：主要用于完成介质的流体压力平衡和气体净化分离等的压力容器，如分离器、过滤器、吸收塔、干燥塔等。

储存压力容器(代号 C，其中球罐代号 B)：主要用于盛装生产用的原料气体、液体、液化气体等的压力容器，如各种形式的储罐。

(3) 按安装方式分类。固定式压力容器和移动式压力容器。

固定式压力容器：指安装在固定位置，工艺条件和操作人员也较固定的压力容器。如生产车间内的卧式储罐、球罐、塔器、反应釜、换热器等。

移动式压力容器：指由球罐或者大容积钢质无缝气瓶与行走装置或者框架采用永久性连接组成的运输装备，包括铁路罐车、汽车罐车、长管拖车、罐式集装箱和管束集装箱等。

（4）按安全技术管理分类。《容规》根据介质、设计压力和容积等三个因素进行压力容器分类，将所适用范围内的压力容器分为第Ⅰ类压力容器、第Ⅱ类压力容器和第Ⅲ类压力容器。介质毒性危害程度和爆炸危险程度按照 HG/T 20660—2017《压力容器中化学介质毒性危害和爆炸危险程度分类》确定。HG/T 20660 没有规定的，由压力容器设计单位参照 GBZ 230—2010《职业性接触毒物危害程度分级》的原则确定介质组别。

压力容器的介质为气体、液化气体、介质最高工作温度高于或者等于其标准沸点的液体，按其毒性危害程度和爆炸危害程度分为两组：

第一组介质：毒性危害程度为极度危害、高度危害的化学介质、易爆介质、液化气体；

第二组介质：除第一组介质以外的介质。

压力容器的分类应当根据介质特性，按照要求选择分类图，再根据设计压力 p（单位 MPa）和容积 V[单位 dm^3(L)]，标出坐标点，确定压力容器类别。

第一组介质，压力容器分类见图 0-1；第二组介质，压力容器分类见图 0-2。

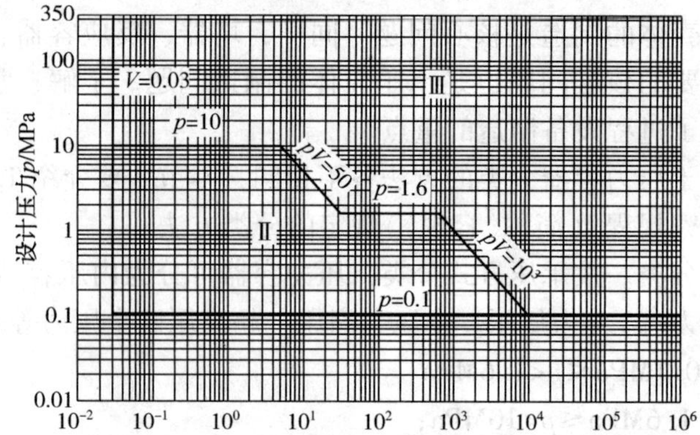

图 0-1　压力容器分类图——第一组介质

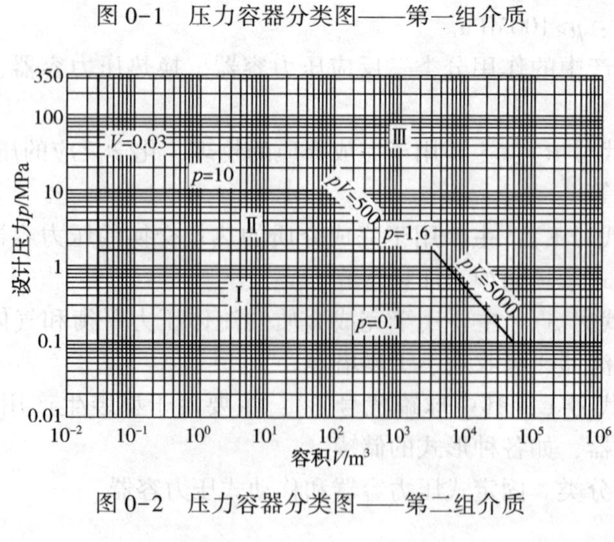

图 0-2　压力容器分类图——第二组介质

多腔压力容器(如热交换器的管程和壳程、夹套压力容器等)应当分别对各压力腔进行分类，划分时设计压力取本压力腔的设计压力，容积取本压力腔的几何容积；以各压力腔的最高类别作为该多腔压力容器的类别并且按照该类别进行使用管理，但是应当按照每个压力腔各自的类别分别提出设计、制造技术要求。

一个压力腔内有多种介质时，按照组别高的介质分类。当某一危害性物质在介质中含量极小时，应当根据其危害程度及其含量综合考虑，按照压力容器设计单位确定的介质组别分类。当坐标点位于图 0-1 或者图 0-2 的分类线上时，按照较高的类别划分。

目前，压力容器按制造方法不同可分为单层容器和多层容器两大类，见图 0-3。图中除增材制造法之外的几种制造方法国内均已采用，单层卷焊法是应用最为广泛的方法。

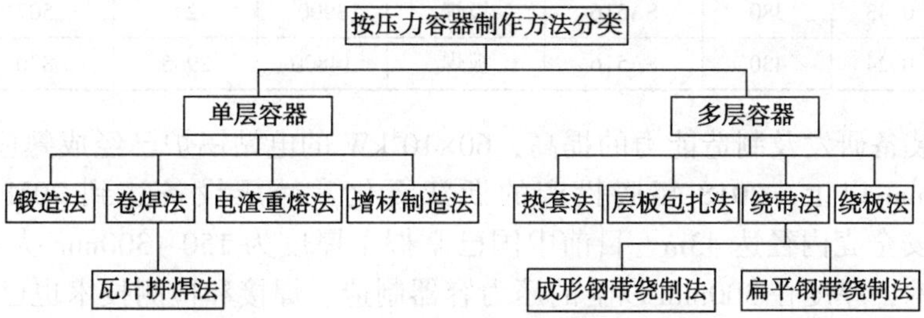

图 0-3　压力容器按制造方法的分类

过程设备壳体制造工艺流程大致为：购买材料→材料复检→净化处理→划线(包括零件的展开计算、留余量、排料)→切割→成形(包括筒节的卷制、封头的加工成形、管子的弯曲等)→组对装配→焊接→热处理→检验(无损检测、耐压实验等)→刷漆→包装等。

本书将以单层卷焊式结构为主，介绍压力容器筒体、封头和管道等主要零部件的材料成形、焊接和检测等制造工艺内容，与“过程设备设计”等课程配套形成本专业的一个特点。

0.2　压力容器制造技术的进展

随着化工、石油、能源、锅炉等工业的迅速发展，近年来压力容器制造技术的进展主要表现在以下四个方面：

(1) 压力容器向大型化发展，容器的直径、厚度和质量等参数增大，容器的工作条件，如温度、压力、介质越来越恶劣、复杂，而且这一大型化的趋势在继续；

(2) 压力容器用材料逐渐完善，专业用钢特点越来越明显，有色金属和哈氏合金等金属材料，及碳纤维、高分子材料大量使用；

(3) 焊接新材料、新技术的不断出现和使用，使焊接质量日趋稳定并提高；

(4) 无损检测方法不断增多，且可靠性逐步提高，有力地保证了装备制造及运行的安全。

0.2.1　压力容器向大型化发展

压力容器的大型化可以节约能源、节约材料、降低投资、降低生产成本、提高生产效率。近年来压力容器大型化的趋势仍在继续，国外大型容器的参数见表 0-1。

表 0-1 国外大型容器的参数

容器	设计压力/MPa	设计温度/℃	材料	制造形式	内径/mm	壁厚/mm	单台质量/t	制造厂
加氢脱硫反应器	15~22	400~470	2.25Cr-1Mo	锻焊	2800~4500	150~300	200~1200	日本 JSW
氨合成塔	15~38	200~450	2.25Cr-1Mo	螺旋包扎	2900	212	380	日本 NKK
氨合成塔	15~38	200~450	2.25Cr-1Mo	锻焊	2900	250	515	日本 JSW
压水堆反应器	17.6	340	A508Ⅲ	锻焊	4400	219	520	美国 CE
煤液化塔	18~27	400~550	2.25Cr-1Mo	锻焊或多层	3000~5000	200~450	400~2600	日本 JSW
煤气化塔	3~8	900~1000	2.25Cr-1Mo	板焊	9100	200	2500	美国 B&W
大气塔	0.43	380	SA516	板焊	3900	24	507	日本日立造船
真空塔	0.24	430	SA516	板焊	14800	29.5	830	日本日立造船

随着国内装备研发及制造能力的提高，60×10^4kW 的电站锅炉已经成熟应用，锅炉汽包厚度将在 130mm 以上，2018 年底投产的浙江石化常减压设备达到 20Mt/a，压力容器 CAP1400 核电安全壳内径达 43m。目前中国已掌握了厚度为 150~300mm 大型容器的制造、焊接和检测技术，厚度在 300mm 以上的压力容器制造、焊接和检测技术也已成熟。

0.2.2 压力容器用钢的发展

压力容器向大型化发展，对钢材要求日益严格，材料技术的不断提高使压力容器大型化有了可靠的保证。压力容器的整个制造工艺流程中提出的所有技术要求都是以材料为基础的。当前压力容器用钢发展的主要特点如下。

（1）随着钢材强度的提高，同时要改善钢材的抗裂性和韧性指标。通过降低碳的含量，同时加入微量合金元素以保证钢材具有一定的强度，不断提高炼钢技术使钢水杂质含量大幅度降低。日本炼钢可使磷降到 0.01%以下，硫可降到 0.002%以下。

（2）对于高温抗氢用钢，尽量减轻钢的回火脆性和氢脆倾向。

（3）降低大型钢锭中的夹杂物及偏析等缺陷以保证内部性能均匀，提高钢锭的利用率。随着容器大型化，钢锭重量明显增大，出现了大厚钢板。表 0-2 为国外主要锻钢生产厂的最大钢锭概况。

（4）出现了大线能量下焊接性良好的钢板。

表 0-2 国外大型锻钢钢锭的生产状况

国别	厂名	最大钢锭/t	国别	厂名	最大钢锭/t
日本	日本制钢所	570	美国	Bethlhom 钢厂	350
日本	神户制钢所	510	德国	Thyseen	350
日本	日本锻铸钢	400	日本	川崎制铁	320
美国	美国钢铁公司	370	德国	Klockner	250

0.2.3 焊接新材料、新技术的产生和应用

2016 年 12 月，中国核动力研究设计院与南方增材科技有限公司采用自主研发的重型金

属3D打印技术，成功打印出我国首个ACP100压力容器筒体试件，标志着双方向小堆压力容器3D产品应用迈出了坚实的一步。该3D打印试件重400kg，试件的材料化学成分和基础力学性能满足相关国际核电规范要求。

ACP100压力容器筒体试件的成功打印，对重型金属3D打印制造在核电领域的工程应用具有积极意义。该技术在核电领域的应用，将大幅度缩短设备制造周期，降低设备造价，提高设备质量和反应堆设备的安全性，为核电装备设计制造能力的提升、“中国制造2025”构想和核电“走出去”战略的实施提供重要技术支撑。

新的焊接工艺和新的焊接方法的采用大大改善了焊缝区及热影响区的组织和性能。焊接时严格控制焊接线能量，采用窄间隙焊等都收到了较好的效果。以120mm厚板焊接为例不同焊接方法充填金属量及热输入量比较见表0-3。

表0-3 几种焊接方法的比较

比较内容	焊条电弧焊	埋弧焊	窄间隙焊	电子束焊
焊缝充填金属/%	100	86	23	0
热输入量/%	100	135	15	4
焊道数	>200	>100	33	1

窄间隙焊是在金属极氩弧焊(MIG)的基础上发展起来的，也可以用于钨极氩弧焊(TIG)、电渣焊(ESW)等，可焊接板厚20~500mm的压力容器。堆焊耐腐蚀不锈钢是制造加氢容器的关键工艺。美国已使用六丝无保护气体堆焊工艺，质量超过了埋弧焊。美国林德(Linde)公司研制成功热丝等离子弧堆焊工艺，并已在压力容器制造上应用。欧洲在带极堆焊工艺方面做了大量工作。日本已使用150mm的宽带极堆焊，其熔敷率高、稀释率低。带极堆焊的比重日益增大。

自动焊接技术和焊接机器人的使用使大型容器上百米的纵焊缝、环焊缝和接管的鞍形焊缝实现了自动化，换热管和管板焊接机器人已经成熟，且广为采用，提高了焊接质量和效率，降低了劳动强度，改善了劳动条件。

0.2.4 无损检测技术的可靠性逐步提高

无损检测技术即非破坏性检测，在过程设备用材料、制造过程及在役装备检验方面起着重要作用，有效地保证了设备的安全。金属材料焊缝缺陷主要有裂纹、夹渣、气孔、未熔合、未焊透和咬边等；使用过程中主要存在疲劳裂纹、应力腐蚀裂纹、摩擦、腐蚀、空化侵蚀、热应力裂纹等。下面简要介绍常用无损检测方法。

(1) 渗透检测。渗透检测只能检查材料或构件表面开口状的缺陷，无法检测近表面和内部缺陷。优点是操作简单、成本低廉，适用于有色金属、黑色金属和非金属等材料和形状复杂的零部件，不适用于多孔材料。

(2) 磁粉检测。磁粉检测用来检测铁磁性材料表面和近表面的缺陷。检测设备简单、操作方便，观察缺陷直观、快速，有较高的检测灵敏度，尤其对裂纹特别敏感。对于轴类、棒材和管材等旋转对称构件，可以采用漏磁检测法。对于平板、方坯、平面对称焊缝等构件，可以采用录磁检测法。

(3) 射线检测。射线检测法适用于检测材料或构件的内部缺陷。对体积型缺陷比较灵敏，而对平面状的二维缺陷不敏感，只有当射线入射方向与裂纹平面相一致的时候，才有可能检出裂纹缺陷。所以，射线检测法一般适用于焊缝和铸件检测。

(4) 超声波检测。超声波检测具有灵敏度高、指向性好、穿透能力强、检测强度快等特点。既可以检测材料或构件的表面缺陷，又可以检测内部缺陷，尤其对裂纹、叠层和分层等平面状缺陷，具有很强的检测能力。A 型显示超声波探伤较难识别缺陷的类型，B 型和 C 型显示可以给出缺陷的图像，对识别缺陷的种类可提供更多的信息。超声波适用于检测钢铁、有色金属和非金属，适用于铸件、锻件、轧制的各种型材和焊缝等。

(5) 声发射技术被称为动态无损检测技术，需要在外力或内力的作用下进行检测，而且声发射信号来自缺陷本身或结构异常区域。因此，它可以判断缺陷的严重程度，除极少数材料外，一般的金属和非金属材料在一定条件下都有声发射现象，所以声发射检测可以普遍应用。目前成功应用于压力容器的安全评价。声发射还可用于研究疲劳、蠕变、脆断、应力腐蚀和断裂力学测试。

其他还有红外无损检测、微波检测、应变检测等无损检测方法。正确应用无损检测方法，除掌握各种方法的特点之外，还需要与材料或构件的加工生产工艺、使用条件与状况、检测技术文件和相应标准等相结合，达到有效检测的目的。

思考题

0-1 过程装备主要包括哪些典型的设备和机器？

0-2 过程装备制造与检测课程主要应了解的内容。

0-3 压力容器按设计压力分为几个等级，是如何划分的？

0-4 为有利于安全、监督和管理，压力容器按工作条件分为几类，是怎样划分的？

0-5 简述压力容器壳体(单层卷焊式)的制造工艺流程。

0-6 简述压力容器制造的发展特点。

0-7 按压力容器的制造方法划分，压力容器有哪几种？

第一篇　压力容器制造

1　压力容器用钢

1.1　压力容器用钢基本性能

压力容器是一种全焊接结构，运行条件苛刻，制造工艺复杂。压力容器是石油、化工、电站、核能和军工等重要工业部门的生产装备，容器一旦破裂，后果极其严重，不但给企业造成巨大的经济损失，而且可能造成人身伤亡灾难。因此压力容器的运行必须安全可靠。毋庸置疑，压力容器工作的可靠性首先与所选用钢材的性能有着密切的关系。我国和世界各工业国的压力容器设计制造法规，以及相应的材料标准都对压力容器用钢的性能作出了严格而明确的规定。

压力容器用钢作为一种受压部件的结构材料，必须在承受压力时具有足够的稳定性。首先，应具有足够的力学性能，包括抗拉强度、塑性和韧性。其次，压力容器在制造过程中，经过各种成形加工，因此，钢材应具有良好的冷成形加工和热成形加工性能。第三，压力容器各部件都采用焊接工艺连接而成，按现行压力容器设计标准，焊接接头作为与壳体材料等强的受压元件，经受相同的工作压力和工作介质的作用，故压力容器用钢具有良好的焊接性至关重要。第四，压力容器壁厚超过制造规程规定的厚度界限时，在制造过程中必须经受各种热处理和焊后消应力处理。因此，压力容器用钢还应具有适应各种热处理的性能。此外，对于在腐蚀介质下工作的压力容器，壳体及内件材料必须具有相应的耐腐蚀性和抗氢能力。

由此可见，为确保压力容器长期安全可靠地运行，必须从材料着手，选用优质的符合法规和规程要求的钢材制造压力容器。对压力容器用钢基本性能的要求可归纳如下。

1.1.1　强度性能

钢材的强度通常是以每单位面积能承受的力来表征的，其单位为 Pa（帕）或 MPa（兆帕）。由于钢材的强度一般是采用拉伸试验测定的，故钢材的强度称为抗拉强度。

众所周知，制造任何受力构件的材料都必须具有一定的力学强度，压力容器在运行中承受一定的内压，薄壁壳体承受双向拉伸应力，厚壁壳体承受三向拉伸应力。最高的应力可能达到钢材的屈服点，因此选择具有足够的强度性能的钢材是设计和制造压力容器的先决条件。

钢材的力学强度性能有两个指标：一个是屈服点；另一个是抗拉强度，亦称强度极限。这两个强度指标可在图 1-1 所示的圆棒试样拉伸试验时测得。图 1-2 为压力容器常用钢的典型拉伸曲线，亦称应力-应变曲线。在该曲线上有两个拐点，第一拐点表明，试样在拉伸过程中达到某一极限应力时，出现了较明显的塑性变形，此时，应力增加不大，而拉伸应变量明显地增大，即所谓材料开始“屈服”，对应于该点的应力以 σ_s 表示，称为屈服点；第二个拐点表明，试样中部开始出现缩颈，即将断裂，试样拉伸到此拐点时在横截面上受到的最大应力以 σ_b 表示，其称为钢材的抗拉强度。

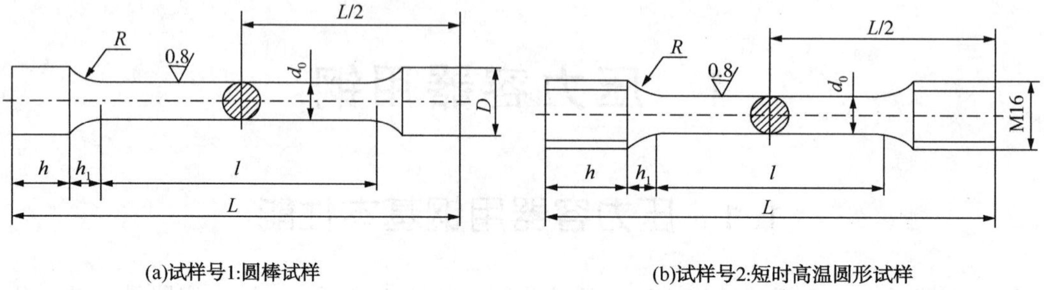

图 1-1　钢材圆棒拉伸试样的外形尺寸

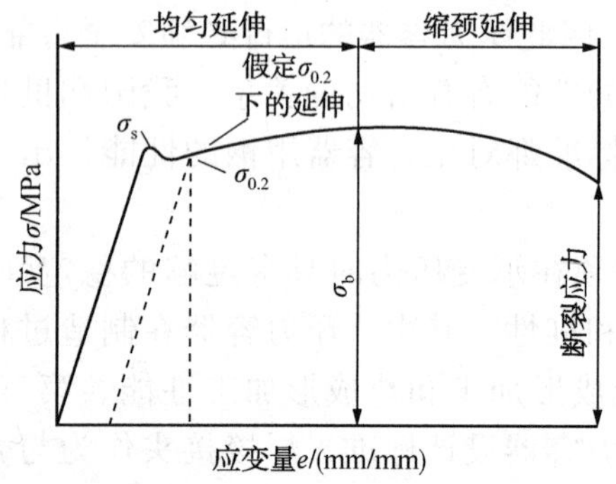

图 1-2　钢材拉伸实验时的应力-应变曲线

从图 1-2 所示的拉伸应力-应变曲线中，我们还可清楚地看到，钢材的屈服强度与抗拉强度之间存在一定的差值，通常以屈/强比(σ_s/σ_b)表征，屈/强比愈小，即钢材屈服点与抗拉强度之差值愈大，压力容器运行时的安全裕度愈大，压力容器的工作可靠性愈高。

在压力容器的实际运行中，壳体承受的应力与容器的工作压力成正比，即容器的工作压力愈高，壳体承受的应力愈大。当此应力值大于钢材的屈服点时，壳体就会发生不能恢复的变形，即容器的稳定性开始失效，但还不至于破裂。如工作应力继续增大，达到钢材的抗拉强度 σ_b，则将导致容器破裂。

在现行的压力容器设计规范中，壳体强度计算的准则是不容许在工作压力下，壳体的任何部位出现屈服应力。在压力容器实际运行过程中，如因操作不当而偶然超压，壳体应力可能达到或局部超过钢材的屈服点。在壳体材料的屈/强比较低的情况下，例如屈/强比约为 0. 6 的 Q245R 压力容器用低碳钢，则只要超压不多或延续时间不长，则压力容器仍能恢复正常工作。如壳体材料的屈/强比较高，例如屈/强比接近 0. 8 的低合金高强度钢，压力容器的偶然超压，很容易使壳壁应力达到钢材的强度极限，而使容器提前失效。

然而，随着石油化工装置逐步向大型化发展，压力容器的工作压力势必愈来愈高。如仍采用屈/强比较低的碳素钢制造，容器壁厚将大大增加，对于某些大型高压和超高压容器，壳壁厚度可能增加到无法生产和加工的程度。因此，采用屈/强比较高的低合金高强度钢已成为当今高压容器制造中的必然趋势，但必须从设计、制造、质量控制、验收标准和焊缝质量检验等各方面采取有效的措施，以保证容器的长期安全运行。目前，我国现行钢制压力容器标准已容许采用抗拉强度达 610MPa 的低合金高强度钢。

1. 1. 2　塑性

钢材的塑性是衡量材料变形能力的一种特性，通常利用试样的拉伸试验进行测定，并

以伸长率 δ 和断面收缩率 φ 来表征。塑性较好的钢材，在拉伸试验时，会出现如图 1-3 所示各个阶段的伸长率，它们包括试样达到屈服应力后的伸长率（δ_s），最大应力下的非比例伸长率（δ_g），最大应力下的总伸长率（δ_{gt}）和试样断裂后的伸长率 δ_o。δ_s、δ_g 和 δ_{gt} 属于均匀延伸变形，分别描述试样拉伸过程中不同阶段材料的塑性形变能力。在工程上通常采用试样断裂后的伸长率 δ，即试样断裂后的长度与试样原始长度之百分比：

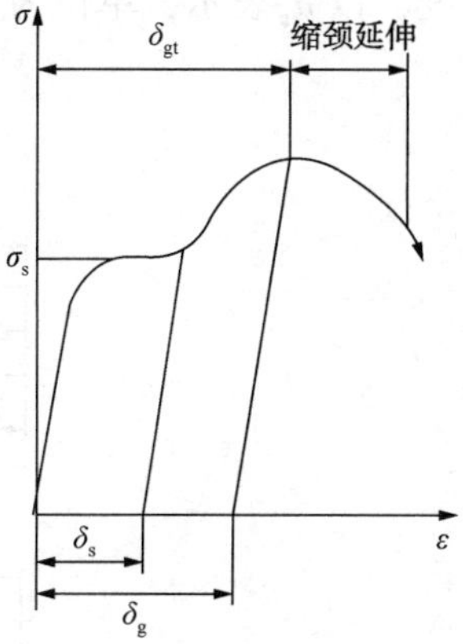

图 1-3　塑型钢材的拉伸试样伸长率示意图

$$\delta=\frac{L_1-L_0}{L_0}\times100\%$$

式中　L_1——试样拉断后的标距长度，mm；

L_0——试样原始标距长度，mm；

δ——试样断裂后伸长率，%。

试样拉断后伸长率包括试样的均匀延伸变形 δ_{gt} 和缩颈延伸变形两部分。因后者是非均匀延伸变形，故 δ 值受测量标距长短的影响。按 GB/T 228.1—2010《金属材料　拉伸试验　第 1 部分：室温试验方法》，可以采用两种不同尺寸的拉伸试样，即标距 L_0 为 10 倍试样原始直径的长试样，以及标距 L_0 等于 5 倍试样直径的短试样。显然，在短试样上测得的 δ 大于长试样。因此，伸长率 δ 值只有在采用相同尺寸的试样测定时才有比较的意义。由于短试样可节省材料，一般均采用短试样，其断后伸长率以 δ_5 表示。

断面收缩率 φ 是试样断裂后断口面积的减少值与试样原始截面积的百分比。对同一种材料，伸长率 δ 值愈大，断面收缩率 φ 值亦愈大，几乎成正比关系。

压力容器的主要部件，如封头、筒体、接管和过渡段等都采用冷热冲压、卷制和弯曲加工成形，要求钢材具有较好的塑性。按现行压力容器用钢标准的规定，用于压力容器的碳钢和低合金高强度钢，其最低伸长率不得小于 17%，而 20R 优质压力容器钢标准规定的最低断后伸长率为 25%。

在压力容器制造中采用的轧制钢板，当板厚大于 50mm 时，钢板沿轧制方向（纵向）的力学性能与垂直于轧制方向（横向）的力学性能，由于压延比的不同而出现一定的差异。因此钢材标准中一般都规定取横向试样作为验收的依据。

在厚壁高压容器的高拘束度焊接接头中，例如大直径厚壁接管和人孔加强圈的环缝部位，在容器内压作用下于壳壁厚度方向产生较高的应力。在某些情况下，还可能在焊接残余应力的作用下，产生与钢板夹层平行扩展的层状撕裂。对于这类压力容器所用的厚钢板，则要求在厚度方向（z 向）具有较高的强度和塑性。从钢板厚度方向截取的 z 向拉伸试样的断后伸长率 δ_5 应≥21%，断面收缩率应≥35%。

1.1.3　冲击韧度

钢材的冲击韧度是一种度量材料在冲击载荷作用下抵抗断裂能力的力学性能指标。按 GB/T 229—2007《金属材料　夏比摆锤冲击试验方法》的规定，应采用图 1-4 所示的冲击试样，在专用的摆锤式冲击试验机上测定钢材的冲击韧度。试件受冲击弯曲折断时所消耗的功称为冲击吸收功，以 A_k 表示，单位是 J(焦耳)。试样单位横截面积所消耗的功称为冲击韧度，以 a_k 表示，单位为 J/cm^2。

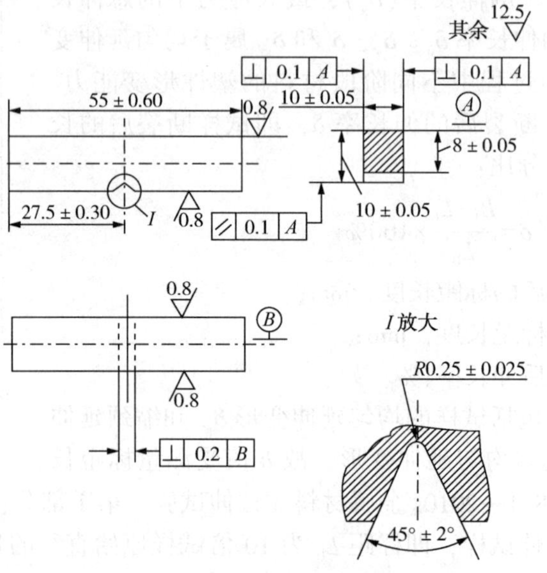

图 1-4　冲击试样的形状和尺寸

大量的试验数据表明，V 形缺口试样与 U 形缺口试样相比，其试验结果更能反映实际焊接结构的断裂行为。因此，在焊接工程上目前已广泛采用 V 形缺口冲击试样。

压力容器虽然是一种承受静载的焊接结构，一般情况下不承受外界冲击力的作用，但冲击韧度仍被用来评定压力容器用钢质量的一项重要的力学性能指标。这是因为焊接结构，包括压力容器一旦由于某些原因而产生脆性断裂时，其裂纹扩展的速度接近于 V 形缺口冲击试样受冲击力作用而断裂的情况。单从材料角度来讲钢材的缺口冲击韧度愈高，焊接结构抗脆断的能力愈高。为确保压力容器的安全运行，对压力容器用钢的缺口冲击韧度提出了较高的要求。按 GB/T 713— 2014《锅炉和压力容器用钢板》，Q245R 和 Q345R 钢的常温 V 形缺口试样冲击吸收功 A_{KV} 应分别不小于 34J 和 41J，对于在低温下使用的 16MnDR 钢，-40℃试验温度下的 A_{KV} 值不得低于 34J，15MnNiDR 钢-45℃下的 A_{KV} 值应不小于 27J。

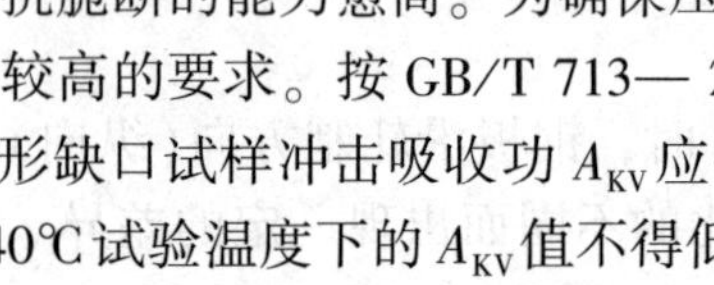

图 1-5　缺口冲击试样的冲击载荷 p-挠度 L 曲线图

随着钢材常温抗拉强度的提高，缺口冲击韧度的合格标准亦相应地提高，这可以从图 1-5 所示的冲击载荷/挠度曲线中得到解释。实际上，在冲击试样上测得的冲击吸收功 A_k 由 E_i 和 E_p 两部分组成，其中 E_i 是试样在冲击力作用下萌生裂纹瞬间吸收的功，其数值与钢材的抗拉强度有关，大致上成正比关系。E_p 是试样缺口底部裂纹的扩展功，它真实地反映了钢材抗裂纹扩展的能力，能更正确地评价钢材的脆断行为。但是钢材的冲击韧度试验是在一瞬间完成的，很难正确地记录这两部分的吸收功。即使采用快速示波仪，可以实测记录冲击载荷/挠度曲线，但试验程序过于复杂，不便在工程上推广应用，因此一种比较实用的办法是根据多年积累的经验数据，按钢材的强度级别，适当提高冲击吸收功的合格标准。

对于压力容器中常用的铁素体钢(碳钢及低合金钢)来说，钢材的冲击韧度与冲击试验温度之间存在着如图 1-6 所示的规律性，即随着试验温度的下降，钢材的冲击韧度逐渐降低。某些强度较低的碳钢和低合金钢，当冲击试验温度逐级下降时，冲击试样的吸收功会在某一温度区间急剧下降(图 1-6 中的曲线 a)，表明钢材从韧性状态向脆性状态转变，该温度可定为所试验钢种的脆性转变温度。压力容器在脆性转变温度以上工作，将不会产生脆性破裂。反之，则可能在各种不利因素的共同作用下导致脆性破裂。对于这类钢材，可以通过不同试验温度下的系列冲击试验测定钢材的脆性转变温度。

对于抗拉强度超过 500MPa 的低合金高强度钢，特别是调质高强度钢，当冲击试验温度下降时，冲击韧度按图 1-6 所示的曲线 b 平缓降低，而不会出现突变。因此，利用不同试验温度下的系列冲击试验不能测定该类钢的脆性转变温度。在工程上，对于这类钢材往往根据经验数据设定某一冲击吸收功的临界值，例如 12Cr2Mo 调质钢常以 45J 作为脆性转变点的临界值。在此转变点以下则被视为呈脆性状态。但这种经验方法尚缺乏科学依据，所测得的脆性转变温度是近似值，且误差较大。当必须精确测定钢材的脆性转变点时，可按 GB/T 6803—2008《铁素体钢的无塑性转变温度落锤试验方法》进行图 1-7 所示的落锤试验。其试验程序包括在试样中间焊一条脆性的起裂焊道，并在焊道中间开一横向缺口，将试样冷却至规定的试验温度后，通过落锤对试样施加冲击载荷，使脆性焊道开裂，并迅速扩展至试样完全断裂。将试样断裂与不断裂之间的温度定为所试验钢材的无塑性转变点(NDT)，其物理含义与脆性转变点相当。

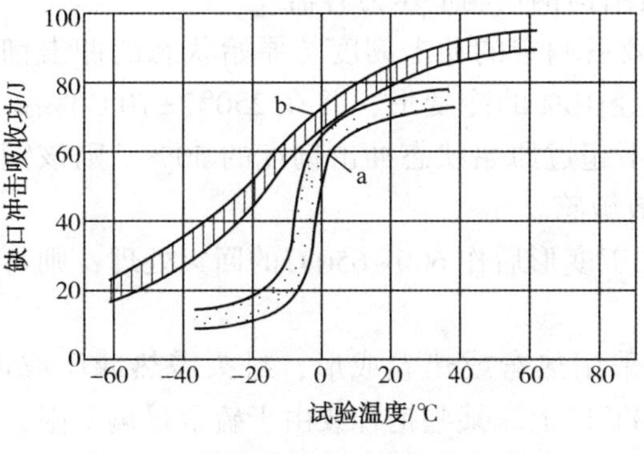

图 1-6 铁素体钢的冲击韧度与实验温度的关系曲线

a—碳钢和碳锰钢；b—低合金调制高强度钢

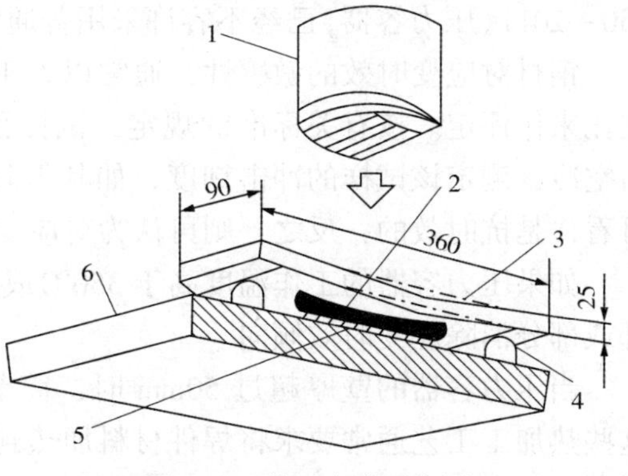

图 1-7 落锤实验示意图

1—锤头；2—脆性焊道；3—试件；4—支座；5—止挠块；6—砧板

这种试验方法的缺点是耗材较多，试验成本较高，通常只有在新钢种研制和重大的压力容器工程中才被采用。

1.1.4 变形性能

压力容器各部件在制造过程中经过较复杂的加工工艺，如冷弯、冷卷、冷校、冷冲、热冲压和热卷成形等，这就要求压力容器用钢具有良好的变形性能。对钢材变形性能的评定通常以冷弯角为判据。按 GB/T 713—2014《锅炉和压力容器用钢板》的规定，压力容器用钢的合格标准是冷弯角为 180°，弯芯轴直径按钢板的厚度和强度等级可分为 $d=2a$ 和 $d=3a$（a 为钢板厚度）。厚度 100mm 以下的 Q245R 和厚度 16mm 以下的 Q345R 钢板，$d=2a$，其余钢种和板厚均为 $d=3a$。

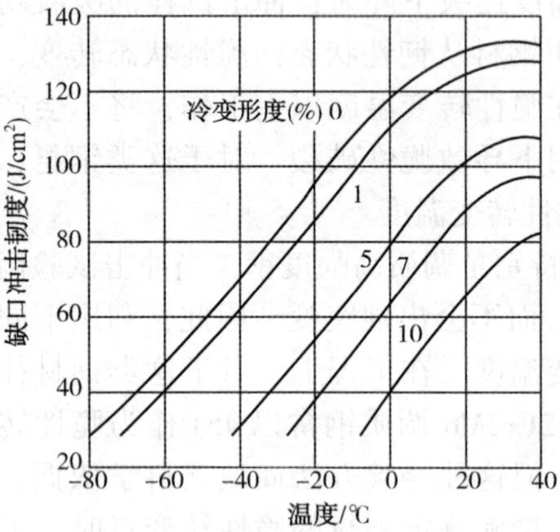

图 1-8　冷变形度对高强度钢缺口韧性的影响

应当指出，钢材经冷变形后，强度提高，而塑性和冲击韧度明显地下降，图 1-8 示出某种高强度钢，经不同程度的冷变形后，冲击韧度变化的情况。从中可见，10% 的冷变形度使该种钢的 0℃ 冲击韧度从 120J/cm² 下降到 40J/cm²，因此，在压力容器制造工艺中必须考虑这种不利影响的严重后果。在相应的制造规程中通常规定：压力容器部件如冷变形度超过 5%，则应在进行下道工序之前作一次回火处理。

经冷作加工的某些钢种受压部件，如其工作温度正好处于 100~300℃ 的范围内，则在运行一段时间以后，壳体材料可能出现强度增高，塑性下降，冲击韧度明显降低的应变时效现象。钢材的应变时效倾向主要取决于钢材本身的纯度和合金成分。钢中的氧、氮含量越高，应变时效倾向越严重。完全脱氧和经脱氮处理的优质钢材几乎不存在应变时效倾向问题。近年来，我国钢铁冶炼技术的不断进步，已基本上解决了压力容器用钢的应变时效倾向，GB/T 150—2011《压力容器》已经不容许采用普通碳素结构钢板制造压力容器。

钢材对应变时效的敏感性，通常以人工时效后测定的冲击韧度与原始状态的冲击韧度之比来作评定。按有关标准的规定，试样预先经 10% 的冷变形，并在 250℃±10℃ 保温 1h 后空冷，测定该试样的冲击韧度，如其下降量不超过原始状态冲击韧度的 50%，则该钢种可看作是抗时效的；反之，则可认为对应变时效敏感。

如果压力容器的工作温度高于 350℃ 或冷加工变形后作 600~650℃ 的回火处理，则可全部或部分消除应变时效倾向。

当压力容器的壁厚超过 50mm 时，筒节需采用热弯或热卷成形，封头需热冲压成形。这些热加工工艺通常要求将焊件材料加热到 950℃ 以上。某些钢种或由于硫含量偏上限，或由于脱氧不完全，也可能由于存在某些有害元素而使高温塑性明显地下降，即出现高温脆性。这些钢在上列高温下热加工过程中，往往会在变形量最大的部位出现不同程度的开裂。

这种高温脆性的直接起因在于钢中存在 FeO、FeS 之类易熔共晶体，并以网状分布于晶界，将焊件加热到 950℃ 以上的高温时，钢材的晶间强度急剧下降而导致在变形过程中晶界开裂。因此，应对需作热加工的厚板，在杂质含量、脱氧完全程度和有害微量元素等方面提出特殊的要求。

高温热加工对钢材性能的另一种影响是，热加工的温度大多高于钢的常规正火温度。这会使钢的晶粒长大而导致钢材力学性能下降。为使经热加工后钢的性能恢复到原有的水平，可在热加工后，重新作一次正火处理。此外，采用细晶粒钢可以减轻过热的不良影响，并使经高温热加工后的力学性能保持在标准规定的范围之内。

1.1.5 腐蚀性能

压力容器大多数用于化工、炼油、环保和制药等行业，其工作介质都有不同程度的腐蚀性，对钢材会产生不同形式的腐蚀，严重时会导致压力容器及其管路的泄漏和破裂。因此，在许多应用场合，亦应对压力容器用钢提出耐蚀性的要求。

1.1.5.1 氢腐蚀

在加氢炼油系统的临氢装置中，工作介质内含有大量的氢。在高温高压的作用下，氢会渗过钢的表面向内部扩散并与钢中的碳原子结合成甲烷，产生内压，使钢的表层出现鼓包与晶间裂纹，并使钢材的性能同时变脆。因此，制作这类设备的钢，必须采用耐氢腐蚀的抗氢钢。在钢中加入能与碳结合成稳定碳化物的合金元素，如 Cr、Mo 和 V 等，可大大提高钢的抗氢能力。图 1-9 示出碳钢、钼钢和各种铬钼钢在不同温度和压力下的抗氢曲线。曲线表明，普通碳素钢在 200℃以上温度已失去抗氢能力，w(Mo)为 0.5%的钼钢，工作温度在 350℃以下具有一定的抗氢能力，而 2.25Cr-1Mo 钢在 450℃以下具有相当高的抗氢能力。对于 454℃以上的加氢装置，由于 2.25Cr-1Mo 钢在此温度下的高温强度显著下降而达不到使用要求。使用添加合金元素 V 的 2.25Cr-1MoV 钢可满足高抗氢能力和高热强性两方面的要求。

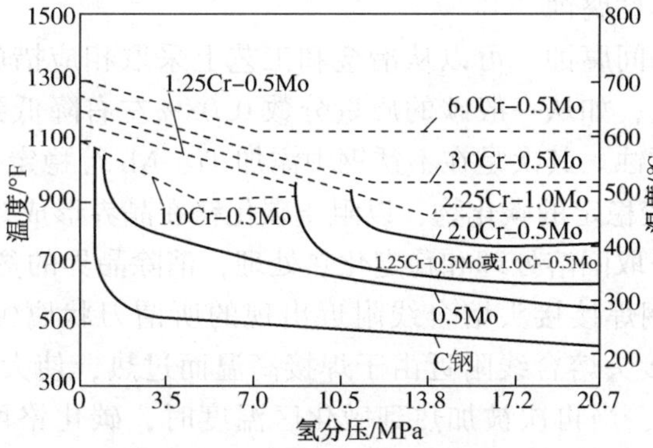

图 1-9 碳钢、钼钢和铬钼钢在不同温度和压力下的抗氢曲线

注：图中纵坐标℉为非法定计量单位，与℃换算关系为(℉-32)×$\frac{5}{9}$=℃。

1.1.5.2 介质的电化学腐蚀

在不同浓度的酸碱溶液和其他腐蚀介质的作用下，钢材常发生因电化学反应而引起下列几种腐蚀现象：全面腐蚀、点蚀、缝隙腐蚀、晶间腐蚀和应力腐蚀。

(1) 全面腐蚀。全面腐蚀亦称均匀腐蚀，是指在接触腐蚀介质的钢整个表面上以较均匀的方式产生的腐蚀现象，其特征是当发生全面腐蚀时，钢的厚度会逐渐减薄。该腐蚀的检查方法大多采用失重法。

铬的质量分数大于 12.5%的铬钢已具有一定的耐均匀腐蚀的性能。铬不锈钢在氧化性介质中容易在表面形成富铬氧化膜，可阻止金属离子化而产生钝化作用，使其耐蚀性得到了提高。但在非氧化性酸溶液中，如稀硫酸和醋酸中，单纯靠铬钝化的作用是不够的，必须在铬钢中加入适量的镍、钼和铜之类合金元素，使之在还原性酸溶液中亦具有较高的耐蚀性。

（2）点蚀。钢的表面钝化层发生局部破坏而使腐蚀在该区集中扩展并形成腐蚀孔（坑），这种腐蚀形式称为点蚀。含 Cl^- 较高的溶液更易引起点腐蚀。提高钢材的均质性，即降低夹杂物含量，特别是硫化物夹杂、晶界析出物（晶间碳化物等），以及增强钝化膜的稳定性，如降低碳含量，增加铬、镍和钼含量均可提高抗点蚀的能力。

（3）缝隙腐蚀。在钢表面附着物下面或各种接头的间隙处，选择性地产生腐蚀的现象称为缝隙腐蚀。它常发生在搭接接头、加固定垫板接缝、局部焊透管接头和锁口接头等间隙处。由于这种缝隙常被腐蚀产物所覆盖，且介质的扩散受到限制，使缝隙内的介质成分发生变化，浓度提高而产生局部腐蚀。

高铬钢和铬镍奥氏体不锈钢均有缝隙腐蚀的倾向。防止缝隙腐蚀的最根本的措施是改进结构和接头形式的设计，采用全焊透的焊接接头。

（4）晶间腐蚀。在腐蚀介质作用下，在晶粒边界及附近集中产生的选择性腐蚀现象称为晶间腐蚀。它导致钢材晶间结合力的丧失，抗拉强度大大下降，是一种危险性较大的腐蚀形式。导致不锈钢晶间腐蚀的主要原因是晶界碳化铬的析出。奥氏体不锈钢在 500～800℃温度区间加热，或在此温度区间缓慢冷却时，过饱和固溶奥氏体中的碳以碳化铬的形式在晶界析出，使晶界附近的 Cr 含量明显地减少，而出现所谓贫铬现象，则降低了该区的耐蚀性，产生晶间的选择性腐蚀。

为防止不锈钢产生晶间腐蚀，可以从冶金和工艺上采取相应措施。其中最根本的办法是降低不锈钢中的碳含量，如从一般碳的质量分数 0.08%左右降低到 0.03%以下的超低碳级，可有效地防止晶间腐蚀。其次是在不锈钢中添加 Ti、Nb 等稳定化元素，使钢中的碳与 Ti、Nb 合金元素形成比较稳定的碳化物，以阻止碳化铬在晶界形成。

在制造工艺上可以采取固溶处理和稳定化热处理，消除晶界的贫铬，提高耐腐蚀性。

在稳定型铬镍不锈钢焊接接头熔合线附近出现的所谓刀状腐蚀是晶间腐蚀的特种形式。其形成原因是熔焊接头熔合线附近由于焊接高温而过热，使大部分碳化物，包括 Ti、Nb 等稳定型碳化物溶解，当再次被加热到敏化区温度时，碳化铬可能沿晶界析出而产生晶间腐蚀。防止不锈钢熔焊接头刀状腐蚀的办法是，除了选用超低碳稳定型奥氏体不锈钢之外，还应采用低热输入的焊接方法。必要时，在焊接过程中，对高温焊接区加以急冷。

（5）应力腐蚀。应力腐蚀是钢材在拉应力和电化学介质的共同作用下产生的局部腐蚀。其腐蚀的结果是产生分枝状的裂纹。在某些条件下，应力腐蚀可以相当快的速度扩展，导致压力容器或管路短期内提前失效，这是一种相当危险的腐蚀形式。

诱发奥氏体不锈钢应力腐蚀的介质条件是，同时含有一定浓度的 Cl^- 和氧气。冷却水、蒸汽和空气中的积水都可能引起应力腐蚀，温度大多在 50℃以上。结构中的缝隙、拐角部位都可能使介质浓缩并在冷加工或焊接残余应力的作用下导致应力腐蚀。焊件经消除应力处理基本上可避免应力腐蚀。

在铬和铬镍不锈钢中，若提高 Nb、Ti、Mo 和 N 等元素的含量，则加剧应力腐蚀的倾向，而增加镍和碳的含量，则降低应力腐蚀倾向。

在奥氏体铬镍不锈钢中增加铁素体含量能提高抗应力腐蚀的能力。铁素体-奥氏体双相不锈钢具有较高的抗应力腐蚀性能。

1.2 压力容器用钢焊接性能

压力容器是一种典型的全焊结构。目前，几乎所有的压力容器都是采用熔焊方法焊制而成。因此压力容器工作的可靠性在很大程度上取决于所用钢材的焊接性，它对保证焊接接头的力学性能和致密性是相当重要的。

钢材的焊接性，更确切地说是焊接适应性，是指钢材对某种焊接工艺适应的程度，即给定的焊接工艺条件下，焊接符合技术要求焊接接头的难易程度。目前，在压力容器制造中使用的各种熔焊方法，其共同的特点是快速高温加热和快速冷却，在焊接接头的热影响区引起钢材过热、形成魏氏组织或粗大的淬硬组织，硬度急剧提高，冲击韧度明显地下降，在其他不利因素的共同作用下，还可能导致热裂纹、冷裂纹或再热裂纹的产生。因此，钢材的焊接性通常以裂纹敏感性的高低来表征。影响钢材焊接性的因素是很多的。单从钢材的化学成分来分析，它主要取决于合金元素和杂质的含量(纯净度)。在压力容器用钢常规元素中，碳是影响钢材焊接性的最重要的元素之一。钢中碳含量越低，焊接性就越好，焊接时不易产生裂纹。我国《固定式压力容器安全技术监察规程》中明确规定：“用于焊接结构的压力容器主要受压零件的碳素钢和低合金钢，其 $w(C)$ 不应大于 0.25%，在特殊条件下，如选用 $w(C)$ 超过 0.25% 的钢材，则应限制碳当量不大于 0.45%。”在焊接工程中，碳当量常被用来表征钢中常见合金元素对钢材焊接性综合影响程度的指标。按焊接裂纹的种类，最通用的碳当量计算公式如下：

评定钢材冷裂纹倾向的碳当量公式为：

$$C_{eq}=w(C)+1/6w(Mn)+1/5w(Cr)+1/5w(Mo)+1/5w(V)+1/15w(Ni)+1/15w(Cu)(\%)$$

评价钢材热裂纹倾向的碳当量公式为：

$$C_{eq}=w(C)+2w(S)+1/3w(P)(\%)$$

多年的生产经验表明，为使钢材适应压力容器制造中常用的高效和高热输入焊接方法，钢中 $w(C)$ 含量应控制在 0.20% 以下。尤其是对于厚板和大型锻件，要求更低的碳含量。例如 $w(C)$ 含量为 0.15% 以下的微合金化钢以及热-力学热轧钢具有优良的焊接性和相当高的抗裂性，值得推广使用。

关于与钢材焊接性直接有关的硫和磷的含量，2016 年版的《压力容器安全技术监察规程》也提出了严格的规定：“压力容器专用钢材的 $w(P)$ 不应大于 0.030%，$w(S)$ 不应大于 0.020%。”而值得注意的是，在 GB/T 713—2014《锅炉和压力容器用钢板》中，除对 13MnNiMoNbR 钢的 $w(S)$ 规定不大于 0.010% 外，对其余钢种都规定了 $w(S)$ 不大于 0.030%，$w(P)$ 不大于 0.025%，即该标准对硫含量的规定均高于 TSG 21《固定式压力容器安全技术监察规程》的强制性规定。因此，在 GB/T 713—2014 未做修改之前，为遵循国家 TSG 21《固定式压力容器安全技术监察规程》的有关规定，各压力容器制造企业应编制相应的钢材采购规范，使所采购的压力容器用钢板的硫、磷含量符合该监察规程的规定。

对于安全性要求特别高的压力容器，如受辐照核能容器，以及工作条件特殊的容器，如深潜容器应采用纯净度更高的压力容器用钢，即钢中的 w(S)、w(P)应分别控制在0.008%以下。

1.3 合金元素和杂质对压力容器用钢性能的影响

全面了解钢材中各种合金元素和杂质对钢的性能，特别是焊接性的影响，对焊接工作者来说是十分重要的。当焊接一种钢时，可按其化学成分初步地估算出这种钢的焊接性，以便采取相应的工艺措施，以下概括地介绍各种元素对钢材性能的影响。

1.3.1 碳的影响

碳(C)是钢中提高强度性能不可缺少的合金元素之一。在碳素结构钢中，一部分碳原子溶解于钢的基体中，形成固溶体，一部分与铁形成碳化铁(Fe_3C)。随着钢中碳含量的提高，Fe_3C 量增加，淬硬性也随之提高，钢的抗拉强度和屈服强度相应增高，而伸长率和缺口冲击韧度则下降。w(C)每增加0.1%，则抗拉强度约可提高90MPa、屈服强度约提高40~50MPa，同时碳也能提高钢的高温强度。

在焊接碳含量较高的钢材时，焊接热影响区还会出现淬硬现象，硬度显著提高，加剧了冷裂倾向。焊接热影响区的最高维氏硬度与钢中碳含量的关系，可以用下列公式表达：

$$HV_{max}=937w(C)+284$$

式中，w(C)为钢中碳含量,%。

对于低合金钢，焊接热影响区最高硬度>350HV_{max}就可能产生冷裂纹。

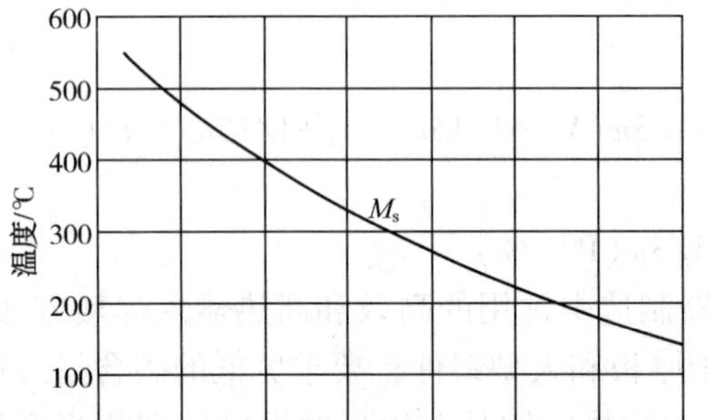

图 1-10　钢的马氏体转变温度与碳含量的关系

其次，碳含量的增加，降低了钢的马氏体转变温度 M_s 和 M_f。图 1-10 示出它们之间的关系。马氏体转变温度的高低，对钢的冷裂倾向具有较大的影响。当焊接 w(C)低于 0.2%的钢材时，因其马氏体转变温度较高，约在 450℃，焊接热对所形成的马氏体产生回火作用，降低了马氏体的硬度并提高了韧性和抗裂性。在焊接碳含量较高的钢材时，则在焊接热影响区形成对冷裂敏感的高硬度针状马氏体组织。

在碳含量较高的钢中，碳易与某些杂质形成低熔点共晶体夹杂，加剧了钢材焊接过程中的热裂倾向。在中厚钢板和大型锻件中，各合金元素沿厚度方向的分布是不均匀的，即存在偏析现象。这样，即使钢中 w(C)控制在规程规定的 0.25%以下，这些钢材仍然具有一定的热裂倾向。

对于某些抗氢钢和耐热钢来说，一定的碳含量是保证钢材和焊缝金属具有足够韧性和高温强度所必需的。例如 2.25Cr1Mo 钢焊缝金属中当 w(C)为 0.1%时，能使焊缝金属具有较高的韧性和高温强度，而过低的碳含量则会降低焊缝金属的韧性和高温强度。

1.3.2 锰的影响

锰(Mn)是一种固溶强化钢材基体最常用的合金元素之一，可同时提高钢的抗拉强度和屈服点，且不降低钢材的塑性。钢中 w(Mn)增加 1%，可提高抗拉强度 100MPa。我国最常用的低合金高强度钢，包括 Q355、Q390、Q420 和 Q460 钢都是以锰作为主要合金元素的 C-Mn合金系列钢。

钢中的锰含量在一定的范围内具有细化组织的作用。增加锰含量可降低缺口冲击的脆性转变温度，提高抗脆断性能。但从图 1-11 所示的合金元素固溶强化曲线可见，锰在铁中固溶强化的 w(Mn)极限为 1.6%，锰含量超过此极限值，抗拉强度和屈服强度进一步提高，而冲击韧度开始下降。因此，从韧性角度考虑，钢中和焊缝金属内 w(Mn)不应超过 1.6%。

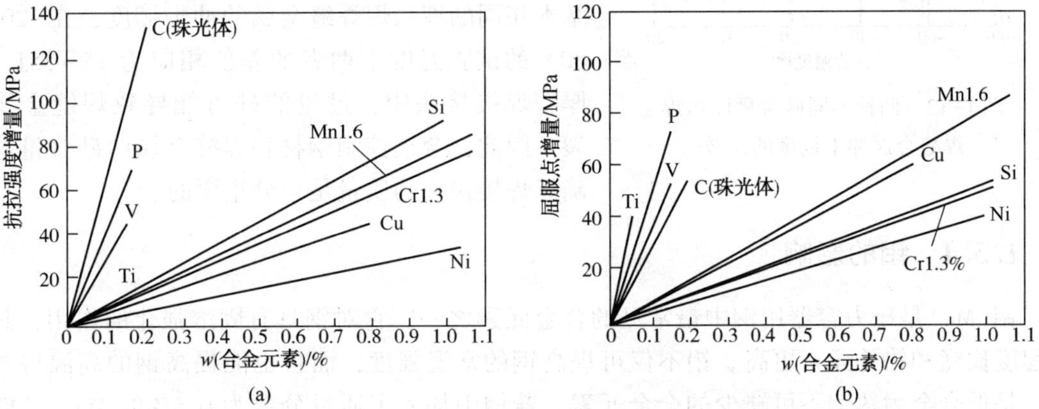

图 1-11 在钢中合金元素的固溶强化曲线

(a)各种合金元素对钢抗拉强度的影响；(b)各种合金元素对钢屈服点的影响

在焊接冶金过程中，锰能起脱硫的作用。在高温下，锰与硫结合成硫化锰，部分进入熔渣，残留部分均布于晶体内部，不会在晶界析出，并阻止低熔点硫化物，如硫化铁的形成，提高了焊缝金属抗热裂纹的能力。因此，碳钢和低合金钢焊缝金属中保持适量的锰含量是十分必要的。

从钢的焊接适应性角度来看，合金元素锰亦有不利的一面。当钢中 w(Mn)超过 1.2%时，由于提高了钢的硬性而加剧了焊接热影响区冷裂纹的敏感性。为防止冷裂纹的形成，低合金高强度 C-Mn 合金系列钢，当板厚超过某一界限时，焊前应适当预热，以降低焊接热影响区的冷却速度，减小其硬化程度。

1.3.3 硅的影响

在碳结构钢和低合金高强度钢中，硅(Si)也是一种固溶强化的合金元素。由图 1-11 的曲线可见，硅的强化作用最高。钢中 w(Si)硅每增加 0.1%，抗拉强度约提高 10MPa。但在低合金钢中，硅含量不宜过高，当其 w(Si)超过 0.5%时，由于硅酸盐夹杂物的增多而使钢材的塑性和韧性下降。在高强度调质钢中，容许 w(Si)提高到 1.2%，因为调质热处理可以弥补高的硅含量引起的韧性降低。

硅是一种强烈的脱氧元素，是冶炼优质镇静钢不可缺少的还原剂，镇静钢中的 w(Si)

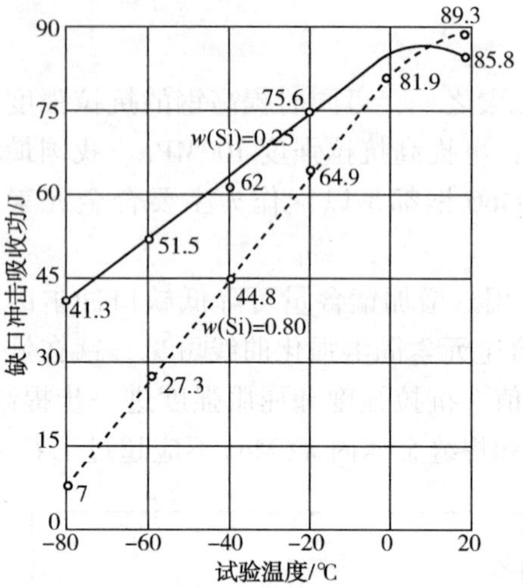

图 1-12　两种不同硅含量埋弧焊焊缝金属冲击韧度的比较

通常不低于 0.12%。在焊接冶金中硅也是最常用的脱氧元素，可明显地提高焊缝金属抗气孔的能力。例如 CO_2 气体保护焊用焊丝的 $w(Si)$ 要求控制在 0.6%~1.0%的范围内，以保证在氧化性保护气体中能获得无气孔的致密焊缝。在焊条电弧焊和埋弧焊中，由于保护良好，熔池金属不要求强烈的脱氧，焊缝金属中 $w(Si)$ 控制在 0.15%~0.35%较为适宜。较高的硅含量会使焊缝金属内残留较多的硅酸盐夹杂物而降低了焊缝金属的塑性和冲击韧度。图 1-12 的曲线对比了两种硅含量不同，其他成分基本相同的埋弧焊焊缝金属的冲击韧度，在-20~-80℃的试验温度下两者的差值相应为 15~35J。在厚壁焊接接头中，过量的硅可能导致焊缝金属脆裂。因此，合理控制钢材和焊缝金属的硅含量对于确保焊接接头的质量是十分重要的。

1.3.4　钼的影响

钼(Mo)是压力容器用钢中最常见的合金元素之一，它对钢具有固溶强化的作用，其强化程度比锰和铬等元素更高。钼不仅可提高钢的常温强度，而且也能提高钢的高温持久强度，是低合金耐热钢不可缺少的合金元素。若钢中加入了质量分数为 0.5%的 Mo，就能使钢的高温蠕变强度提高 75%。钼因能增强钢材的抗氢能力而成为压力容器用抗氢钢中不可缺少的合金元素。在铬镍不锈钢中，加入了质量分数为 2%~3%的 Mo，可进一步提高不锈钢在某些腐蚀介质中的耐蚀性，并同时降低焊缝金属热裂纹的敏感性。在低合金高强度钢中加入少量的钼[$w(Mo)$为 0.3%左右]，可提高焊缝金属的缺口冲击韧度。

钼对钢材焊接性的影响也有其不利的一面，即钼提高了低合金钢的淬硬性和焊接冷裂敏感性。当钢中的 $w(Mo)$ 大于 0.4%时，就应采取预热措施，防止焊接热影响区冷裂纹的形成。

1.3.5　铬的影响

铬(Cr)对钢的强化作用与钼相似，是低合金耐热钢中最重要的合金元素之一。在钢中增加质量分数为 1.0%的铬，钢的常温抗拉强度约提高 20MPa，而高温强度可提高 50%。此外，铬也明显地增强了钢的抗氢能力。当钢中同时加入合金元素铬和钼时，钢的热强性和抗氢性成倍提高。目前，在高温压力容器和加氢装置中已广泛采用各种铬钼含量不同的低合金和中合金铬钼钢。

铬是不锈钢中最重要的合金元素，钢中 $w(Cr)$ 超过 12%时，它在一般的腐蚀介质中具有耐蚀性，而 $w(Mo)$ 超过 17%的铬钢和铬镍钢，则具有相当高的耐蚀性。在压力容器中，铬钢和铬镍钢已得到较广泛的应用。

铬对钢材焊接性的影响取决于它在钢中的含量。当 w(Cr)为 0.5%以下时，对钢的焊接性无明显的有害影响。当 w(Cr)增加到 1.0%以上时，则可提高钢的硬性和冷裂倾向。但当 w(Cr)超过 5%时，钢的冷裂倾向加剧。对 w(Cr)高于 8%的中铬钢，其原始金相组织为全马氏体，必须采取特殊的工艺措施才能完成高质量的焊接接头。

1.3.6 钒的影响

钒(V)是一种强烈的碳化物形成元素，也是固溶强化合金元素(参见图 1-11)，它对钢的强化作用主要通过细化晶粒和碳化物的形成。在钢中加入微量的钒即可显著提高钢材的常温和高温强度。但过量的钒可能恶化钢材的塑性和韧度，在低合金高强度钢中，w(V)均控制在 0.2%以下。

当钢中同时存在铬、钼和钒三种合金元素时，则在焊件的回火过程中会形成复杂的碳化物，而降低了焊接接头的塑性和韧性。在厚壁压力容器制造中，如选用铬钼钒钢厚板，应特别注意焊后消除应力处理裂纹的危险。

钢的消除应力处理裂纹倾向，可以用裂纹指数 P_{SR} 来评定，P_{SR} 可按钢的实际合金成分采用下式计算：

$$P_{SR}=[w(Cr)+w(Cu)+2w(Mo)+10w(V)+7w(Nb)+5w(Ti)-2](\%)$$

在厚壁焊接接头中，$P_{SR}\geqslant 0$，则就有可能产生消除应力处理裂纹。

由上式可见，在影响钢的消除应力裂纹敏感性的合金元素中，钒的作用最强烈，高于合金 Cr 元素 10 倍之多。因此，无论从保证厚壁焊缝金属足够的塑性和韧性，还是从避免消除应力裂纹的产生出发，都必须严格控制钒的含量。除某些特种耐热钢外，低合金钢焊缝金属中的 w(V)最好限制在 0.1%以下。对于 w(V)大于 0.2%低合金钢焊件的焊后热处理，必须严格控制热处理的温度，以保证焊接接头具有足够的韧性，以防止消除应力裂纹的形成。

1.3.7 钛的影响

钛(Ti)是一种强烈的碳化物和氮化物形成元素，在低合金钢中，它能明显地提高钢的室温强度和高温强度，钛含量在一定的范围内，因其具有细化晶粒的作用而提高了钢的冲击韧度，在低合金高强度钢中，w(Ti)最高可限制在 0.2%。过量的钛由于可能形成复杂的碳化物而降低钢的塑性和韧性。

在低合金钢焊缝金属中，钛的作用与其他合金元素的含量有关。图 1-13 示出以微量钛合金化的 C-Si-Mn 低合金钢焊缝金属的缺口冲击吸收功与 Mo 含量的关系。从曲线可见，焊缝金属中加入了质量分数为 0.3%的 Mo 可以获得最高的缺口冲击吸收功，而将 w(Mo)增高到 0.45%时，缺口冲击吸收功急剧下降到无钼焊缝金属的缺口冲击吸收功以下。这种独特的关系与焊缝金属的二次结晶组织有关。图 1-14 所示的组织转变图说明，适中的钼含量[w(Mo)为 0.32%]会使焊缝金属内形成细的铁素体晶粒，低的钼含量[w(Mo)为 0.11%]，使焊缝金属形成粗大的铁素体晶粒。过高的钼含量则促使形成层片状的组织。在低合金高强度钢的焊缝金属中，较适宜的 w(Ti)应控制为 0.02%~0.04%。

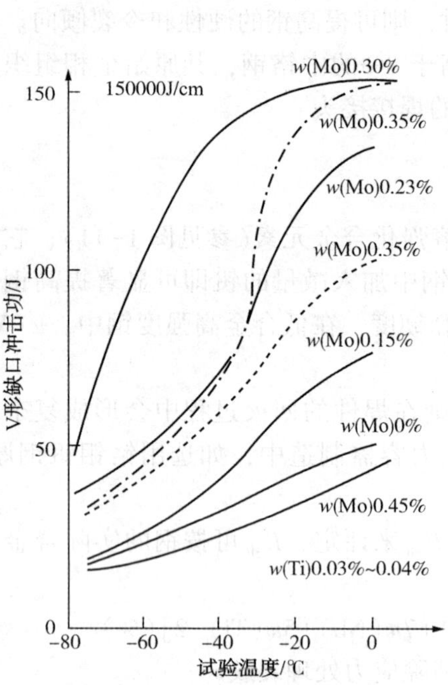

图 1-13　钼含量对钛合金化低合金钢焊缝金属缺口冲击吸收功的影响

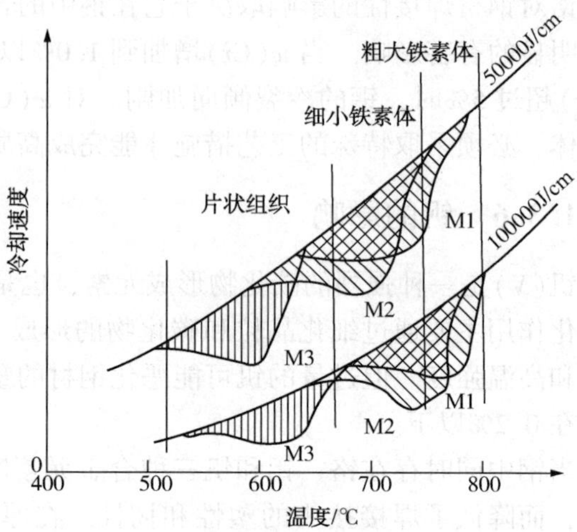

代号	化学成分(质量分数)/%						
	C	Si	Mn	P	S	Mo	Ti
M1	0.10	0.31	1.32	0.015	0.008	0.11	0.04
M2	0.11	0.33	1.35	0.015	0.008	0.32	0.04
M3	0.11	0.35	1.38	0.015	0.007	0.49	0.04

图 1-14　钼含量对钛合金化低合金钢焊缝金属组织转变特性的影响

在不锈钢中，钛是一种稳定化元素，能与碳形成稳定的碳化物，从而提高不锈钢的耐晶间腐蚀的性能。钛在不锈钢中的最大质量分数可达 1.0%。在不锈钢焊接材料中，通常不能采用钛作为稳定化元素，因为钛对氧的亲和力很高，熔滴在电弧中过渡时极易烧损。

钢中的钛含量在上列容许范围内，对钢材的焊接性无明显的不利影响。

1.3.8　铌的影响

铌(Nb)也是一种碳化物形成元素，其作用比钛强烈得多。在低合金高强度钢中，铌常作为细化晶粒元素加入，以提高钢的常温强度和韧性，w(Nb)应控制为 0.015%~0.060%。

在低合金钢焊缝金属中，当同时以 Mo 和 Nb 或 V 和 Nb 合金化时，它们对焊缝金属性能的影响较为复杂，取决于 Mo 和 V 合金元素的含量，总的趋势是在焊后状态，由于显微组织的改善而提高韧度，在消除应力处理状态，由于在 500~700℃温度区间，铌的碳-氮化合物及碳化钼的沉淀硬化而使焊缝金属变脆。

在不锈钢中，铌与碳能结合成稳定的碳化物，抑制碳化铬沿晶界析出，提高了不锈钢的抗晶间腐蚀能力。由于钒不易氧化，药皮焊条和焊丝中的铌在熔滴过渡时不易烧损，其过渡系数较高。因此，在不锈钢焊接材料中，常以铌作为碳化物稳定元素，其质量分数控制在 1.0%以下。

铌对钢材焊接性的影响还表现在提高了焊缝金属的热裂纹倾向。铌容易与铁、碳等元素形成低熔点共晶物，并在晶界偏集而加剧热裂敏感性。特别是在高热输入焊接法，如电渣焊、埋弧焊中，铌往往会促使枝晶间高温裂纹的形成。因此，在低合金钢焊缝金属中，应严格控制铌的含量，w(Nb)最好不超过0.05%。

1.3.9 镍的影响

在低合金钢中，镍(Ni)具有固溶强化的作用(参见图1-11)。在钢中加入质量分数为1%的镍可提高钢的抗拉强度约20MPa。镍还能显著地改善钢材的冲击韧度，特别是低温冲击韧度。所以在低温容器中，普遍采用3.5Ni、5Ni和9Ni钢。在低合金高强度钢焊缝金属中，当要求较高的低温冲击韧度时，经常采用w(Ni)为1%~2%的焊条和焊丝。

当w(Ni)为2.5%以下时，镍对钢材的焊接性基本上无有害影响。当w(Ni)达3.5%以上时，焊接接头过热区金属晶粒长大的倾向可明显地增加，并使该区的韧度急剧下降。因此，镍钢必须采用低热输入的焊接方法和焊接工艺进行焊接。

在不锈钢中，镍是一种不可缺少的合金元素。它除了能增强不锈钢的耐蚀性外，还能改善不锈钢的塑性。但在铬镍不锈钢焊缝金属中，铬镍含量必须适当匹配，如镍含量偏高，则加剧奥氏体晶界的偏析，促使热裂纹的形成。

1.3.10 硫的影响

在压力容器用钢中，硫(S)是一种极其有害的元素，硫化铁(FeS)与铁以及氧化铁(FeO)与硫都能形成低熔点共晶体，其熔点约为988℃，大大低于铁的熔点(1534℃)。因此，钢中的硫会降低钢材的高温塑性，加剧钢材熔焊时产生热裂纹的敏感性。按现行有关国家钢材标准，优质碳素结构钢的最高容许w(S)为0.035%，优质压力容器用低合金钢的最高容许w(S)为0.010%。与早期的国家钢材标准相比，钢中硫、磷的限制已更为严格。但从钢材的焊接适应性来看，上列国家标准所规定的硫、磷最高容许含量仍然是偏高。这里应考虑两个因素：一是硫、磷杂质元素都具有易于偏析的特点，偏集区内硫、磷的实际含量将大大高于标准规定值；二是硫、磷的共同作用将大于单一元素的作用。图1-15示出低合金镍钢中硫磷总含量与裂纹数量之间的关系。曲线表明，为保证低合金镍钢焊缝金属无裂纹，硫、磷总的质量分数应控制在0.035%以下。

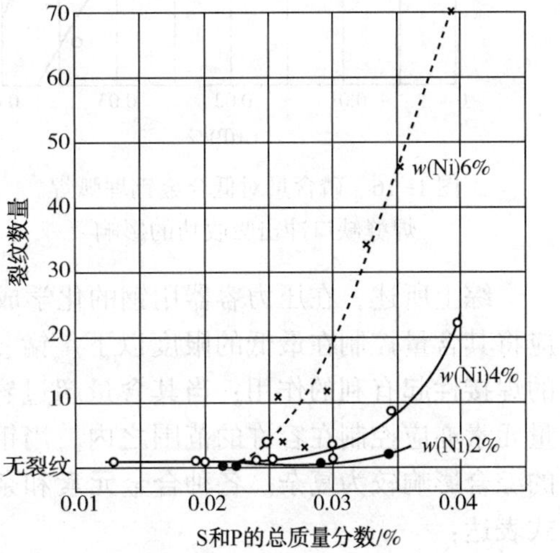

图1-15 低合金镍钢焊缝金属裂纹数量与硫、磷总含量之间的关系

在厚壁容器用厚钢板中，硫也是促使产生层状撕裂的主要因素之一。因此，对于一些厚度方向承载的压力容器部件，要求采用w(S)低于0.010%的钢材，以获得较高的抗层状撕裂能力。

1.3.11 磷的影响

磷(P)是钢中有害的伴生杂质元素，它以铁的磷化物形式存在。磷化铁(Fe_3P)与铁形成低熔点共晶体，分布于晶界而加剧了钢的热裂倾向。这些低熔点共晶也会削弱晶粒间的结合力提高钢的冷脆性，会使钢在常温和低温下的冲击韧度明显地下降。磷在碳钢和低合金钢焊缝金属中也产生相似的有害作用。图 1-16 示出磷含量对低合金钢埋弧焊焊缝常温冲击吸收功的影响。为保证焊缝金属具有 34J 以上的缺口冲击吸收功，w(P)应低于 0.025%。

在某些低合金铬钼耐热钢中，磷对焊缝金属的回火脆性有不利的影响。图 1-17 示出磷含量与 2.25Cr-1Mo 钢焊缝金属 40J 转变温度的关系。由曲线可见，为遏制磷的有害作用，应将 w(P)控制在 0.012%以下。

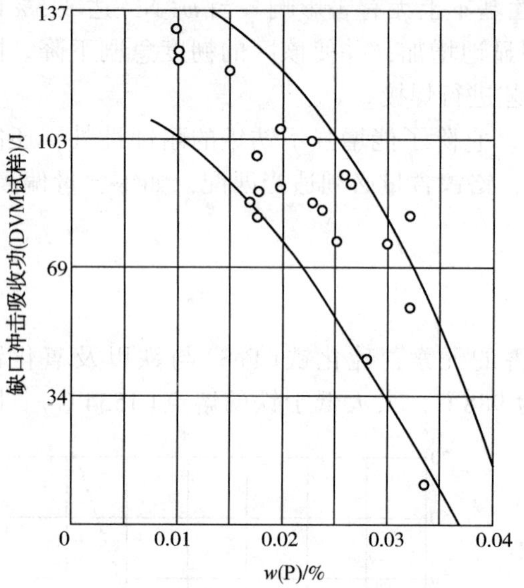

图 1-16　磷含量对低合金钢埋弧焊焊缝缺口冲击吸收功的影响

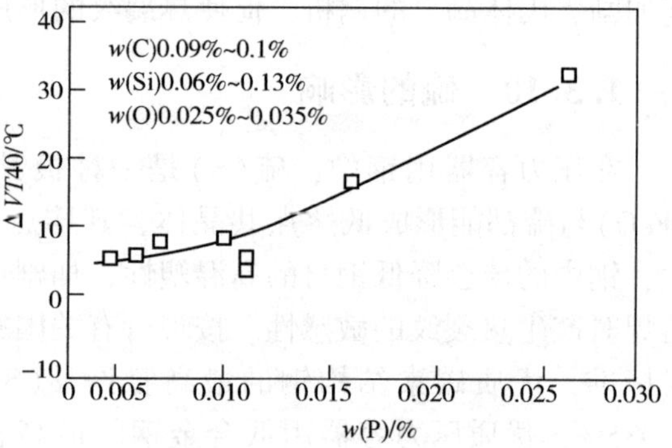

图 1-17　2.25Cr-1Mo 钢焊缝金属的磷含量与 40J 脆性转变温度位移量的关系

综上所述，在压力容器用钢的化学成分中，碳、硫和磷等元素对钢的焊接性十分有害，应将其含量控制在最低的限度以下。锰、硅、镍和钼等合金元素，在一定的范围内对钢材的焊接性起有利的作用；当其含量超过容许的范围时，则起相反的作用。钛、钒和铌等微量元素亦应控制在容许的范围之内。当钢中同时存在三种以上的合金元素时，则它所产生的综合影响较为复杂。各种合金元素和杂质对低合金钢脆性转变温度的综合影响可以用下式表达：

$$Tr_{20}=436(C)-54(Mn)+14(Si)+268(P)+819(S)-61(Cu)-29(Ni)+13(Cr)+23(Mo)+255(V)-112(Al)+1138(N)+380(O)-235/1.8$$

上式合金元素含量的适用范围如下：

w(C)：0.03% ~ 0.11%；w(C)：0.05% ~ 1.2%

w(Mn)：0.2% ~ 1.16%；w(Cu)：0.05% ~ 0.3%

w(Ni)：0.05% ~ 1.40%；w(Cr)：0.05% ~ 2.6%

w(Mo)：≤1.2%；w(V)≤0.36%

w(S)：0.006% ~ 0.110%；w(P)：0.004% ~ 0.170%

w(N)：0.004% ~ 0.020%；w(O)：0.007% ~ 0.190%

1.4 压力容器用钢的分类及典型钢种

压力容器用钢可按冶炼方法、合金成分、金相组织和用途等进行分类。

1.4.1 按冶炼方法分类

钢材按冶炼所用的设备可分为平炉钢、电炉钢和转炉钢。在这三种钢中，电炉钢的质量最好，炼钢过程中冶金反应较完全，可最大限度地去除钢中的有害气体和杂质。压力容器用钢中，对于质量要求高的中合金和高合金钢均采用电炉冶炼。

平炉也是一种冶炼优质钢的设备，平炉冶炼容易控制钢的合金成分和有害杂质的含量。但平炉冶炼效率低，设备投资和维修费用高，目前已逐渐被转炉所代替。

转炉炼钢早期采用空气顶吹，不易控制成分和有效地去除有害杂质。采用氧气顶吹转炉炼钢技术可大大地提高炼钢的质量，目前也用于冶炼优质钢。压力容器用碳钢及低合金钢大多采用转炉冶炼。

1.4.2 按脱氧完全程度分类

按脱氧完全程度可将钢材分成镇静钢、半镇静钢和沸腾钢，并分别用拼音字母“Z”“b”“F”表示。

镇静钢是在冶炼过程中采用锰铁、硅铁和铝等脱氧剂对钢进行完全脱氧，使钢中的氧、氮等有害气体几乎全部从钢液中逸出。这样，钢液在钢锭铸模中凝固时析出很少的气体，凝固后的钢锭组织相当致密，保证了钢材成形后的各项性能。压力容器受压部件都应采用镇静钢制造。镇静钢中的 $w(\mathrm{Si})$ 至少为 0.12%。

半镇静钢虽亦经过脱氧处理，但脱氧过程还不完全，钢液浇注凝固后，钢锭中还会残留部分氧化物及氮化物。这种钢被称为半镇静钢，其 $w(\mathrm{Si})$ 通常小于或等于 0.17%。在压力容器中，主要用于制造非受压的承载部件，如支座、撑架等。

沸腾钢是脱氧不完全的钢，钢液中残留较多的 FeO 等氧化物。钢液注入钢锭铸模后，还会进行冶金反应，放出大量 CO_2 气体，产生沸腾现象，产生气泡，形成组织疏松的钢锭。沸腾钢的 $w(\mathrm{Si})$ 通常小于或等于 0.07%。钢材成形后的性能较差，特别是缺口冲击韧度。原则上，压力容器壳体不应采用沸腾钢制造。在压力容器制造中可用于制造一些非承载件。

1.4.3 按合金成分分类

按合金成分可将钢分成碳钢和合金钢两大类。

(1) 碳钢。按碳的含量可分成低碳钢、中碳钢和高碳钢，$w(\mathrm{C})$ 小于 0.25%的碳钢为低碳钢；$w(\mathrm{C})$ 为 0.25%~0.60%的碳钢为中碳钢；$w(\mathrm{C})$ 大于 0.60%的碳钢为高碳钢。在压力容器中的焊接部件均采用低碳钢制造。

(2) 合金钢。合金钢按合金元素总的质量分数可分为低合金钢、中合金钢和高合金钢。低合金钢的合金元素总的质量分数低于 5%；中合金钢的合金元素总的质量分数为 5%~10%；高合金钢的合金元素总的质量分数大于 10%。所有的合金钢均为优质镇静钢。在压力容器中，按压力容器的工作压力、工作温度和工作介质的性质，可分别选用低合金钢、中合金钢和高合金钢。

1.4.4 按金相组织分类

按钢材的基体金相组成，可将钢分成珠光体钢、贝氏体钢、马氏体钢、铁素体钢和奥氏体钢。

(1) 珠光体钢。压力容器用低碳钢和大多数低合金钢均属珠光体钢。这些钢在轧态(或控轧)和正火状态的基体组织为珠光体+铁素体。

(2) 贝氏体钢。含 Mn、Mo、W、V 和 B 等合金元素，且其总的质量分数接近 5%的低合金钢，如 12Cr3MoVTiB 和 12Cr2MoWVB 等钢，在正火+回火或调质处理后的基体组织主要为贝氏体，故称其为贝氏体钢。

(3) 马氏体钢。合金元素总的质量分数大于 7%、小于 13%的中合金钢，其供货状态的组织为全马氏体组织，如 10Cr9Mo1VNb、10Cr12Mo1V 钢等，称为马氏体钢。

(4) 铁素体钢。$w(\mathrm{Cr})$ 为 13%～25%的低碳铬钢[$w(\mathrm{C}) \leqslant 0.08\%$]正火后的基体组织为全铁素体组织，如 0Cr13Al、1Cr17、2Cr25N 等钢均属铁素体钢。

(5) 奥氏体钢。指在常温下具有奥氏体组织的不锈钢。钢中含 Cr 约为 18%、Ni 为 8%～25%、C<0.1%时，具有稳定的奥氏体组织。奥氏体不锈钢无磁性而且具有高韧性和塑性，但强度较低，不可能通过相变使之强化，仅能通过冷加工进行强化。

1.4.5 按用途分类

按钢的用途，可将压力容器用钢分为结构钢、高强度钢、耐热钢、抗氢钢、低温钢、不锈钢和抗氧化钢等。在压力容器制造中，结构钢的应用范围较广，压力容器壳体、接管和支座等重要部件用钢材均为结构钢。目前已列入压力容器用钢国家标准的最高强度级别为 590MPa(抗拉强度)。耐热钢和抗氢钢主要是铬钼和铬钼钒低合金钢。已列入国家标准的低温用钢只适用于工作温度高于-70℃，在更低的工作温度下必须采用的低合金镍钢在我国尚未标准化。不锈钢和抗氧化钢主要是高铬和高铬镍钢。

1.4.6 按钢材的焊接性分类

所有压力容器受压部件和承载件都是采用熔焊方法连接的。按钢材的焊接性进行分类具有重要的实际意义。另外，根据 TSG 21—2016《固定式压力容器安全监察规程》和 GB/T 150—2011《压力容器》的有关规定，压力容器生产单位首次焊接的钢种，均应在容器施焊前进行焊接工艺评定试验。目前，我国在压力容器制造中应用的钢材已有几十种之多。将压力容器常用钢材按焊接性分类，可以简化焊接工艺评定工作，避免不必要的重复。在我国压力容器制造中常用的钢种，包括国外钢种，按其焊接性约可分为 10 类 20 个级别。

思考题

1-1 表征压力容器用钢材料常规力学性能的参数有哪些？它们分别有什么意义？

1-2 压力容器用钢所面临的腐蚀有哪几类？

1-3 请简述各类合金元素和杂质对压力容器用钢性能的影响。

1-4 压力容器用钢按合金成分和金相组织分为哪几类？各有什么特点？

2 受压壳体制造的准备

2.1 钢材的预处理

钢材的预处理是指对钢板、管子和型钢等材料的净化处理、矫形和涂保护底漆。净化处理主要是对钢板、管子和型钢在划线、切割、焊接加工之前和钢材经过切割、坡口加工、成形、焊接之后清除其表面的锈、氧化皮、油污和熔渣等。

矫形是对钢材在运输、吊装或存放过程中的不当所产生的变形进行矫正的过程。涂保护漆主要是为提高钢材的耐腐蚀性，防止氧化，延长零部件及装备的寿命，在表面涂上一层保护涂料。

2.1.1 净化处理

在设备制造的全部工艺过程中都涉及净化处理。

2.1.1.1 作用

(1) 试验证明，除锈质量的好坏直接影响着钢材的腐蚀速度。不同的除锈方法对钢材的保护寿命也不同，如抛丸或喷丸除锈后涂漆的钢板比自然风化后经钢丝刷除锈涂漆的钢板耐腐蚀寿命要长 5 倍之多。钢板表面氧化皮存在的多少对腐蚀速度的影响参见表 2-1。

表 2-1 钢板表面氧化皮的多少对腐蚀速度的影响

样板型号	用喷砂法除氧化皮的面积/%	阴极与阳极面积比	去除氧化皮部分钢材腐蚀速度/(mm/a)
1	5	10 : 1	1.140
2	10	9 : 1	0.840
3	25	3 : 1	0.384
4	50	1 : 1	0.200
5	100	—	0.125

另外，铝、不锈钢的零件应先进行酸洗，再进行钝化处理，以形成均匀的金属保护膜，提高其耐腐蚀性能。

(2) 对焊接接头处，尤其是坡口处进行净化处理，清除锈、氧化物、油污等，可以保证焊接质量，例如，铝及合金、低合金高强钢，特别是目前广泛推广使用的钛及其合金的焊接，必须进行焊前的严格清洗，才能保证焊接质量，保证耐腐蚀性能。

(3) 可以提高下道工序的配合质量，例如，下道工序需要进行喷镀、搪瓷、衬里的设备以及多层包扎式和热套式高压容器的制造，净化处理是很重要的一道工序。

2.1.1.2 方法

对局部维修等净化处理可使用手工净化即手工用砂布、钢丝刷或手提砂轮打磨，显然这种方法劳动强度大、效率低。在现代专业化的生产中使用喷砂法、抛丸法和化学清洗法。

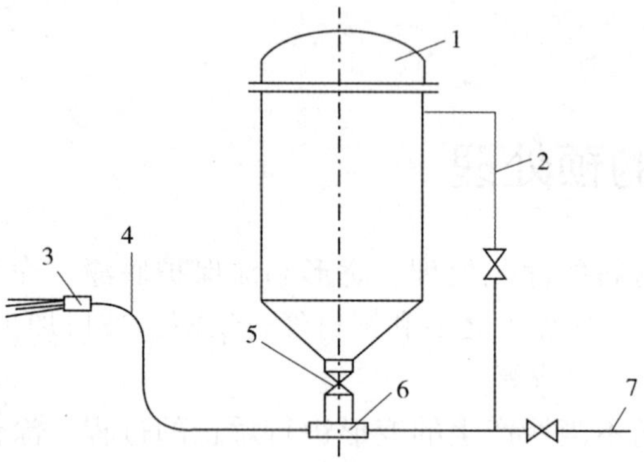

图 2-1 喷砂的工作原理

1—砂斗；2—平衡管；3—喷砂嘴；4—橡胶轮管；5—放砂旋塞；6—混砂管；7—导管

（1）喷砂法。目前国内常用的一种机械净化方法，主要用于型材（如钢板）和设备大表面的净化处理。可除锈、氧化皮等，使之形成均匀的有一定粗糙度的表面。效率较高，但粉尘大，对人体有害，应在封闭的喷砂室内进行。喷砂的工作原理如图 2-1 所示。

砂粒为均匀石英砂，压缩空气的压力一般为 0.5~0.7MPa，喷嘴受冲刷磨损较大，常用硬质合金或陶瓷等耐磨材料制成。

（2）抛丸法。由于喷砂法严重危害人体健康，污染环境，目前国外已普遍应用抛丸法处理。其主要特点是改善了劳动条件，易实现自动化，被处理材料表面质量控制方便。例如，对不锈钢表面的处理，使表面产生压应力，可提高抗应力腐蚀的能力，表面粗糙度的不同要求可通过选择抛丸机的型号、数量和安装分布位置来实现。

抛丸机抛头的叶轮一般为 ϕ380~ϕ500mm；抛丸量为 200~600kg/min；钢丸粒度为 ϕ0.8~ϕ1.2mm。另外，还有一套钢丸回收除尘系统。

（3）化学净化法。金属表面的化学净化处理主要是对材料表面进行除锈、除污物和氧化、磷化及钝化处理，后者即在除锈、除污物的基础上根据不同材料，将清洁的金属表面经化学作用（氧化、磷化、钝化处理）形成保护膜，以提高防腐能力和增加金属与漆膜的附着力。

① 钢铁酸洗除锈。钢铁材料酸洗是常用的净化方法，它可以除去金属表面的氧化皮、锈蚀物，焊缝上残留的熔渣等污物。

影响酸洗除锈效果的主要因素有钢铁种类、锈蚀程度及酸的种类、浓度、温度和时间（参见表 2-2）。

表 2-2 温度、浓度对盐酸、硫酸酸洗的影响

酸的种类	温度/℃			酸的浓度/%
	18	40	60	
	酸洗时间/min			
盐酸	15	15	5	5
	9	6	2	10
硫酸	135	45	13	5
	120	32	18	10

钢铁材料表面除锈多用盐酸，其速度快、效率高，不产生氢脆，表面状态好，配制洗液时比硫酸安全、经济。

钢材常用酸洗方法及条件见表 2-3。

表 2-3 酸洗方法及条件

酸洗方法	酸浓度/%		酸洗温度/℃	酸洗时间/min
一般酸洗	H_2SO_4	5~10	60~80	5~20
	HCl	5~20	20~50	5~20
加热酸洗	H_2SO_4	20~25	90	0.25~2
连续酸洗	HCl	15~20	40~70	0.1~1

有一种常见的特效除锈液(见表 2-4)，它能快速除锈及氧化皮，并兼有除油作用。

表 2-4 常温特效除锈液组成及工作条件

组成	工业硫酸(相对密度 1.84)	工业盐酸(含量 30%)	十二烷基磺酸钠	六次甲基四胺	三乙酸醇	食盐
含量/(g/L)	150~200	200~300	10	3	2	200~300
工作条件	除锈温度 15~25℃；除锈时间 2~5min					

注：食盐能控制 H_2SO_4 对碳钢、铬钢、铬镍钢的腐蚀作用，兼作防灰剂。

钢铁材料还可用酸洗膏除锈，涂膏厚度 1~2mm，用量 2~3kg/m^2，全部除锈时间 60min。除锈后用水冲洗。最后用乙醇和氨水的混合液擦干，以利防锈。酸洗膏配方参见表 2-5。

表 2-5 除锈酸洗膏配方

原料名称	牌号		
	1 号(每 300g 用量)/g	2 号(每 300g 用量)/g	3 号/%
工业盐酸(含量 30%)	4.3	1.2	1
磷酸(相对密度 1.7)	18.6	0.2	—
工业硫酸(相对密度 1.84)	40.3	5.5	5.33
六次甲基四胺	0.8	0.1	0.1
白土(120#)或硅藻土、黄土	200	200	7.6
草酸	—	—	0.07
石棉绒	—	—	6.5
水	36	93	余量

不锈钢酸洗配方为：浓硝酸 20%；氢氟酸 10%；水 70%。室温，时间 15~30min。

② 金属表面除油。主要是利用油脂能溶于有机溶剂，能发生皂化反应等特性，将金属表面上的油污除掉。

a. 有机溶剂除油是一种普遍采用的方法。所用溶剂要求溶解力强、不易着火、毒性小、便于操作、挥发慢。常用溶剂有汽油、石油溶剂、松节油、丙乙酮、酒精、甲苯、二甲苯、二氯乙烷、三氯乙烯、四氯乙烯等。

除油时一般采用浸渍法，此外还有蒸汽法和超声波法，其速度快、质量好。

b. 碱液除油。借助碱的化学作用，清除金属表面的油脂和轻微锈蚀。主要适用于黑色金属如钢、铸铁和不溶于碱液的金属如镍、铜等。碱液配方及工作条件见表 2-6 和表 2-7。

表 2-6　碱液配方　　g/L

组合	钢、铸铁制件		铜及其合金	铝及其合金	钢及镍(电化学除油)
	少量油污	大量油污			
氢氧化钠	20~30	40~50	—	10~20	40~50
碳酸钠	—	80~100	—	—	20~40
磷酸钠	30~50	—	80~100	50~60	10~20
水玻璃	3~5	5~15	—	20~30	35

表 2-7　碱液工作条件

工作温度与时间	钢、铸铁制件		铜及其合金	铝及其合金	钢及镍(电化学除油)
	少量油污	大量油污			
温度/℃	80~90	80~90	80~90	60~70	阴极 4~5，阳极 0.5~1
时间/min	10~40	15~18	10~40	3~5	

注：电化学除油的电流密度为$(3\sim5)\times10^2 A/m^2$，电压为 3~12V。

c. 乳化除油。利用能促使两种互不相溶的液体如油和水，形成稳定乳浊液的物质(乳化剂)来除去表面油脂及其他污物。此法在室温下比碱液效率高。

乳化除油液主要由有机溶剂、乳化剂、混合溶剂、表面活性剂组成，其配方见表 2-8。

表 2-8　乳化除油液配方

原料名称	煤油	松节油	月桂酸	三乙醇胺	丁基溶纤剂
原料配比/%	67	22.5	5.4	3.6	1.5

③ 金属表面的氧化、磷化和钝化。将清洁后的金属表面经化学作用，形成保护性薄膜，以提高防腐能力和增加金属与漆膜的附着力的方法，即氧化、磷化、钝化处理。

a. 氧化处理。金属表面与氧或氧化剂作用，形成保护性的氧化膜，防止金属被进一步腐蚀。

黑色金属氧化处理主要有酸性氧化法和碱性氧化法，前者经济、应用较广，耐腐蚀性和机械强度均超过碱性氧化膜。酸性氧化液组分及工作条件见表 2-9。有色金属可以进行化学氧化和阳极氧化处理。

表 2-9　酸性氧化物的组分及工作条件

组分	含量 /(g/L)	氧化温度/℃	氧化时间/min	备注
硝酸钙	80~100	100	40~50 (至停止放气为止)	正磷酸含量：碳钢 3~5g/L；合金钢、铸件 5~10g/L。溶液中正磷酸含量不能低于 2g/L，否则会产生微晶体薄膜，高于 10g/L 时制品会受到侵蚀
过氧化锰	10~15			
正磷酸	8~10			

b. 磷化处理。用锰、锌、镉的正磷酸盐溶液处理金属，使表面生成一层不溶性磷酸盐保护膜的过程称金属的磷化处理。此薄膜可提高金属的耐腐蚀性和绝缘性，并能作为油漆的良好底层。

c. 钝化处理。金属与铬酸盐作用，生成三价或六价铬化层，该铬化层具有一定的耐腐蚀性，多用于不锈钢、铝等金属。其配方及工作条件见表2-10。

表2-10 钝化处理配方及工作条件

项目	组分	质量分数/%	溶液温度/℃	浸泡时间/min
不锈钢钝化	硝酸(相对密度1.42)	35	室温	30~40
	水	65		
	重铬酸钾	0.5~1	室温	60
	硝酸	5		
	水	余量		
铝合金钝化	硝酸	35	室温	约2~3 呈银白色为止
	铬酐	0.5~1.5		
	水	余量		

2.1.1.3 设备净化处理

各种过程装备运行一段时间后都会产生污垢等，无论是大型设备如换热器、锅炉还是管道等都有这种现象，为了恢复、提高设备的工作效率，防止损失或因污垢引起的局部腐蚀，必须对设备进行净化处理。目前对设备净化处理方法有两大类：机械清洗和化学清洗。两种方法的对比情况见表2-11。不同的清洗对象(设备)、不同的清洗目的(除锈、除油、除垢等)要选择不同的清洗剂。前面介绍的原材料的净化处理方法、清洗剂等工艺内容可作为设备净化处理的参考。

表2-11 机械清洗和化学清洗的对比

清洗方法	机械清洗	化学清洗
优点	①清洗排液不含药剂，处理简单； ②用水量少； ③适用于大型装备； ④不腐蚀金属材料，除垢、除锈效果好	①可均匀地清洗结构复杂的设备表面； ②设备不需要解体，从而缩短工期； ③可发现金属表面龟裂、腐蚀等； ④局部性损耗少，可进行清洗后的钝化处理
缺点	①清洗结构复杂的设备困难； ②易造成局部损伤； ③清洗装置规模大； ④必须解体才能清洗	①废液处理困难； ②清洗液如果选择错误会损伤或腐蚀设备基体； ③水洗时用水量大； ④不适合清洗封闭管线

2.1.2 矫形

矫形除要矫正由于钢材在运输、吊装或存放过程中的不当所产生的较大变形外，有些制造精度要求较高的设备(如热套式、层板包扎式高压容器要求钢板的变形很小)，对保存较好的供货钢材也需要矫形，因为供货时的平面度要求有时不能满足实际制造的要求。钢板、型钢供货的平面度、弯曲度技术要求见表 2-12，设备制造前一般钢材的变形量允许偏差可参见表 2-13。就钢板而言，供货技术要求钢板的平面度每米不得大于 10mm，不能满足一般钢板的变形量允许偏差每米小于 1mm 或 1.5mm 的要求，因此钢板在设备制造前应予以矫形，以保证壳体的制造精度要求。

表 2-12　钢板、型钢供货的平面度、弯曲度技术要求

钢材名称	平面度或弯曲度		
钢板	钢板的平面度每米不得大于 10mm(GB/T 713—2015) 钢板的平面度：厚度不大于 10mm 的钢板，每米不大于 10mm； 厚度大于 10mm 的钢板，每米不大于 8mm		
扁钢	扁钢的弯曲度应符合下面规定(GB/T 704—2016)		
	精度等级	弯曲度(不大于)	
		每米弯曲度/mm	总弯曲度/%
	普通级	4	交货长度的 0.4
	较高级	2.5	交货长度的 0.25
等边角钢	等边角钢每米弯曲度不大于 4mm[GB/T 706—2016]		
槽钢	槽钢每米弯曲度不大于 3mm，总弯曲度不大于总长度的 0.3%[GB/T 706—2016]		
工字钢	工字钢每米弯曲度不大于 2mm，总弯曲度不大于总长度的 0.2%[GB/T 706—2016]		

表 2-13　一般钢材的变形量允许偏差

偏差名称	图示	允许值/mm
钢板的局部弯曲度	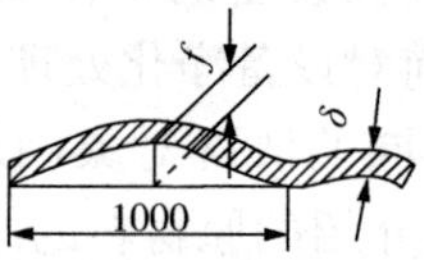	$\delta \geq 14$ 时：$f \leq 1$ $\delta < 14$ 时：$f \leq 1.5$
型钢及管子的直线度	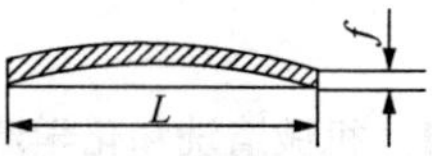	$f \leq \frac{l}{1000}$ 且 $f \leq 5$
角钢两肢的垂直度	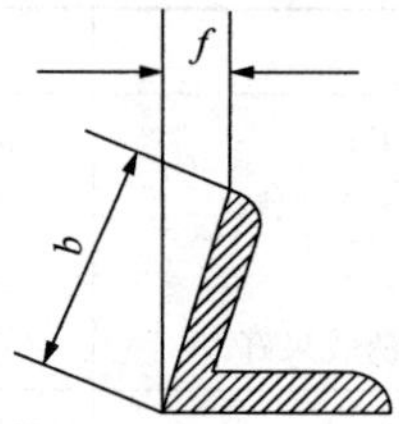	$f \leq \frac{b}{1000}$ 且 $f \leq 1.5$
工字钢、槽钢翼缘的倾斜度	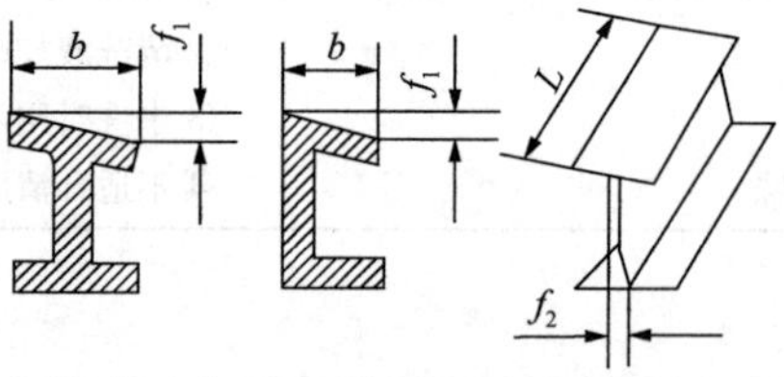	$f_1 \leq \frac{b}{100}$ $L > 10m$；$f_2 \leq 5$ $L < 10m$；$f_2 \leq 3$

另外，为了减小型材在矫正、矫直后材质本身塑性性能的损失，型材在矫正、矫直之前的变形量不能太大，即对可矫正的变形量有所规定。低碳钢在矫正时的伸长率不能超过 1%，若超出规定则应考虑热矫正。低碳钢型材冷矫前的最小曲率半径 ρ_{min}，最大挠度 f_{max} 允

许值(包括冷弯曲前允许型材的最小曲率半径 ρ_{min} 和最大挠度 f_{max})参见表 2-14。

表 2-14　型材冷矫前(包括冷弯前)最小曲率半径及最大挠度的允许值(低碳钢)

型钢名称	简图	中性轴	矫正		弯曲		型钢名称	简图	中性轴	矫正		弯曲	
			ρ_{min}	f_{max}	ρ_{min}	f_{max}				ρ_{min}	f_{max}	ρ_{min}	f_{max}
钢板扁钢	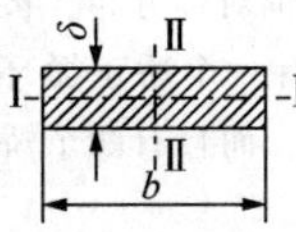	Ⅰ-Ⅰ	50δ	$\frac{L^2}{400\delta}$	25δ	$\frac{L^2}{200\delta}$	槽钢	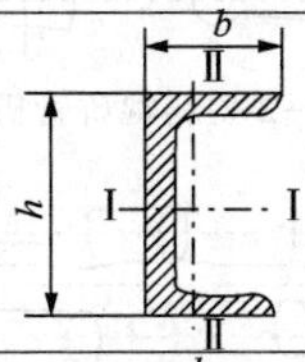	Ⅰ-Ⅰ	$50h$	$\frac{L^2}{400h}$	$25h$	$\frac{L^2}{200h}$
		Ⅱ-Ⅱ	$100b$	$\frac{L^2}{800b}$	$50b$	$\frac{L^2}{400b}$			Ⅱ-Ⅱ	$90b$	$\frac{L^2}{720b}$	$45b$	$\frac{L^2}{360b}$
角钢	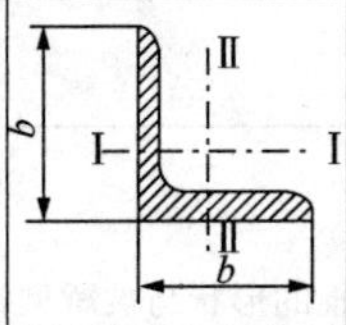	Ⅰ-Ⅰ	$90b$	$\frac{L^2}{720b}$	$45b$	$\frac{L^2}{360b}$	工字钢	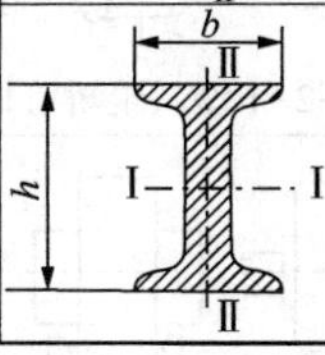	Ⅰ-Ⅰ	$50h$	$\frac{L^2}{400h}$	$25h$	$\frac{L^2}{200h}$
		Ⅱ-Ⅱ							Ⅱ-Ⅱ	$50b$	$\frac{L^2}{400b}$	$25b$	$\frac{L^2}{200b}$

注：1. 表中 L 为弯曲弦长。

2. 钢板弯曲 ρ_{min}、f_{max} 结合钢板成形部分 R_{min} 处理。

矫正方法有机械矫正和火焰矫正。机械矫正主要用冷矫，当变形较大、设备能力不足时，可用热矫，其矫正方法及适用范围见表 2-15；常用矫正设备及矫正精度见表 2-16；辊式矫板机冷矫基本参数见表 2-17。火焰矫正原理及其适用范围见表 2-18。

表 2-15　机械矫正方法及适用范围

矫正方法	矫正设备及其示意图	适用范围
手工矫正	手锤、大锤、型锤(与被矫正型材外形相同的锤)或一些专用工具	操作简单、劳动强度大、质量不高，适用于设备无法矫正的场合
拉伸机矫正	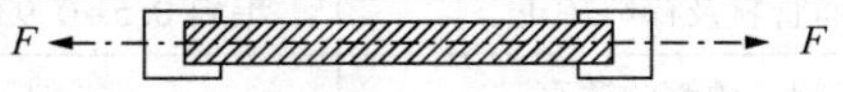 (a)拉伸机	适用于薄板瓢曲矫正、型材扭转矫正及管材的矫直
压力机矫正	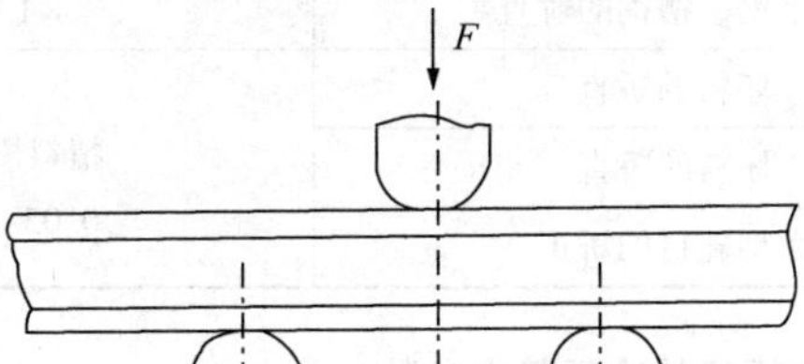 (b)压力机	适用于板材、管材、型材的局部矫正。对型钢的校正精度一般为 1.0mm/m
辊式矫板机矫正	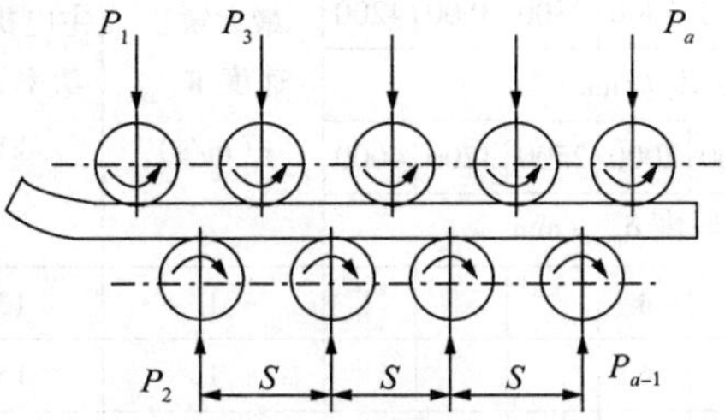 (c)辊式矫板机	适用于钢板的矫正，不同厚度的钢板选择辊子数目、直径不同的矫板机(见矫板机基本参数表 2-17)。矫正精度为 1.0~2.0mm/m

续表

矫正方法	矫正设备及其示意图	适用范围
斜辊矫管机矫正	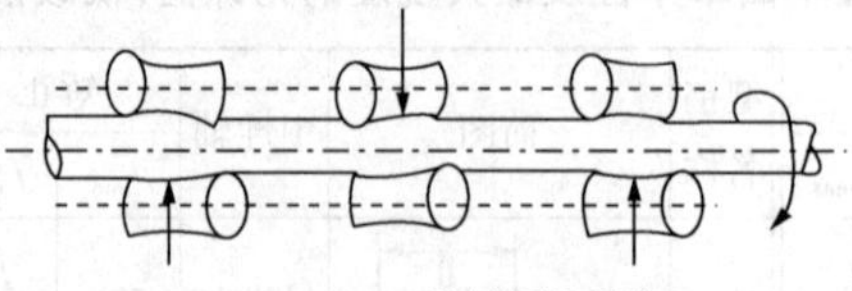 (d)2-2-2 型斜辊矫管机 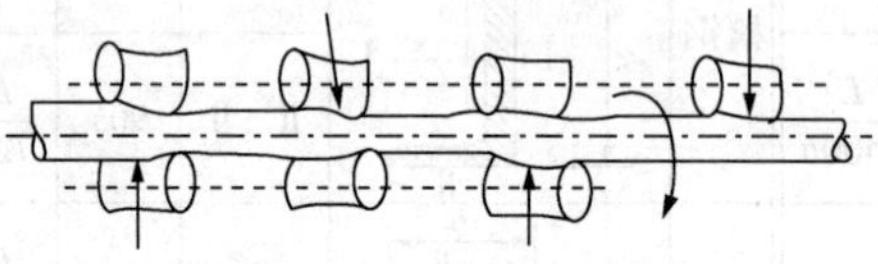 (e)2-2-2-1 型斜辊矫管机	适用于管材、棒材的矫正，有不同的结构形式，如左图所示。图(d)所示主动辊对称分布，被矫件受对称圆周力，工件稳定。有一个矫正循环。图(e)所示主动辊仍是对称分布，而且有两个矫正循环，矫正质量较高
型钢矫正机矫正	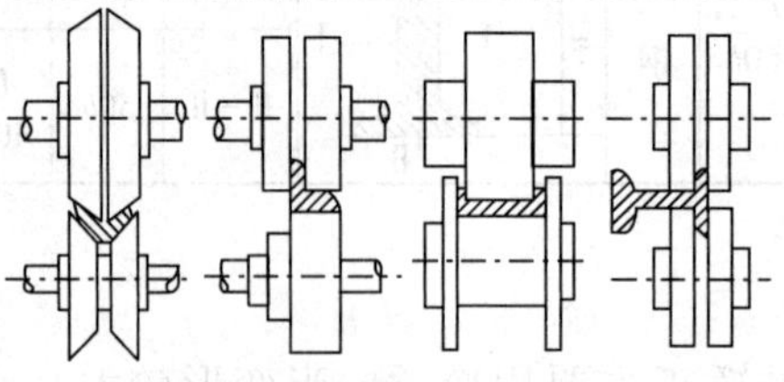 (f)辊式型钢矫正机	适用于型钢的矫正。矫正辊的形状与被矫型钢截面形状相同，一般上、下列辊子对正排列，以防止矫正过程中产生扭曲变形

表 2-16 常用矫正设备的矫正精度

矫正设备		矫正范围	矫正精度/(mm/m)
辊式矫正机	多辊板材矫正机	板材矫平	1.0~2.0
	多辊角钢矫正机	角钢矫直	1.0
	矫直切断机	卷材(棒料、扁钢)矫直切断	0.5~0.7
	斜辊矫正机	圆截面管材及棒料矫正	毛料 0.5~0.9 精料 0.1~0.2
压力机	卧式压力弯曲机	工字钢、槽钢的矫直	1.0
	立式压力弯曲机	工字钢、槽钢的矫直	1.0
	手动压力弯曲机	坯料的矫直	精料模矫时 0.05~0.15
	摩擦压力机	坯料的矫直	
	液压机	大型轧材的矫正	

表 2-17 辊式矫板机的冷矫基本参数

辊数 n	辊距 s/mm	辊径 d/mm	钢板($\sigma_s \leqslant$ 392MPa)最小厚度 δ_{min}/mm	辊身有效长度 l/mm								最大矫正速度 W_{max}/(m/s)	主电机最大功率 N_{max}/kW	最大负荷特性 W_x/J
				1200	1450	1700	2000	2300	2800	3500	4200			
				钢板宽度 b/mm										
				1000	1250	1500	1800	2000	2500	3200	4000			
				钢板最大厚度 δ_{max}/mm										
17	80	75	1	5.5	5	4.5	4	4				1	130	12553
13	100	95	1.5	8	7	7	6	6				1	155	18244
13	125	120	2		10	9	8	8				0.5	130	50210

续表

辊数 n	辊距 s/mm	辊径 d/mm	钢板($\sigma_s \leq$ 392MPa)最小厚度 δ_{min}/mm	辊身有效长度 l/mm								最大矫正速度 W_{max}/(m/s)	主电机最大功率 N_{max}/kW	最大负荷特性 W_x/J
				1200	1450	1700	2000	2300	2800	3500	4200			
				钢板宽度 b/mm										
				1000	1250	1500	1800	2000	2500	3200	4000			
				钢板最大厚度 δ_{max}/mm										
11	160	150	3		15	14	13	12				0.5	130	112973
11	200	180	4			19	18	17	16			0.3	245	251051
9	250	220	5					25	22	20		0.3	180	502101
9	300	260	6					32	28	25		0.3	210	784532
7	500	420	16						50	45	40	0.1	110	210503

表 2-18 火焰矫正原理及其适用范围

示意图	矫正原理	适用范围
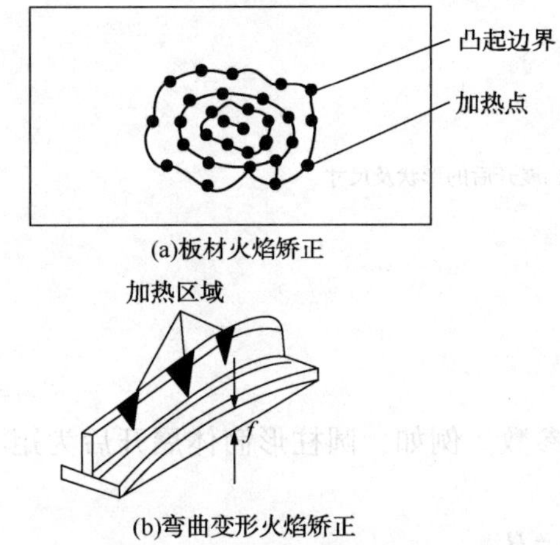(a)板材火焰矫正 (b)弯曲变形火焰矫正	火焰矫正是用可燃气体的火焰加热被矫正的变形部位(通常加热金属纤维较长的部位),被加热部位的金属受热膨胀,但又受到周围冷金属的阻碍产生压应力。当达到其屈服强度时,被加热部位产生塑性变形。 冷却时虽然该部位也受周围冷金属的阻碍产生拉应力,但温度已下降,此时的屈服强度也已升高,变形很小。所以,从加热到冷却过程中,被加热部位的金属纤维缩短,因而实现了矫正的目的。火焰矫正的加热温度,大约控制在600℃	火焰矫正最适于在锅炉制造过程中因组装、焊接、运输等因素引起的变形,因为这些变形已一般不可能再采用机械矫正方法进行矫正

2.2 划　　线

划线是在原材料或经初加工的坯料上划出下料线、加工线、各种位置线和检查线等,并打上(或写上)必要的标志、符号。划线工序通常包括对零件的展开计算、放样和打标记。

划线前应先确定坯料尺寸。坯料尺寸由零件展开尺寸和各种加工余量组成。确定零件展开尺寸的方法如下:

作图法:用几何制图法将零件展开成平面图形。

计算法:按展开原理或压(拉)延变形前后面积不变原则推导出计算公式。

试验法:通过试验公式决定形状较复杂零件的坯料,简单、方便。

综合法:对计算过于复杂的零件,可对不同部位分别采用作图法、计算法,有时尚需用试验法配合验证。

容器制造过程中欲展开的零件可分为两类：可展零件和不可展零件，如圆形筒体和椭圆形封头等。

2.2.1 零件的展开计算

2.2.1.1 可展零件的展开计算

【例 2-1】 某容器筒体的展开计算，如图 2-2 所示。已知 H、DN(公称直径)、DN_m(中性层直径)、δ(壁厚)。

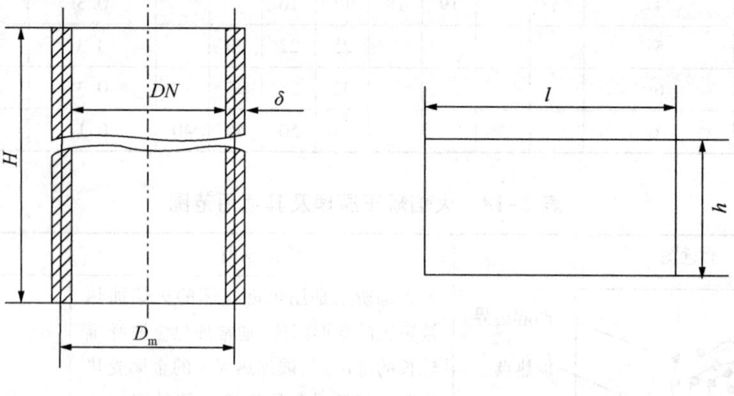

(a)展开前的形状及尺寸 (b)展开后的形状及尺寸

图 2-2 筒节展开

解 分析准备如下。

① 计算时以中性层为基准。

例如，$D_m=DN+\delta$(后面均如此)

② 分析确定零件展开后图形的形状及所求的几何参数。例如，圆柱形筒体展开后为矩形，所求的几何参数分别为长 l 和宽 h，则

$$l=\pi D_m=\pi(D_g+\delta);\ h=H$$

此时需要注意的是根据现有钢板的宽度(B)，来求需要的筒节数量。同时注意高压筒节 $h_1>600$mm，低压筒节 $h_2>300$mm。

筒体公称直径 DN 可参见表 2-19。

表 2-19 压力容器公称直径(内径为基准) mm

公称直径									
300	350	400	450	500	550	600	650	700	750
800	850	900	950	1000	1100	1200	1300	1400	1500
1600	1700	1800	1900	2000	2100	2200	2300	2400	2500
2600	2700	2800	2900	3000	3100	3200	3300	3400	3500
3600	3700	3800	3900	4000	4100	4200	4300	4400	4500
4600	4700	4800	4900	5000	5100	5200	5300	5400	5500
5600	5700	5800	5900	6000	6100	6200	6300	6400	6500

续表

公称直径									
6600	6700	6800	6900	7000	7100	7200	7300	7400	7500
7600	7700	7800	7900	8000	8100	8200	8300	8400	8500
8600	8700	8800	8900	9000	9100	9200	9300	9400	9500
9600	9700	9800	9900	10000	10100	10200	10300	10400	10500
10600	10700	10800	10900	11000	11100	11200	11300	11400	11500
11600	11700	11800	11900	12000	12100	12200	12300	12400	12500
12600	12700	12800	12900	13000	13100	13200			

注：本标准并不限制在本标准直径系列外其他直径圆筒的使用。

标记示例：圆筒内径 2800mm 的压力容器公称直径；

公称直径 *DN*2800　GB/T 9019—2015。

【例 2-2】 60°无折边锥形封头的展开计算如图 2-3 所示，已知 D_m、d_m，$\frac{\beta}{2}=30^\circ$。

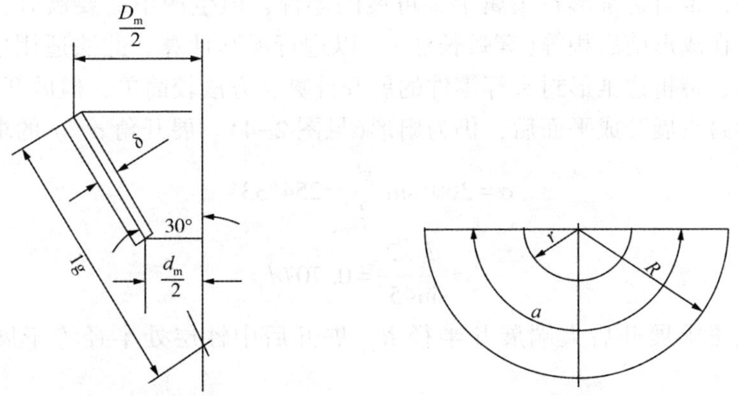

(a)展开前的形状及尺寸　　(b)展开后的形状及尺寸

图 2-3　无折边锥形封头的展开

解　分析准备如下。

展开后图形为扇形，需要求的几何参数为展开后的圆心角 α，锥形封头小端半径 r' 和大端半径 R。

$$\alpha=360^\circ\frac{r}{lg}=360^\circ\sin\frac{\beta}{2}$$

$$\sin\frac{60^\circ}{2}\times360^\circ=180^\circ$$

$$R=lg=\frac{D_m/2}{\sin 30^\circ}=D_m$$

$$r'=d_m$$

同上可求得 90°无折边锥形封头的展开尺寸。

2.2.1.2　不可展零件的展开计算

【例 2-3】 带折边锥形封头的展开计算如图 2-4 所示。已知折边锥形封头大端中性层

直径 D_m，小端中性层直径 d_m，折边中性层半径 r_m，直边高度 h，锥顶角 $\beta=90°$。

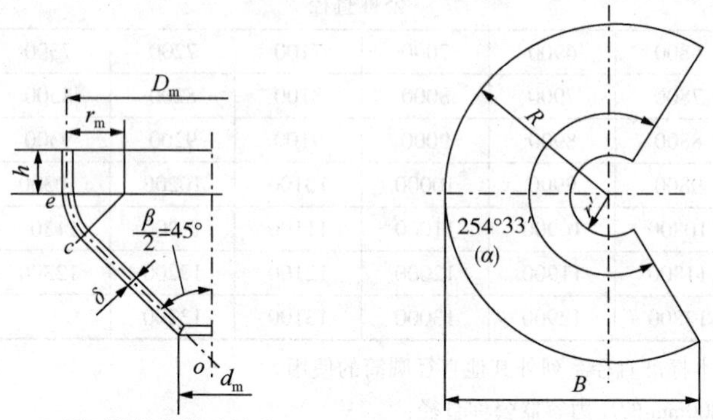

(a)展开前的形状及尺寸　　(b)展开后的形状及尺寸

图 2-4　折边锥形封头的展开

解　分析准备如下。

从理论上讲，带折边锥形封头属于不可展的零件，但生产中需要展开，则可假设板材的中性层处弧长在成形前后相等(等弧长法)，以进行展开计算。此法适用于曲面面积较小零件，如膨胀节、带折边锥形封头等零件的展开计算，方法较简单，但展开尺寸偏大。

带折边锥形封头展开成平面后，仍为扇形(见图 2-4)。展开角 α、r' 的求解同例 2-2。

$$\alpha=360°\sin\frac{\beta}{2}\approx 254°33'$$

$$r'=\frac{d_m/2}{\sin 45°}=0.707d_m$$

利用等弧长法求展开后大端展开半径 R，展开后中性层处半径等于展开前中性层处弧长。

$$\begin{aligned}R&=\overline{oc}+\overset{\frown}{ce}+h\\&=0.707D_m-0.414r_m+0.785r_m+h\\&=0.707D_m+0.371r_m+h\end{aligned}$$

【例 2-4】　椭圆形封头的展开计算如图 2-5 所示。已知公称直径 DN、壁厚 δ、封头曲面深度 h_g、封头直边高度 h。

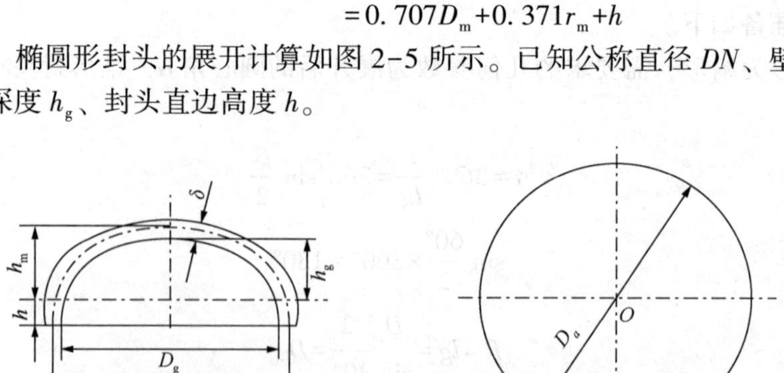

(a)展开前的形状及尺寸　　(b)展开后的形状及尺寸

图 2-5　椭圆形封头展开计算

解　分析准备如下。

椭圆形封头、球形封头、碟形封头都属于不可展的零件，但生产中冲压加工或旋压加工时毛坯料(展开后的图形)都为圆形，所以只需要求出展开后的半径或直径即可。

封头中性层处直径 D_m 等于公称直径(内径)与壁厚之和，即 $D_m = DN+\delta$。封头中性层处长、短半径分别为 a 和 b，且 $a=D_m/2$；$b=h_m=\delta/2$(中性层处曲面深度)。

① 等面积法。椭圆形封头毛坯的较准确计算方法应为等体积法，即板材在成形前后的体积是不变的，但实际上壁厚的变化，很小而可以忽略，故可以认为中性层处的表面积在展开前后是相等的，即等面积法。

椭圆形封头展开前的表面积由直边部分表面积和半椭球表面积组成，即

$$\pi D_m h+\pi a^2+\frac{\pi b^2}{2e}\ln\frac{1+e}{1-e}\left(e\text{ 为椭圆率，}e=\frac{\sqrt{a^2-b^2}}{a}\right)$$

椭圆形封头展开后的表面积为$\frac{1}{4}\pi D_a{}^2$

则

$$\frac{1}{4}\pi D_a{}^2=\pi D_m h+\pi a^2+\frac{\pi b^2}{2e}\ln\frac{1+e}{1-e}$$

可得

$$D_a{}^2=8ah+4a^2+\frac{2b^2}{e}\ln\frac{1+e}{1-e} \tag{2-1}$$

对标准椭圆形封头 a：$b=2$，代入式(2-1)整理得：

$$D_a=\sqrt{1.38D_m{}^2+4D_m h} \tag{2-2}$$

式(2-2)即为标准椭圆形封头的展开近似计算公式。

② 等弧长法。

$$D_a=\frac{\pi}{2}\sqrt{2\left[\left(\frac{DN}{2}\right)^2+b^2\right]}+\frac{1}{4}\left(\frac{DN}{2}-b\right)^2+1.5h \tag{2-3}$$

标准椭圆形封头 $D_a=1.213DN+1.5h$

③ 经验法。

$$D_o=KD_m+2h \tag{2-4}$$

式中，D_o为包括了加工余量的展开直径；K 为经验系数，可查表 2-20。

标准椭圆形封头

$$D_o=1.19D_m+2h \tag{2-5}$$

表 2-20　经验系数 K 值

a/b	1.0	1.1	1.2	1.3	1.4	1.5	1.6	1.7	1.8	1.9	2.0	2.1	2.2	2.3	2.4	2.5	2.6	2.7	2.8	2.9	3.0
K	1.42	1.38	.134	1.31	1.29	1.27	1.25	1.23	1.22	1.21	1.19	1.18	1.17	1.16	1.16	1.15	1.14	1.13	1.13	1.12	1.12

2.2.2　号料(放样)

工程上把零件展开图画在板料上的过程称为号料(放样)。号料过程中主要注意两个方面的问题：全面考虑各道工序的加工余量；考虑划线的技术要求。

2.2.2.1 加工余量

上述展开尺寸只是理论计算尺寸，号料时还要考虑零件在全部加工工艺过程中各道工序的加工余量，如成形变形量、机加工余量、切割余量、焊接工艺余量等。由于实际加工制造方法、设备、工艺过程等内容不尽相同，因此加工余量的最后确定是比较复杂的，要根据具体条件来确定。这里重点介绍几个方面的内容作为参考。

(1) 筒节卷制伸长量。与被卷材质、板厚、卷制直径大小、卷制次数、加热等条件有关。

钢板冷卷伸长量较小，通常忽略，约7~8mm。

钢板热卷伸长量较大，不容忽略，用经验公式可估算伸长量Δl。

$$\Delta l=(1-K)\pi D_m \tag{2-6}$$

式中　K为修正系数，$K=0.9931\sim0.9960$。

热卷筒节展开后长度l的计算公式为$l=K\pi D_m$，对π修正的$K\pi$值可参见表2-21。

表2-21　$K\pi$值

材质	冷卷		热卷
	三辊	四辊	
低碳钢、奥氏体不锈钢	3.14	3.137~3.14	3.12~3.129
低合金钢、合金钢	3.14		

注：热卷温度高、卷制次数多、直径小时，宜取小值。

(2)边缘加工余量。包括焊接坡口余量，主要考虑内容为机加工(切削加工)余量和热切割加工余量。边缘机加工余量见表2-22，边缘加工余量与加工长度关系见表2-23；钢板切割加工余量见表2-24。

表2-22　边缘机加工余量　mm

不加工	机加工		要去除热影响区
0	厚度≤25	厚度>25	>25
	3	5	

表2-23　边缘加工余量与加工长度关系　mm

加工长度	<500	510~1000	1000~2000	2000~4000
每边加工余量	3	4	6	10

表2-24　钢板切割加工余量　mm

钢板厚度	火焰切割		等离子切割	
	手工	自动及半自动	手工	自动及半自动
<10	3	2	9	6
10~30	4	3	11	8
32~50	5	4	14	10
52~65	6	4	16	12

续表

<table>
<tr><td rowspan="2">钢板厚度</td><td colspan="2">火焰切割</td><td colspan="2">等离子切割</td></tr>
<tr><td>手工</td><td>自动及半自动</td><td>手工</td><td>自动及半自动</td></tr>
<tr><td>70~130</td><td>8</td><td>5</td><td>20</td><td>14</td></tr>
<tr><td>135~200</td><td>10</td><td>6</td><td>24</td><td>16</td></tr>
</table>

焊接坡口余量主要是考虑坡口间隙。坡口间隙的大小主要由坡口形式、焊接工艺、焊接方法等因素来确定。由于影响因素较多，坡口形式也较多，所以实际焊接坡口余量(间隙)要由具体情况来确定，可参见 GB 985.1—2008、GB 985.2—2008。坡口间隙确定举例见表 2-25。

表 2-25 坡口间隙确定举例 mm

<table>
<tr><td rowspan="2">坡口形式及坡口间隙</td><td colspan="9">焊接方法和焊接工艺</td><td rowspan="2">备注</td></tr>
<tr><td colspan="5">埋弧自动焊</td><td colspan="4">焊条电弧焊</td></tr>
<tr><td rowspan="3">I形坡口
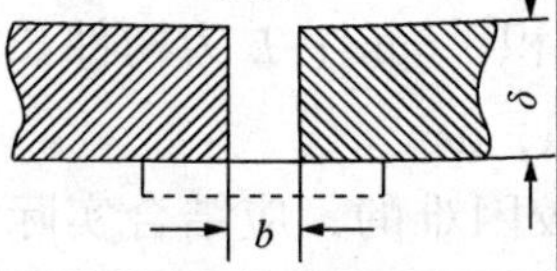</td><td colspan="2">单双面焊</td><td>单面焊</td><td>双面焊</td><td>带垫板</td><td colspan="2">单双面焊</td><td>双面焊</td><td>带垫板</td><td rowspan="3">b—对接 I 形坡口间隙；
δ —板厚。
窄间隙焊；b 为 8~12
电渣焊；b 为 30 左右</td></tr>
<tr><td>δ</td><td>3~20</td><td>>9~12</td><td>>11~24</td><td>>9~12</td><td>δ</td><td><3</td><td>>3.5~6</td><td>2~4</td></tr>
<tr><td>b</td><td>0^{+1}</td><td>2^{+2}_{-1}</td><td>3±1</td><td>4±1</td><td>b</td><td>0</td><td>$1^{+1.5}_{-1.0}$</td><td>$2^{+1.6}_{-2.0}$</td></tr>
<tr><td rowspan="3">单面Y形坡口
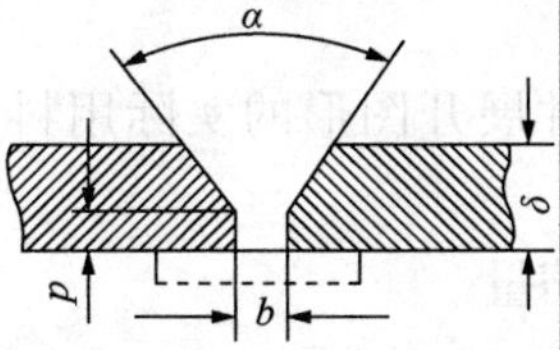</td><td colspan="3">不带垫板</td><td colspan="2">带垫板</td><td colspan="2">不带垫板</td><td colspan="2">带垫板</td><td rowspan="3">b—Y 形坡口间隙；
δ—板厚；
p—钝边高度；
α —坡口角度。
其他条件下的坡口间隙，根据实际情况确定</td></tr>
<tr><td>δ</td><td colspan="2">>9~26</td><td colspan="2">>9~26</td><td>δ</td><td>>16~24</td><td colspan="2">>20~30</td></tr>
<tr><td>b</td><td colspan="2">2^{+1}_{-2}</td><td colspan="2">5±1</td><td>B</td><td>3±1</td><td colspan="2">4±1</td></tr>
</table>

(3)焊缝变形量。对于尺寸要求严格的焊接结构件，划线时要考虑焊缝变形量(焊缝收缩量)。焊缝收缩量参见表 2-26 和表 2-27。

表 2-26 焊缝横向收缩量近似值(电弧焊)

<table>
<tr><td rowspan="3">接头形式</td><td colspan="7">板 厚/mm</td></tr>
<tr><td>3~4</td><td>4~8</td><td>8~12</td><td>12~16</td><td>16~20</td><td>20~24</td><td>24~30</td></tr>
<tr><td colspan="7">焊缝收缩量/mm</td></tr>
<tr><td>V 形坡口对接接头</td><td>0.7~1.3</td><td>1.3~1.4</td><td>1.4~1.8</td><td>1.8~2.1</td><td>2.1~2.6</td><td>2.6~3.1</td><td>—</td></tr>
<tr><td>X 形坡口对接接头</td><td>—</td><td>—</td><td>—</td><td>1.6~1.9</td><td>1.9~2.4.</td><td>2.4~2.8</td><td>2.8~3.2</td></tr>
<tr><td>单面坡口十字接头</td><td>1.5~1.6</td><td>1.6~1.8</td><td>1.8~2.1</td><td>2.1~2.5</td><td>2.5~3.0</td><td>3.0~3.5</td><td>3.5~4.0</td></tr>
<tr><td>单面坡口角焊缝</td><td colspan="3">0.8</td><td>0.7</td><td>0.6</td><td>0.4</td><td>—</td></tr>
<tr><td>无坡口单面角焊缝</td><td colspan="3">0.9</td><td>0.8</td><td>0.7</td><td>0.4</td><td>—</td></tr>
<tr><td>双面断续角焊缝</td><td>0.4</td><td colspan="2">0.3</td><td>0.2</td><td>—</td><td>—</td><td>—</td></tr>
</table>

表 2-27　焊缝纵向收缩量近似值

焊缝形式	焊缝收缩量/(mm/m)
对接焊缝	0.15~0.30
连续角焊缝	0.20~0.40
断续角焊缝	0~0.10

焊缝的收缩量、弯曲变形等受多种因素影响，在划线时若准确地考虑由于焊接变形所产生的各种焊接余量是十分困难的，因此表 2-26、表 2-27 均为近似值。

对一些简单结构在自由状态下进行电弧焊接时，也可以对焊缝收缩量等变形进行大致估算。

单层焊对接接头焊缝纵向收缩量为：

$$\Delta l = \frac{K_1 A_H L}{A} \tag{2-7}$$

式中，Δl 为焊缝纵间收缩量，mm；K_1 为与焊接方法有关的系数，焊条电弧焊为 0.052~0.057，埋弧自动焊为 0.071~0.076；A_H 为焊缝熔敷(熔化)金属截面积，mm^2；L 为构件长度，如纵向焊缝长度比构件短，则取焊缝长度，mm；A 为构件截面积，mm^2。

焊缝收缩量和焊缝其他变形受多种因素影响，准确地考虑是比较困难的，应结合实际确定。

2.2.2.2　划线技术要求

(1) 加工余量与尺寸线之间的关系。在实际生产中经常划出零件展开图形的实际用料线和切割下料线。筒体(节)划线如下。

实际用料线尺寸=展开尺寸-卷制伸长量+焊缝收缩量
-焊缝坡口间隙+边缘加工余量

切割下料线尺寸=实际用料线尺寸+切割余量+划线公差

(2) 划线公差。目前划线尚无统一标准，各制造单位根据具体情况制定内部要求，来保证产品符合国家制造标准。

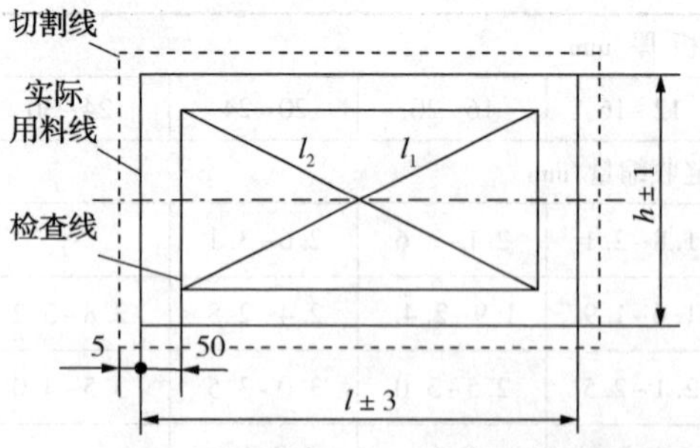

图 2-6　筒节的划线及工差要求

图 2-6 所示为某厂对一般筒节划线的公差要求。长度 l 和宽度 h 如图 2-6 所示；对角线(l_1-l_2)不大于 1mm；两平行线的不平行度不大于 1mm。若再考虑相对长度、宽度的关系则更为完善。一般情况下划线公差也可以考虑为制造公差的一半。

(3) 合理排料。

① 充分利用原材料、边角余料，使材料利用率达到 90%以上。

② 零件排料要考虑到切割方便、可行。例如，剪板机下料必须是贯通的直线等。

③ 筒节下料时注意保证筒节的卷制方向应与钢板的轧制方向(轧制纤维方向)一致。

(4) 认真设计焊缝位置。在划线下料的同时，基本上也就确定了焊缝的位置(钢板的边缘往往就是焊缝的位置)，因此必须给予认真配置。这一问题也正是焊接结构的焊缝设计问题，在此结合国家标准予以基本介绍。

① 焊缝不仅是承压和耐腐蚀的薄弱区域，而且焊缝过多、过长还会增加制造成本和检验工时等。因此，应尽量从整体和局部全面考虑减少焊缝数量、缩短焊缝长度，并将焊缝设计在较合理的位置上。

② 由于钢板尺寸的限制，展开零件必须拼焊时，拼接焊缝应满足以下要求。

封头、管板的拼接焊缝数量，公称直径 *DN* 不大于 2200mm 时，拼接焊缝不多于 1 条；*DN* 大于 2200mm 时拼接焊缝不多于 2 条。

封头各种不相交的拼焊焊缝中心线间距至少应为封头钢材厚度(δ_s)的 3 倍，且不小于 100mm。封头由成形的瓣片和顶圆板拼制成时，焊缝方向只允许是径向和环向的。

锅炉炉胆、锅壳的每节筒节，其纵向焊缝数量，公称直径 *DN* 不大于 1800mm 时，拼接焊缝不多于 2 条；*DN* 大于 1800mm 时拼接焊缝不多于 3 条。

筒体、锅壳等元件的拼接焊缝，每节筒体纵向焊缝中心线间的弧长不应小于 300mm，如图 2-7 所示；相邻筒体纵向焊缝以及封头(或管板)拼接焊缝与筒体纵向焊缝应互相错开，且两焊缝中心间的弧长不得小于 100mm，如图 2-7 所示。

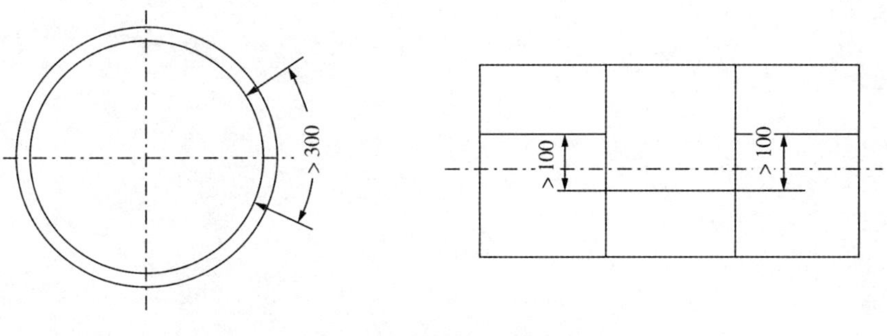

图 2-7 通体上焊缝位置

最短筒节长度不应小于 300mm。

当焊缝需要进行探伤检验时，要使检验能方便可行。例如，需要进行超声波检验时，在焊缝两侧要留有适当的探头操作移动范围和空间，如图 2-8 所示，探头移动区应不小于 $1.25p_1$ 或 $p_1 \geqslant 2\delta K$，$p_1 \geqslant 2\delta\tan\beta$，同时再考虑探头尺寸及适当的余量空间。

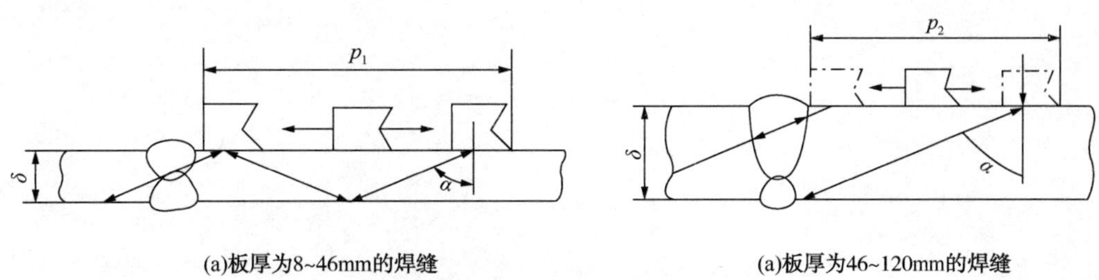

(a)板厚为8~46mm的焊缝 (a)板厚为46~120mm的焊缝

图 2-8 探头移动范围

2.2.3 标记和标记移植

在钢板划线时对制造受压元件的材料应有确认的标记(如打上冲眼、涂上标号)，如原有确认标记被截掉或材料分成几块，应于材料切割前完成标记移植工作，以保证材料及加工尺寸的准确、清晰，而有利于后续工序顺利进行，且有利于材料的管理、待查和核准。

对有防腐要求的不锈钢以及复合钢板制容器，不得在防腐蚀面采用硬印作为材料的确认标记。

思考题

2-1 净化处理的作用及常用净化方法、特点是什么？

2-2 无折边锥形封头的展开计算(参见图2-3)，已知 D_m、d_m、$\beta=90°$。

2-3 带折边锥形封头的展开计算(参见图2-4)，已知 D_m、d_m、γ_m、h 和锥顶角 $\beta=60°$

2-4 标准椭圆形封头的展开计算(参见图2-5)，已知封头的公称直径 DN 为2200mm，封头直边高度45mm。试分别利用等面积法、等弧长法和经验法的计算公式展开计算，并比较结果。

3 成形加工工艺

在过程设备制造过程中受压壳体的成形加工主要有筒节弯卷、封头冲压(旋压)、管材弯曲等，这些成形加工都是通过外力作用使金属材料在室温下或在加热状态下，产生塑性变形而达到预先规定的尺寸和形状的过程。

3.1 筒节的弯卷成形

筒节的弯卷成形通常是在卷板机上完成的。根据钢板的材质、厚度、弯曲半径、卷板机的类型和卷板能力，实际生产中筒节的弯卷根据成形温度分为冷卷和热卷。在再结晶温度以下的弯卷为冷卷(冷变形)，将钢板加热至再结晶温度以上的弯卷为热卷(热变形)。

3.1.1 冷卷成形的特点

(1) 冷卷成形通常是指在室温下的弯卷成形，不需要加热设备，不产生氧化皮，操作工艺简单，费用低。

(2) 钢板弯卷的变形率与最小冷卷半径。

钢板弯卷时的塑性变形程度可以用变形率 ε 表示。钢板弯卷的塑性变形程度沿钢板厚度方向不同，外侧伸长，内侧缩短，中性层可以认为长度不变。按外侧相对伸长量计算变形率为：

$$\varepsilon=\frac{\pi D_w-\pi D_m}{\pi D_m}\times 100\%=\frac{\delta}{D_m}\times 100\% \tag{3-1}$$

或

$$\varepsilon=\delta/2R_m\left(1-\frac{R_m}{R_0}\right)\times 100\%\text{(单向拉伸，如钢板卷圆)} \tag{3-2}$$

$$\varepsilon=\frac{1.5\delta}{2R_m}\left(1-\frac{R_m}{R_0}\right)\times 100\%\text{(双向拉伸，如筒体折边、冷压封头)} \tag{3-3}$$

式中，ε 为钢板弯曲变形率，%；δ 为钢板名义厚变，mm；D_w 为筒节外径，mm；D_m 为筒节中性层直径，mm；R_m 为筒节中性层半径，mm；R_0 为钢板弯曲前的中性层半径，对于平板为无限大，mm。

由式(3-1)~式(3-3)可以看出，钢板越厚、筒节的弯卷半径越小，则变形率越大。变形率的大小对金属再结晶后晶粒的大小影响很大。金属材料冷弯后产生粗大再结晶晶粒时的变形率，称为金属的临界变形率(ε_0)。

钢材的理论临界变形率范围为5%~10%。钢板的实际变形率 ε 应该小于理论临界变形率，否则粗大的再结晶晶粒将会降低后续加工工序(如热切割、焊接等)的力学性能。因此实际生产中，要求 $\varepsilon<5\%$，一般 $\varepsilon\leqslant 2.5\%\sim 3\%$。

在 HG/T 20584—2011《钢制化工容器制造技术要求》中规定：受压元件用的钢板冷加工、冷成形后，如变形率超过以下第①款的范围，且符合下列第②~⑤款中任意一条时，应进行热处理，以消除加工应力、改善延展性。

① 碳素钢、Q345R 的厚度不小于圆筒内径的 3%；其他低合金钢的厚度不小于圆筒内径的 2.5%；奥氏体不锈钢的厚度不小于圆筒内径的 15%。

② 冷成形后的奥氏体不锈钢表面硬度大于 235HB 时应进行固溶处理，热成形后的奥氏体不锈钢成形后须做固溶处理。

③ 使用介质为极度危害或高度危害。

④ 介质对材料具有应力腐蚀破裂危害。

⑤ 材料要求较高冲击韧性或低温冲击韧性者(碳钢、低合金钢)。

最小冷弯半径 R_{min} 可由冷成形后的允许变形率 ε 确定，如在上述第①款中，要求碳素钢、Q345R 的变形率小于或等于 3%(钢板卷圆)，即 $\varepsilon \leqslant 3\%$，$\delta/D_m \leqslant 3\%$，$\delta/R_m \leqslant 6\%$，则有 $R_{min}=100\delta/6=16.7\delta$。

钢板冷弯卷制筒节时，筒节的半径要大于或等于最小冷弯半径 R_{min}，否则可以考虑进行热处理。

用最小冷弯半径 R_{min} 代替变形率 ε 可得：

碳素钢、Q345R：$R_{min}=16.7\delta$(单向拉伸)；

其他低合金钢：$R_{min}=20\delta$(单向拉伸)；

奥氏体不锈钢：$R_{min}=3.3\delta$。

(3) 在冷卷成形过程中随着变形率 ε 的增大，即塑性变形增大，在金属内部晶格发生严重歪扭和畸变，金属的强度、硬度上升，而塑性、韧性下降，称为冷加工硬化。冷加工硬化产生的组织使变形抗力增加，成形的动力消耗增加，影响成形质量。

3.1.2 热卷成形的特点

(1) 钢板加热到 500~600℃进行弯卷，由于是在钢材的再结晶温度以下，因此其实质仍属于冷卷，但它具备热卷的一些特点。

金属的再结晶温度 T_Z 与金属熔点 T_U 之间的关系为：

$$T_Z=(0.35\sim0.4)T_U(\mathrm{K}) \tag{3-4}$$

热卷可以防止冷加工硬化的产生，塑性和韧性大为提高，不产生内应力，减轻卷板机工作负担。

(2) 应控制合适的加热温度。热卷筒节时温度高、塑性好、易于成形，变形的能量消耗少。但温度过高会使钢板产生过热或过烧，也会使钢板的氧化、脱碳等现象加重。过热是由于加热温度过高或保温时间较长，使钢中奥氏体晶粒显著增大，钢的力学性能变坏，尤其是塑性明显下降。过烧是由于晶界的低熔点杂质或共晶物开始有熔化现象，氧化沿晶界渗入，晶界发生氧化变脆，使钢的强度和塑性大大下降。过烧后的钢材不能再通过热处理恢复其性能。因此，加热温度应适当。钢板的加热温度一般取 900~1000℃，弯曲终止温度不应低于 800℃。对普通低合金钢还要注意缓冷。

(3) 应控制适当的加热速度。钢板在加热过程中，其表面与炉内氧化性气体 H_2O、

CO_2、O_2等进行化学反应，生成氧化皮。氧化皮不但损耗金属，而且坚硬的氧化皮被压入钢板表面，会产生麻点、压坑等缺陷。同时氧化皮的导热性差，延长了加热时间。钢在加热时，由于H_2O、CO_2、O_2、H_2等气体与钢中的碳化合生成CO和CH_4等气体，从而使钢板表面碳化物遭到破坏，这种现象称为脱碳。脱碳使钢的硬度和耐磨性、疲劳强度降低。

因此，钢材在具有氧化性气体的炉子中加热时，钢材既产生氧化，又产生脱碳。一般在1000℃以上时，由于钢材强烈地产生氧化皮，脱碳相对微弱，在700~900℃时，由于氧化作用减弱，脱碳相对严重。

综上所述，在保证钢材表里温差不太大，膨胀均匀的前提下，加热速度越快越好。实践证明，只有导热性较差的高碳钢和高合金钢或截面尺寸较大的工件，因其产生裂纹的可能性较大，此时需要低温预热或在600℃以下缓慢加热。而对于一般低碳钢或合金钢板，在任何温度范围内都可以快速加热。

（4）热卷需要加热设备，费用较大，在高温下加工，操作麻烦，钢板减薄严重。

（5）对于厚板或小直径筒节通常采用热卷。当卷板时变形率ε超过要求、卷板机功率不能满足要求时，都需采用热卷。

3.1.3 卷板机及弯卷工艺

卷板机有三辊卷板机、四辊卷板机和立式卷板机，其工作特点及主要弯卷工艺如下。

3.1.3.1 对称式三辊卷板机

对称式三辊卷板机的工作过程如图3-1所示。

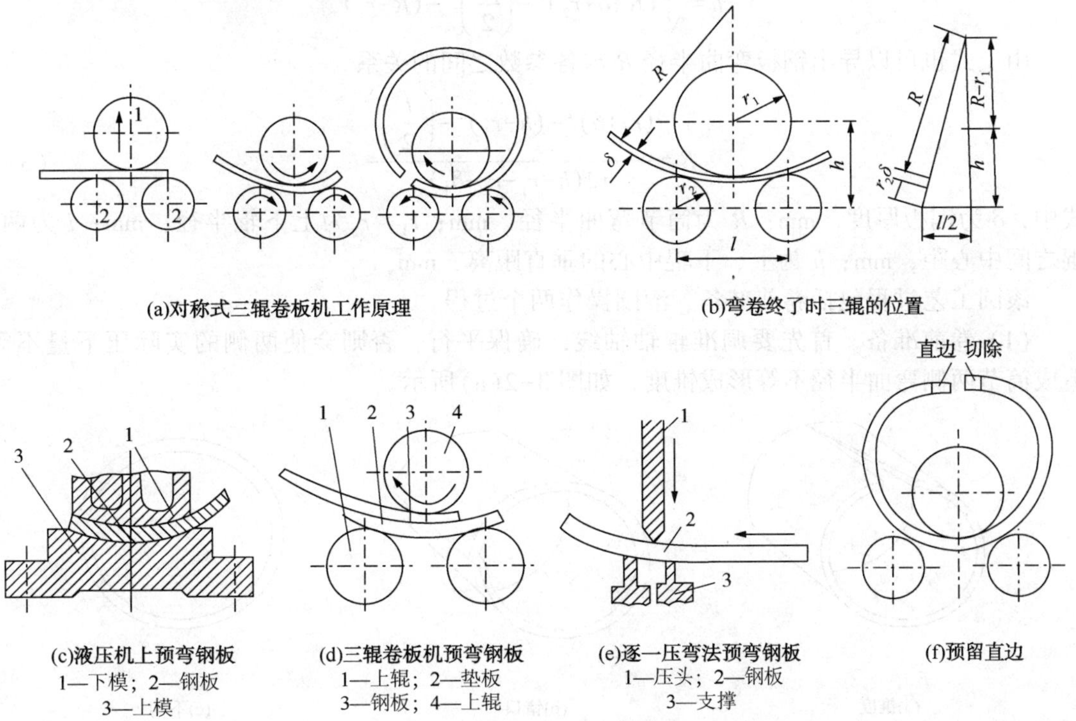

(a)对称式三辊卷板机工作原理　(b)弯卷终了时三辊的位置

(c)液压机上预弯钢板 1—下模；2—钢板 3—上模　(d)三辊卷板机预弯钢板 1—上辊；2—垫板 3—钢板；4—上辊　(e)逐一压弯法预弯钢板 1—压头；2—钢板 3—支撑　(f)预留直边

图3-1 对称式三辊卷板机工作原理及直边处理

图 3-1(a)中，上辊 1 是从动辊，可以上下移动，以适应各种弯曲半径和厚度的需要，并对钢板施加一定的弯曲压力。两个下辊 2 是主动辊，对称于上辊轴线排列，并由电动机经减速机驱动，以同向同速转动。工作时将钢板置于上、下辊之间，然后上辊向下移动，使钢板被压弯到一定程度。接着启动两个下辊转动、借助于辊子与钢板之间的摩擦力带动钢板送进，上辊随之转动。通常一次弯卷很难达到所要求的变形程度，此时可将上辊再下压一定距离，两个下辊同时反向转动，使钢板继续弯卷，这样经过几次反复，可将钢板弯卷成一定弯曲半径的筒节。这种卷板机操作简单，在生产上得到普遍的应用。

对称式三辊卷板机主要特点如下：

(1) 与其他类型卷板机相比，其构造简单，价格便宜，应用普遍。

(2) 被卷钢板两端各有一段无法弯卷而产生的直边，直边长度大约为两个下辊中心距的一半。直边的产生使筒节不能完成整圆，也不利于矫圆、组对、焊接等工序的进行。因此在卷板之前通常将钢板两端进行预弯曲。特殊情况下，如厚板卷制后，纵缝采用电渣焊时，也可保留直边以利于电渣焊，焊后校圆。

钢板的预弯方法如图 3-1(c)~(f)所示，其中图(f)所示方法浪费直边部分钢材，且工艺较麻烦，适用于单台装备制造或筒节制造精度要求较高的情况，如热套筒体的制造。

钢板弯卷的可调参量是上、下辊的垂直距离 h，h 取决于弯曲半径 R 的大小，其计算可从弯卷终了时二辊的相互位置中求得[参见图 3-1(b)]。

$$(R+\delta+r_2)^2=(R-r_1+h)^2+\left(\frac{l}{2}\right)^2$$

$$h=\sqrt{(R+\delta+r_2)^2-\left(\frac{l}{2}\right)^2}-(R-r_1)$$

由上式也可以导出钢板弯曲半径 R 与各参数之间的关系。

$$R=\frac{(r_2+\delta)^2-(h-r_1)^2-\left(\frac{l}{2}\right)^2}{2(h-r_1-r_2-\delta_1)} \tag{3-5}$$

式中，δ 为钢板厚度，mm；R 为筒节弯曲半径，mm；r_1，r_2 为上下辊半径，mm；l 为两下辊之间中心距，mm；h 为上、下辊中心的垂直距离，mm。

滚圆工艺过程包括卷前准备、滚圆操作两个过程。

(1) 卷前准备。首先要调准辊轴轴线，确保平行，否则会使两侧的实际压下量不等，造成筒节两侧弯曲半径不等形成锥度，如图 3-2(a)所示。

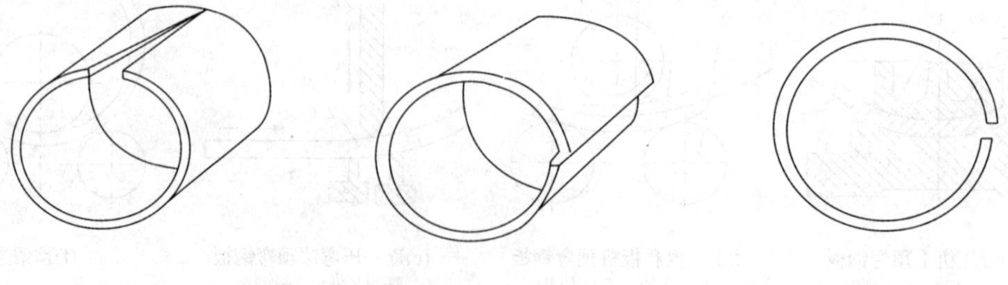

(a)锥度　　(b)错口　　(c)不均

图 3-2　滚筒操作缺陷

采用对称三辊机时，滚圆前要解决直边问题，生产上采用的方法有：

① 模压直边，在批量大时制造一个专用预弯模在压力机上预弯工件两端，如图 3-1(c、e)所示；

② 滚弯直边，将滚弯模垫在工件下面，在三辊机上预弯两侧直边，滚弯模是一段用厚板弯成的圆柱面，考虑滚弯回弹量，弯曲半径要比预弯的工件滚圆半径小一些，如图 3-1(d)所示；

③ 预留直边，钢板号料时在长度上多于 2 倍直边长，滚圆时在适当时候切除，用于滚圆精度要求很高的场合(如多层容器制造)，如图 3-1(f)所示。

(2) 滚圆操作。钢板放入滚圆机时要保证放正，筒节的素线与辊轴的素线平行，否则卷成的筒节端部边缘不是平面内的圆，而是一条螺线，称为错口，如图 3-2(b)所示。

实际操作中并不是用计算压下量的方法来控制滚弯半径，而是用一个薄铁板制成的内样板去检验已卷出部分的实际 R 值，再确定下一步的压下量。为测量准确，样板弧长不能太短，检查时中心露光表示已卷圆过度，$R<0.5DN$；两端露光表明滚圆不足。一般总压下量要分几次完成，尤其是板厚接近卷板机最大厚度时。操作中要注意避免卷圆过度，因为卷板机自身无法矫回，如图 3-2(c)所示称为滚圆不均。

3.1.3.2 其他形式的卷板机

(1) 不对称式三辊卷板机如图 3-3 所示。上辊 1(主动辊)装在下辊 2 的上面(有时下辊 2 也为主动辊)，电动机经减速机带动旋转，下辊可以在垂直方向进行调节。旁辊 3 装在下辊 2 的一侧，旁辊可沿 A 向调节。下辊与旁辊间的调节可用电动或手动操作。卷板时，先将钢板置于上、下辊之间，使其前端进入旁辊并摆正。然后升起下辊将钢板紧压在上、下辊之间，如图 3-3(a)所示。再升起旁辊，预弯右板边，如图 3-3(b)所示。最后启动电机带动上、下辊，使钢板移至图 3-3(c)位置。再升起旁辊，预弯左板边，如图 3-3(d)所示。最后启动电机带动上、下辊旋转，使钢板弯卷成形，如图 3-3(e)所示。这种卷板机不仅可卷圆筒节，由于旁辊两端可分别调节，故也可弯卷锥形筒体。

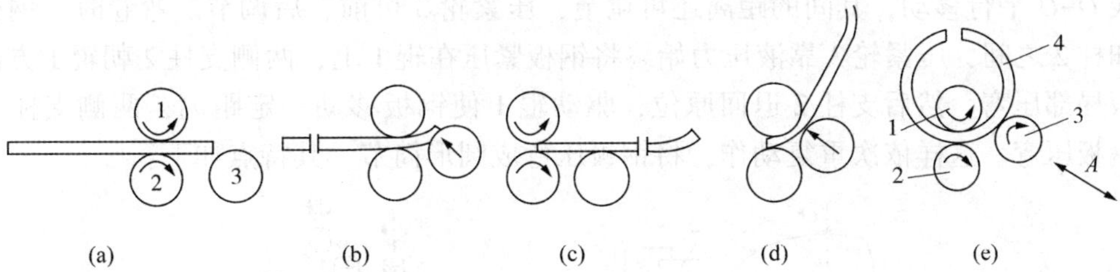

图 3-3 不对称三辊卷板机

(2) 对称式四辊卷板机如图 3-4 所示。上辊 1 为主动辊，下辊 3 可垂直上、下移动调节，两侧辊 2 是辅助辊，其位置也可以调节。卷板时，将钢板端头置于 1、3 辊之间并找正，升起下辊 3 将钢板压紧，如图 3-4(a)所示。然后升起左侧辊对板边预弯，如图 3-4(b)所示。预弯后适当减小压力(防止钢板碾薄)，启动上辊旋转，此时构成一个不对称式三辊卷板机对钢板弯卷。随后升起右侧辊托住钢板，当钢板卷至另一端时，上辊停止转动，将下辊向上适当加大压力，同时将右侧辊上升一定距离，弯曲直边，再适当减小下辊压力，并启动上辊旋转，又形成一个不对称式的三辊卷板机，连续弯卷几次直到卷成需要的筒节为止，如图 3-4(c)所示。这种卷板机的最大优点是一次安装卷完一个圆筒，而不留下直边，故加工性能较先进。但其结构复杂，辊轴多用贵重合金钢制造，加工要求严格，造价高。高压锅炉的厚壁锅筒都是在这种卷板机上卷制的。近年来，随着各种新型三辊卷板机的出现，四辊卷板机已有逐渐被取代的趋势。

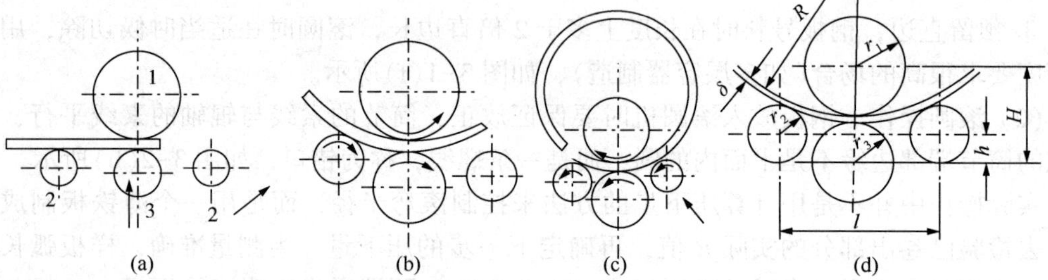

图 3-4　对称式四辊卷板机

对称式四辊卷板机可调参量和弯曲半径的计算如下。图 3-4(d)所示为弯卷终了时四辊的位置，由图中几何关系可得：

上、下辊中心距　　$H = r_1 + r_3 + \delta$

两侧辊与下辊的高差　　$$h = R+\delta+r_3 - \sqrt{(R+\delta+r_2)^2 - \left(\frac{l}{2}\right)^2} \qquad (3-6)$$

式中，r_1、r_2、r_3分别为上辊、侧辊、下辊半径，mm；δ 为钢板厚度，mm；l 为两侧辊中心距，mm。

由式(3-6)也可导出钢板弯曲半径 R 与各参数间的关系。考虑钢板弯卷后的回弹(见后述筒节弯卷的回弹估算)，实际弯卷筒节半径应比需要的筒节半径略小。

(3) 立式卷板机如图 3-5 所示。图 3-5(a)中轧辊 1 为主动辊，两个侧支柱 2 可沿机器中心线 O-O 平行移动，其间的距离还可调节，压紧轮 3 可前、后调节。弯卷时，钢板放入辊 1 和柱 2 之间，压紧轮 3 靠液压力始终将钢板紧压在辊 1 上，两侧支柱 2 朝辊 1 方向推进将钢板局部压弯。然后支柱 2 退回原位，驱动辊 1 使钢板移动一定距离，两侧支柱 2 再向前将钢板压弯。这样依次重复动作，将钢板压弯成圆形筒节。其特点如下：

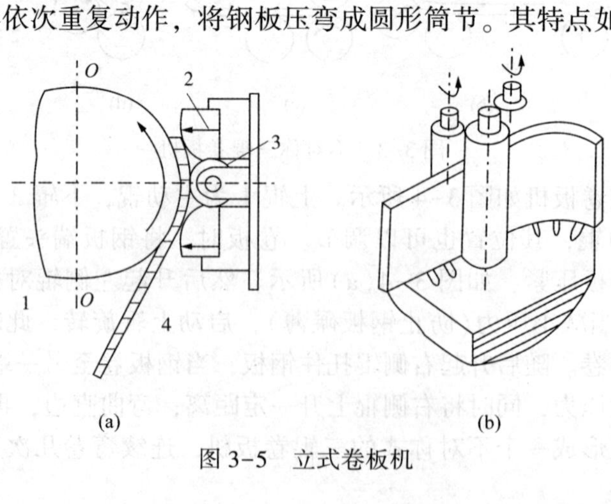

图 3-5　立式卷板机

① 不像卧式卷板机那样连续弯板，而是间歇地、分级将钢板压弯成筒节，压弯力强，钢板一次通过便弯卷成形；

② 热卷厚钢板时，氧化皮不会落入辊筒与钢板之间，因而可避免表面产生压坑等缺陷；

③ 卷大直径薄壁筒节时，不会因钢板的刚度不足而下塌。

其缺点是弯卷过程中钢板与两侧支柱摩擦，薄壁大直径筒节有拉成上、下圆弧不一致的可能。

目前比较先进的卷板机已经实现数控，而且出现大型卷板机以适应大型装备的需要。

3.1.3.3 卷板机的主要工作参数

卷板机的工作能力和卷制范围由卷板机的技术性能和主要工作参数来决定。几种卷板机的主要参数见表 3-1。

表 3-1 几种卷板机的主要参数

规格最大板厚/mm×最大宽度/mm	上辊直径/mm	下辊直径/mm	下辊中心距/mm	卷板速度/(m/s)	下辊升降速度/(m/s)	主电机功率/kW	下辊升降电机功率/kW
40×4000	550	530	610	3.35	100	80	40×2
50×4000	650	600	750	4	100	100	50×2
70×4000	700	666	800	3.45	100	125	65×2
95×4000	900	850	1000	3.5	100	80×2	液压系统

卷板机可卷制的最小圆筒直径 D_{min} 按式(3-7)计算。

$$D_{min}=d_1+(0.15\sim0.20)d_1 \tag{3-7}$$

式中，d_1 为卷板机的上辊直径，mm。

3.1.3.4 卷板机的扩大使用

卷板机的主要工作参数是根据某一材料(通常为低碳钢)在常温下，按一定的板厚、板宽等卷制条件来设计的。当使用条件与设计条件不同时，如冷卷、热卷、板宽改变、弯卷曲率改变等，可以进行适当计算以扩大使用。

(1) 只改变钢板材料的计算。

冷卷
$$\delta_2=\delta_1\left[\frac{(1.5+K_{o1}\delta_1/R_1)\sigma_{s1}}{(1.5+K_{o2}\delta_2/R_2)\sigma_{s2}}\right]^{1/2} \tag{3-8}$$

热卷
$$\delta'_2=\delta'_1\left(\frac{\sigma'_{s1}}{\sigma'_{s2}}\right)^{1/2} \tag{3-9}$$

式中，δ_1、δ_2分别为常温下设计、使用当量板厚，mm；R_1、R_2分别为设计、使用最小弯曲半径，mm；σ_{s1}、σ_{s2}分别为常温下设计、使用材料屈服极限，mm；K_{o1}、K_{o2}分别为设计、使用材料相对的强化模数(见表 3-3)；σ'_{s1}，σ'_{s2}分别为 700℃时设计、使用材料屈服极限，MPa；δ'_1，δ'_2分别为 700℃以上设计、使用当量板厚，mm。

(2) 改变钢板宽度的计算。

弯曲条件为冷卷，$a_1\neq c_1$，$a_2\neq c_1$(见图 3-6)

$$\delta_2=\delta_1\left[\frac{b_1(b_1+2c_1)(4a_1l+2b_1c_1+b_1^2)}{b_2(b_2+2c_2)(4a_2l+2b_2c_2+b_2^2)}\right]^{1/2} \tag{3-10}$$

弯卷条件为 $a_1=c_1$，$a_2=c_2$，$b_1\approx l$(见图 3-6)

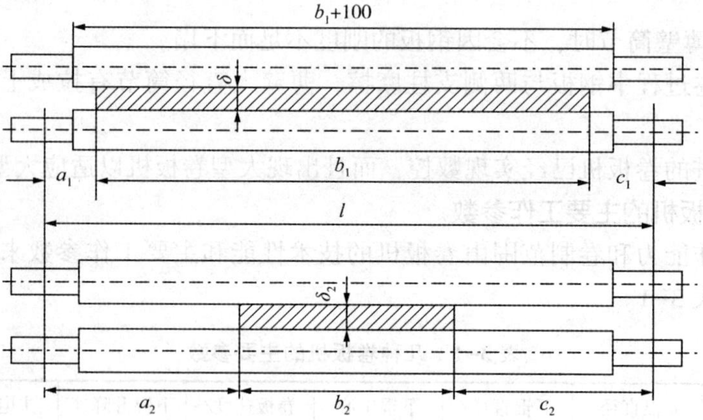

图 3-6 卷板机板宽改变时的几何关系

$$\delta_2=\delta_1\left[\frac{b_1^2}{b_2(2l-b_2)}\right]^{1/2} \tag{3-11}$$

弯卷条件为 $b_1=2l-b_2$(见图 3-6)

$$\delta_2=\delta_1\left(\frac{b_1}{b_2}\right)^{1/2} \tag{3-12}$$

式中，δ_1、δ_2 分别为设计、使用当量板厚，mm；b_1，b_2 分别为设计最大使用板宽，mm；a_1，c_1 分别为设计板端至轴承中心距离，mm；a_2，c_2 分别为使用板端至轴承中心距离，mm；l 为两轴承中心距，mm。

(3) 改变弯卷曲率的计算(冷卷，参见图 3-7)。

$$\delta_2=\delta_1\left[\frac{D_2(D_1+d_c)}{D_1(D_2+d_c)}\right]^{1/2} \tag{3-13}$$

式中，δ_1，δ_2 分别为设计、使用当量板厚，mm；D_1，D_2 分别为设计、使用筒节外径，mm；d_c 为距上辊最近的下辊直径，mm。

3.1.3.5 筒节弯卷的回弹估算

弯卷钢板在辊子压力下既有塑性弯曲，又有弹性弯曲，故钢板卸载后，会有一定的弹性恢复，即回弹。

筒节在热弯卷时，回弹量很小，不予考虑。只要掌握好筒节的下料尺寸，使弯卷钢板两端面刚好闭合即可，直至钢板温度下降到 500℃以下为止。

筒节在冷弯卷时，回弹量较大，钢材的强度越大，回弹越大。为了尽量控制回弹量，冷弯卷时要过卷，如图 3-8 所示。同时，在最终成形前进行一次退火处理。

冷卷回弹量的计算较复杂。筒节回弹前的内径 D'_n 可按式(3-14)计算。

$$D'_n=\frac{1-2K_o\sigma_s/E}{1+K_1\sigma_s D'_n/E\delta}D_n \tag{3-14}$$

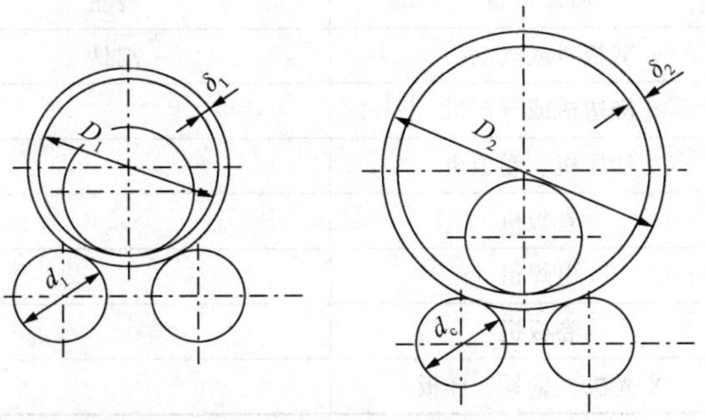

图 3-7 卷板机弯曲曲率改变时的几何关系

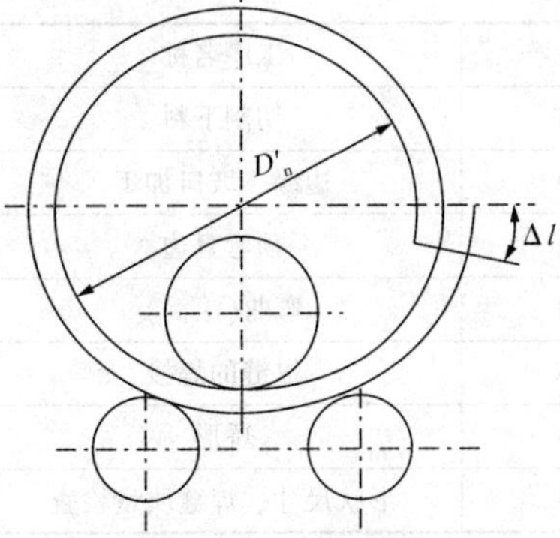

图 3-8 冷弯卷的过程

过卷量 Δl 可按式(3-15)估算。

$$\Delta l=\frac{\pi}{2}(D_n-D'_n) \tag{3-15}$$

式中，D_n为筒节内经，mm；σ_s为钢材屈服极限，MPa；E 为钢材弹性模量，MPa；K_1为钢板截面形状系数，矩形 $K_1=1.5$；δ 为钢板厚度，mm；K_o为钢材相对强化模数(见表 3-2)。

表 3-2 钢材的相对强化模数 K_o 值

材料	K_o	材料	K_o
10，20	5	40，45，50，60，15Cr，20Cr，40Cr，50Cr，20CrNi	8.8
20g，25，Q235，12CrMoV，15CrMo	5.8	高合金钢板($\sigma_s \leqslant$784MPa)	10
30，35	7	1Cr18Ni9Ti，1Cr18Ni121Ti	3

3.1.3.6 筒节弯卷的工艺减薄量

不同弯卷工艺下筒节的减薄量见表 3-3。

表 3-3 不同弯卷工艺下筒节的减薄量

弯曲工艺	筒节类别	减薄量/mm
热弯曲	高压、超高压锅炉筒节	4
	中压锅炉筒节	3
冷卷、热校	薄壁筒节	1
冷卷、冷校	薄壁筒节	0

3.1.3.7 筒节的制造工艺过程

筒节的制造工艺过程如表 3-4 所示。

表 3-4 单个筒节的制造工艺过程

工序号	工序名称	所需设备	备注
05	备料(矫形和净化)	平台及净化设备	
10	划线(打标记和标记移植)	划线平台	画线工具

续表

工序号	工序名称	所需设备	备注
15	切割下料	剪板机或气割机	割具
20	边缘、坡口加工	刨边机或气割机	
25	预弯直边	油压机、卷板机	
30	弯曲(滚筒)	卷板机	
35	纵缝的焊接	电焊机	
40	矫形	卷板机	
45	形状尺寸、焊缝质量检查	X 光机、量具、样板	

3.2 封头的成形

常用的封头名称、断面形状、类型代号及形状参数示例见表 3-5。封头的公称直径见表 3-6。

表 3-5　常用的封头名称、断面形状、类型代号及形状参数示例

名称	断面形状	类型代号	常用形状参数示例
椭圆形封头	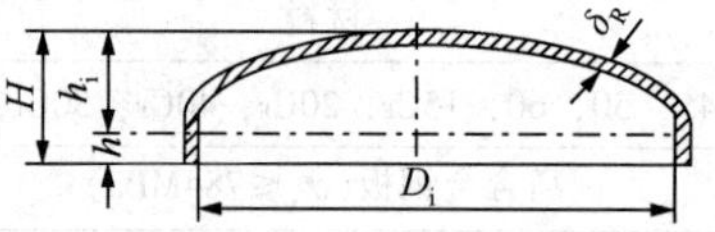	EH	$D_i/(2h_i)=2$
蝶形封头	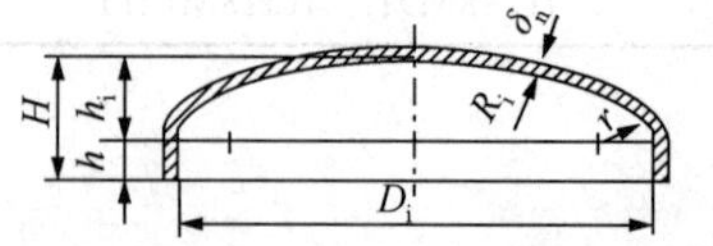	DH	$R_i=0.901D_i$ $r=0.173D_i$
球冠形封头	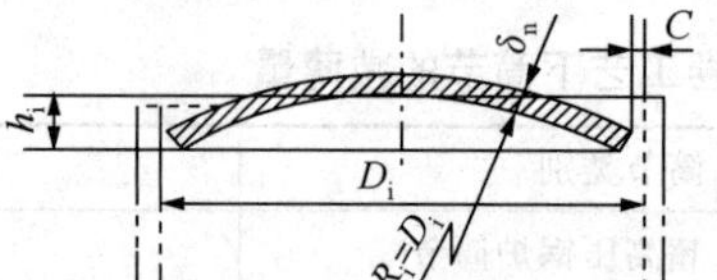	SH	$R_i=D_i$
折边平封头	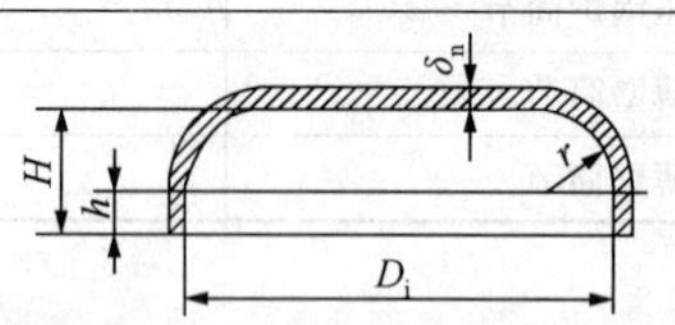	FH	$r\geqslant 3\delta_n$
大端折边锥形封头	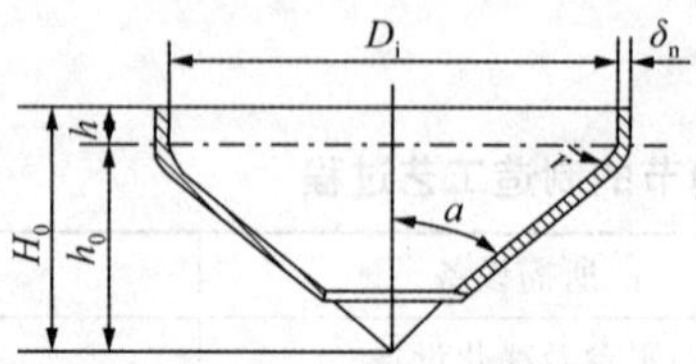	CH	$r=1.5D_i$ $\alpha=30°$

续表

名称	断面形状	类型代号	常用形状参数示例
半球形封头	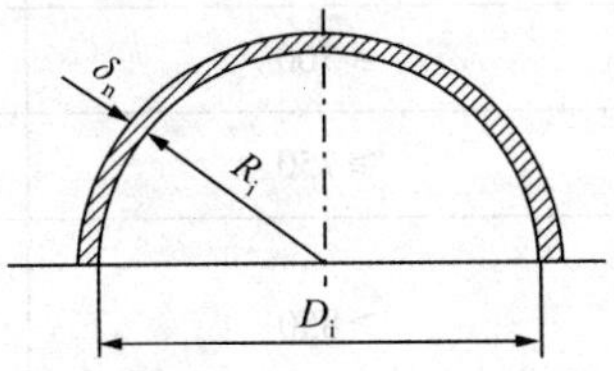	HH	$R_i = 0.15D_i$

注：折边平封头不得用于压力容器。

表 3-6　封头的公称直径 *DN*

mm

300	(350)	400	(450)	500	(550)	600	(650)	700	(750)	800	(850)	900	(950)	1000	(1100)
1200	(1300)	1400	(1500)	1600	(1700)	1800	(1900)	(2000)	(2100)	2200	2300	2400	2500	2600	2700
2800	2900	3000	3100	3200	3300	(3400)	3500	3600	3700	3800	3900	4000	4100	4200	4300
4400	4500	4600	4700	4800	4900	5000	5100	5200	5300	5400	5500	5600	5700	5800	6000

注：1. 封头公称直径 *DN* 即为内径。

2. 带括号的公称直径尽量不用。

封头的成形方法主要有冲压成形、旋压成形和爆炸成形。

3.2.1　封头的冲压成形

3.2.1.1　冷、热冲压条件

按冲压前毛坯是否预先加热分为冷冲压和热冲压，再结晶温度以下的冲压为冷冲压，再结晶温度以上的冲压为热冲压。其选择的主要依据如下。

（1）材料的性能。对于常温下塑性较好的材料，可采用冷冲压；对于热塑性较好的材料，可以采用热冲。

（2）依据毛坯的厚度 δ 与毛坯料直径 D_o 之比即相对厚度 δ/D_o 来选择冷、热冲压（参见表 3-7）。

表 3-7　封头、热冲压与相对厚度的关系

冲压状态	碳素钢、低合金钢	合金钢、不锈钢
冷冲压	$\frac{\delta}{D_o}\times100<0.5$	$\frac{\delta}{D_o}\times100<0.7$
热冲压	$\frac{\delta}{D_o}\times100\geqslant0.5$	$\frac{\delta}{D_o}\times100\geqslant0.7$

3.2.1.2　毛坯热冲压的加热过程

从降低冲压力和有利于钢板变形考虑，加热温度可高些。但温度过高会使钢材的晶粒显著长大，甚至形成过热组织、使钢材的塑性和韧性降低。严重时会产生过烧组织，毛坯冲压可能发生碎裂。几种常用封头材料的加热规范参见表 3-8。

表 3-8 常用的封头材料的加热规范

钢材牌号	加热温度/℃	终压温度/℃	冲压后的热处理温度/℃
Q235	≤1100	≥700	880~920
Q245R	≤1100	≥750	880~910
Q345R	≤1050	≥850	870~900
15MnVR			
12CrlMoV	≤1100	≥850	880~910
0Cr18NiTi	≤1150	≥950	—

钢板在加热过程中，会发生氧化，造成材料的损耗。加热温度越高，加热时间越长，氧化也越严重。因此，在保证钢板加热的温度分布均匀和不产生过大热应力的情况下，应控制钢板的加热速度。对于导热性较差的合金钢，可以增加保温时间，减慢加热速度。生产上为了减少加热时间，常采用热炉装料的方法，并按一定的加热规范进行加热。20R 中压锅炉封头的典型加热过程如图 3-9 所示。

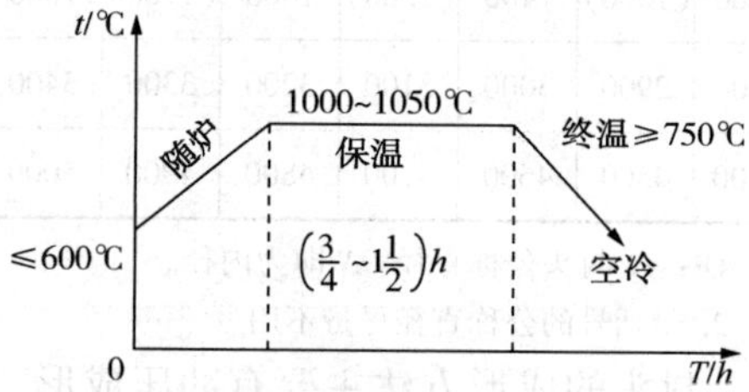

图 3-9 20R 中压锅炉封头加热过程

3.2.1.3 冲压加工常用的润滑剂

为了有利于钢板的塑性变形，提高冲压模具寿命和封头表面质量，封头冲压时常采用润滑剂（见表 3 - 9）。

表 3-9 封头冲压常用润滑剂

封头材料	润滑剂	封头材料	润滑剂
碳素钢	40%石墨粉+60%水（或机油）	铝	机油；工业凡士林
不锈钢	石墨粉+水；滑石粉+机油+肥皂水	钛	二硫化钼；石墨粉+云母粉+水

3.2.1.4 冲压过程

封头的冲压成形通常是在 50~8000t 的水压机或油压机上进行。图 3-10 所示为水压机冲压封头的过程。将封头毛坯 4 对中放在下模（冲环）5 上，如图 3-10（a）所示。然后开动水压机使活动横梁 1 空程向下，当压边圈 2 与毛坯接触后，开动压边缸将毛坯的边缘压紧。接着上模（冲头）3 空程下降，当与毛坯接触时［见图 3-10（b）中 Ⅰ］，开动主缸使上模向下冲压，对毛坯进行拉伸［见图 3-10（b）中 Ⅱ］，至毛坯完全通过下模后，封头便冲压成形［见图 3-10（b）Ⅲ］。最后开动提升缸和回程缸，将上模和压边圈向上提起，与此同时用脱模装置 6（挡铁）将包在上模上的封头脱下［见图 3-10（b）中Ⅳ］，并将封头从下模支座下取出，冲压过程即告结束。

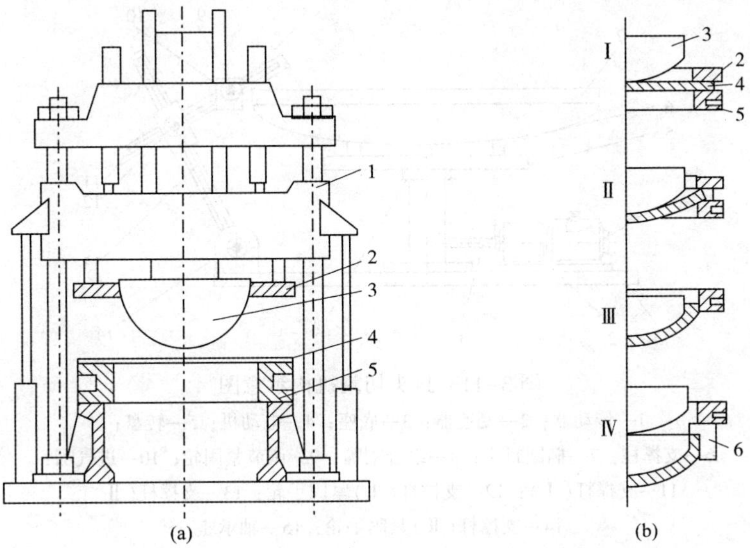

图 3-10　水压机冲压封头过程

1—活动横梁；2—压边圈；3—上模(冲头)；4—毛坯；

5—下模(冲环)；6—脱模装置

上述冲压过程称为一次成形冲压法，对于低碳钢或普通低合金钢制成一定尺寸($6\delta \leqslant D_o - D_m \leqslant 45\delta$，$D_o$为毛坯外径，$D_m$为封头中性层直径，$\delta$为厚度)的封头，均可一次冲压成形。封头的热冲压成形制造工艺规程见表 3-10。

表 3-10　封头的制造工艺规程(有焊缝封头)

工序号	工序名称	所需设备
05	备料(矫形和净化)	平台及净化设备
10	划线	划线平台
15	切割下料	气割机
20	边缘、坡口加工	气割机(或刨边机)
25	拼装(组对)	平台
30	拼缝的焊接	电焊机
35	焊缝质量检查	X 光机
40	加热	加热炉
45	冲压成形	油压机、冲压模具
50	形状尺寸检查	量具、样板
55	焊缝质量检查	X 光机
60	边缘、坡口加工	气割机(或车床)

封头热冲压成形后，边缘和坡口可以在封头切割机上气割加工，封头切割机如图 3-11 所示。

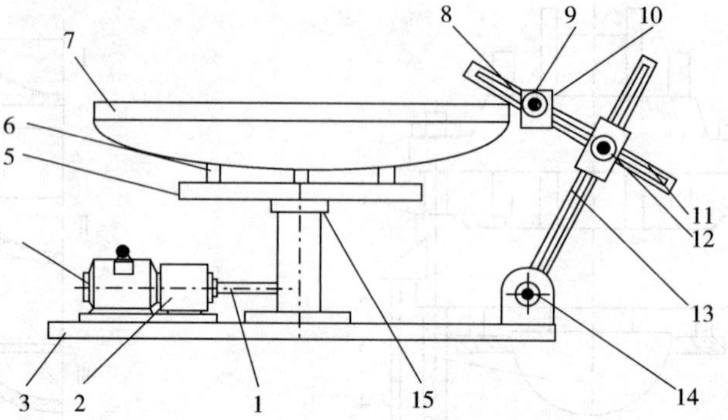

图 3-11　封头切割机构示意图

1—传动器；2—变速器；3—底座；4—电动机；5—转盘；
6—支撑柱；7—椭圆封头；8—组合割嘴；9—调节紧固轮；10—进气嘴；
11—支撑杆(Ⅰ)；12—支撑杆(Ⅰ)紧固手轮；13—支撑杆(Ⅱ)；
14—支撑杆(Ⅱ)紧固手轮；15—轴承座

3.2.1.5　不同类型封头的冲压成形

(1) 薄壁封头。

对于薄壁($D_o-D_m>45\delta$)封头，即采用带有压边圈的一次冲压成形法，也会产生鼓包和折皱缺陷。可以采用下列方法冲压成形。

① 多次冲压成形法。在封头冲压过程中，上模与封头毛坯接触的直径为 D_c[参见图 3-12(a)]，D_c 随着上模向下冲压而逐渐增加。在毛坯上有宽度为 l 的环形段，既不与上模接触，也不与下模接触，因而容易丧失稳定，又称为不稳定段。采用多次冲压成形法就是用一个上模、多个下模进行多次冲压成形，这样可以减少不稳定段的宽度，从而减少了产生折皱的机会。图 3-12(b)所示为两次冲压成形法，第一次冲压采用比上模直径 D_{sm} 小 200mm 左右的下模，将毛坯冲压成碟形，此时可将 2~3 块毛坯钢板重叠起来成形；第二次采用与封头规格相配合的下模，最后冲压成形(图中 Z 为冲压间隙值，其值按封头厚度确定)。多次冲压成形的下模直径的推荐值见表 3-11。

表 3-11　多次冲压成形的下模直径的推荐值

封头形式		椭圆形封头	球形封头	封头形式		椭圆形封头	球形封头
D_o/δ		270~560	200~400	D_o/δ		560~800	400~600
冲压次数		2	2	冲压次数		3	3
下模直径	第一次	$0.91D_{sm}$	$0.89D_{sm}$	下模直径	第一次	$0.89D_{sm}$	$0.88D_{sm}$
	第二次	$0.97D_{sm}$	$0.96D_{sm}$		第二次	$0.97D_{sm}$	$0.96D_{sm}$

② 有间隙压边法。开始冲压前，在压边圈与毛坯之间留有一定的间隙 Δ[参见图 3-12(c)]。冲压开始时，若作用在压边圈上的力为 G，则作用在毛坯上的压边力 $Q=0$。当上模向下拉伸毛坯时，其边缘部分向中心流动，增厚，进而受到压边圈的阻碍而形成压边力。随着上模向下行程的增加，压边力将逐渐增大。这样，压边力的变化就接近于最佳压边力的变化规律，即与不产生折皱所必需的最小压边力的变化相适应。这种方法冲压 $D_o/\delta=$

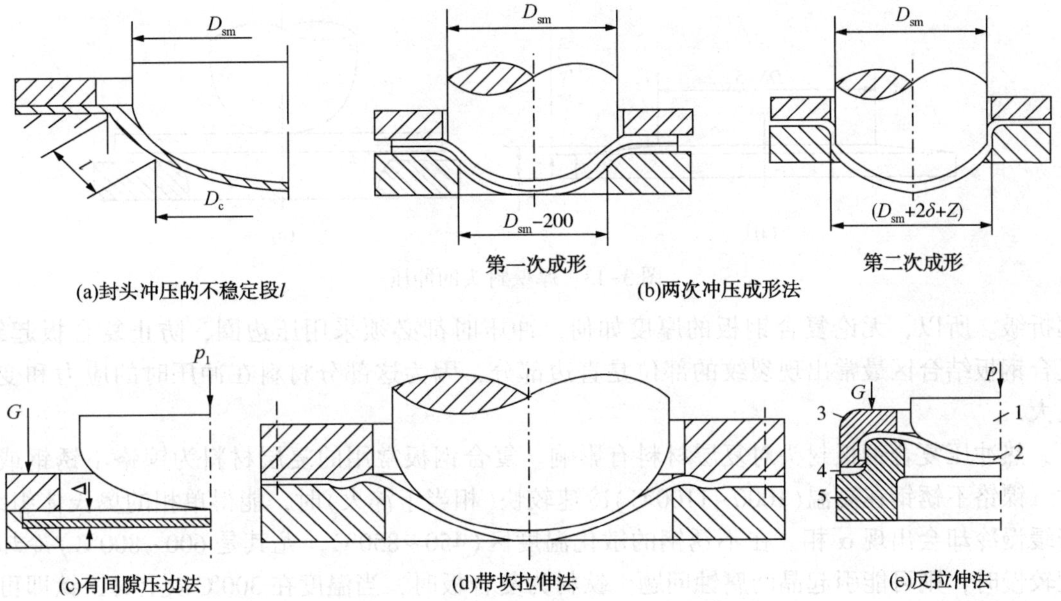

图 3-12　薄壁封头的冲压成形

120~220的薄壁封头时，不产生折皱，而且壁厚减薄比一般压边法小。

压边力 Q 的大小及变化与毛坯厚度及间隙大小有关，间隙过大，压边力不足，会产生折皱和鼓包；间隙过小，则使封头壁厚减薄较大，失去有间隙压边的意义。间隙的大小须通过试验确定，表 3-12 为某厂的推荐值。

表 3-12　有间隙压边法的间隙推荐值

毛坯冲压前厚度/mm	8	10	12	16	20	24	28	30	32	36
间隙 Δ/mm	0.5	1	1	2	2	3	4	4	5	6

③ 带坎拉伸法和反拉伸法。冲压较薄壁封头($60\delta<D_o-D_m<120\delta$)，如冷冲压 $\phi400\times2$ 和热冲压 $\phi2000\times8$ 的碳钢封头，可采用带坎拉伸法和反拉伸法，如图 3-12(d)、(e)所示。这两种方法的共同特点是，在不增大压边力的情况下增大了径向拉应力，增加了毛坯抗纵向弯曲的能力，降低了拉伸比，使毛坯不易产生折皱。反拉伸法较明显地把拉伸比分成两部分，它一般用两次拉伸，第一次将外环拉伸翻边，第二次做与第一次相反的拉伸直至成形。反拉伸时可以采用有间隙拉伸或无间隙拉伸。这两种方法都需要特殊的模具，反拉伸的模具和冲压工艺都比较复杂，但可冲特别薄的封头。

(2) 厚壁封头。$D_o-D_m\leqslant6\delta$ 的封头认为是厚壁封头，进行冲压加工时，尤其是带有直边的球形封头，因毛坯较厚，边缘部分金属不易变形，在拉伸时急剧增厚，增厚率达 10% 以上，使其通过下模圆角时的阻力大为增加，需要很大的冲击力，为此，冲压时必须增大模具间隙，或将坯料边缘削薄(参见图 3-13)，再进行冲压加工。

(3) 复合钢板封头。复合钢板在加热时，基层和复层金属不同则膨胀系数不同：在高温下两种金属具有不同的变形抗力，所以流动特点不同，即在相同的应力下，产生的变形不同。因此，复合钢板封头在冲压加工时，易在两层材料的结合区产生裂纹，甚至撕裂、

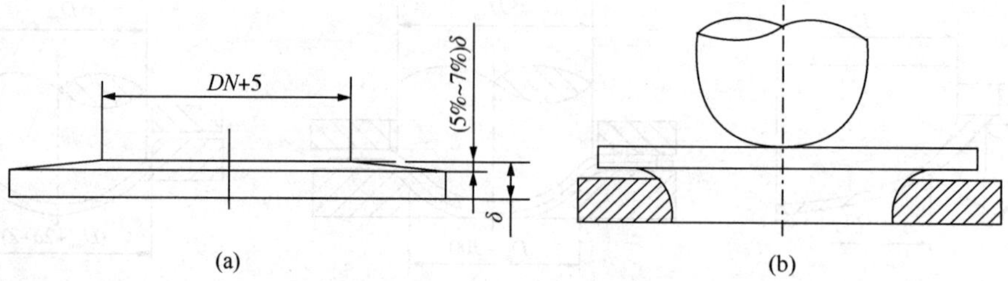

图 3-13　厚壁封头的冲压

起折皱。所以，无论复合钢板的厚度如何，冲压时都必须采用压边圈，防止复合板起皱。复合钢板结合区最常出现裂纹的部位是直边部分，因为这部分材料在冲压时的应力和变形最大。

热冲压复合钢板封头对复层材料有影响。复合钢板常用的复层材料为镍铬不锈钢或钛材。镍铬不锈钢在高温(1000~1100℃)冷速较快(相当于淬火)时，能得单相的奥氏体组织，若缓慢冷却会出现α相。在不锈钢的敏化温度区(450~850℃，尤其是600~800℃)冷却速度较慢时，则可能引起晶间腐蚀问题。钛材为复合板时，当温度在300℃以上时，钛即可快速吸氢，600℃以上可快速吸氧，700℃以上可快速吸氨；当温度高于1000℃时，钛可以直接与碳化合成碳化钛，这些因素都可使钛材塑性、韧性下降，所以钛材为复层的复合板的冲压温度不宜过高，一般在550~650℃为宜。

(4) 封头上设计有人孔的冲压加工。当封头上设计有椭圆形人孔(或圆孔)时，一种工艺是封头冲压好后，再割人孔，焊上加强圈；另一种工艺是预先在毛坯上割出人孔预切椭圆，然后在热态下进行翻孔冲压。

封头冲压后再在翻孔模上进行外翻孔(板孔)，如图 3-14(a)所示，在石油、化工容器上应用较多。锅炉封头上人孔的内翻孔工序，一般是在封头冲压过程中同时进行的。先在毛坯上割出人孔预切椭圆，上冲模在此起着冲封头凸模和翻孔冲环两个作用，其典型结构如图 3-14(b)所示。

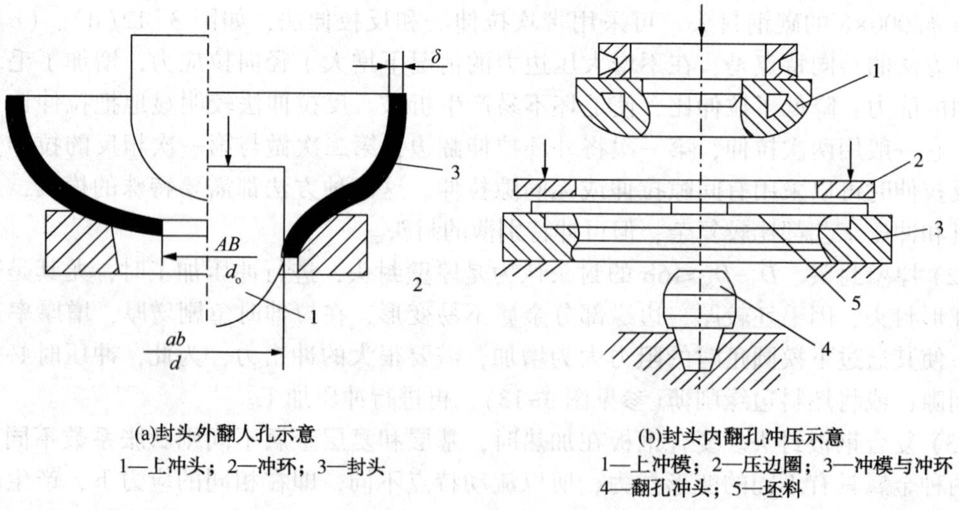

(a)封头外翻人孔示意
1—上冲头；2—冲环；3—封头

(b)封头内翻孔冲压示意
1—上冲模；2—压边圈；3—冲模与冲环
4—翻孔冲头；5—坯料

图 3-14　封头上人孔加工

人孔冲压力 p 的估算如下：

圆形人孔： $$p=1.1\pi(d-d_0)\delta\sigma_b^t(\text{MPa}) \tag{3-16}$$

椭圆形人孔： $$p=1.5\pi(C_2-C_1)\delta\sigma_b^t(\text{MPa}) \tag{3-17}$$

式中，d 为翻边后圆孔直径（直径要求给定），mm；d_0 为预割圆孔直径，按表 3-13 选取热翻孔系数 $K_f=d_0/d$；δ 为钢板厚度，mm；σ_b^t 为材料的抗拉强度，MPa；C_1 为毛坯椭圆孔周边长度，mm；C_2 为封头椭圆孔周边长度，mm。

表 3-13 热翻孔系数 K_f

d_0/δ	>50	20~50	10~20	<10
K_f	≥0.6~0.9	≥0.5~0.6	≥0.4~0.5	≥0.25~0.4

3.2.1.6 冲压模具设计

（1）上模（冲头）。上模结构及主要设计参数如图 3-15 所示。在实际冲压中，以内径为准的封头、上模设计应考虑同一直径几种相邻壁厚封头的通用性。

① 上模直径 D_{sm}（参见图 3-15）。根据封头内径 D 和热冲压的收缩率 ψ 或冷冲床的回弹率 ψ 计算 D：

$$D_{sm}=D_n(1\pm\psi)(\text{mm}) \tag{3-18}$$

$$\psi=\alpha\Delta t\times100\% \tag{3-19}$$

式中，α 为线膨胀系数（碳钢、低合金钢 $\alpha=14.7\times10^{-6}$，不锈钢 $\alpha=19\times10^{-6}$），℃$^{-1}$；Δt 为冲压结束温度与室温之差，℃。

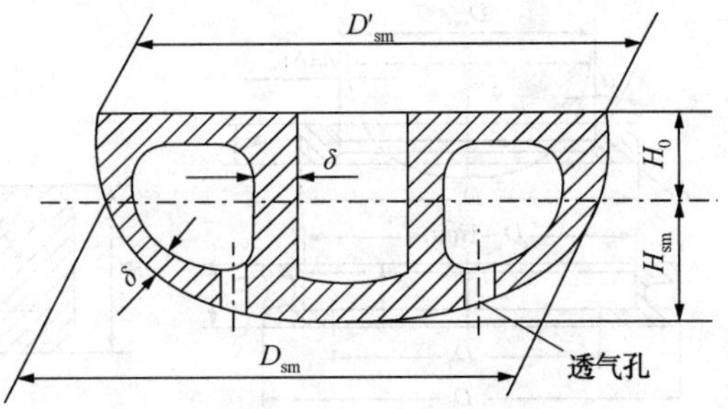

图 3-15 上模结构参图

实际冲压中，直径和壁厚大的封头冷却慢，冲压结束温度高、收缩率大；直径和壁厚小的封头，冲压结束温度低、收缩率小。因此收缩率并不完全按公式(3-19)计算确定，通常由经验（见表 3-14）选定。回弹率通常按材料不同参考表 3-14 选定。

表 3-14 收缩率或回弹率的经验值

D_n/mm	<600	700~1000	1100~1800	>2000
ψ/%	0.5~0.6	0.6~0.7	0.7~0.8	0.8~0.9
材料	碳钢	不锈钢	铝	铜
$-\psi$/%	0.3~0.4	0.4~0.7	0.1~0.15	0.15~0.2

注：1. 薄壁封头取下限，厚壁封头取上限。
2. 不锈钢封头的收缩率按表增加 30%~40%。
3. 需调质处理的封头应另减调质后的胀大量，其值通常为 0.05%~0.1%。
4. 封头余量采用气割时，应增加气割收缩量，其值通常为 0.04%~0.06%。

② 上模曲面部分高度 H_{sm}（参见图 3-15）。

$$H_{sm}=h_n(1\pm\psi)(\text{mm}) \tag{3-20}$$

式中，h_n 为封头内（曲面高度），mm；$\pm\psi$ 为收缩率或回弹率。

③ 上模直边高度 H_0（参见图 3-15）。

$$H_0=h+H_1+H_2+H_3\text{(mm)} \tag{3-21}$$

式中，h 为封头直边高度(按标准规定)，mm；H_1为封头高度修边余量，一般为 15~40mm；H_2为卸料板厚度，一般为 40~80mm；H_3为保险余量，一般为 40~100mm。

④ 上模上部直径 D'_{sm}(参见图 3-15)。

$$D'_{sm}=D_{sm}+(2\sim3)\text{(mm)} \tag{3-22}$$

⑤ 上模壁厚 δ。

当压机吨位小于等于 400t 时，$\delta=30\sim40$mm；

当压机吨位大于等于 1500t 时，$\delta=70\sim80$mm。

(2) 下模(冲环)。下模结构及主要设计参数如图 3-16 所示。为了适应冲压不同尺寸封头及模具设计的通用性，下模的结构通常设计为下模和下模座。这样在冲压不同直径封头时，只需改变下模直径 D_{xm}即可，而下模座可以满足一系列封头冲压的需要，方便了模具的更换，避免了设计、制造大量模具。

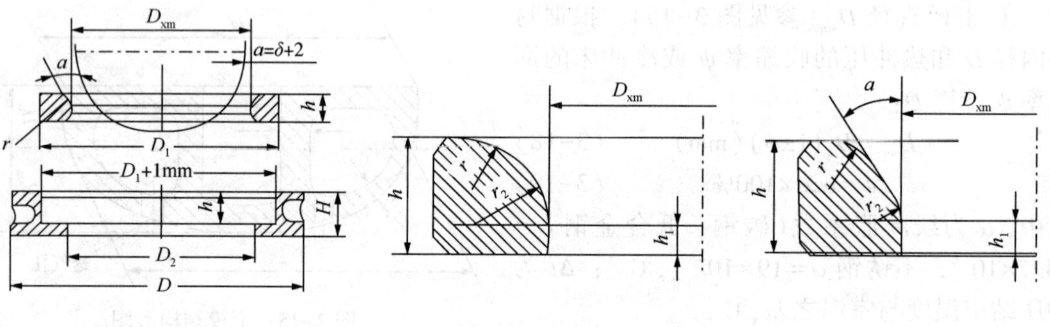

(a)下模结构参数　　(b)双曲率圆角　　(c)斜坡圆角

图 3-16　下模结构参数及下模圆角

① 上、下模的间隙 a。

间隙 a 对封头成形质量有直接影响，若 a 值过大，则使冲压力减小，但易产生鼓包和折皱，并影响封头直径尺寸；若 a 值过小，则边缘部分将产生很大的挤压力和摩擦力，使冲压力增大，不仅耗费功率，而且可能将封头严重拉薄。因此，间隙 α 应考虑板厚 δ，还应考虑适当的附加值 Z，即：

$$a=\delta+Z \tag{3-23}$$

热冲压时 $Z=(0.1\sim0.2)\delta$；冷冲压时 $Z=(0.2\sim0.3)\delta$。

间隙附加值 Z 的选取要注意：薄壁封头取小值，厚壁封头取大值；球形封头及直边较大的椭圆形封头取较大值；压机能力较小时取大值，并可适当加大；可以参考的经验数据见表 3-15。

表 3-15　间隙附加值 2Z 的经验值

δ/mm	6	8	10	12	14	16	20	25	28	30	32	36	40	46	50	52	56	60
2Z/mm	1				1.5	2	2.5	3.5	4	4.5	5	6	6.5	8			9	11

② 下模内径 D_{xm}。

$$D_{xm}=D_{sm}+2a+\delta_m(\text{mm}) \quad (3-24)$$

式中，δ_m为下模制造公差，mm；其他符号同上。

③ 下模圆角半径 r。冲压毛坯通过下模圆角时，除受拉应力外，还受很大的弯曲应力。若圆角太小，毛坯滑入下模拐弯很急，弯曲应力增大，并使冲压力增大，毛坯受到严重拉薄和表面产生微裂纹；若圆角太大，则易产生折皱和鼓包。因此有三种设计方案。一种如图 3-16(a)所示，根据经验选取。

采用压边圈时：

$$r=(2\sim3)\delta(\text{mm}) \quad (3-25)$$

不采用压边圈时：

$$r=(4\sim6)\delta(\text{mm}) \quad (3-26)$$

当毛坯很厚，下模高度受限制时，可采用双曲率圆角，如图 3-16(b)所示；或采用斜坡圆角，如图 3-16(c)所示。

$$r_1=80\sim150\text{ mm};\ r_2=(3\sim4)\delta;\ \alpha=30\sim40℃ \quad (3-27)$$

④ 下模直边高度 h_1。

$$h_1=40\sim70\text{mm} \quad (3-28)$$

⑤ 下模总高度 h。

$$h=100\sim250\text{mm} \quad (3-29)$$

⑥ 下模外径 D_1

$$D_1=D_{xm}+(200\sim400)(\text{mm}) \quad (3-30)$$

⑦ 下模座。外径 D 应大于毛坯直径 D_0；高度 $H=h+(60\sim100)$(mm)；下口内径 D_2应比与之配套的最大壁厚封头的下模内径 D_{xm}大 5~10mm。

(3) 压边圈。其结构及设计参数如图 3-17 所示。其主要尺寸为：内径 $D_n=D_{xm}+(50\sim80)$(mm)；外径 $D'_\omega=D$ 下模座外径(mm)；厚度 $\delta'=70\sim120$mm。

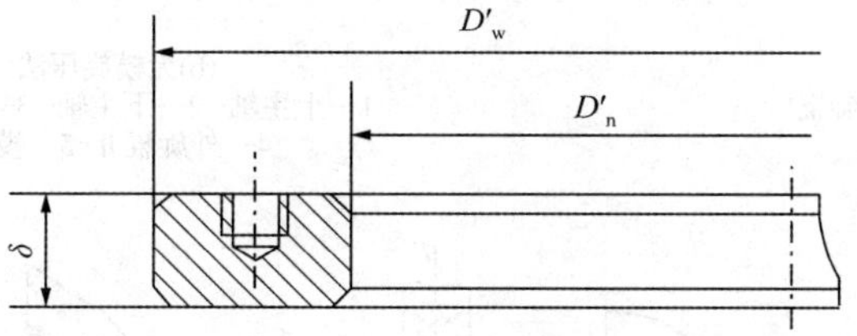

图 3-17　压边圈参数

3.2.2　封头的旋压成形

随着过程设备制造的大型化，大型封头的制造问题迫切需要解决。而仍采用冲压成形法，需要大吨位、大工作台面的水压机，大吨位冲压模具，成本高。采用分片冲压拼焊法也需要制作冲压瓣片的模具，组焊工作量大、工序多、工期长、成本高、质量不易保证、焊缝常与封头上开孔有矛盾等。目前采用旋压成形法制造大型封头已成为主要方法。

3.2.2.1　旋压成形的特点

(1) 优点：

① 适合制造尺寸大、壁薄的大型封头，目前已制造 ϕ5000mm、ϕ7000mm、ϕ8000mm，

甚至 ϕ20000mm 的超大型封头；

② 旋压机比水压机轻巧，制造相同尺寸的封头，比水压机约轻 2.5 倍；

③ 旋压模具比冲压模具简单、尺寸小、成本低。同一模具可制造直径相同而壁厚不同的封头；

④ 工艺装备更换时间短，占冲压加工的 1/5 左右，适于单件小批生产；

⑤ 封头成形质量好，不易产生减薄和折皱；

⑥ 压鼓机配有自动操作系统，翻边机的自动化程度也很高，操作条件好。

(2) 不足：

① 冷旋压成形后对于某些钢材还需要进行消除冷加工硬化的热处理；

② 对于厚壁小直径(小于等于 ϕ1400mm)封头采用旋压成形时，需在旋压机上增加附件，比较麻烦，不如冲压成形简单；

③旋压过程较慢，生产率低于冲压成形。

3.2.2.2 旋压成形的方法

(1) 单机旋压法。在旋压机上一次完成封头的旋压成形过程。它占地面积小，不需要半成品堆放地，生产效率较高。根据模具使用情况可分为有模旋压法、无模旋压法和冲旋联合法，分别如图 3-18(a)、(b)、(c)所示。

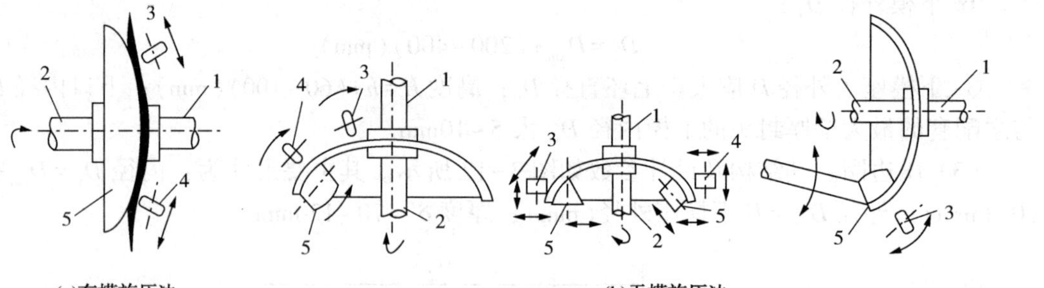

(a)有模旋压法
1—右主轴；2—左主轴；3—外旋辊Ⅰ；4—外旋辊Ⅱ；5—模具

(b)无模旋压法
1—上主轴；2—下主轴；3—外旋辊Ⅰ；4—外旋辊Ⅱ；5—模具

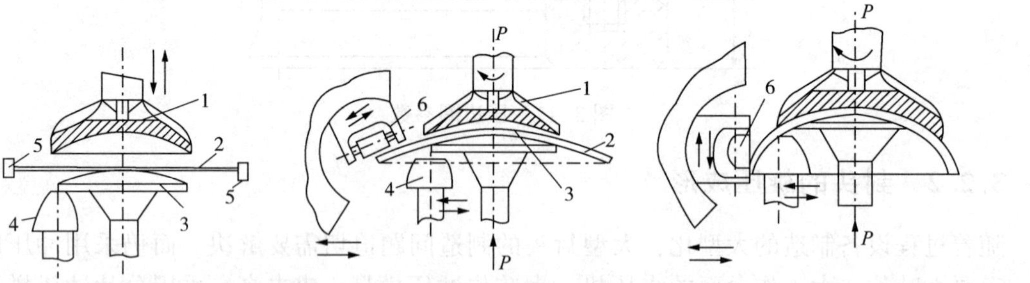

① 冲旋开始　② 冲压中心部分　③旋压翻边成形

(c)立式冲旋联合法生产封头过程示意图
1—上压模；2—坯料；3—下压模；4—内旋辊；5—定位装置；6—外旋辊

图 3-18 封头单双面旋压成形

①有模旋压法。这类旋压机具有一个与封头内壁形状相同的模具，封头毛坯被辗压在模具上成形，如图 3-18(a)所示。这类旋压机一般都是用液压传动，旋压所需动力由液压

提供，因此效率较高，封头旋压可一次完成。同时具有液压靠模仿形旋压装置，旋压过程可以自动化。旋压的封头形状准确。在一台旋压机上可具有旋压、边缘加工等多种用途。但这类旋压机必须备有旋压不同尺寸封头所需的模具，因而工装费用较大。

② 无模旋压法。这类旋压机除用于夹紧毛坯的模具外，不需要其他的成形模具，封头的旋压全靠外旋辊并由内旋辊配合完成，如图 3-18(b)所示。下(或左)主轴一般是主动轴，由它带动毛坯旋转，外旋辊有一个或两个。该装备构造与控制比较复杂，适于批量生产。

③ 冲旋联合法。在一台装备上先以冲压法将毛坯压鼓成碟形，再以旋压法进行翻边使封头成形。图 3-18(c)是立式冲旋联合法加工封头的过程示意图。图①加热的毛坯 2 放到旋压机下模压紧装置的凸面 3 上，用专用的定中心装置 5 定位。接着有凹面的上模 1 从上向下将毛坯压紧，并继续进行模压，使毛坯变成碟形，如图②所示。然后上下压紧装置夹住毛坯一起旋转，外旋辊 6 开始旋压并使封头边缘成形，内旋辊 4 起靠模支撑作用，内外辊相互配合，即将旋转的毛坯旋压成所需形状，如图③所示。这种装置可旋压直径 ϕ1600mm~ϕ4000m、厚度 18~120mm 的封头。这类旋压机虽然不需要大型模具，但仍需要用比较大的压鼓模具来冲压碟形，功率消耗较大。这种方法大都采用热旋压，需配有加热装置和装料设备，较适宜于制造大型、单件的厚壁封头。

(2) 联机旋压法。是用压鼓机和旋压翻边机先后对封头毛坯进行旋压成形的方法。首先用压鼓机将毛坯逐点压成凸鼓形，完成封头曲率半径较大的部分成形，如图 3-19(a)所示。然后再用旋压翻边机将其边缘部分逐点旋压，完成曲率半径较小部分的成形，如图 3-19(b)所示。

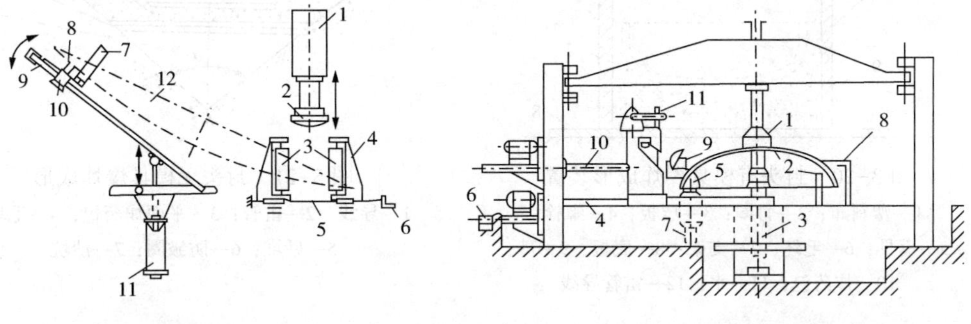

(a)压鼓机工作原理

1—油压缸；2—上胎(下胎未画出)；3—导辊；4—导辊架；5—丝杆；6—手轮；7—导辊（可做垂直板面运动）；8—驱动辊；9—电机；10—减速箱；11—压力杆；12—毛坯

(b)立式旋压翻边机

1—上转筒；2—下转筒；3—主轴；4—底座；5—内旋辊；6—内辊水平轴；7—内辊垂直轴；8—加热炉；9—外旋辊；10—外辊水平轴；11—外辊垂直轴

图 3-19 联机旋压法

这种方法占地面积大，需有半成品堆放地，工序间的装夹、运输等辅助操作多。但机器结构简单，不要大型胎具，而且还可以组成封头生产线。目前采用此法仍较多。

3.2.3 封头的爆炸成形

封头的爆炸成形是利用高能源炸药在极短时间内(约 10^{-6}s)爆炸所产生的巨大冲击波，并通过水或砂子等介质作用在封头毛坯上，迫使其产生塑性变形而获得所要求形状、尺寸的封头。封头爆炸成形根据是否采用模具可分为有模具爆炸成形和无模具爆炸成形。

3.2.3.1 有模具爆炸成形

封头有模具爆炸成形如图3-20所示。封头毛坯6被夹紧在压板3与模具5之间，在毛坯上放置竹圈2及塑料布1，其中盛水，水中挂有炸药包10。模具利用支架7撑离地面一定高度，在支架中装有砂子。在接通电源使炸药爆炸后，高压冲击波使毛坯通过模具下落，封头即可成形。这种爆炸成形的特点是：

① 封头成形质量好，可以达到要求的形状、尺寸及表面粗糙度，壁厚减薄较小；封头经退火处理后，其力学性能可进一步得到改善；

② 设备简单，不需要其他大型配套装备；

③ 操作方便、效率高、成本低，对于成批生产更为有利。

3.2.3.2 无模具爆炸成形

封头无模具爆炸成形不用模具，它是通过控制载荷的分布来达到控制封头成形的目的。图3-21所示为封头的无模具爆炸成形简图。

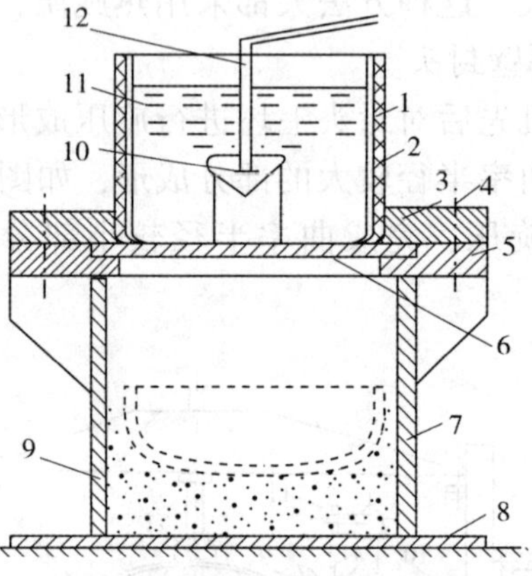

图3-20 封头有模具爆炸成形装置

1—塑料布；2—竹圈；3—压板；4—螺栓；5—模具；6—毛坯；7—支架；8—底板；9—砂；10—炸药包；11—水；12—雷管导线

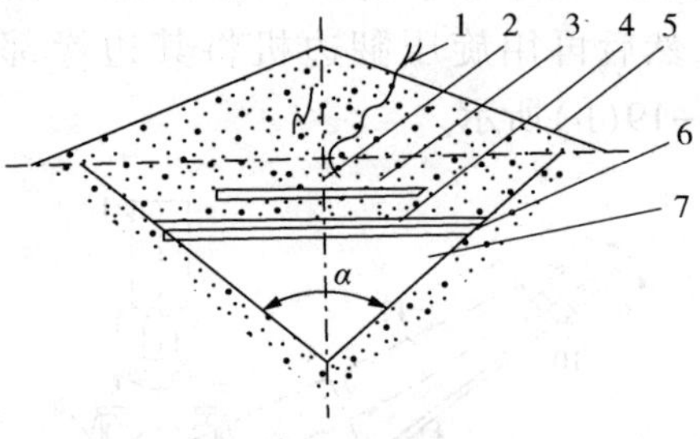

图3-21 封头无模具爆炸成形

1—导线；2—雷管；3—平面炸药包；4—毛坯；5—砂堆；6—防皱圈；7—沙坑

成形加工先选择安全、适宜的基地，如山谷或沙滩，要求沙床透气性好。再挖一个直径为毛坯直径两倍的锥形地坑，圆锥角α一般为90°~100°。

为了克服无模具爆炸成形后封头边缘起折皱和无直边的缺陷，可在毛坯上加放压边，或在毛坯外侧焊一个防皱圈。为造出直边，可在封头的成形端口加放成形环。

无模具爆炸成形与其他封头成形方法相比，有以下优点：

① 装置简单，成本低，操作方便；

② 封头弯曲度均匀，表面光滑，成形质量好；

③ 由于爆炸产生的冲击波是呈球面传播的，故可制造其他成形方法难以制造的球形封头；

④ 可以使双金属的复合工艺与封头成形工艺结合起来一步完成，使某些难于冲压的金属材料如磷青铜等，也能顺利完成封头成形，简化了工艺。

封头爆炸成形工艺若处理不当，存在一定的危险性。具体实施必须做好安全防护工作，并应取得有关部门的认可和批准。

3.2.4　封头制造的质量要求

（1）封头应尽量用整块钢板制成，必须拼接时，焊缝数量及位置参见封头的划线技术要求。

（2）封头冲压前应清除钢板毛刺，冲压后去除内外表面的氧化皮，表面不允许有裂纹等缺陷。对于微小的表面裂纹和高度达 3mm 的个别凸起应进行修整。人孔板边处圆柱部分上距板边圆弧起点大于 5mm 处的裂口，经检验部门同意后可修磨、补焊，修磨后的板厚不得超过表 3-16 的规定。缺陷补焊后应进行无损检测。

表 3-16　封头几何形状和尺寸偏差　mm

名称		代号	偏差	名称		代号	偏差
总高度		ΔH	+10～3	人孔板边高度		h_2	±3
圆柱直边部分倾斜	$\delta \leqslant 30$	ΔK	$\leqslant 2$	人孔尺寸	椭圆形	a，b	+4～2
	$\delta > 30$		$\leqslant 3$		圆形	d	±2
过渡圆弧处减薄量	标准椭圆形	$\Delta\delta$	$\leqslant 10\%\delta$	人孔中心线偏差		e	$\leqslant 5$
	深椭圆和球形		$\leqslant 15\%\delta$				

注：δ 为公称壁厚。

（3）封头和筒体对接处的圆柱直边部分长度 L 应符合表 3-17 的规定。球形封头可取 L 为零。

表 3-17　封头圆柱部分长度　mm

封头壁厚 δ	$\delta \leqslant 10$	$10 < \delta \leqslant 20$	$\delta > 20$
长度 L	$L \geqslant 25$	$L \geqslant \delta + 15$	$L \geqslant \frac{\delta}{2} + 25$ 且 $L \leqslant 50$

（4）封头的几何形状和尺寸偏差不应超过表 3-16 和表 3-18 的规定(参见图 3-22 和图 3-23)。

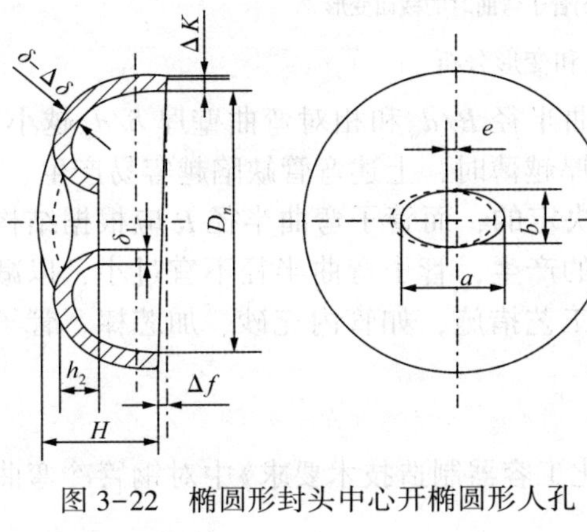

图 3-22　椭圆形封头中心开椭圆形人孔

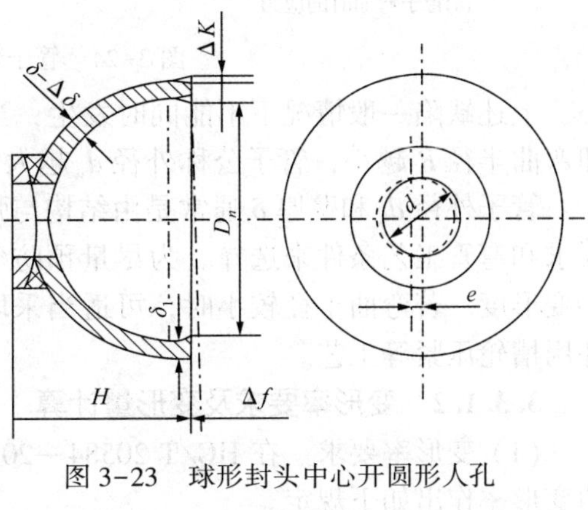

图 3-23　球形封头中心开圆形人孔

表 3-18　封头几何形状和尺寸偏差　mm

公称直径 DN	内径偏差 ΔDN	椭圆度 $D_{max}-D_{min}$	端面倾斜度 Δf	人孔板边处厚度 δ_1
$DN \leqslant 1000$	+3~2	4	1.5	$\delta_1=0.7\delta$
$1000<DN \leqslant 1500$	+5~3	6	1.5	
$DN>1500$	+7~4	8	2.0	

注：δ 为公称壁厚。

3.3　管子的弯曲

3.3.1　管子弯曲的应力分析和变形计算

3.3.1.1　应力分析及易产生的缺陷

如图 3-24 所示，管子在弯矩 M 作用下发生纯弯曲变形时，中性轴外侧管壁受拉应力 σ_1的作用，随着变形率的增大，σ_1逐渐增大，管壁可能减薄，严重时可产生微裂纹；内侧管壁受压应力 σ_2的作用，管壁可能增厚，严重时可使管壁失稳产生折皱；同时在合力 N_1与 N_2作用下，使管子横截面变形，若管子是自由弯曲，变形将近似为椭圆形，如图 3-24(b)所示，若管子是利用具有半圆槽的弯管模具进行弯曲，则内侧基本上保持半圆形，而外侧变扁，如图 3-24(b)所示。

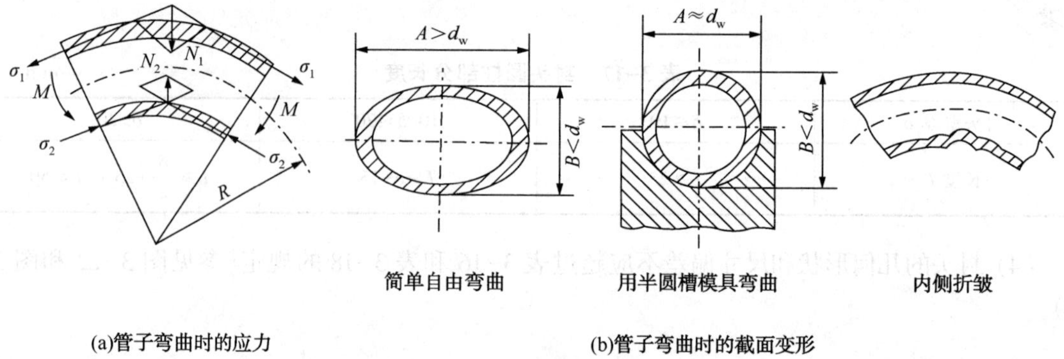

图 3-24　管子弯曲的应力和变形分析

上述缺陷一般情况下不能同时发生，当相对弯曲半径 R/d_w和相对弯曲壁厚 δ/d_w越小，即弯曲半径 R 越小，管子公称外径 d_w越大，管子壁厚越薄时，上述弯管缺陷越容易产生。

管子外径 d_w和壁厚 δ 通常是由结构与强度设计决定的，而管子弯曲半径 R 应根据结构要求和弯管工艺条件来选择。为尽量预防弯管缺陷的产生，管子弯曲半径不宜过小，以减小变形度。若弯曲半径较小时，可适当采取相应的工艺措施，如管内充砂、加芯棒、管子外用槽轮压紧等工艺。

3.3.1.2　变形率要求及变形量计算

(1) 变形率要求。在 HG/T 20584—2011《钢制化工容器制造技术要求》中对钢管冷弯曲的变形率作出如下规定。

钢管冷弯后，如变形率超过下列范围时，应进行热处理：

① 碳钢、低合金钢的钢管弯管后的外层纤维变形率应不大于钢管标准规定伸长率 δ_5 的一半，或外层材料的剩余变形率应不小于 10%；

② 对有冲击韧性要求的钢管，最大变形率不大于 5%。

在实际生产中控制管子弯曲变形率的主要方式是控制管子弯曲的半径。弯曲半径越小，变形率越大，就越容易产生弯管缺陷。不同材质、规格的管子弯曲半径，有关标准和资料作了一些规定，如 JB 1624—1993《中低压锅炉管子弯曲半径》中对选取常用弯管半径(指管子中性层处弯曲半径)做了规定。GB/T 151—2014《热交换器》中要求 U 形管弯管段的弯曲半径 R(见图 3-24)应不小于两倍的管子外径。常用换热器的最小弯曲半径 R_{min} 按表 3-19 选取。

表 3-19 换热管最小弯曲半径 R_{min} mm

换热管外径	10	14	19	25	32	38	45	57
R_{min}	20	30	40	50	65	75	90	115

需要指出的是，上述介绍的管子弯曲半径不但与管子外径 d_w 和壁厚 δ 有关，还与管子材质、弯管工艺、弯管方法等因素有关。

(2) 变形量计算。

① 椭圆率 a。管子进行简单的自由弯曲，其横截面将成为近似的椭圆形，其椭圆的程度用椭圆率 a 表示，可按下式计算。

$$a=\frac{d_{max}-d_{min}}{d_w}\times 100\% \tag{3-31}$$

式中，d_{max} 为弯管(弯头)横截面上最大外径，mm；d_{min} 为弯管(弯头)横截面上最小外径，mm；d_w 为管子公称外径，mm。

② 弯管外侧壁厚减薄量。

a. 弯管最薄处壁厚 δ_{min}。

$$\delta_{min}=\frac{2R\delta-d_w}{2(R+R_w)} \tag{3-32}$$

$$\delta_{min}=\left(1-\frac{d_w}{4R}\right)\delta \tag{3-33}$$

式中，δ 为弯管前管子壁厚，mm；

R 为管子弯曲半径，参见图 3-24(a)，mm；其他符号意义同上。

b. 管子弯头处壁厚减薄量 b。

$$b=\frac{\delta-\delta_{min}}{\delta}\times 100\% \tag{3-34}$$

式中，符号意义同上。

③ 弯管伸长量。管子弯曲后产生的塑性变形将使管子的总长度增加，弯管后的伸长量与请多因素有关，如冷弯或热弯、管子材质、弯曲半径、弯管方法、弯管工艺等，生产中常按经验估算。

a. 近似估算的经验数据。不同直径的管子弯曲不同角度时，伸长量可按表 3-20 进行近似的估算。

表 3-20　弯曲不同角度时伸长量的估算

d_w/mm	16~18	25	32~42	51~89	108	133	159
$(\Delta l/\alpha)$/(mm/°)	5/180	(8~9)/180	(9~10)/180	(0.8~1.3)/10	(1.3~1.5)/10	(1.5~1.7)/10	(2~2.5)/10

b. 弯头伸长量 Δl 的计算公式。

$$\Delta l=\frac{\pi\alpha}{180^{\circ}}e \tag{3-35}$$

$$e\approx\frac{r}{2}\sqrt{\frac{r}{R}}$$

$$r=\frac{d_w-\delta}{2}$$

式中　α 为管子弯曲角度，(°)；e 为中性层偏移量，mm；r 为管子平均半径，mm；其他符号意义同上。

3.3.2　弯管方法

生产弯管的方法很多，有冷弯管和热弯管、有芯弯管和无芯弯管、手工弯管和机动弯管等，按外力作用方式又有压(顶)弯、滚压弯、拉弯和冲弯等。其主要目的是在保证弯管的形状、尺寸的同时，要尽量减少和防止弯管时产生缺陷。下面以冷弯、热弯为主，同时介绍其他弯管方法。

3.3.2.1　冷弯或热弯方法的选择

选择冷弯或热弯方法主要考虑如下内容。

(1) 管子的尺寸规格和弯曲半径。通常管子的外径大、管壁较厚、弯曲半径较小时，多采用热弯，相反则采用冷弯。同时，注意表 3-21 的内容(其中，管子相对弯曲壁厚 $\delta_x=\delta/d_w$，相对弯曲半径 $R_x=R/d_w$)，并且注意管子冷弯、热弯方法的特点及有关工艺要求。

表 3-21　冷弯和热弯的使用范围

		无芯				有芯	
		弯管机回转	挤弯	简单弯曲	滚弯		
冷弯	D_w<108mm(DN<100mm)	$\delta_x\approx0.1$	$\delta_x\geq0.06$	$\delta_x\geq0.06$	$\delta_x\geq0.06$	$\delta_x\geq0.05$	$\delta_x\geq0.035$
	R>4DN	$R_x\geq1.5$	$R_x\geq1$	$R_x\geq10$	$R_x\geq10$	$R_x\geq2$	$R_x\geq3$
热弯	DN<400mm	充砂	热挤	—	—	热挤	
	中低压管路 $R\geq3.5DN$	$\delta_x\geq0.06$	$\delta_x\geq0.06$	—	—	$\delta_x\geq0.06$	
	高压管路 $R\geq5DN$	$R_x\geq4$	$R_x\geq1$	—	—	$R_x\geq1$	

(2) 管子材质为低碳钢、低合金钢时，可以冷弯或热弯；管子材质为高合金钢应选择热弯。

(3) 弯管形状较复杂，无法冷弯，可采用热弯。

(4) 不具备冷弯设备，采用热弯。

3.3.2.2　冷弯方法及特点

冷弯不需要加热，效率较高，操作方便，所以直径在 108mm 以下的管子大多采用冷弯，直径在 60mm 以下的厚壁管也可以采取适当工艺措施进行冷弯。冷弯方法有手动弯管法和机动弯管法。机动弯管法中拉拔式弯管法应用较广泛。

(1) 手动弯管法。通常使用手动弯管器(参见图 3-25)来完成弯管。弯管前管内填充干燥砂，管端塞堵或焊堵。弯臂时将管子插入固定扇轮 1 与活动滚轮 2 之间，使其一端放入夹子 6 中，推动手柄 4 带动滚轮朝管子弯曲方向转动，一直达到所需要的弯曲角度为止。

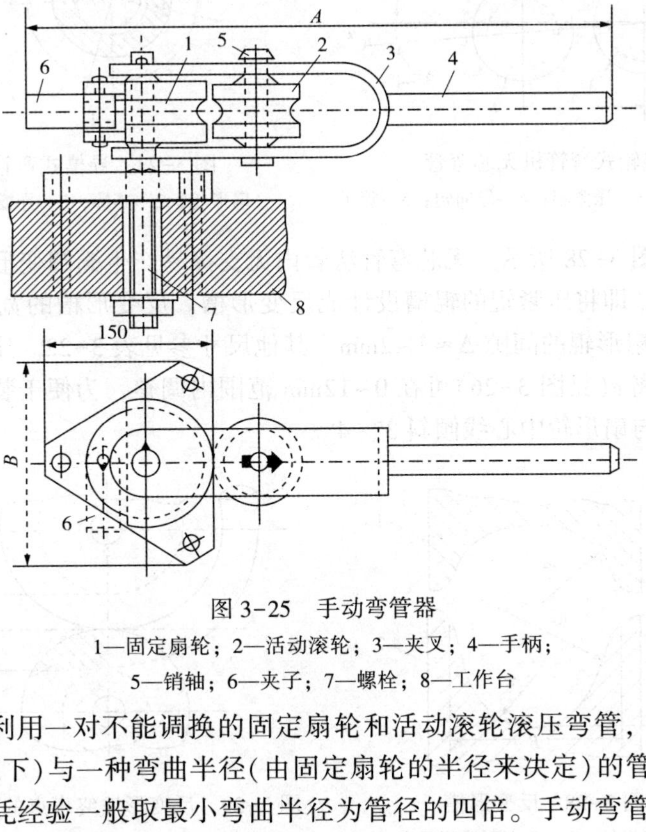

图 3-25　手动弯管器

1—固定扇轮；2—活动滚轮；3—夹叉；4—手柄；
5—销轴；6—夹子；7—螺栓；8—工作台

这种弯管器是利用一对不能调换的固定扇轮和活动滚轮滚压弯管，故只能弯曲一种规格(外径在 32mm 以下)与一种弯曲半径(由固定扇轮的半径来决定)的管子。从保证弯管质量合格角度考虑，凭经验一般取最小弯曲半径为管径的四倍。手动弯管法劳动量大，生产率低，但设备简单，并且能弯曲各种弯曲半径和各种弯曲角度的管子，所以应用普遍，尤其是现场组对、安装和修配时。

(2) 拉拔式弯管法。常用的机动弯管机采用拉弯法使管子截面材料受拉应力为主弯曲成形，按其结构形式分为滚轮式和导向槽式两种，可以采用无芯弯管、反变形弯管和有芯弯管等方法。

辊轮式弯管机无芯弯管如图 3-26 所示，辊轮式弯管机由电机驱动，通过减速器带动扇形轮 1 转动。弯管时，将管子安置在扇形轮与压紧轮 3、导向辊 4 中间，并用夹头 2 将管子固定在扇形轮的周边上。当扇形轮顺时针转动时，管子随同一起旋转，被压紧辊和导向辊阻挡而弯曲成形。扇形轮的半径即为弯管的弯曲半径(弯管机配有不同半径的扇形轮)。

导槽式弯管机有芯弯管如图 3-27 所示，它与辊轮式弯管机的区别是用导槽代替辊轮。由于导槽与管子接触面大，在控制管子截面变形上比辊轮优越。另外，还可以在管子内放置一根芯棒，预防管子的变形(参见有芯弯管)。

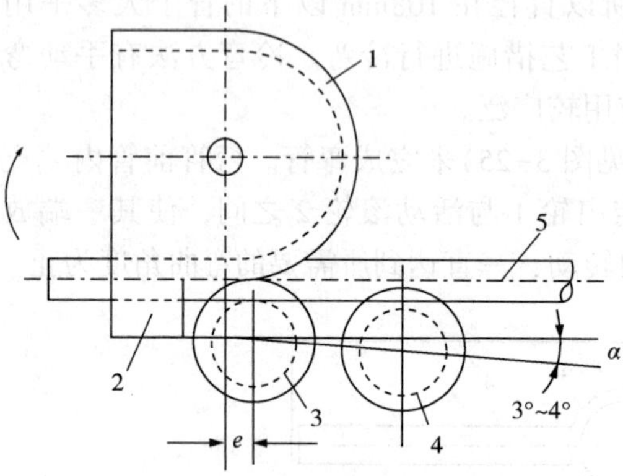

图 3-26　辊轮式弯管机无芯弯管

1—扇形轮；2—夹子；3—压紧辊；4—导向辊；5—管子

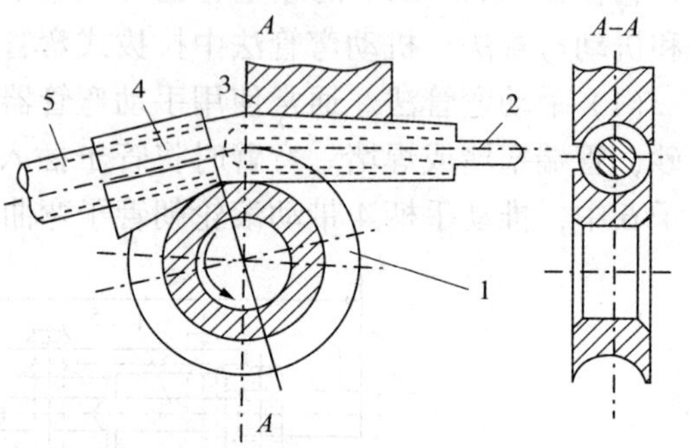

图 3-27　导槽式弯管机有芯弯管

1—扇形轮；2—芯棒；3—导槽；4—夹头；5—管子

反变形弯管如图 3-28 所示。无芯弯管法管内无支撑易产生椭圆变形。为预防变形，可采用反变形弯管法，即将压紧辊的辊槽设计成反变形槽。反变形槽的宽度 B 应略小于管子外径 d_w，压紧辊与扇形辊的间隙 $\Delta \approx 1 \sim 2$mm，其他尺寸参见表 3-22。压紧辊中心线与扇形轮中心线之间的距离 e(见图 3-26)可在 0~12mm 范围内调整，为便于装卸管子，压紧辊和导向辊的中心线应与扇形轮中心线倾斜 3°~4°。

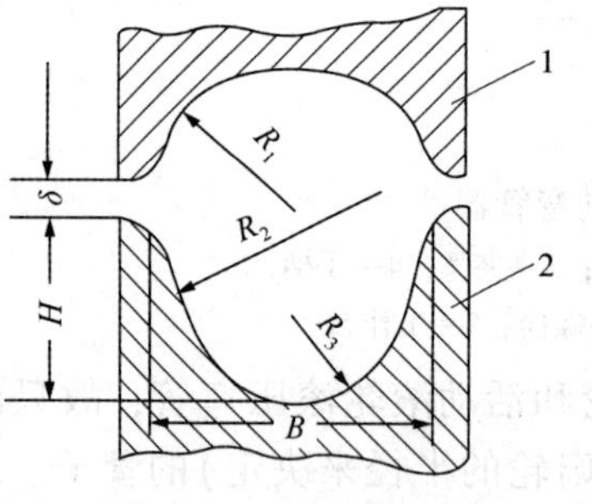

图 3-28　反变形槽

1—扇形轮；2—反变形槽压紧辊

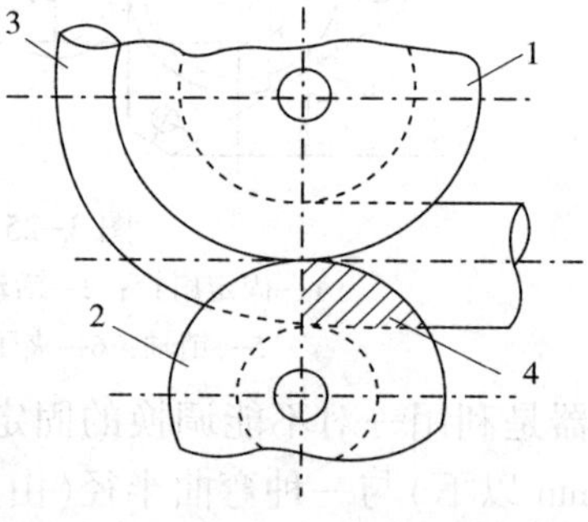

图 3-29　反变形法终弯点的变形区

1—扇形轮；2—反变形槽压紧辊；3—被弯管子；4—终弯点的变形区

表 3-22　反应形槽尺寸设计

相对弯曲半径 R/d_w	R_1	R_2	R_3	H
1.5 ~ 2.0	$0.5d_w$	$0.95d_w$	$0.37d_w$	$0.56d_w$
≥2.0	$0.5d_w$	$1.0d_w$	$0.4d_w$	$0.54d_w$
≥3.5	$0.5d_w$	—	$0.5d_w$	$0.5d_w$

反变形槽的作用是使被弯管子在弯曲前先产生一个预变形，其变形方向与弯曲变形方

向相反，因而管子被弯曲后，两个方向的变形可以互相抵消或减小最后的变形，尽量保证弯管面呈圆形。

反变形弯管在终弯点后边一小段(参见图 3-29 中阴影 A 处)，因未受弯曲，其反变形无法恢复，反而呈椭圆形，因此要恰当调整后变形槽尺寸，反变形不可过大，使最后的剩余反变形在允许范围之内。

反变形槽压紧辊制造较复杂，使用中也易磨损，所以在有一定批量、大直径弯管时才考虑采用反变形弯管法。而且只有在弯曲半径 $R>1.5d_w$ 时，采用反变形弯管法才能保证质量。

辊轮式弯管机有芯弯管及芯棒形状如图 3-30 所示。为弯制大直径的管子，减少弯管变形，可在管内设置一根芯棒，芯棒另一端固定在弯管机支架上，弯管时芯棒不动，芯棒的形状、尺寸及在管内的位置是保证有芯弯管质量的关键。

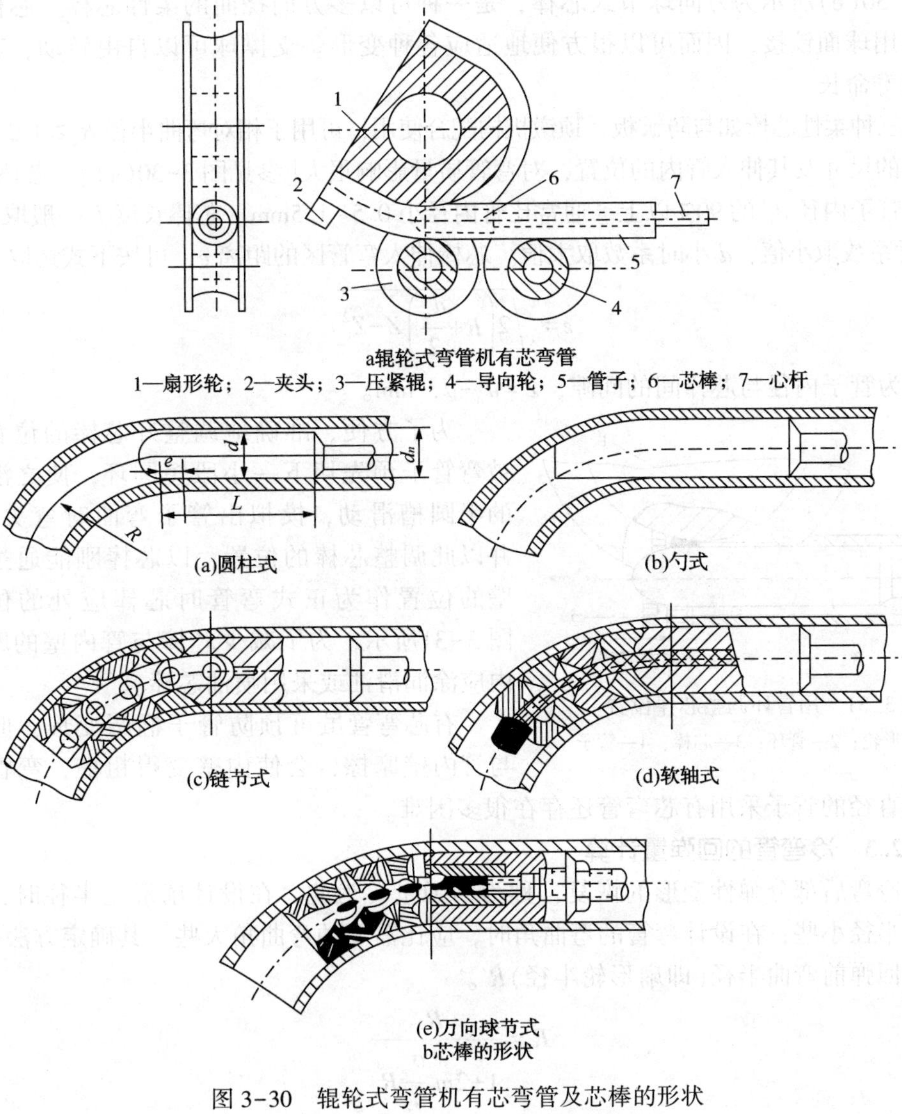

a辊轮式弯管机有芯弯管

1—扇形轮；2—夹头；3—压紧辊；4—导向轮；5—管子；6—芯棒；7—心杆

(a)圆柱式　(b)勺式

(c)链节式　(d)软轴式

(e)万向球节式

b芯棒的形状

图 3-30　辊轮式弯管机有芯弯管及芯棒的形状

图 3-30(a)所示为圆柱式芯棒，形状简单，制造方便，在生产上得到广泛的应用。但是，由于芯棒与管壁弯管时的接触面积小，因而其防止椭圆变形的效果较差。这种芯棒适用于相对弯曲壁厚 $\delta_x \geqslant 0.5$，相对弯曲半径 $R_x \geqslant 2$ 或 $\delta_x = 0.35$、$R_x \geqslant 3$ 的情况。

图 3-30(b)所示为勺式芯棒，芯棒可向前伸进，与管子外侧内壁的支撑面积较大，防止椭圆变形的效果较好，且有一定的防皱作用，但制作稍复杂。这种芯棒的使用范围与圆柱式芯棒相同。

图 3-30(c)所示为链节式芯棒，是一种柔性芯棒，由支撑球和链节组成，能在管子的弯曲平面内挠曲，以适应管子的弯曲变形。因为它可以深入管子内部与管子一起弯曲，故防止椭圆变形的效果很好。但这种芯棒制造复杂、成本高，一般不宜采用。

图 3-30(d)所示为软轴式芯棒，也是一种柔性芯棒，是利用一根软轴将几个碗状小球串接而成。它也能深入管中与管子一起弯曲，防止椭圆变形效果好。

图 3-30(e)所示为万向球节式芯棒，是一种可以多方向挠曲的柔性芯棒。芯棒各支撑球之间采用球面铰接，因而可以很方便地适应各种变形。支撑球可以自由转动，其磨损均匀，使用寿命长。

上述三种柔性芯棒如与防皱板、顶镦机构配合使用，可用于相对弯曲半径 $R_x \geqslant 1.2$ 的情况。

芯棒的尺寸及其伸入管内的位置，对弯管质量影响很大[参见图 3-30(a)]。芯棒的直径 d 一般取为管子内径 d_n 的 90%以上。通常比管内径小 0.5~1.5mm。芯棒长度 L 一般取为(3~5)d；d 大时系数取小值，d 小时系数取大值。芯棒伸入弯管区的距离 e，可按下式选取。

$$e=\sqrt{2\left(R+\frac{d_n}{2}\right)Z-Z^2} \tag{3-36}$$

式中，Z 为管子内径与芯棒间的间隙，$Z=d_n-d$，mm。

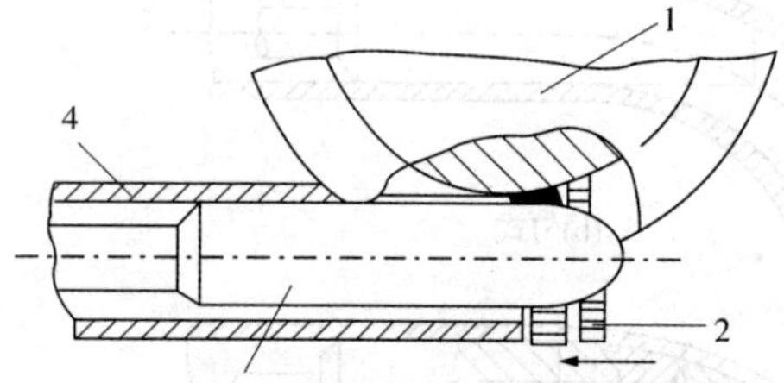

图 3-31 用管环调整芯棒位置
1—扇形轮；2—管环；3—芯棒；4—管子

为了方便、准确地调整好芯棒的位置，可将被弯管子预先切下一小段短圆环，使之沿扇形轮的半圆槽滑动，模拟出管子弯曲时弯头的轨迹，并以此调整芯棒的位置，以芯棒刚能通过管环内壁的位置作为正式弯管时芯棒应处的位置，如图 3-31所示，为了减少芯棒与管内壁的摩擦、管内应涂润滑油或采用喷油芯棒。

有芯弯管虽可预防管子椭圆变形，但因芯棒与管内壁摩擦，会使内壁变得粗糙，弯管功率也增大，小直径的管子采用有芯弯管还存在很多困难。

3.3.2.3 冷弯管的回弹量计算

管子冷弯后部分弹性变形的恢复，称为回弹量。为此，在设计扇形轮半径时，应比需要的弯曲半径小些；在设计弯管的弯曲角时，应比需要的弯曲角大些。其确定方法如下。

(1) 回弹前弯曲半径(即扇形轮半径)R'。

$$R'=\frac{R}{1+2m\dfrac{\sigma_s}{E}R_x} \tag{3-37}$$

式中，R 为需要弯曲的半径，mm；R_x 为相对弯曲半径，$R_x=\frac{R}{d_w}$；σ_s 为材料的屈服强度，MPa；E 为材料的弹性模量，碳钢为 2×10^5MPa；m 为系数，$m=K_1+\frac{K_0}{R_x}$；K_0 为钢材的相对强化模数，查表 3-2。

K_1 为管子的截面形状系数，$K_1=1.275\frac{d_w-2\delta}{d_w-3\delta}$ 或查表 3-23。

表 3-23 K_1 与 δ/d_w 的关系

δ/d_w	0~0.05	0.06~0.12	0.13~0.20	0.21~0.30
K_1	1.3	1.4	1.5	1.6

当 $R_x\leqslant10$ 时，可按经验公式确定 R'：碳钢管 $R'=(0.96\sim0.98)R$；合金钢管 $R'\approx0.94R$，弯曲半径 R 较大时，R' 取较小值。一般 $R_x\leqslant1.5$ 时，可以不考虑回弹量。

(2) 回弹前弯曲角度 α'

$$\alpha'=\frac{\alpha}{1-2m\frac{\sigma_s}{E}R_x} \tag{3-38}$$

式中，α 为回弹后弯曲角(需要弯曲角)，(°)；其他符号意义同上。

当 $R_x=2.5\sim6$ 时，可按经验公式确定回弹角 $\Delta\alpha$，然后通过试弯进行修正。

$$\alpha'=\alpha+\Delta\alpha;\quad \Delta\alpha=\Delta\alpha_1+0.05\alpha \tag{3-39}$$

式中，当 $d_w\leqslant76$mm 时，$\Delta\alpha_1=2.5°\sim3°$；当 $d_w=83\sim108$mm 时，$\Delta\alpha_1=4°\sim5°$。材料塑性较好时，$\Delta\alpha_1$ 取较小值。

3.3.2.4 热弯方法及特点

当将碳钢管加热到 950~1000℃，低合金钢管加热到 1050℃左右，18-8 型不锈钢管加热到 1100~1200℃时，进行弯曲加工，通常称为管子的热弯加工。生产中常用的热弯管方法有手工热弯管法、中频感应加热弯管法等。

(1) 手工热弯管法

手工热弯管前，在管内装实烘干纯净的砂子，并将管口封堵好。管子被弯曲部位加热要均匀，达到加热温度后立即送至弯曲平台，夹在插销之间。图 3-32(a)所示为应用样杆弯管。

为不使管子夹坏，可以放保护垫(钢板或木板)。弯管时施力要均匀，并按样杆形状或按预先划出的弯曲半径线进行弯曲。对已达到弯曲半径的部位，可用水冷却，但对合金钢管弯曲时禁用水冷，以防淬硬，出现微裂纹。弯管终止温度控制在 800℃左右，即当管壁颜色由樱红色变黑时，立即停止弯曲。

若是批量弯曲相同半径的管子时，可以应用样板弯管，如图 3-32(b)所示。将样板用插销固定在弯管平台上。这种方法弯曲的半径、弯曲角较准确，效率较高。管径较大时，可以利用卷板机代替手工弯管。

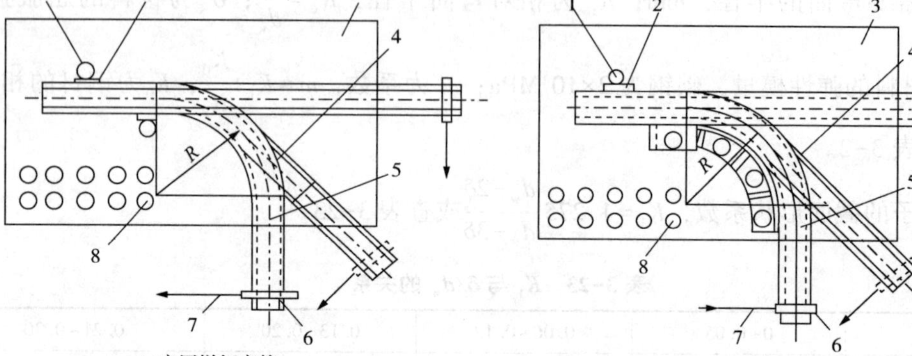

(a)应用样杆弯管

1—插销;2—垫片;3—弯管平台;4—管子;
5—样杆;6—夹箍;7—钢丝绳;8—插销孔

(b)应用样板弯管

1—插销;2—垫片;3—弯管平台;4—样板（胎膜）;
5—管子;6—夹箍;7—钢丝绳;8—插销孔

图 3-32　手工热弯管

（2）中频加热弯管法。中频加热弯管法是将特制的中频感应线套在管子适当位置上，依靠中频电流(通常为 2500Hz)产生的热效应，将管子局部迅速加热到需要的高温(900℃左右)，采用机械或液压传动，使管子边加热边弯或推弯成形。图 3-33(a)、(b)、(c)所示分别为拉弯式、推弯式中频感应加热弯俯和中频感应圈结构。

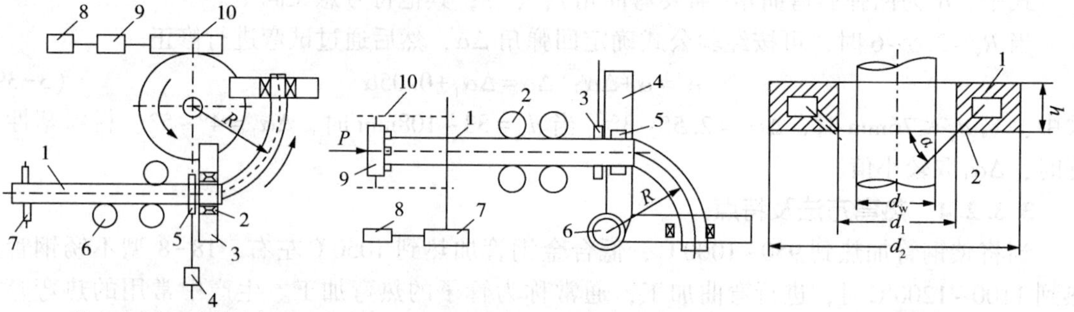

(a)拉弯式中频感应加热弯管

1一管子;2一夹头;3一转臂;4一变压器;
5一中频感应圈;6一导向辊;7一支撑辊;
8一调速电动机;9一减速器;10一涡轮副

(b)推弯式中频感应加热弯管

1一管子;2一导向辊;3一感应圈;4一转臂;
5一夹头;6一立轴;7一变速箱;8一调速电动机;
9一推力挡板;10一链条

(c)中频感应圈结构

1一感应线圈;2一喷水口

图 3-33　中频加热弯管

拉弯式中频感应加热弯管[参见图 3-33(a)]，先按管子外径配置好感应圈 5、套在待弯管子 1 上，靠导向辊 6 保持管子与感应圈同轴，管子一端通过夹头 2 固定在转臂 3 上，另一端自由地托在支撑辊 7 或机床面上，管子仅在感应圈宽度范围内(一般为 5~20mm)被加热到 900~950℃，然后转臂回转将管子拉弯，紧接着被从感应圈侧面喷水孔[见图 3-33(c)]喷出的水冷却。因此，加热管段的前后均处于冷态，只有加热段被弯曲。这样，管子局部被加热-弯曲-冷却，连续进行下去，就完成了整个管子的形成。

中频加热弯管的优点是弯管机结构简单，不需模具，消耗功率小。转臂长度可调以弯曲不同的半径，可弯制相对弯曲半径 $R_x=1.5\sim2$mm 的管件。加热的速度快，热效率高，弯管表面不产生氧化皮。弯管质量好，椭圆变形和壁厚减薄小，不易产生折皱。拉弯式可弯制180°弯头。其缺点是投资较大，耗电量大。拉弯式易产生弯头外侧壁厚减薄，弯曲半径受转臂长度影响。

为弥补拉弯式的不足，可采用推弯式中频加热弯管，如图3-33(b)所示。推弯式的动力在管子末端，管子只能沿转臂作圆弧弯曲。推弯式外壁减薄量小，弯曲半径调整方便，但弯曲角度一般不超过90°。

中频感应圈是保证中频加热弯管质量的关键，其结构如图3-33(c)所示。感应圈大都用紫铜管制成，其内径 d_1 比管子外径 d_w 大20~100mm，宽度 h 为5~20mm，外径 d_2 按允许通过的最大电流密度(20~40A/mm²)确定。管内通水冷却，并沿着感应侧面圆周具有一圈斜向水口，喷水压力以0.05MPa表压为宜，水温度低于75℃。

管子被加热程度(温度)与电流大小密切相关，电流太大，管子易被烧损；电流太小，加热不够，弯管困难。

3.3.3 管件制造的技术要求

用于不同过程设备(如换热器、锅炉等)的管件，其具体的技术要求有所不同，但总的原则一致。现以换热管和U形管的设计、制造为例，简介管件制造的技术要求(详细要求见GB/T 151—2014等相应标准)。

3.3.3.1 换热管的拼接

换热器用换热管拼接时，须符合下列要求：

(1) 对焊接接头应作焊接工艺评定。试件的数量、尺寸、试验方法按JB 4708—2005《承压设备焊接工艺评定》的规定；铝、铜、钛焊接接头可参照执行。

(2) 同一根换热管的对接焊缝，直管不得超过一条，U形管不得超过两条；最短管长不得小于300mm；包括至少50mm直管段的U形管段范围内不得有拼接焊缝。

(3) 管端坡口应采用机械方法加工，焊前应清洗干净。

(4) 对口错边量应不超过换热管壁厚的15%，且不大于0.5mm；直线度偏差以不影响顺利穿管为限。

(5) 对接后，应按表3-24选取钢球直径对焊接接头进行通球检查，以钢球通过为合格。

表3-24 通球直径

换热管外径 d/mm	$d \le 25$	$25 < d \le 40$	$d > 40$
钢球直径	$0.75d_i$	$0.8d_i$	$0.85d_i$

注：d_i 为换热管内径。

(6) 对焊接接头应进行射线检测，抽查数量应不少于接头总数10%，且不少于一条，以NB/T 47013的Ⅲ级为合格；如有一条不合格时，应加倍抽查；再出现不合格时，应100%检查。

(7) 对接后的换热管，应逐根进行液压试验，试验压力为设计的2倍。

3.3.3.2 U形管的弯制

(1) U形管弯管段的圆度偏差，应不大于换热管名义外径的10%；但弯曲半径小于2.5倍换热管名义外径的U形弯管段可按15%验收。

(2) U 形管不宜热弯．否则应征得用户同意。

(3) 当有耐应力腐蚀要求时，冷弯 U 形管的弯管段及至少包括 150mm 的直管段应进行热处理。

(4) 碳钢、低合金钢管做消除应力热处理。

(5) 奥氏体不锈钢管可按供需双方商定的方法进行热处理。

思考题

3-1　简述钢板冷弯卷时，金属的临界变形率 ε_0 与最小冷卷半径 R_{min} 之间的关系。

3-2　简述热卷筒节成形的特点。

3-3　简述利用对称式三辊卷板机卷制筒节时，直边产生的原因及其处理方法。

3-4　简述封头冲压加工时的应力状态和冲压加工后封头壁厚的变化情况。

3-5　简述封头旋压成形的特点。

3-6　简述管子弯曲时易产生的缺陷及控制方法。

4 钢制压力容器的焊接

4.1 焊接接头

钢制压力容器是典型的重要焊接结构，焊接接头是压力容器整体结构中最重要的连接部位，焊接接头的性能将直接影响压力容器的质量和安全。为保证压力容器的安全运行，正确地设计焊接接头、合理地制定焊接工艺规程是非常重要的。

4.1.1 分类

根据 GB/T 150—2011《压力容器》对压力容器主要受压部分的焊接接头分为 A、B、C、D 四类，如图 4-1 所示。

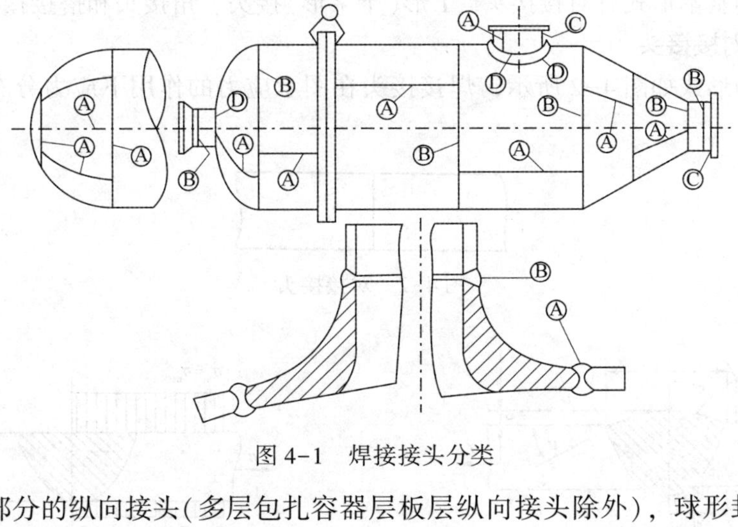

图 4-1 焊接接头分类

（1）圆筒部分的纵向接头（多层包扎容器层板层纵向接头除外），球形封头与圆筒连接的环向接头，各类凸形封头中的所有拼焊接头以及嵌入式接管与壳体对接连接的接头，均属于 A 类焊接接头。

（2）壳体部分的环向焊缝接头，锥形封头小端与接管连接的接头，长颈法兰与接管连接的接头，均属 B 类焊接接头，但已规定为 A、C、D 类的焊接接头除外。

（3）平盖、管板与圆筒非对接连接的接头，法兰与壳体、接管连接的接头，内封头与圆筒的搭接接头以及多层包扎容器层板层纵向接头，均属 C 类焊接接头。

（4）接管、人孔、凸缘、补强圈等与壳体连接的接头，均属 D 类焊接接头，但已规定为 A、B 类的焊接接头除外。

上述关于焊接接头的分类及分类顺序，对于压力容器的设计、制造、维修、管理等工作都有着很重要的指导作用，例如：

① 壳体在组对时的对口错边量、棱角度等组对参数的技术要求，A 类和 B 类接头是不同的，总的来看，A 类焊接接头的对口错边量、棱角度等参数的技术要求要比 B 类的严格；

② 焊接接头的余高要求，对于 A、B、C、D 类的接头分别提出了不同的技术要求；

③ 无损检测对 A、B、C、D 类焊接接头的检测范围、检测工艺内容以及最后的评定标准等都作了较具体的不同要求。

需要强调的是，上述对焊接接头的分类及分类顺序的划分，基本上只是以主要零部件之间或与壳体连接的焊接接头在壳体的相对位置来进行的。实际上对焊接接头类别及分类顺序的划分和顺序安排，除了应该考虑焊接接头所在相对位置之外，还应考虑焊接接头实际受力状态的复杂性；焊接工艺的实施难易程度；焊接结构、焊接材料等因素对最后焊接质量的影响；焊接检测对真实状态的反映深度等综合条件的情况。总之，为了使所有焊接接头质量都得到不同程度的保证，使得压力容器更安全、更可靠，对焊接接头的类别和分类顺序的划分应该有更全面的综合考虑，不要认为 A、B、C、D 类焊接接头是绝对的分类状态。

4.1.2 基本形式和特点

焊接接头的基本形式有对接接头、T 形(十字形)接头、角接头和搭接接头。

4.1.2.1 对接接头

对接接头的形式如图 4-2 所示，焊接接头在图示应力的作用下应力分布情况如图 4-3 所示。

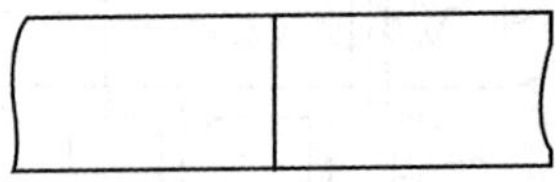

图 4-2　对接接头

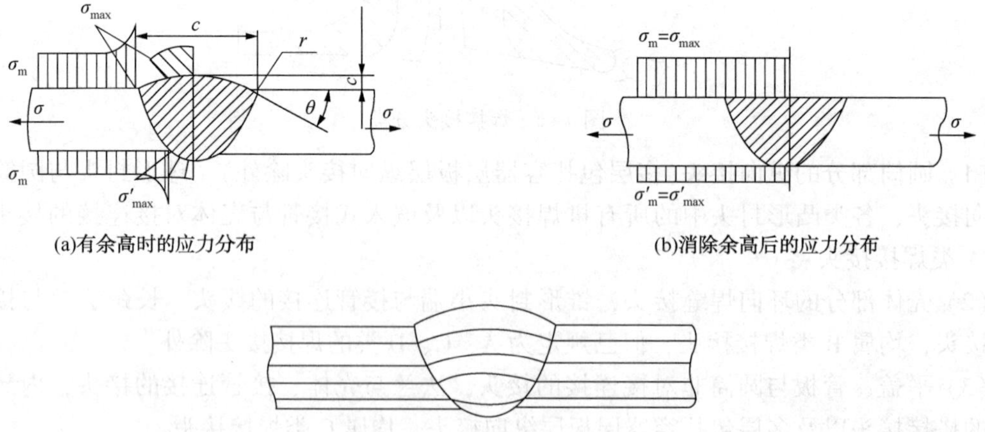

(a)有余高时的应力分布　(b)消除余高后的应力分布

(c)接头中力流线的偏转图

图 4-3　对接接头应力分布

对接焊接接头的特点如下：

(1) 焊接后产生的余高 e，将造成接头表面形状变化而产生应力集中，通常出现在焊缝与母材的交界焊趾处，应力集中系数 $K_r=\sigma_{max}/\sigma_{min}$，说明在焊接接头中实际工作应力的分布是不均匀的。

(2) 应力集中系数 K_r的大小取决于焊缝宽度 c、余高 e、焊趾处焊缝曲线与工件表面的夹角 θ 和转角半径 r[参见图 4-3(a)]，θ 角增加，转角半径 r 减小，余高 e 增加，都将使应力集中系数 K_r增大，即工作应力分布更加不均匀，造成焊接接头的强度下降。可以看出，焊缝余高 e 越高越不利。

(3) 如果焊接后将余高磨平(对重要焊接结构，有时要求磨平)，则可以消除或减小应力集中[参见图 4-3(b)]。一般情况下，遵守焊接工艺规程要求，对接接头的应力集中系数不大于 2。

(4) 当对接接头的母材厚度大于 8mm 时，为保证焊接接头的强度，常要求焊接接头要熔透，为此需要在焊接之前在钢板端面开设焊接坡口。

(5) 在几种焊接接头的连接形式中，从接头的受力状态、接头的焊接工艺性能等多方面比较，对接接头是比较理想的焊接接头形式，应尽量选用。在压力容器制造中，容器主要受压零部件、承压壳体的主焊缝(如壳体的纵、环焊缝等)应采用全焊透的对接接头。

4.1.2.2 T 形(十字形)接头

T 形(十字形)接头的形式如图 4-4 所示，其中，由于十字形接头受力状态不同，又有工作焊缝和联系焊缝之分，工作焊缝又有未开坡口和开坡口的情况，其应力分布情况如图 4-5 所示。

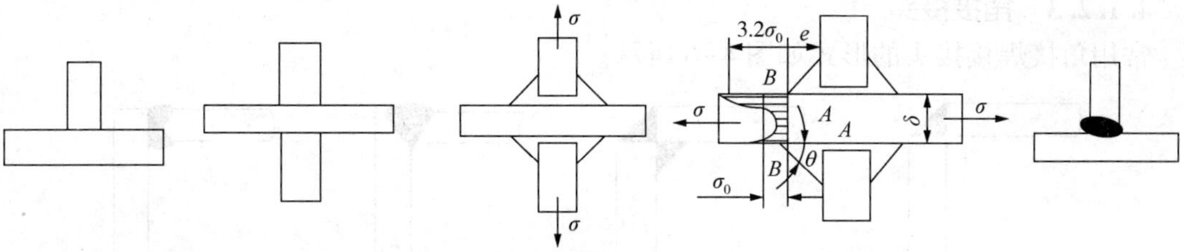

(a)T形接头 (b)十字形接头 (c)工作焊缝 (d)联系焊缝 (e)单V形坡

图 4-4 T 形(十字形)接头形式

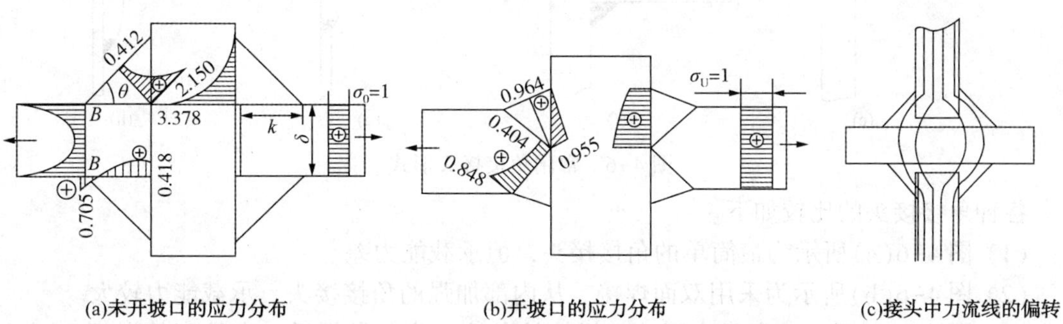

(a)未开坡口的应力分布 (b)开坡口的应力分布 (c)接头中力流线的偏转

图 4-5 十字形接头应力分布情况

T形(十字形)接头的特点如下:

(1) T形(十字形)接头焊缝向母材过渡部分形状变化大、过渡急,在应力作用下力流线扭曲很大,如图4-5(c)所示,应力分布很不均匀。在角焊缝的根部为焊脚高度(e)和过渡处都有很大的应力集中,如图4-5(a)、(b)所示。

(2) 图4-5(a)为未开坡口的应力分布状况,不开坡口的T形(十字形)焊接接头,通常都是不焊透的,焊缝承载强度较低,焊缝根部的应力集中较大。

(3) 图4-5(b)为开坡口的应力分布状况,开坡口后再焊接通常是保证焊透,焊缝承载强度大大提高,可以按对接接头强度来计算。

(4) 在焊趾处截面B-B上应力分布不均匀,B点处的应力集中系数随角焊缝形状变化而变化。θ角减小,应力集中系数减小;焊脚高度e增大,应力集中系数减小。

(5) 联系焊缝如图4-4(d)所示,焊缝不承受工作应力。此时在角焊缝根部的A点处和焊趾B点处有应力集中,当$\theta=45°$,$e=0.8\delta$时,B点处的应力集中系数达3.2左右。T形接头由于偏心(不对称)的影响,A点和B点的应力集中系数随角焊缝形状的改变而变化。在外形、尺寸相同的情况下,工作焊缝的应力集中系数大于联系焊缝的应力集中系数,应力集中系数K随角焊缝θ角的增大而增大。

(6) 对T形(十字形)焊接接头,应避免采用单面角焊缝,因为这种接头形式的焊缝根部往往有很深的缺口,承载能力较低。

(7) 对要求完全焊透的T形接头,实践证明采用半V形坡口从一面焊比采用K形坡口施焊可靠[参见图4-4(e)中的单V形坡口]。

4.1.2.3 角接接头

常用角接焊接接头的形式如图4-6所示。

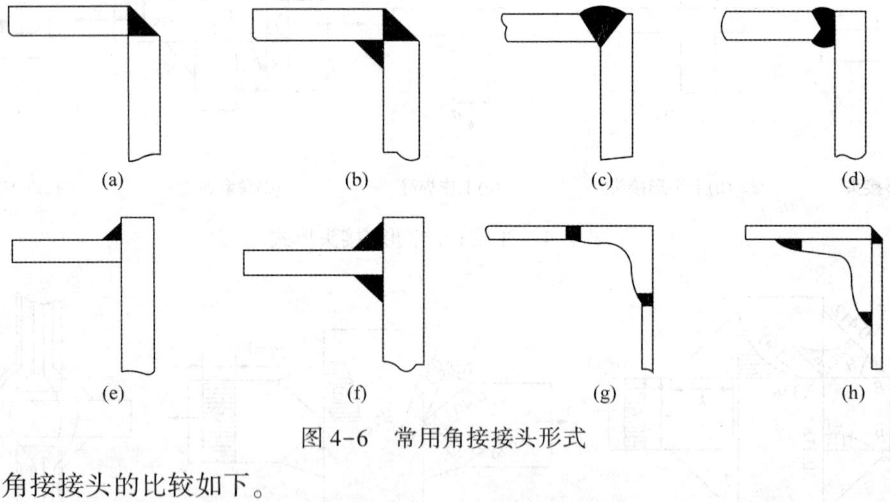

图4-6 常用角接接头形式

各种角接接头的比较如下。

(1) 图4-6(a)所示为最简单的角接接头,但承载能力差。

(2) 图4-6(b)所示为采用双面焊接、从内部加强的角接接头,承载能力较大。

(3) 图4-6(c)和(d)所示为开坡口焊接的角接接头,易焊透,有较高的强度,而且在外观上具有良好的棱角,但要注意层状撕裂问题。

(4) 图4-6(e)和(f)所示的角接头易装配、省工时,是最经济的角接头形式。

(5) 图 4-6(g)所示的角接接头，利用角钢作 90°角过渡，有准确的直角，并且刚性大，但要注意钢厚度应大于板厚。

(6) 图 4-6(h)所示为不合理的角接接头，焊缝多且不易施焊。

4.1.2.4　搭接接头

搭接接头的形式如图 4-7 所示。搭接接头的应力分布情况如图 4-8 所示。搭接接头的特点如下。

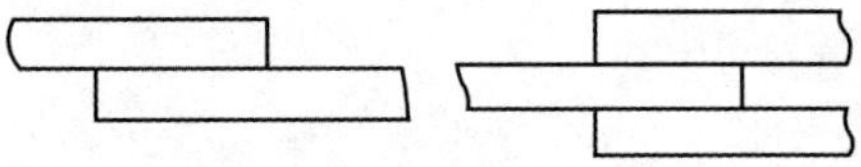

图 4-7　搭接接头形式

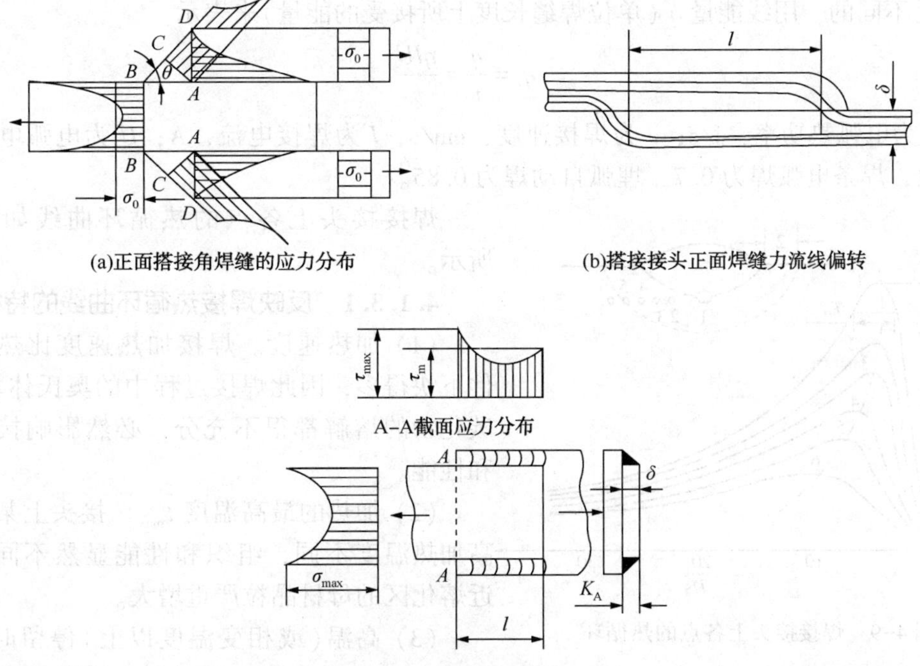

(a)正面搭接角焊缝的应力分布　(b)搭接接头正面焊缝力流线偏转

(c)侧面搭接角焊缝的应力分布

图 4-8　搭接接头应力分布

(1) 搭接接头形状变化较大，应力集中比对接接头的情况复杂得多。根据焊缝的受力方向，可分为正面焊缝(受力方向与焊缝垂直)、侧面焊缝(受力方向与焊缝平行)和介于两者之间的斜间角焊缝。

(2) 在搭接接头的正面焊缝中，应力的分布是很不均匀的，在角焊缝的根部 A 点和焊趾 B 点都有较大的应力集中。减小夹角 θ 和增大熔深，可降低应力集中系数。θ 角在 28°～65°变化时，应力集中系数明显改变，当 θ 角为 53°时，A 点和 B 点的应力集中系数 K_r 最大，当 θ 角逐渐减小时，两处的 K_r 虽明显下降，但搭接接头的 K_r 值还是相当大的。

(3) 由于搭接接头的正面焊缝与作用力偏心，承受拉应力时，作用力不在一个作用点上，产生了附加的弯曲应力。为了减少弯曲应力，两条正面焊缝的距离应不小于其板厚的 4

倍($l \geqslant 4\delta$)。

(4) 搭接接头中侧面焊缝的应力集中、应力分布更为复杂，如图 4-8(c)所示。在侧面焊缝中既有正应力又有切应力，而且切应力沿侧面焊缝长度上的分布是不平均的，在侧面焊缝的两端存在最大应力，中部应力较小，且侧面焊缝越长应力分布越不均匀，一般规定 $l \leqslant 50e$ (e 为焊脚高度)。

(5) 正面焊缝强度高于侧面焊缝，斜向焊缝介于两者之间，随着倾角 α 的增大，斜向焊缝强度也增大。

4.1.3 组织与性能

焊接接头在焊接过程中，在焊接热源(如电弧)作用下，其各部位相当于经历了一次不同规范的特殊热处理，因而使接头的各部分组织和性能都有差异。焊接接头上各点所得到的能量是不同的，用线能量 q_v(单位焊缝长度上所接受的能量)来表示。

$$q_v = \frac{q}{v} = \frac{\eta IU}{v} \tag{4-1}$$

式中，q 为电弧热功率，J/s；v 为焊接速度，cm/s；I 为焊接电流，A；U 为电弧电压，V；η 为系数，焊条电弧焊为 0.7，埋弧自动焊为 0.85。

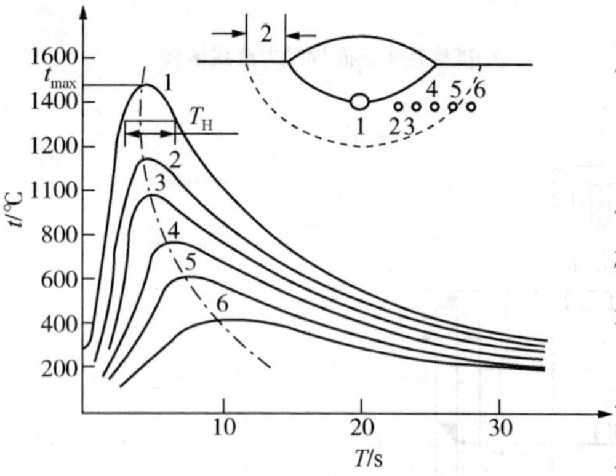

图 4-9 焊接接头上各点的热循环

焊接接头上各点的热循环曲线如图 4-9 所示。

4.1.3.1 反映焊接热循环曲线的特征参数

(1) 加热速度。焊接加热速度比热处理条件下快得多，因此焊接过程中的奥氏体均匀化、碳化物的熔解都很不充分，必然影响接头组织和性能。

(2) 加热的最高温度 t_{max}。接头上某点的最高加热温度不同，组织和性能显然不同，如接近熔化区的母材晶粒严重增大。

(3) 高温(或相变温度以上)停留时间 T_H。T_H越大越有利于均匀化过程，但时间过长也可能造成晶粒长大。同时 T_H增大，热影响区宽度将增加，这是不利的。

(4) 冷却速度 v_c或冷却时间 T_c。过大的冷却速度不但对接头组织性能不利，甚至会加重冷裂倾向。

4.1.3.2 焊接接头的组织与性能

焊接接头的组织形成及其性能是由焊缝区和热影响区所决定的，焊缝区金属由熔池的液态金属凝固而成，热影响区的金属受焊接热源影响而造成与母材有较大的变化。焊接接头由焊缝区、熔合面、热影响和基本母材四部分组成。习惯上常把焊接接头和焊缝相互代替，这是不严格的。

(1) 焊缝区金属。以低碳钢为例，焊缝金属由高温液态冷却到室温要经过两次组织变化："一次结晶"是从液态到固态(奥氏体)；"二次结晶"是从固相线冷却到常温组织。

① 一次结晶。液态金属沿着垂直熔合面的方向向熔池中心不断形成层状树枝柱状晶并长大，晶粒内部存在成分不均匀现象，称作微观偏析或枝晶偏析。整个焊缝区也存在成分不均匀现象，称作宏观偏析或区域偏析。区域偏析除与成分、部位等因素有关外，还与焊缝形状系数 φ 的大小有关。

$$\varphi=\frac{c}{h} \tag{4-2}$$

式中，c 为熔宽；h 为熔深。

$\varphi\leq 1$ 时，杂质易集中在焊缝中间[见图 4-10(a)]，易形成热裂纹；$\varphi>1.3\sim 2.0$ 时，杂质易集聚在焊缝上部[见图 4-10(b)]，不会造成薄弱截面。

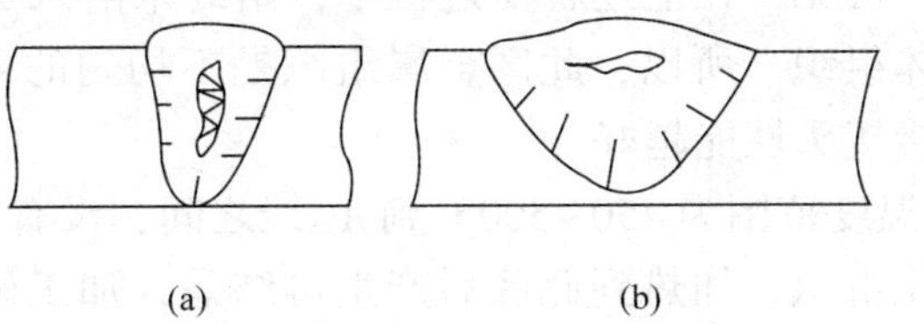

图 4-10 不同焊缝形状的区域偏析

② 二次结晶。即由奥氏体冷却至室温组织的转变，与热影响区的金属组织转变很相似。

(2) 热影响区金属。于低碳钢或强度级别较低的低合金钢，其热影响区可近似看作是在 t_{max} 温度下的正火热处理组织，如图 4-11 所示。由图可知，根据其组织特征低碳钢的热影响区可分为以下六个温度区。

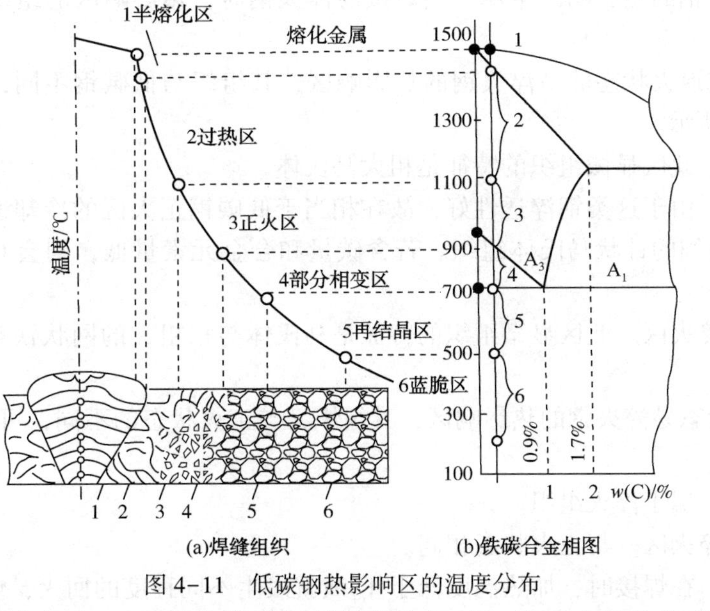

图 4-11 低碳钢热影响区的温度分布

① 半熔化区(熔合区)。此区在焊缝与母材的交界处，处于半熔化状态，是过热组织，冷却后晶粒粗大，化学成分和组织都不均匀。异种金属焊接时，这种情况更为严重，因此塑性较低。此区虽较窄，但是与母材相连，所以对焊接接头的影响很大。

② 过热区。金属处于过热状态。奥氏体晶粒产生严重增大现象，冷却后得到过热组织。冲击韧性明显降低，下降25%~30%左右，对刚性较大的结构常在此区开裂。过热程度与高温停留时间 T_H 有关。如气焊比电弧焊过热严重。对同一种焊接方法，线能量越大，过热现象越严重。

③ 正火区(完全重结晶区)。加热温度范围如图 4-11 所示，金属在 A_3 线与 1100℃之间的温度范围内将发生重结晶，使晶粒细化，室温组织相当于正火组织，力学性能较好。

④ 部分相变区(不完全重结晶区)。此区的温度范围在 A_1 线和 A_3 线之间。焊接时加热温度稍高于 A_{c1}线时，便开始有珠光体转变为奥氏体。随着温度升高，有部分铁素体逐步溶解到奥氏体中；冷却时，又由奥氏体中析出细微的铁素体，直到 A_{r1} 线，残余的奥氏体转变为珠光体，晶粒也很细。可见，在上述转变过程中，始终未溶入奥氏体的部分铁素体不断长大，变成粗大的铁素体组织。所以，此区金属组织是不均匀的，晶粒大小不同，力学性能不好。此区越窄，焊接接头性能越好。

⑤ 再结晶区。此区温度范围为 450~500℃到 A_{c1}线之间，没有奥氏体的转变。若焊前经过冷变形，则有加工硬化组织，加热到此区后产生再结晶，加工硬化现象得到消除，性能有所改善。若焊前没有冷变形，则无上述过程。

⑥ 蓝脆区。此区温度范围为 200~500℃，由于加热、冷却速度较快，强度稍有增加，塑性下降，可能会出现裂纹。此区的显微组织与母材相同。

上述六个区总称为热影响区，在显微镜下一般只能见到过热区、正火区和部分相变区。总的来说，热影响区的性能比母材焊前性能差，是焊接接头较薄弱的部位。一般情况下，热影响区越窄越好。

(3) 易淬火钢的热影响区金属。当焊接易淬火钢时，热影响区的组织与钢材焊前的热处理状态有关。

对于正火或退火状态的易淬火钢的热影响区，其组织与低碳钢不同，一般可分为三个区，如图 4-12所示。

① 过热区。此区显微组织的特征是粗大马氏体。

② 淬火区。由于这类钢淬透性好，故在相当于低碳钢正火区的冷却速度下也会出现淬火现象，产生极细的针状马氏体组织。若含碳量和合金元素量低，则会有托氏体和马氏体共存的组织。

③ 不完全淬火区。此区显微组织的特征是马氏体与稍粗大的网状铁素体组织，即产生部分淬火组织。

对于调质状态易淬火钢的热影响区，其组织又与正火状态的不同，可分为以下三个区，如图 4-12 所示。

① 淬火区。属于淬火组织。

② 不完全淬火区。与正火状态相同。

③ 回火区。在焊接时，加热温度低于 A_{c1}线就发生不同程度的回火，使硬度和强度略有下降，出现“回火软化区”。

高合金钢、有色金属等焊接加热时热影响区的组织转变更为复杂，但分析方法相同。

综上所述，焊接接头较弱的部位在热影响区，而热影响区中的过热区又是焊接接头中

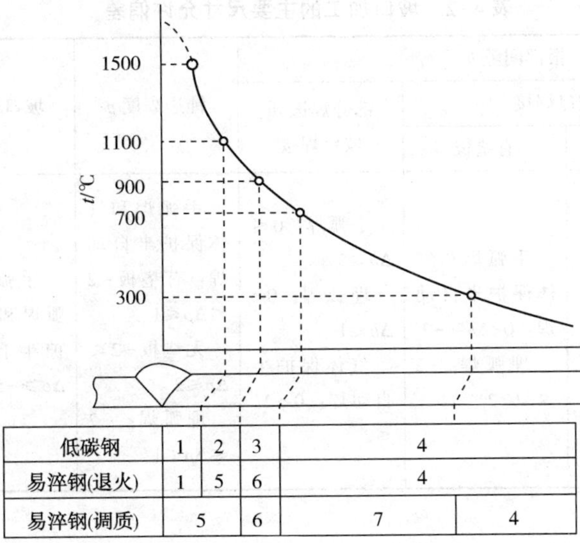

图 4-12　焊接接头组织变化

1—过热区；2—正火区；3—不完全重结晶区；4—未变化的母材；

5—淬火区；6—不完全淬火区；7—回火区

最薄弱的区域。影响过热组织的主要因素除化学成分外，就是焊接热循环。调节焊接热循环的主要措施：改变焊接线能量的大小，可以改变焊接热循环的曲线形状；改善材料焊接前的初始温度如预热，可使冷却速度降低；采用后热等措施可使冷却速度改善等。

4.1.4　坡口

为满足实际焊接工艺的要求，对不同的焊接接头，经常在焊接之前，把接头加工成一定尺寸和形状的坡口。现将有关坡口的工艺内容介绍如下。

4.1.4.1　焊接坡口的尺寸符号和尺寸偏差

目前中国已经颁布并实施了 GB/T 985.1—2008《气焊、焊条电弧焊、气体保护焊和高能束焊的推荐坡口》、GB/T 985.2—2008《埋弧焊的推荐坡口》。关于坡口尺寸符号见表 4-1。

表 4-1　坡口尺寸符号

项目	坡口角度	根部间隙	钝边角度	坡口面角度	坡口深度	根部半径
坡口尺寸符号	a	b	p	β	H	R
坡口图示	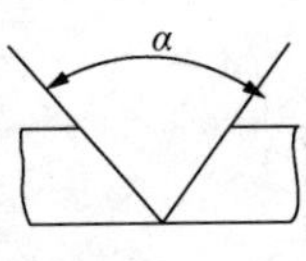	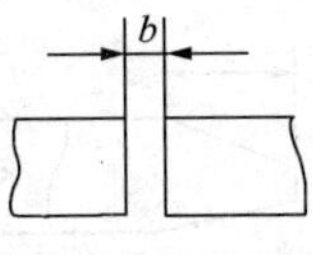	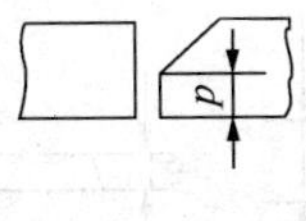	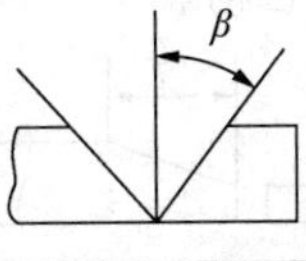	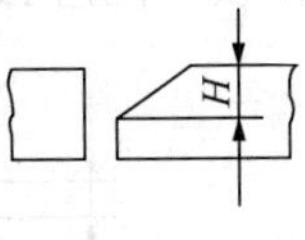	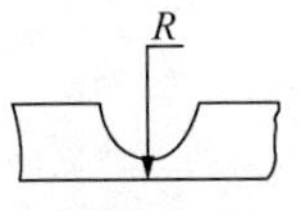

国内现行标准中没有关于坡口尺寸加工的技术要求，为满足实际生产不断发展的需要，设计、制造时对坡口尺寸提出加工要求是必需的(参见表 4-2)。

表 4-2 坡口加工的主要尺寸允许偏差

项目	根部间隙 b			钝边高度 p	坡口角度 α	根部半径 R
	全熔透开坡口焊接		部分焊透开坡口焊接			
	无垫板	有垫板				
加工允许偏差 Δ/mm	手弧焊：$0 \leqslant \Delta b \leqslant 4$ I 形坡口时，$0 < \Delta b < \delta/2$ 埋弧焊：$0 < \Delta b \leqslant 1$ 气体保护半自动焊：$0 < \Delta b \leqslant 3$ I 形坡口时，$0 < \Delta b < \delta/3$	手弧焊和气体保护半自动焊：$0 < \Delta b \geqslant -2$ 埋弧焊：$-2 \leqslant \Delta b < 2$	手弧焊：$0 \leqslant \Delta b \leqslant 3$ 埋弧焊：$0 < \Delta b \leqslant 1$ 气体保护半自动焊：$0 < \Delta b \leqslant 2$	手弧焊和气体保护半自动焊：有垫板 $-2 \leqslant \Delta p \leqslant 1$ 无垫板 $-2 \leqslant \Delta p \leqslant 2$ 埋弧焊：$-2 \leqslant \Delta p \leqslant 1$	手弧焊、埋弧焊和气体保护半自动焊：$\Delta\alpha \geqslant -5°$	手弧焊、埋弧焊和气体保护半自动焊：$\Delta R \geqslant -2$

注：δ 为工件厚度。

另外，对坡口表面有如下要求(GB/T 150、JB/T 4709)。

(1) 坡口表面不得有裂纹、分层、夹杂等缺陷。

(2) 标准抗拉强度下限值 σ_b>540MPa 的钢材及 Cr-Mo 低合金钢材，宜采用冷加工方法加工坡口；对经火焰切割的坡口表面，应进行磁粉或渗透检测，当无法进行磁粉或渗透检测时，应由切割工艺保证坡口质量。

(3) 施焊前应清除坡口及母材两侧表面 20mm 范围内(以离坡口边缘的距离计)的氧化物、油污、熔渣及其他有害杂质。

(4) 奥氏体高合金钢坡口两侧各 100mm 范围内应刷涂料，以防止黏附焊接飞溅。

4.1.4.2 焊条电弧焊、气体保护焊、埋弧焊焊缝坡口的基本形式与尺寸

(1) 焊条电弧焊、气体保护焊，焊缝坡口的基本形式与尺寸见 GB/T 985.1—2008；埋弧焊焊缝坡口的基本形式与尺寸见 GB/T 985.2—2008。

(2) 不同厚度的钢板对接接头的两板厚度差($\delta-\delta_1$)不超过表 4-3 规定时，则焊缝坡口的基本形式与尺寸按厚板的尺寸数据来选取；否则应在厚板上做出如图 4-13 所示的单面或双面削薄，其削薄长度 $l \geqslant 3(\delta-\delta_1)$。

表 4-3 不同厚度钢板对接接头两钢板厚度差

较薄板厚度 δ_1/mm	≥2~5	>5~9	>9~12	>12
允许厚度差($\delta-\delta_1$)/mm	1	2	3	4

(3) 钝边和坡口面应去毛刺。

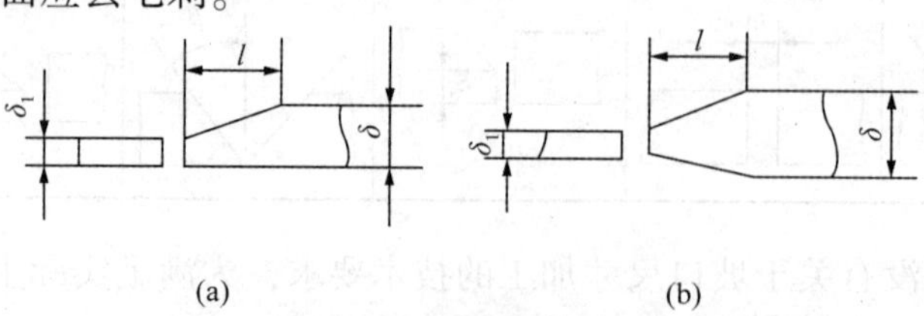

图 4-13 不同钢板厚度对接的单面或双面削薄

4.1.5 表示符号

为了简化制图，焊接接头一般应采用标准规定的焊缝符号表示，也可采用技术制图方法表示。符号表示一般由基本符号与指引线组成，必要时可以加上辅助符号、补充符号和焊缝尺寸符号。

4.1.5.1 基本符号

基本符号是表示焊缝截面形状的符号，见表4-4。

表4-4 基本符号

序号	名称	示意图	符号
1	卷边焊缝①（卷边完全融化）	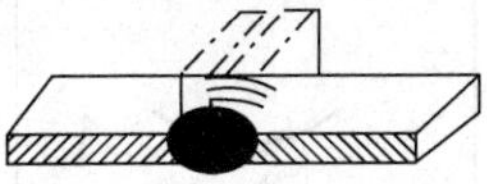	
2	I形焊缝		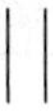
3	V形焊缝		
4	单边V形焊缝	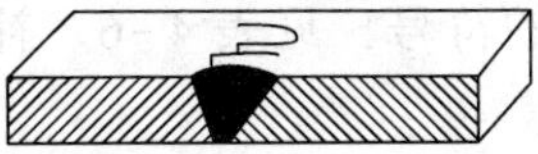	
5	带钝边V形焊缝		
6	带钝边单边V形焊缝		
7	带钝边U形焊缝	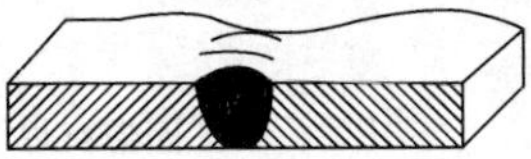	
8	带钝边J形焊缝	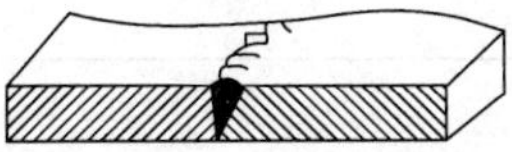	
9	封底焊缝	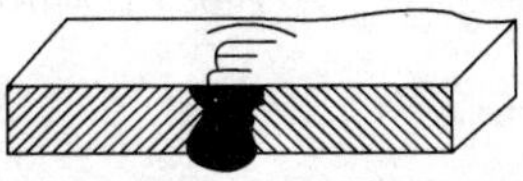	
10	角焊缝	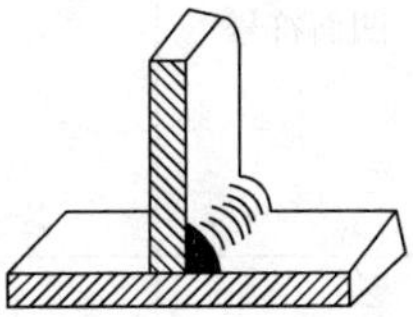	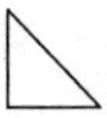
11	塞焊缝或槽焊缝	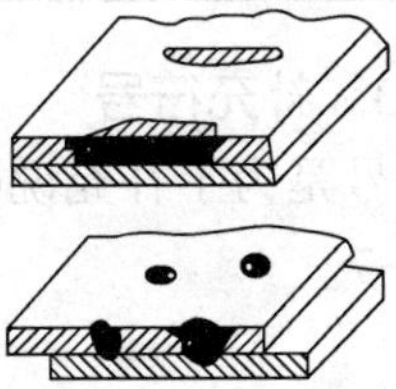	
12	点焊缝	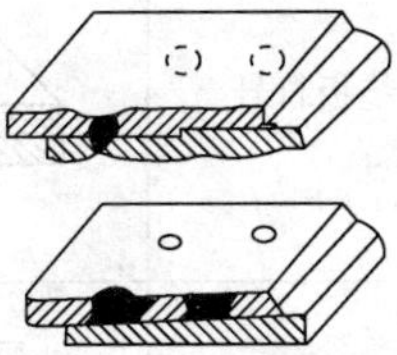	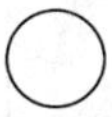
13	缝焊缝	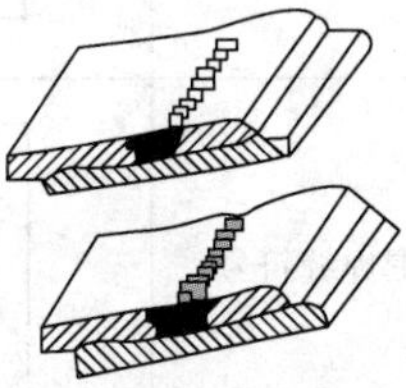	

①不完全融化的卷边焊缝用I形焊缝符号来表示，并加注焊缝有序厚度δ。

4.1.5.2 辅助符号

辅助符号是表示焊缝表面形状特征的符号，见表 4-5。

表 4-5 辅助符号

序号	名称	示意图	符号	说明
1	平面符号	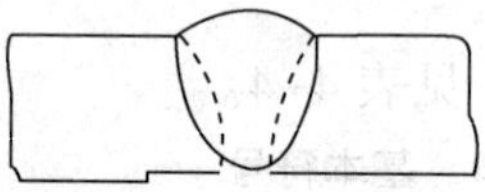		焊缝表面齐平(一般通过加工)
2	凹面符号	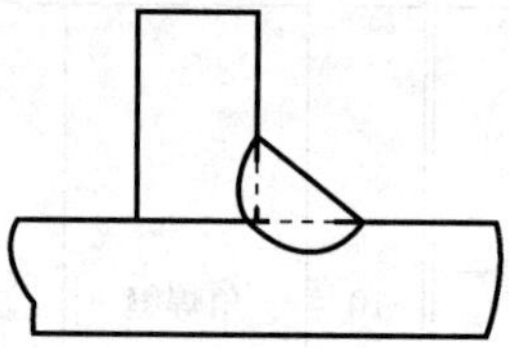		焊缝表面凹陷
3	凸面符号	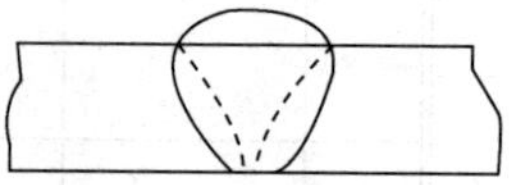		焊缝表面凸起

4.1.5.3 补充符号

补充符号是为了补充说明焊缝的某些特征而采用的符号，见表 4-6。补充符号的应用示例见表 4-7。

表 4-6 补充符号

序号	名称	示意图	符号	说明
1	带垫板符号	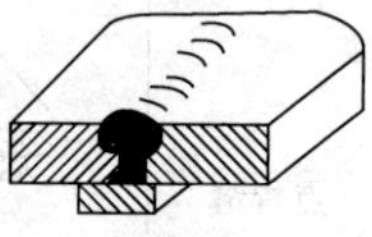	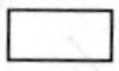	焊缝底部有垫板
2	三面焊缝符号	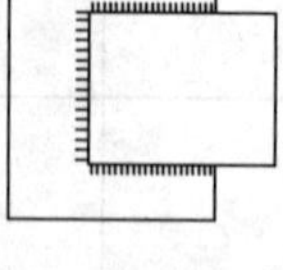		三面带有焊缝
3	周围焊缝符号	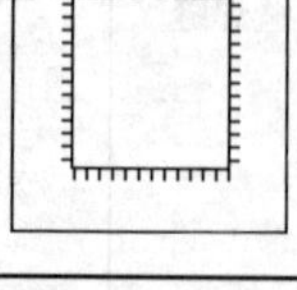		环绕工件周围焊缝

续表

序号	名称	示意图	符号	说明
4	现场符号			在现场或工地上进行焊接
5	尾部符号			可以参照 GB/T 5185 标注焊接工艺方法等内容

表 4-7 补充符号应用示例

示意图	标注示例	说明
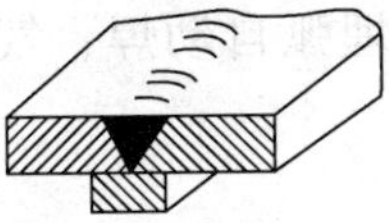	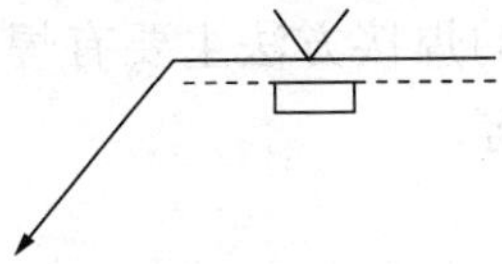	V 形焊缝的背面底部有垫板
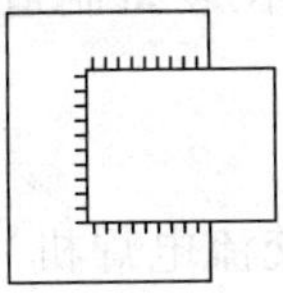	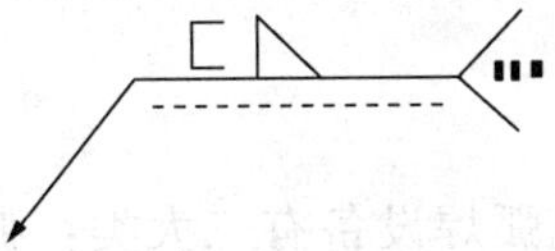	工件三面带有焊缝，焊接方法为焊条电弧焊
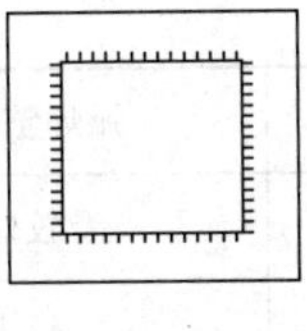	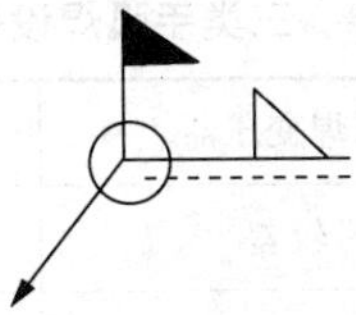	在现场沿工件周围施焊

4.1.6 焊接坡口的选择和设计

正确地选择焊接坡口形状、尺寸，是一项重要的焊接工艺内容，是保证焊接接头质量的重要工艺措施。设计、选择焊接坡口时主要应考虑以下几个问题。

(1) 设计或选择不同形式坡口的主要目的是保证焊接接头全焊透。

(2) 设计或选择坡口首先要考虑的问题是被焊接材料的厚度。对于薄钢板的焊接，可以直接利用钢板端部(此时亦称为 I 形坡口)进行焊接；对于中、厚板的焊接坡口，应同时考虑施焊的方法。例如，焊条电弧焊和埋弧自动焊的最大一次熔透深度分别为 6~8mm 和 12~14mm。当焊接 14mm 厚的钢板时，若采用埋弧自动焊，则可用 I 形坡口；若采用焊条电弧焊，则可设计成单面或双面坡口。

(3) 要注意坡口的加工方法，如 I 形、V 形、X 形等坡口，可以利用气割、等离子切割加工，而U形、双U形坡口，则需用刨边机加工。

(4) 在相同条件下，不同形式的坡口，其焊接变形是不同的。例如，单面坡口比双面坡口变形大；V形坡口比U形坡口变形大等。应尽量注意减少残余焊接变形与应力。

(5) 焊接坡口的设计或选择要注意施焊时的可焊到性。例如，直径小的容器，不宜设计为双面坡口，而要设计为单面向外的坡口等。同时应注意操作方便。

(6) 要注意焊接材料的消耗量，应使焊缝的填充金属尽量少。对于同样板厚的焊接接头，坡口形式不同，焊接材料的消耗也不同。例如，单面V形坡口比单面U形坡口的焊接材料消耗大，成本将要增加。

(7) 复合钢板的坡口应有利于减少过渡层焊缝金属的稀释率。

4.2 常用焊接方法及其焊接工艺

在过程装备制造过程中，常用的焊接方法主要有焊条电弧焊、埋弧自动焊、气体保护电弧焊、电渣焊、堆焊、窄间隙焊等。

4.2.1 焊条电弧焊

焊条电弧焊由于其设备简单、操作方便、适合全位焊接等特点，在装备制造中是一种应用广泛的焊接方法。

4.2.1.1 装备

(1) 设备。目前，国内焊条电弧焊设备有三大类：弧焊变压器(交流电焊机)、弧焊发电机(直流电焊机)和弧焊整流器。三类弧焊设备的比较见表4-8。

表4-8 三类手弧焊设备比较

项目	弧焊变压器	弧焊发电机	弧焊整流器
稳弧性	较差	好	较好
电网电压被动的影响	较小	小	较大
噪声	小	大	小
硅钢片与钢导线的需要量	少	多	较少
结构与维修	简单	复杂	较复杂
功率因数	较低	较高	较高
空载消耗	较小	较大	较小
成本	低	高	较高
质量	小	大	较小

选择弧焊设备首先要考虑的是焊条涂层(药皮)类型和被焊接头、装备的重要性。例如，对于低氢钠型(碱性)焊条、重要的焊接接头、压力容器等装备的焊接，尽管其成本高、结

构较复杂，但必须选用直流电焊机或弧焊整流器(即直流电源)，因其电弧稳定性好，易保证焊接质量。随着弧焊整流器质量的不断提高，有逐渐替代直流电焊机的趋势。对于酸性焊条，一般的焊接结构，虽然交、直流焊机都可以用，但通常都选择价格低、结构简单的交流电焊机。

另外，还要考虑焊接产品所需要的焊接电流大小、负载持续率等要求，以选择焊机的容量和额定电流。

(2) 焊钳、焊接电缆。选择焊钳和焊接电缆主要考虑的是允许通过的电流密度。焊钳要绝缘好、轻便(见表4-9)；焊接电缆应采用多股细铜线电缆(有YHH型电焊橡皮套电缆或YHHR型电焊橡皮套特软电缆)，电缆截面可根据焊机额定焊接电流(参考表4-10)选择，电缆长度一般不超过30m。

表4-9 焊钳技术参数

型号	额定电流/A	焊接电缆孔径/mm	适用焊条直径/mm	质量/kg	外形尺寸/mm
G325	300	14	2~5	0.5	250×80×40
G582	500	18	4~8	0.7	290×100×45

表4-10 额定电流与相应铜芯电缆最大截面关系

额定电流/A	100	125	160	200	250	315	400	500	630
电缆截面积/mm^2	16	16	25	35	50	70	95	120	150

(3) 面罩。是为防止焊接时的飞溅、弧光及其辐射对焊工的保护工具，有手持式或头盔式两种。面罩上的护目遮光镜片可按表4-11选择，镜片号越大，镜片越暗。

表4-11 焊工护目遮光镜片选用表

工种	焊接电流/A			
	≤30	>30~75	>75~200	>200~400
	遮光镜片号			
电弧焊	5~6	7~8	8~10	11~12
碳弧气刨			10~11	12~14
焊接辅助工	3~4			

4.2.1.2 焊条

焊条电弧焊的焊接材料——焊条，由焊芯和药皮组成。

(1) 分类。目前中国国家标准化管理委员会将焊条按化学成分划分为若干类，并制定了相应标准。国家机械委则在“焊接材料产品样本”中，将焊条按用途分为十类。焊条电弧焊和堆焊用焊条类别和型号见表4-12。

表 4-12 焊条类型及型号

类别	型号	熔敷金属抗拉强度(MPa)或化学成分	型号意义	型号中数字代表意义：数字	药皮类型	焊接电流
碳钢焊条	E43××	43	E ×× ×× 药皮类型及焊接电源 焊条适用的焊接位置 熔敷金属抗拉强度最低值 焊条	00	特殊型	交流或直流正、反接
				01	钛铁矿型	
				03	钛钙型	
				13	高钛钾型	
	E50××	50		22	氧化铁型	
				23	铁粉钛钙型	
低合金钢焊条	E50××-×	50	E ×× ×× -× 熔敷金属化学成分分类代号 药皮类型及焊接电源 焊条适用的焊接位置 熔敷金属抗拉强度最低值 焊条	27	铁粉氧化铁型(低合金钢焊条平焊时)	
	E55××-×	56				
	E60××-×	60		24	铁粉钛型	
	E70××-×	70		14		
不锈钢焊条	E00-19-10 Mo2-5Mo-×× E0-5Mo-×× E1-13-×× E2-11MoVNiW-×× E3-16-34-××		E× -×× -×× ×× -×× 药皮类型及焊接电源 元素符号,表示熔敷金属中含其他元素的近似值,元素平均含量小于1.5%时,不标注含量,当含量等于或大于1.5%、2.4%、3.5%...时,一般在元素后面相应标注2、3、4...等数字 熔敷金属中含镍量的近似值的百分之几 熔敷金属中含铬量的近似值的百分之几 熔敷金属中含碳量的近似值的百分之几 焊条	10	高纤维钠型	直流反接(堆焊条 15 为直流)
				15	低氢钠型	
				08	石墨型	交流或直流
					适用焊接位置	
				0	全位置：平焊、立焊、仰焊、横焊	
				1		
				2	平焊、平角焊(水平角焊)	
				4	向下立焊	

续表

<table>
<tr><th rowspan="2">类别</th><th rowspan="2">型号</th><th rowspan="2">熔敷金属抗拉强度(MPa)或化学成分</th><th rowspan="2">型号意义</th><th colspan="3">型号中数字代表意义</th></tr>
<tr><th>数字</th><th>药皮类型</th><th>焊接电流</th></tr>
<tr><td rowspan="8">低合金钢焊条</td><td rowspan="3">E75××-×-××</td><td rowspan="3">75</td><td rowspan="8">E×× ××-×-××
-××：熔敷金属中含有的元素
-×：熔敷金属化学成分分类代号
第二个××中后一位：药皮类型及焊接电源
第二个××中前一位：焊条适用的焊接位置
E后××：熔敷金属抗拉强度最低值
E：焊条</td><td>12</td><td>高钛钠型</td><td rowspan="3">交流或直流正接</td></tr>
<tr><td>20</td><td>氧化铁型</td></tr>
<tr><td>27</td><td>铁粉氧化铁型</td></tr>
<tr><td rowspan="5">E85××-×-××</td><td rowspan="5">85</td><td>16</td><td>低氢钾钠</td><td rowspan="5">交流或直流反接</td></tr>
<tr><td>18</td><td rowspan="3">铁粉低氢型</td></tr>
<tr><td>28</td></tr>
<tr><td>48</td></tr>
<tr><td>11</td><td>高纤维钾型</td></tr>
<tr><td rowspan="12">堆焊焊条</td><td>EDP××-××</td><td>普通低中合金钢</td><td rowspan="12">ED×× · ××
· ××：药皮类型及焊接电源
ED后第二个×：熔敷金属中含的合金元素,用化学元素符号表示
ED后第一个×：用字母或化学元素符号表示堆焊焊条的型号分类
D：堆焊
E：焊条

EDP CrMo -A_1 -03
-03：药皮类型(钛钙型)及焊接电源(交流或直液)
-A_1：细分的型号
CrMo：含铬钼合金元素
P：型号分类为普通低中合金钢
D：堆焊
E：焊条</td><td colspan="3" rowspan="12">堆焊焊条在同一基本型号内有几个分型时，可用字母 A、B、C……标记，如果在细分时，可加注下角数字 1、2、3……如 A_1、A_2、A_3 等</td></tr>
<tr><td>EDR××-××</td><td>热强合金钢</td></tr>
<tr><td>EDCr××-××</td><td>高铬钢</td></tr>
<tr><td>EDMn××-××</td><td>高锰钢</td></tr>
<tr><td>EDCrMn××-××</td><td>高铬锰钢</td></tr>
<tr><td>EDCrNi××-××</td><td>高铬镍钢</td></tr>
<tr><td>EDD××-××</td><td>高速钢</td></tr>
<tr><td>EDZ××-××</td><td>合金铸铁</td></tr>
<tr><td>EDZCr××-××</td><td>高铬铸铁</td></tr>
<tr><td>EDCoCr××-××</td><td>钴基合金</td></tr>
<tr><td>EDW××-××</td><td>碳化钨</td></tr>
<tr><td>EDT××-××</td><td>特殊型</td></tr>
</table>

（2）碳钢焊条、低合金钢焊条、不锈钢焊条介绍如下。

碳钢焊条见 GB/T 5117—2012。

低合金钢焊条 GB/T 5118—2012。

不锈钢焊条 GB/T 983—2012。

4.2.1.3 焊接规范的选择

焊接时，为保证焊接质量而选定的参数，称为焊接工艺参数，简称为焊接参数。在焊接工艺过程中所选择的各个焊接参数的综合，一般称为焊接规范。焊接方法不同，焊接规范所包含的焊接参数也不完全相同，基本的焊接规范有焊接电流、焊接电弧电压、焊接速度(单位时间内焊接的焊缝长度)、焊接线能量、焊条(埋弧焊为焊丝)直径、多层焊的层数、焊接冷却时间、焊接预热温度等。由于实际焊接条件不同，焊接规范的选择是较复杂的，现介绍如下。

(1) 焊条直径。一般情况下焊条直径根据被焊工件的厚度来选择，水平焊对接时焊条直径的选择见表4-13。另外还要考虑接头形式、焊接位置、焊接层数等的影响。例如，开坡口多层焊的第一层(打底焊)及非水平位置焊接后选用较小直径的焊条。

表4-13 水平焊对接时焊条直径的选择

工件厚度/mm	≤1.5~2	3	4~12	8~12	>12
焊条直径/mm	1.6~2	2.5~3.2	3.2~4	4~5	5~6

对于重要焊接结构通常要做焊接工艺评定(JB 4708—2005)，同时考虑焊接线能量的输入，确定焊接电流的范围，再参照焊接电流与焊条直径的关系来确定焊条直径(参见表4-14)。

表4-14 焊接电流与焊条直径的关系

焊条直径/mm	1.6	2.0	2.5	3.2	4	5	6
焊接电流/mm	25~40	40~65	50~80	100~130	160~210	200~270	260~300

(2) 焊接电流、焊接电弧电压、焊接速度。

① 焊接电流。对于焊条电弧焊，焊接电流是最主要的焊接工艺参数，是影响焊接质量的关键。焊接电流过小，电弧燃烧不稳定，对工件加热不充分，易造成未焊透、未熔合、气孔、夹渣等缺陷；焊接电流过大，易使焊条发红，药皮崩落和失效，使其保护作用下降，产生气孔使焊缝力学性能下降，还会引起熔化金属飞溅严重，操作困难，影响接头成形，使热影响区增宽、晶粒粗大。为此，焊接电流的选择，首先要保证焊接质量，其次再适当采用较大的焊接电流，提高生产效率。

一般情况下可根据焊条直径来选择焊接电流范围，同时还要考虑板厚、接头形式、焊接位置、施焊环境温度、工件材质等因素。如厚板、T形接头、搭接、环境温度较低，均由于导热快，电流应适当大些；非平焊位置，为了易成形，电流要小些；不锈钢焊接时，为避免晶间腐蚀的产生，电流应小些等。

对重要焊接结构如压力容器，要通过焊接工艺评定确定焊接线能量，合格后才能最后确定焊接电流等工艺参数。因为焊接线能量 $q_v=\eta\frac{IU}{v}$，一旦要求的焊接线能量范围给出，则在焊接工艺评定中，就同时确定了焊接电流、焊接电弧电压和焊接速度的参数范围。

② 焊接电弧电压。焊接电弧电压的大小(一般约为20~30V)主要由电弧长度决定。电弧长则电弧电压高；反之电弧电压低。

电弧过长则不稳定、熔深浅、熔宽增加，易产生咬边等缺陷，同时空气容易侵入，易产生气孔，飞溅严重，浪费焊条、电能，效率低。生产中尽量采用短弧焊接，电弧长度一般为2~6mm。

③ 焊接速度。焊接速度的大小直接影响生产效率，通常在保证焊缝熔透的情况下尽可能采用较大的焊接速度(可达60~70cm/min)。

(3) 焊接层数。厚板的焊接一般要开坡口，同时采用多层焊或多层多道焊，如图4-14所示。每层焊接厚度一般不超过5mm。焊条电弧焊一次最大熔透深度约为6~8mm。当每层厚度约等于焊条直径的0.8~1.2倍时，生产效率较高。焊接层数可用下式估算。

$$n=\frac{\delta}{d} \tag{4-3}$$

式中，n为焊接层数；δ为工件厚度，mm；d为焊条直径，mm。

若计算值不为整数，则取大圆整数。

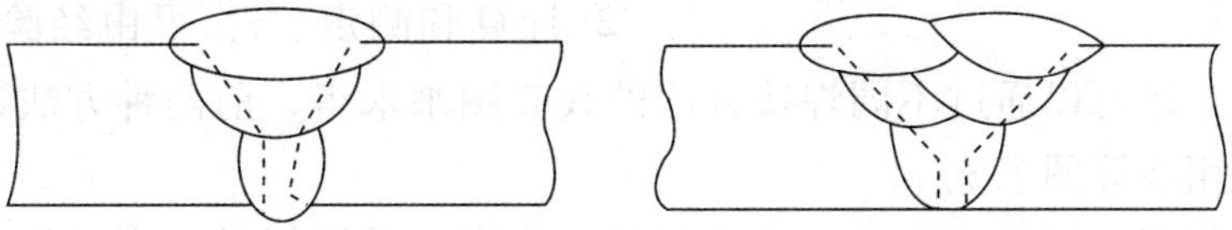

(a)多层焊 (b)多层多道焊

图4-14 多层焊与多层多道焊

多层焊和多层多道焊的接头显微组织较细，相对热影响区也较窄，因此接头的延性、韧性都较好。特别是对易淬火钢的焊接，后道焊接对前道焊缝有回火作用，前道焊接对后道焊接又起到了预热作用，可改善接头组织和性能。

对低合金高强度钢等钢种，焊接层数对接头性能有明显影响。焊缝层数少，每层焊缝厚度太大时，则焊接线能量增大，晶粒粗大，导致接头的延性、韧性下降。

(4) 焊接线能量。焊条电弧焊焊接低碳钢时，通常没有具体规定焊接线能量的大小，因为在正常焊接规范范围内，焊接线能量对接头性能的影响不大。

对于低合金钢、不锈钢等钢种，焊接线能量过大，接头性能可能不合格；太小时，对一些钢种易产生裂纹。因此，焊接线能量应通过焊接工艺评定合格后，做出焊接工艺规程，规定焊接线能量的范围。允许的焊接线能量范围越大，越便于焊接操作。

例如，采用焊条电弧焊、碱性焊条、焊接板厚为10mm的低合金钢板，水平位置对接接头、开V形坡口，对接间隙3mm时，焊接线能量的范围为15~20kJ/cm。

(5) 焊接冷却时间$\tau_{8/5}$。目前在焊接工艺参数的计算中，应用较广泛的是通过焊接冷却时间$\tau_{8/5}$，选择合适的焊接工艺参数，同时利用钢的焊接连续冷却组织转变图(CCT图)、线算图来确定焊接工艺参数。

① 概念。在焊接热循环中对焊接接头组织、性能的影响，主要取决于加热速度、加热最高温度、高温(相变以上温度)停留时间和冷却速度四个参数(参见图4-9及相关内容)。其中冷却速度是最重要的参数，因为对于一般的低合金钢，其大部分相变过程是在800~500℃范围内进行的，因此在800~500℃的冷却速度快慢将直接影响着组织和性能的变化。在实践中为了分析、研究、测定方便，常用在800~500℃的冷却时间$\tau_{8/5}$来代替在这段温度

范围内的冷却速度。$\tau_{8/5}$（或$\tau_{8/3}$，由800℃冷却到300℃的时间）基本上可以反映焊接连续冷却过程，是控制相变的特征参数。

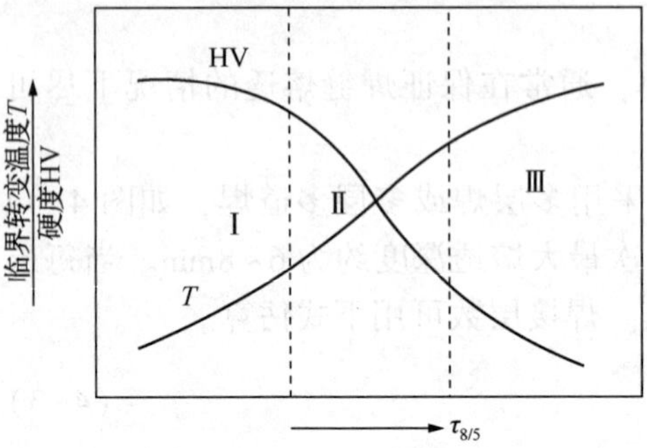

图4-15　临界转变温度T、硬度HV与$\tau_{8/5}$的关系

在焊接生产中，控制了焊缝区熔合面处由800℃冷却到500℃的时间（$\tau_{8/5}$），就可以获得理想的组织和性能。图4-15所示为$\tau_{8/5}$与熔合面处的临界转变温度（T）及硬度（HV）的相互关系。可以看出，如果$\tau_{8/5}$太短，则会使熔合面处硬度升高，甚至出现冷却过快而产生的淬硬裂纹（图中的Ⅰ区）；如果$\tau_{8/5}$太长，又会使临界转变温度升高，使抗脆断能力下降（图中的Ⅲ区）。这两种情况都会影响焊接接头的质量，是不希望的，为保证焊接质量，必须使$\tau_{8/5}$在Ⅱ区范围内。

② 计算和测定。$\tau_{8/5}$可由经验公式计算得到，也可由实际测定，还可以通过不同焊接方法的线算图来求得。前两种方法计算复杂，测定麻烦，现介绍利用线算图求$\tau_{8/5}$。

【例4-1】　钢板厚度$\delta=10$mm，采用焊条电弧焊，碱性焊条，水平位置对接接头，开V形坡口，坡口角度$\alpha=60°$，对接间隙$b=3$mm，焊接线能量$q_v=18$kJ/cm。①施焊温度为室温$t_0=20$℃；②施焊温度为$t_0=200$℃。试分别利用线算图计算其焊接冷却时间$\tau_{8/5}$。

作图计算过程如图4-16所示的焊条电弧焊线算图。

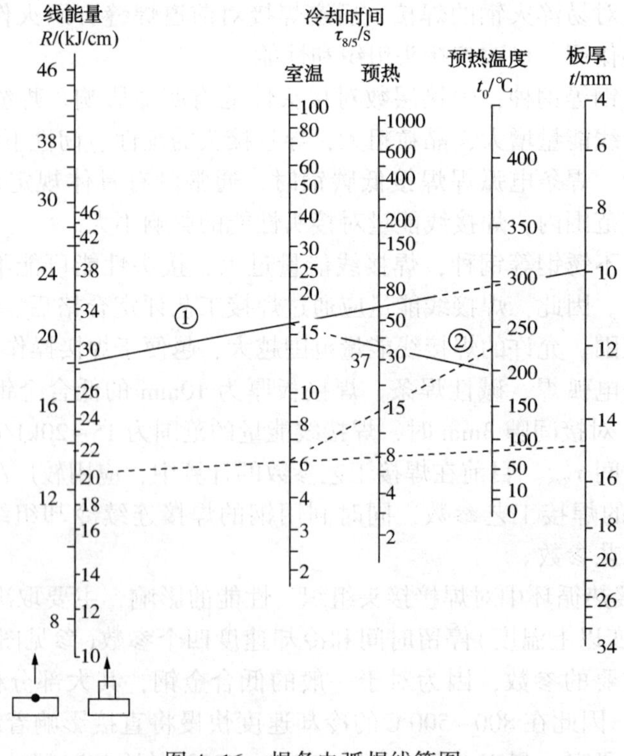

图4-16　焊条电弧焊线算图

$t_0=20℃$，连接板厚 $\delta=10mm$ 与线能量 $q_v=18kJ/cm$ 两处间的直线①交室温下的线于16s处，则 $\tau_{8/5}$ 即等于16s。

$t=200℃$，接上小题，再连接 $t_0=200℃$ 处与16s处两点间的直线②，交预热线于37s，则 $\tau_{8/5}$，即等于37s。

关于焊条电弧焊的其他焊接工艺参数如预热温度和焊接材料(焊条)的选择原则等内容参见4.3节、4.4节内容。

4.2.2　埋弧自动焊

埋弧自动焊是压力容器等焊接结构的重要焊接方法之一，现对其设备、焊接材料(焊丝、焊剂)和有关焊接规范介绍如下。

4.2.2.1　设备

埋弧自动焊的设备可分为两部分：埋弧焊电源和埋弧焊焊机。

(1) 埋弧焊电源。可采用直流(弧焊发电机或弧焊整流器)、交流(弧焊变压器)或交直流并用。

直流电源电弧稳定，常用于焊接工艺参数稳定性要求较高的场合。小电流范围、快速引弧、短焊缝、高速焊接。采用直流正接(焊丝接负极)时，焊丝的熔敷率高；采用直流反接(焊丝接正极)时，焊缝熔深大。

交流电源焊丝的熔敷率和焊缝熔深介于直流正接和直流反接之间，而且电弧的磁偏吹小。交流电源多用于大电流埋弧焊和采用直流时磁偏吹严重的场合。交流的空载电压一般要求在65V以上。

在实际焊接生产中为进一步加大熔深、提高生产率，多丝埋弧自动焊得到了越来越多的应用。目前应用较多的是双丝和三丝埋弧自动焊，这时电源也可以采用直流、交流或交、直流并用，电源的选用及连接有多种组合方式。图4-17所示为两台电源的几种组合方式。图4-18所示为三台电源的几种组合方式。

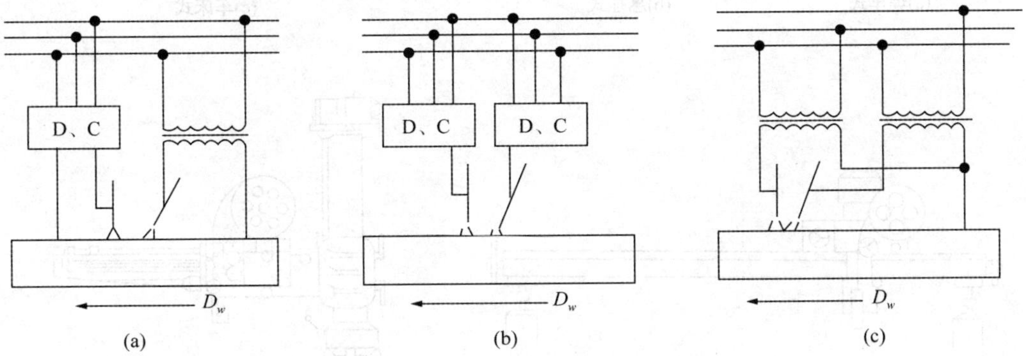

图4-17　多丝埋弧焊时两台电源的几种组合方式(D_w 为焊接方向)

(2) 埋弧焊焊机。分为半自动焊机和自动焊机两类。

半自动焊机的主要功能是：将焊丝通过软管连续不断地送入焊接区；传输焊接电流；控制焊接的启动和停止；向焊接区铺施焊剂。

半自动焊机的焊接速度是由操作者(焊工)来控制完成的，因此有“半”之称。

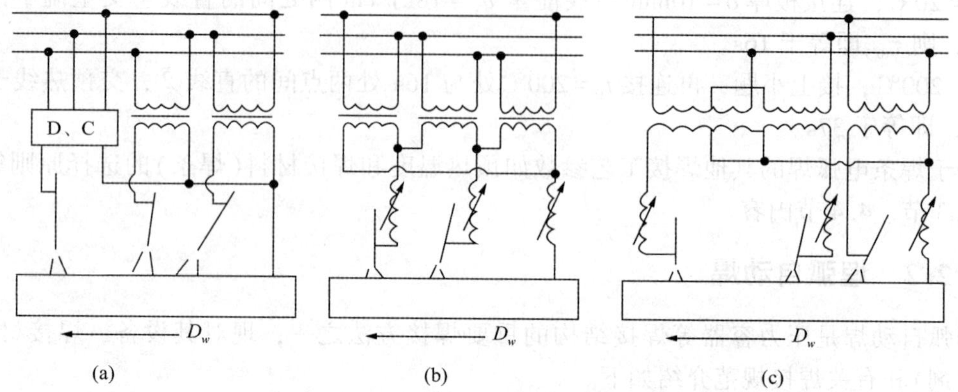

图 4-18　多丝埋弧焊时三台电源的几种组合方式(D_w 为焊接方向)

自动焊机的主要功能是：连续不断地向焊接区送进焊丝；传输焊接电流；使电弧沿接缝移动，自动控制焊接速度；控制电弧的主要参数；控制焊接的启动和停止；向焊接区铺施焊剂；焊接前调节焊丝位置。

自动焊机既完成了送丝速度的调节又完成了焊接速度的调节，这两项为其主要动作。

常见的自动埋弧焊机形式如图 4-19 所示(不带焊接电源)。

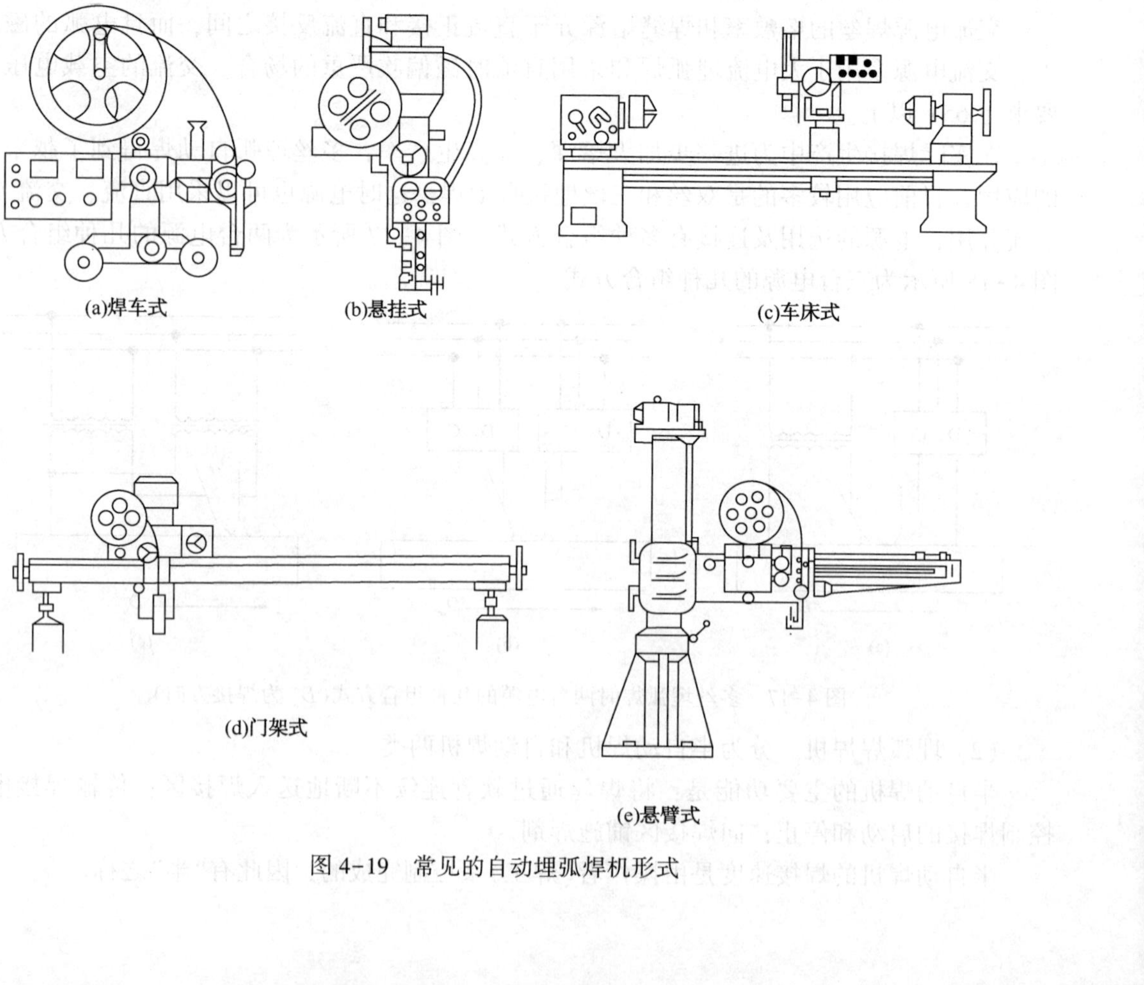

图 4-19　常见的自动埋弧焊机形式

在表4-15所列自动埋弧焊机中，MZ-1000型焊机是使用最普遍的，图4-20所示是该焊机的焊车(MZT-1000型焊车)组成图。

表4-15 国产自动埋弧焊机主要技术数据

技术规格	型号							
	NZA-1000	MZ-1000	MZ1-1000	MZ2-1000	MA3-1000	MA6-1000	MU-2×300	MU1-1000
送丝方式	变速送丝	变速送丝	等速送丝	等速送丝	等速送丝	等速送丝	等速送丝	变速送丝
焊机结构特点	埋弧、明弧两用焊车	焊车	焊车	悬挂式自动机头	电磁爬行小车	焊车	堆焊专用焊机	堆焊专用焊机
焊接电流/A	200~1200	400~1200	200~1000	400~1500	180~600	200~600	160~300	400~1000
焊丝直径/mm	3~5	3~6	1.6~5	3~6	1.6~2	1.6~2	1.6~2	焊带宽30~80，厚0.5~1
送丝速度/(cm/min)	50~600(弧压反馈控制)	50~200(弧压35V)	87~672	47.5~375	180~700	250~1000	160~540	25~100
焊接速度/(cm/min)	3.5~130	25~117	26.7~210	22.5~187	16.7~108	13.3~100	32.5~58.3	12.5~58.3
焊接电流种类	直流	直流或交流	直流或交流	直流或交流	直流或交流	交流	直流	直流
送丝速度调整方法	用电位器无极调速器(用改变晶闸管导通角来改变电动机转速)	用电位器调整直流电动机转速	调换齿轮	调换齿轮	用自耦变压器无级调节直流电动机转速	用自耦变压器无级调节直流电动机转速	调换齿轮	用电位器无级调节直流电动机转速

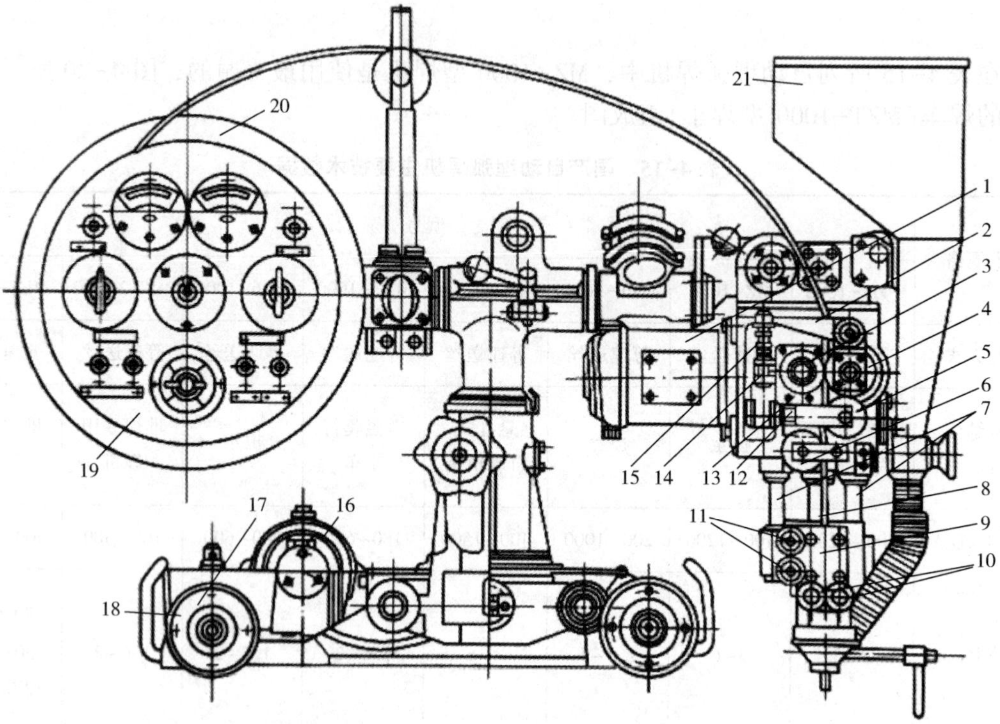

图 4-20　MZT-1000 型自动焊焊车

1—送丝电机；2—摇杆；3、4—送丝轮；5、6—矫直滚轮；7—圆柱导轨；8—螺杆；9—导电嘴；10—螺线(压紧导电块用)；11—螺丝(接电极用)；12—螺钉；13—机头；14—调节螺母；15—弹簧；16—小车电机；17—小车车轮；18—小车；19—控制盒；20—焊丝盘；21—焊剂斗

(3) 辅助设备。埋弧自动焊机工作时，为了调整焊接机头与工件的相对位置使接头处在最佳施焊位置，或为了达到预期的工艺目的，一般都需要有相应的辅助设备与焊机相配合。埋弧自动焊的辅助设备大致有以下几种。

① 焊接夹具。使用焊接夹具的主要目的是使被焊工件能准确定位并夹紧，以便焊接。这样可以减少或免除定位焊缝，也可以减少焊接变形，并达到其他工艺目的。焊接夹具常与其他辅助设备联用，图 4-21 所示为一种钢板拼接焊用的大型门式夹具，配有单面焊双面成形装置(铜垫板)，在大型金属结构制造厂有广泛应用。

② 工件变位设备。埋弧自动焊中常用的工件变位设备有滚轮架、翻转机、万能变位装置等。这种设备的主要功能是使工件旋转、倾斜，使其在三维空间中处于最佳施焊位置、装配位置等，以保证焊接质量、提高生产效率，减轻劳动强度。图 4-22 所示是一种用于回转工件的典型变位设备——滚轮架。

③ 焊机变位设备。这种设备的主要功能是将焊接机头准确地送到待焊位置，也称焊接操作机。它们大多与工件变位机、焊接滚轮架等配合工作，完成各种形状复杂工件的焊接。其基本形式有平台式、悬臂式、伸缩式、龙门式等。图 4-23 所示为常见的平台式操作机与滚轮架配合使用的情况。

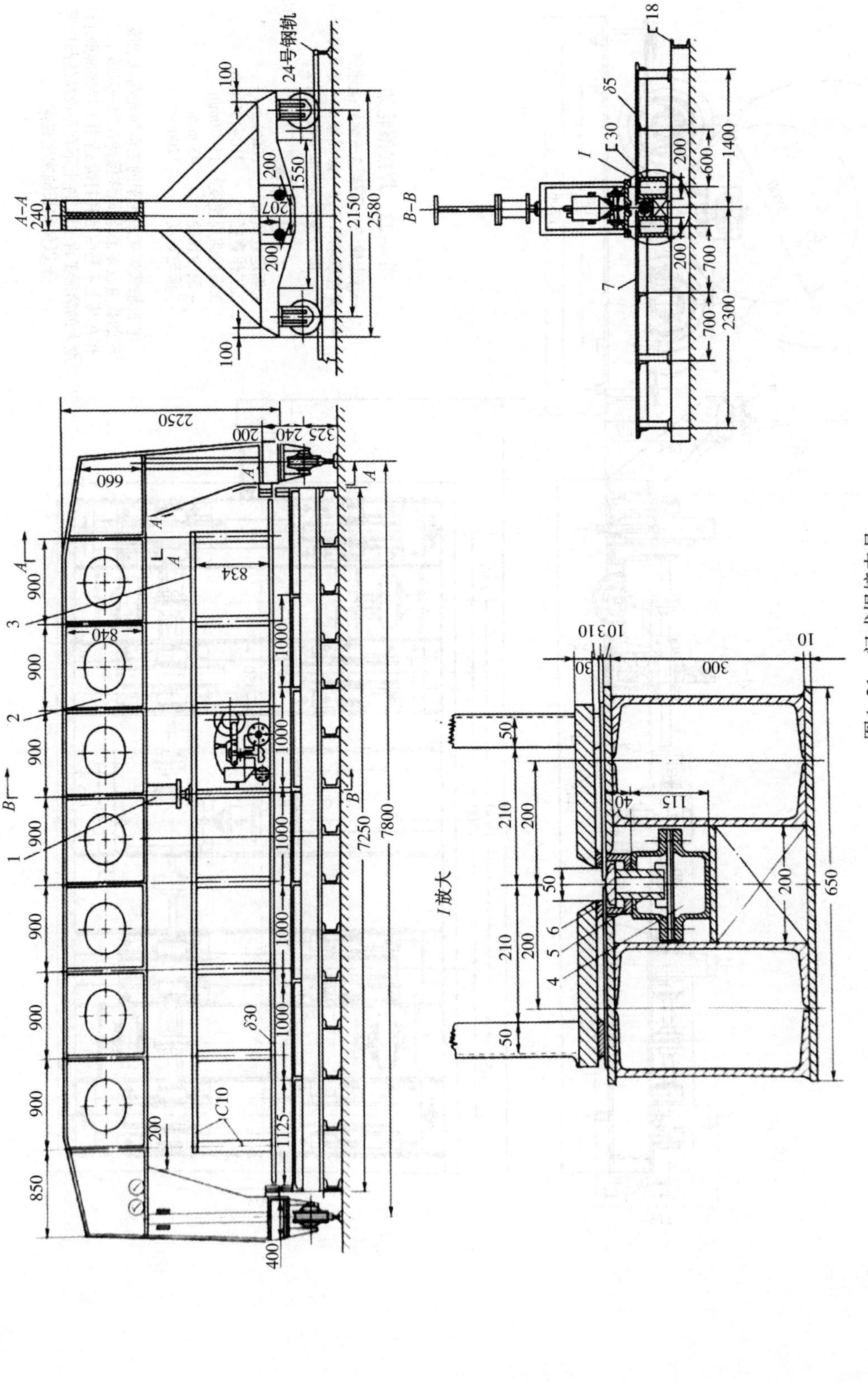

图4–21　门式焊接夹具

1—加压气缸；2—行走大车；3—加压架；4—长形气室；5—顶起柱塞；6—铜垫板；7—平台

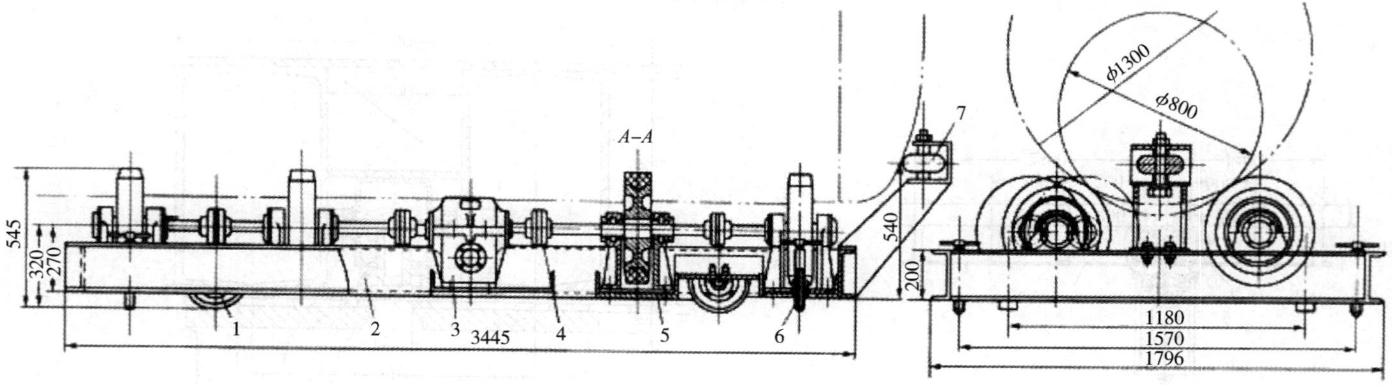

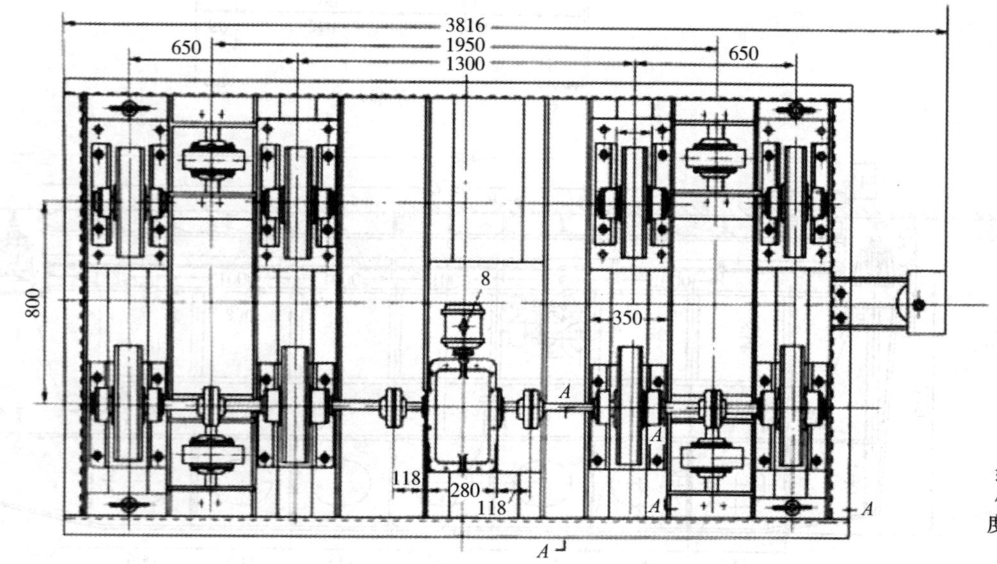

图 4-22　焊接滚轮架

1—行走轮; 2—底架; 3—蜗轮减速器;
4—弹性联轴节B_2; 5—滚轮架;6—支承脚;
7—限位滚轮;8—电动机Z2-32

技术数据

1.额定载质量	2000kg
2.工作直径	310~1950mm
3.滚轮圆周速度	15~70m/h
4.滚轮直径	450mm
5.滚轮宽度	120mm

注:长轴式焊接滚轮架的主动滚轮与从动滚轮的数量较多,滚轮始终保持在同一轴线上,工作在其上不易变形和打滑,适用于焊接薄壁,长度大的筒形工件,但工件上不宜有很高的凸出部分,以免和长轴发生碰撞。

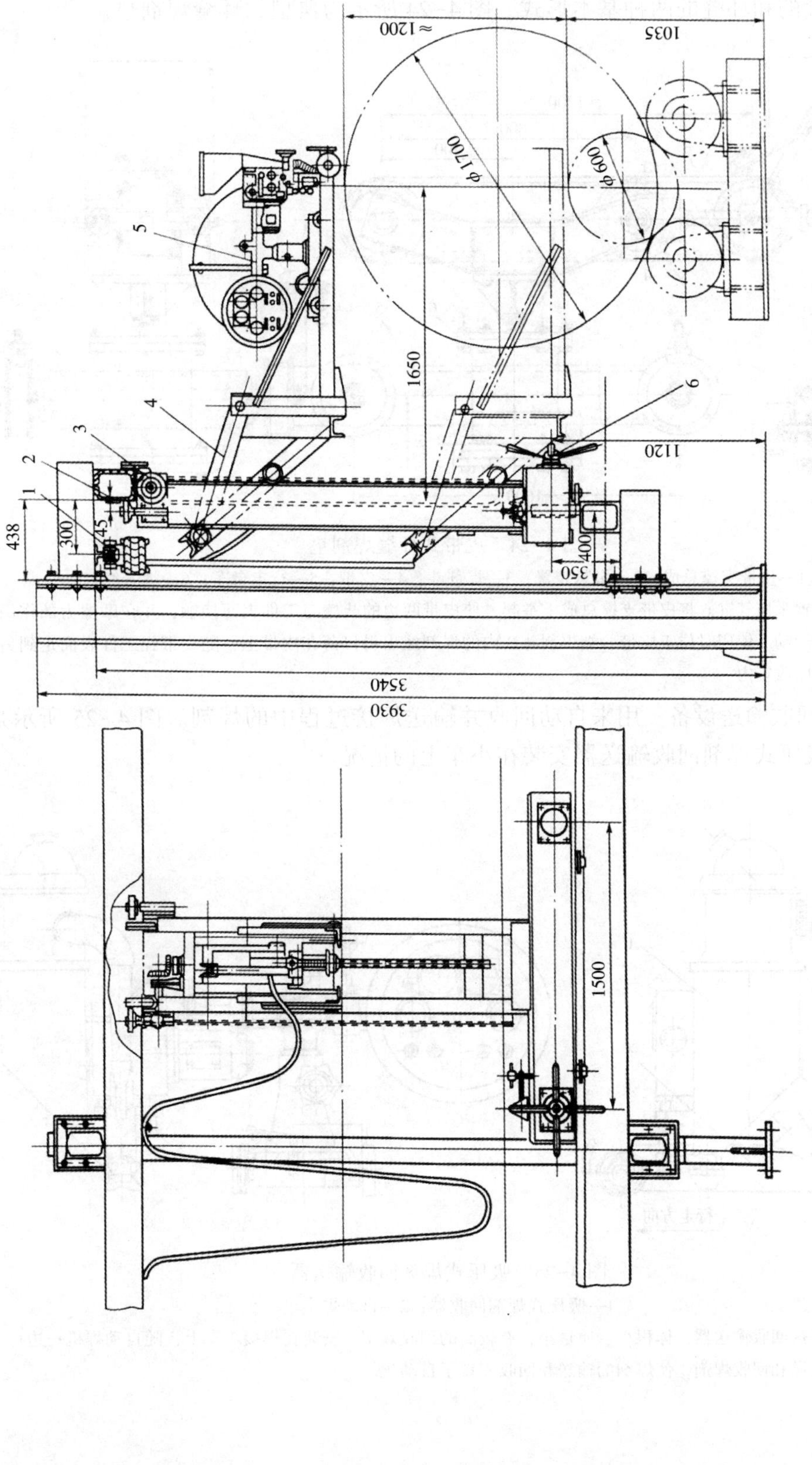

图4-23 平台式焊接操作机

1—电缆小车；2—走架；3—平台升降机构；4—升降平台；5—自动焊机；6—走架行走机构

④ 焊缝成形设备。埋弧焊的功率较大，焊接时为防止熔化金属流失、烧穿，并使焊缝背面成形，经常在焊缝背面加衬垫。常用的焊缝成形设备除铜垫板外，还有焊剂垫。焊剂垫有用于纵缝的和环缝的两种基本形式。图 4-24 所示为典型的环缝焊剂垫。

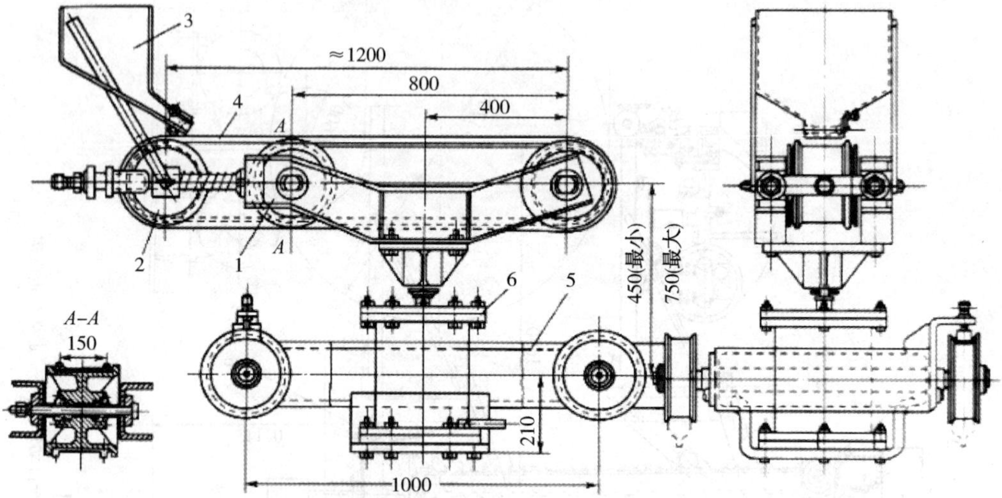

图 4-24　皮带式环缝焊剂垫

1—皮带支撑总成；2—张紧装置；3—焊剂斗；4—皮带；5—行走台车；6—举升气缸

注：该装置采用气缸 6 将皮带支撑总成 1 举起，使皮带两边的凸棱与工件表面接触，并在摩擦力的作用下随工件运动。使用时位于皮带一端焊剂斗 3 内的焊剂经出料口落在皮带上，随皮带经工件表面走到另一端落入回收箱内。

⑤ 焊剂回收输送设备。用来自动回收并输送焊接过程中的焊剂。图 4-25 所示是利用压缩空气的吸压式焊剂回收输送器安装在小车上的情况。

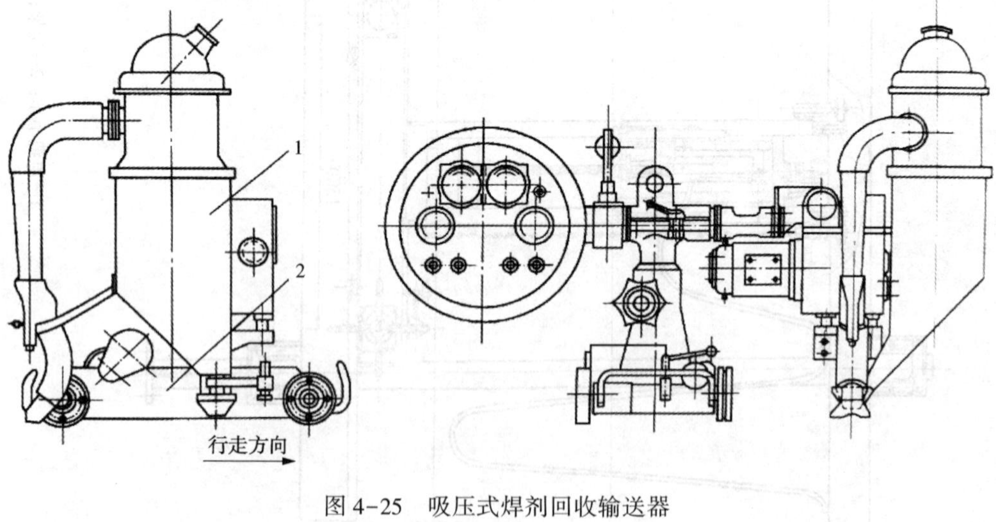

图 4-25　吸压式焊剂回收输送器

1—吸压式焊剂回收器；2—自动焊小车

注：该焊剂回收输送器，体积小、质量小，有较高的回收效率，安装在焊接小车上，随自动焊机一边行走一边输送和回收焊剂，使焊剂的输送和回收实现了自动化。

4.2.2.2 焊丝与焊剂

焊丝与焊剂是埋弧焊、电渣焊的焊接材料。其主要作用与焊条焊芯和药皮的作用相似。焊丝与焊剂是各自独立的焊接材料，但在焊接时要正确地选择焊丝和焊剂，而且必须配合使用，这也是埋弧焊、电渣焊的一项重要焊接工艺内容。

(1) 焊丝的种类、特点及应用。焊丝按形状结构分类有实芯焊丝、药芯焊丝和活性焊丝；按焊接方法分类有埋弧焊焊丝、电渣焊焊丝、CO_2 焊焊丝、氩弧焊焊丝等；按化学成分分类有低碳钢焊丝、普低钢焊丝、高合金钢焊丝、各种有色金属焊丝、堆焊用的特殊合金焊丝。其中，用于埋弧焊的实芯焊丝应用最广泛。

国产实芯钢焊丝标准直径及其允许偏差见表 4-16。

表 4-16 实心钢焊丝直径及其允许偏差 mm

	焊丝直径			
	0.4，0.6，0.8	1.0，1.2，1.6，2.0，2.5，3.0	3.2，4.0，4.0，6.0	6.5，7.0，8.0，9.0
普通精度	-0.07	-0.12	-0.16	-0.20
较高精度	-0.04	-0.06	-0.08	-0.10

实芯焊丝的特点及应用如下。

① 制造工艺成熟、质量好，是将热轧线材拉拔加工生产的。

② 表面处理——镀铜，可以有效防止焊丝锈蚀，改善焊丝的导电性和润滑性，有利于提高焊接工艺过程的稳定性，但应对铜的含量予以控制，否则可能降低焊缝金属性能。通常 $w(Cu) \leq 0.3\%$时，不会产生不利影响，而且还有利于改善低碳钢、低合金钢焊缝金属的塑性。镀铜焊丝不能用于受中子辐照的构件(如原子能反应堆)，因为微量的铜含量能显著增加焊缝金属的辐照脆性。

③ 应用广、品种多(不同化学成分、力学性能的焊丝)，已满足了锅炉、压力容器用钢材的焊接要求。

常用低碳钢和低合金钢埋弧焊焊丝有如下几类。

① 低锰焊丝。含锰 0.2%~0.8%，如 H08A。常配合高锰焊剂，用于低碳钢及强度较低的低合金钢焊接。

② 中锰焊丝。含锰 0.8%~1.5%，如 H08MnA、H10MnSi，主要用于低合金钢焊接，并可配低锰焊剂焊接低碳钢。

③ 高锰焊丝。含锰 1.5%~2.2%，如 H10Mn2、H08Mn2Si，用于焊接低合金钢。

④ Mn-Mo 系列焊丝。含锰 1%以上，含钼 0.3%~0.7%，如 H08MnMoA、H08Mn2A，主要用于强度较高的低合金钢焊接。

⑤ 药芯焊丝。是将药粉包在薄钢带内卷成不同截面形状或填充在细管内，经轧拔加工制成的焊丝，又称为粉芯焊丝、管状焊丝、折叠焊丝。国内应用尚不普遍。

⑥ 活性焊丝。向电弧中添加易电离的物质——活化剂(如 K、Cs 等)，这种加入了活化剂的焊丝称为活性焊丝。其主要特点及用途：增加电弧稳定性；减少阻碍熔滴脱落的电磁力，使熔滴易脱落，改变了熔滴过渡的性能，不会形成大熔滴，能呈细熔滴喷射过渡，减少了飞溅；主要用于气体保护焊如 CO_2 焊。

(2) 焊剂的种类、特点及应用。埋弧焊使用的焊剂是颗粒状可熔化的物质。焊剂的分类方法有按制造方法分类、按化学成分分类、按化学性质分类、按颗粒结构等。

按制造方法分类有熔炼焊剂、烧结焊剂、陶质焊剂。国内目前用量较大的是熔炼焊剂和烧结焊剂。

① 熔炼焊剂。按配方比例称出所需原料，经干混均匀后进行结化，随后注入冷水中或激冷板上使之粒化，再经干燥、捣碎、过筛等工序完成。

② 烧结焊剂。将各种粉料组分按配方比例混拌均匀，加水玻璃调成湿料，在750~1000℃下烧结，再经破碎、过筛而成。

③ 陶质焊剂。将调成的湿料(同烧结焊剂)制成一定尺寸的颗粒，经350~500℃烘干即可使用。

电渣焊焊剂与埋弧自动焊焊剂不同之处在于：前者能迅速、容易地形成电渣过程，并保证熔渣稳定，具有一定的电阻，使电能转化为热能，熔化金属(但不像后者有向焊缝过渡合金的作用)，且具有适当的导电性、黏度，使电渣焊顺利进行。

常用焊剂用途及配用焊丝见表4-17。

表4-17 常用焊剂用途及配用焊丝

焊剂型号	用途	焊剂颗粒度/mm	配用焊丝	适用电流种类
HJ130	低碳钢、普低钢	0.45~2.5	H10Mn2	交、直流
HJ131	Ni基合金	0.3~2	Ni基焊丝	交、直流
HJ150	轧辊堆焊	0.45~2.5	2Cr13，3Cr2W8	直流
HJ172	高Cr铁素体钢	0.3~2	相应钢种焊丝	直流
HJ173	Mn-Al高合金钢	0.25~2.5	相应钢种焊丝	交、直流
HJ230	低碳钢、普低钢	0.45~2.5	H08MnA，H10Mn2	直流
HJ250	低合金高强度钢	0.3~2	相应钢种焊丝	直流
HJ251	珠光体耐热钢	0.3~2	Cr-Mo钢焊丝	直流
HJ260	不锈钢、轧辊堆焊	0.3~2	不锈钢焊丝	交、直流
HJ330	低碳钢及普低钢重要结构	0.45~2.5	H08MnA，H10Mn2	交、直流
HJ350	低合金高强度钢重要结构	0.45~2.5 0.2~1.4	Mn-Mo，Mn-Si及含Ni高强钢用焊丝	交、直流
HJ430	低碳钢及普低钢重要构件	0.45~2.5	H08A，H08MnA	交、直流
HJ431	低碳钢及普低钢重要构件	0.45~2.5	H08A，H08MnA	交、直流
HJ432	低碳钢及普低钢重要构件(薄板)	0.2~1.4	H08A	交、直流
HJ433	低碳钢	0.45~2.5	H08A	交、直流
SJ101	低合金结构钢	0.3~2	H08MnA，H08MnMoA，H08Mn2Mo，H10Mn2	交、直流
SJ301	普通结构钢	0.3~2	H08MnA，H08MnMoA，H10Mn2	交、直流

4.2.2.3 焊接规范的选择

（1）焊接电流。若其他条件不变，焊接电流的变化对焊缝成形的影响如图 4-26 所示。

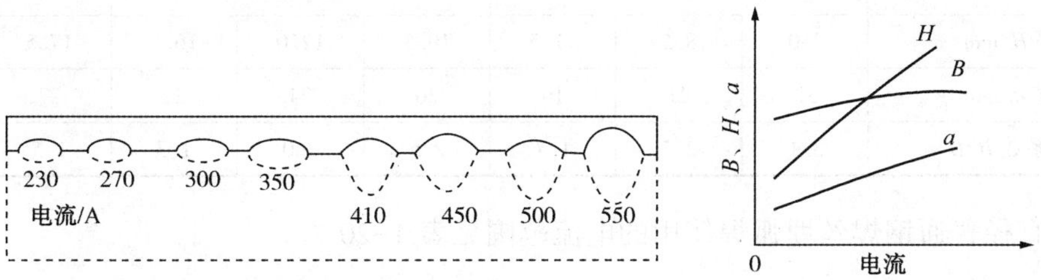

图 4-26 焊接电流对焊缝成形的影响

B—熔宽；H—熔深；a—余高

正常条件下，焊缝熔深几乎与焊接电流成正比。

$$H=K_m I \tag{4-4}$$

式中，H 为焊缝熔深，mm；I 为焊接电流，A；K_m 为系数，mm/A。

K_m 随电流种类、极性、焊丝直径及焊剂的化学成分而异。表 4-18 列出几种条件下的 K_m 值。

表 4-18 K_m 值与焊丝直径、电流种类、极性及焊剂的关系

焊丝直径/mm	电流种类	焊剂牌号	K_m/(mm/A)	
			T 形焊缝和开坡口的对接焊缝	堆焊和不开坡口的对接焊缝
5	交流	HJ431	1.5×10^{-2}	1.1×10^{-2}
2	交流	HJ431	2.0×10^{-2}	1.0×10^{-2}
5	直流反接	HJ431	1.75×10^{-2}	1.1×10^{-2}
5	直流正接	HJ431	1.25×10^{-2}	1.0×10^{-2}
5	交流	HJ430	1.55×10^{-2}	1.15×10^{-2}

在相同的焊接电流下，若改变焊丝直径，即改变了电流密度，焊缝的形状和尺寸也将随之改变，它们之间的关系见表 4-19。由表 4-19 可以看出，其他条件相同时，熔深与焊丝直径约成反比关系，但这种关系在电流密度极高时（超过 100A/mm²）将不存在。因为焊丝熔化量不断增加，熔池中充填金属增多，当熔宽保持不变时，则余高加大，使焊缝形状变坏，因而在提高电流的同时，必须相应地提高电弧电压。

表 4-19 电流密度对焊缝形状、尺寸的影响

项目	焊接电流/A							
	700～750			1000～1100			1300～1400	
焊丝直径/mm	6	5	4	6	5	4	6	5
平均电流密度/(A/mm²)	26	36	58	38	52	84	48	68

续表

项目	焊接电流/A							
	700～750			1000～1100			1300～1400	
熔深 H/mm	7.0	8.5	11.5	10.5	12.0	16.5	17.5	19.0
熔宽 B/mm	22	21	19	26	24	22	27	24
形状系数 B/H	3.1	2.5	1.7	2.5	2.0	1.3	1.5	1.3

各种直径普通钢焊丝埋弧焊使用的电流范围见表 4-20。

表 4-20　各种直径普通钢焊丝埋弧焊使用的电流范围

焊丝直径/mm	1.6	2.0	2.5	3.0	4.0	5.0	6.0
电流范围/mm	115～500	125～600	150～700	200～1000	340～1100	400～1300	600～1600

（2）电弧电压。与电弧长度成正比。当电弧电压和电流数值相同时，如果所用的焊剂不同，电弧空间的电场强度也不同，则电弧长度可能不同。在其他条件不变的情况下，改变电弧电压对焊缝形状的影响如图 4-27 所示。可见，随电弧电压增高，焊缝熔宽显著增大而熔深和余高略有减小。

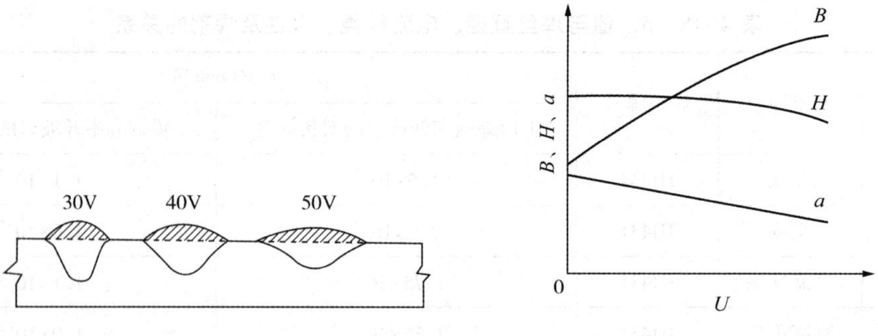

图 4-27　电弧电压对焊缝成形的影响

H—熔深；B—熔宽；a—余高

极性不同时，电弧电压对熔宽的影响不同。采用 HJ431 时，正极性和反极性电弧电压对熔宽的影响见表 4-21。

表 4-21　不同极性埋弧焊时电弧电压对熔宽的影响①

电弧电压/V	熔宽 B/mm	
	正极性	反极性
30～32	21	22
40～42	25	28
53～55	25	33

① 焊接条件：焊丝直径 5mm，I=550A，v=40cm/min，HJ431

埋弧焊时，电弧电压是根据焊接电流确定的。一定的焊接电流要保持一定范围的弧长，以保证电弧的稳定燃烧，因此电弧电压的变动范围是有限的。

（3）焊接速度。对熔深和熔宽均有明显的影响。焊接速度较小时（如单丝埋弧焊，焊接速度小于67cm/min），随焊接速度的增加，弧柱倾斜，有利于熔池金属向后流动，故熔深略有增加。但焊接速度增大到一定数值后，由于线能量减小，熔深和熔宽都明显减小。图4-28是焊接速度为67～167cm/min时对焊缝成形的影响。

实际生产中，为了提高生产率同时保持一定的线能量，在提高焊接速度的同时必须加大电弧功率，从而保证一定的熔深和熔宽。

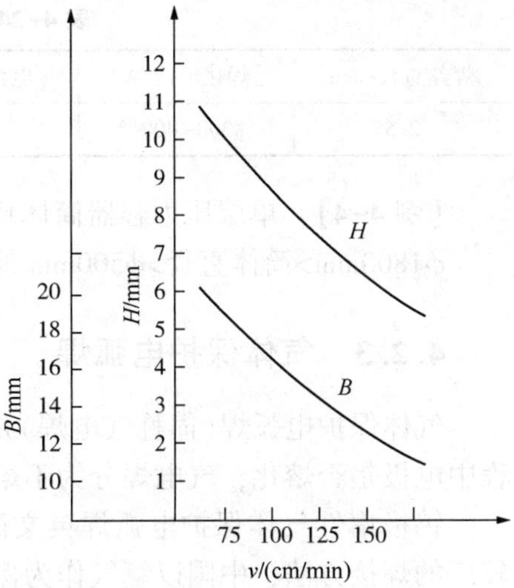

图4-28 焊接速度对焊缝成形的影响

H—熔深；B—熔宽

【例4-2】 平板拼接厚度为10～14mm的工件，可采用I形坡口（现场也称无坡口）的双面埋弧自动焊，边缘需经刨削加工。焊接规范可参考表4-22。

表4-22 不开坡口悬空双面自动焊参考范围

板厚/mm	间隙/mm	焊丝直径/mm	层次	焊接电流/A	电弧电压/V	焊接速度/(m/h)	挑根深度/mm	线能量/(kg/cm)
10	<1	5	1	600～640	34～36	37.5	3～4	17～18.1
			2	700～750		27.5		27.05～29
12			1	620～660		34.5		19.09～20.3
			2	800～850		27.5		30.9～32.8
14			1	640～680		32	5～6	21.25～22.58
			2	800～850		25		34～36.13

【例4-3】 单层压力容器筒体纵缝埋弧自动焊。

筒体直径$\phi \geqslant 1800$mm，板厚10～60mm，内外纵缝均采用埋弧自动焊。焊接规范：板厚10～14mm，参考表4-22；板厚16～60mm，参考表4-23。

表4-23 开坡口对接双面自动焊参考范围

板厚/mm	焊接层次	焊丝直径/mm	焊接电流/A	电弧电压/V	焊接速度/(m/h)	线能量/(kg/cm)
8～14		5	650～700	36～40	32	23.43～24.23
16～20	第一层		700～750		37.5	21.53～23.07
	基于各层		800～850		25	36.91～39.22

ϕ1800mm>筒体直径>ϕ350mm，板厚8～60mm，外纵缝挑根后，焊接规范参见表4-23；内纵缝采用长臂杆埋弧自动焊，焊接规范参见表4-24（焊接时必须衬焊剂垫）。

表 4-24 长臂杆埋弧自动焊参考范围

焊丝直径/mm	焊接电流/A	电弧电压/V	焊接速度/(m/h)	线能量/(kJ/cm)	备注
2.5	300~400	38~40	20~32	11.10~23.68	直流

【例 4-4】 单层压力容器筒体环焊缝埋弧自动焊。

$\phi1800$mm>筒体直径>$\phi500$mm 外环缝，焊接规范参见表 4-23。

4.2.3 气体保护电弧焊

气体保护电弧焊(简称气电焊)是一种利用气体做焊接保护介质的电弧焊。根据焊接过程中电极是否熔化，气电焊分为不熔化极(钨极)气电焊和熔化极气电焊。

钨极惰性气体保护电弧焊英文简称 TIGW(Tungsten Inert Gas Welding)，是国际上应用较广的焊接方法，中国以氩气作为保护气体，简称氩弧焊，也是国内应用较广的焊接方法，尤其是手工钨极氩弧焊。

4.2.3.1 钨极氩弧焊

钨极氩弧焊是厚壁容器等重要结构打底焊的较好焊接方法，几乎可以焊接所有的金属及合金。

(1) 手工钨极氩弧焊设备与焊接电流设备系统如图 4-29 所示。手工钨极氩弧焊使用的电流种类有直流(正接、反接)和交流，它们的特点参见表 4-25。

表 4-25 各种电流钨极惰性气体保护焊的特点

项目	直流		交流(对称的)
	正接	反接	
示意图	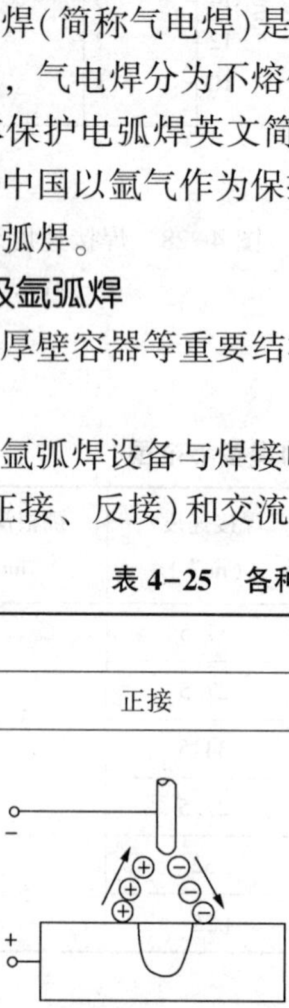	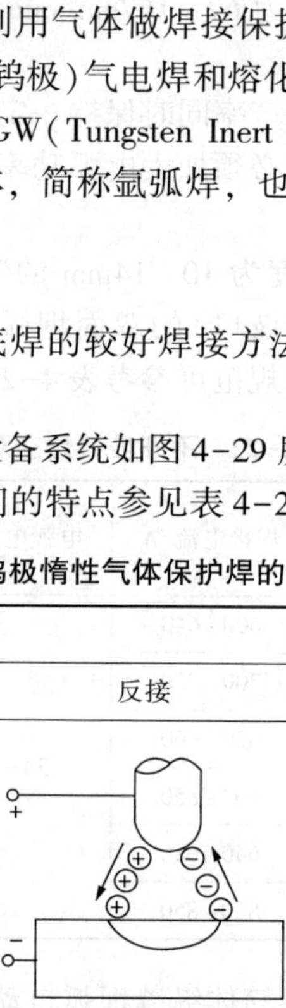	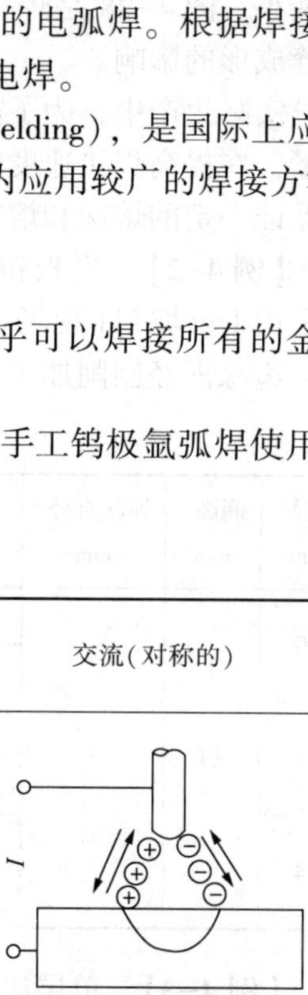
两级热量比例(近似)	工件 70% 钨极 30%	工件 30% 钨极 70%	工件 50% 钨极 50%
熔深特点	深、窄	浅、窄	中等
钨极许用电流	最大 例如 3.2mm，400A	小 例如 6.4mm，120A	较大 例如 3.2mm，225A
阴极清理作用	无	有	有(工件为负的半周时)
适用材料	氩弧焊：除铝、镁合金、铝青铜外其余金属 氦弧焊：几乎所有金属	一般不采用	铝、镁合金、铝青铜等

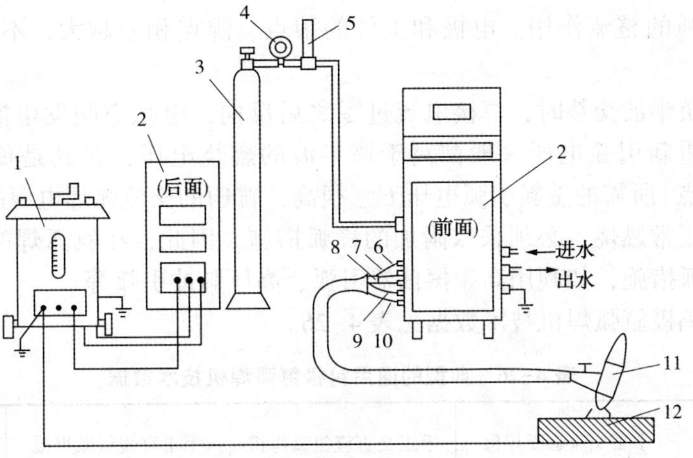

图 4-29 手工钨极氩弧焊设备系统

1—焊接电源；2—控制箱；3—氩气瓶；4—减压阀；
5—流量计；6—焊接电电缆；7—控制线；8—氩气管；
9—进水管；10—出水管；11—焊枪；12—工件

直流正接：同样直径的钨极可用较大的电流，电弧稳定而集中，熔深大、效率高，大多数金属均采用正接。

直流反接：钨极易熔化、烧损，电流小，熔深浅而宽，一般采用较少。但反接时，有阴极清理作用，有利于铝、镁及其合金与易氧化的铜合金(铝青铜、铍钢)的焊接。

交流：其特点是负半波(工件为负)时，有阴极清理作用；正半波(工件为正)时，钨极不易熔化，许用电流较大。存在的主要问题是直流分量的产生和电弧燃烧不稳定，其原因如图 4-30 所示。

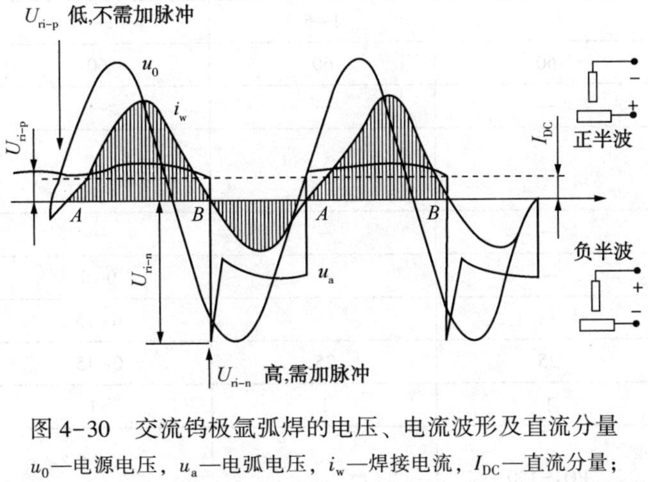

图 4-30 交流钨极氩弧焊的电压、电流波形及直流分量

u_0—电源电压，u_a—电弧电压，i_w—焊接电流，I_{DC}—直流分量；
U_{ri-p}—正半波重新引弧电压，U_{ri-n}—负半波重新引弧电压

正半波时，钨极为负极，因其熔点和沸点高、导热差、直径小、热电子发射容易，所以电弧电压低、焊接电流大、导电时间长；负半波时，工件为负极，其熔点和沸点低、尺寸大、散热快、电子发射困难，所以电弧电压高、焊接电流小、导电时间短。这样就形成

正、负半波焊接电流的不对称，在交流焊接回路中存在一个由工件流向钨极的直流分量，这种现象称为电弧的整流作用。电极和工件的熔点、沸点相差越大，不对称现象越严重，直流分量就越大。

另外，正、负半波交替时，焊接电流过零之后反向，电弧空间发生消电离和重新引弧的情况，这时的重新引弧电压一般都高于该半波的燃烧电压，尤其是负半波开始的瞬间（图 4-30中的 B 点）所需的重新引弧电压 U_{ri-n} 很高，普通的交流弧焊电源的空载电压已不足维持电弧的连续正常燃烧，必须采取附加的稳弧措施。因此，在氩弧焊的设备中都必须有不同的引弧、稳弧措施，如利用高频振荡器引弧、高压脉冲引弧等。

典型的通用钨极氩弧焊机技术数据见表 4-26。

表 4-26　典型的通用钨极氩弧焊机技术数据

项目	手工交流氩弧焊机	手工交直流氩弧焊机	手工直流氩弧焊接	自动交直流钨极和熔化极氩弧焊机
型号	NSA-500-1	NSA2-500-1	NSA4-300	NSA18-500
电网电压/V	380(单相)	380(单相)	380(三相)	380(三相)
空载电压/V	80~88	70(直流)，80(交流)	72	68(直流 TIG) 80(交流 TIG)
工作电压/V	20	12~20	12~20	15~40
额定焊接电流/A	500	300	300	500
电流调节范围/A	50~500	50~300	20~300	50~500
引弧方式	脉冲	脉冲	高频	脉冲(钨极)
稳弧方式	脉冲	脉冲(交流)	—	脉冲(交流)
消除直流分量方法	电容器	电容器(交流)	—	电容器(交流)
钨极直径/mm	1~7	1~6	1~5	2~7
额定负载持续率/%	60	60	60	60
焊接速度/(cm/min)	—	—	—	8~130
焊丝直径/mm	—	—	—	0.8~0.25(不锈钢) 2~2.5(铝)
送丝速度/(cm/min)	—	—	—	33~1700
焊接电流衰减时间/s	—	—	0~5	5~15
气体滞后时间/s	—	—	0~15	0~15
氩气流量/(L/min)	25	25	0~15	50
冷却水流量/(L/min)	1	1	>1	1
配用焊枪	PQ1-150 PQ1-350 PQ1-500	PQ1-150 PQ1-350	Q-4 Q-5 Q-6 Q-7	—

续表

项目	手工交流氩弧焊机	手工交直流氩弧焊机	手工直流氩弧焊接	自动交直流钨极和熔化极氩弧焊机
用途	焊接铝及铝合金	焊接铝及铝合金、不锈钢、高合金钢、紫铜等	焊接不锈钢、铜及其他有色金属（铝、镁及其合金除外）	焊接不锈钢、耐热合金及各种有色金属
备注	配用400A，空载电压80～88V的弧焊变压器为电源	配用ZXG3-300-1交直流两用弧焊整流器为电源	—	TIG焊时配用ZDG500-1型平、下降两用特性整流电源和下滑特性BX10-500交流电源各一台

典型的手工钨极氩弧焊枪（PQ1型）技术数据见表4-27，图4-31所示为PQ1-150型水冷式焊枪结构。

表4-27　PQ1型手工钨极氩弧焊焊枪技术数据

项目	PQ1-150	PQ1-350	PQ1-500
最大焊接电流/A	150	350	500
冷却方式	水冷	水冷	水冷
钨极直径/mm	1，2，3	3，4，5	2，3，4，5，6，7
喷嘴孔径/mm	6，9	9，12，16	11，12，14，16，18，20
喷嘴材料	高温陶瓷	高温陶瓷	镀铬紫铜

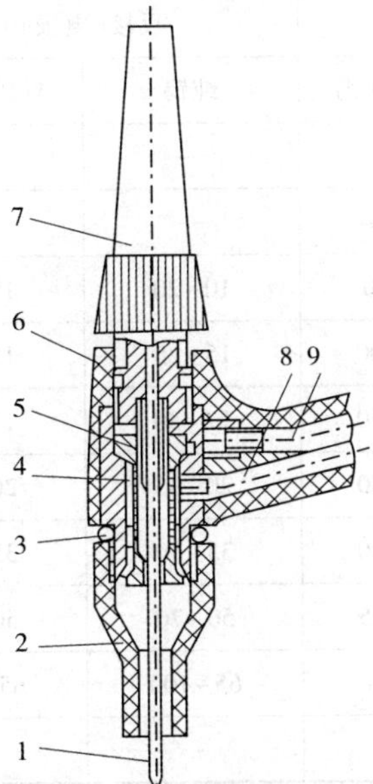

图4-31　PQ1-150水冷式焊枪结构

1—钨极；2—陶瓷喷嘴；3—密封环；4—轧头套管；5—电极轧头；6—枪体塑料压制件；7—绝缘帽；8—进气管；9—冷却水管

(2) 钨极和保护气体。

① 钨极。钨的熔点(3410℃)及沸点(5900℃)都很高，适合作不熔化电极，常用的有纯钨极、钍钨极和铈钨极三种，其牌号、化学成分和特点见表4-28。不同直径钨极的许用电流范围见表4-29。

表4-28 常用钨极的牌号、化学成分和特点

钨极牌号		化学成分/%							特点
		W	ThO_2	CeO	SiO	$Fe_2O_3+Al_2O_3$	MgO	CaO	
纯钨极	W_1	>99.92	—	—	0.03	0.03	0.01	0.01	熔点和沸点都很高，缺点是要求空载电压较高，承载电流能力较小
	W_2	>99.85	—	—	(总含量不大于0.15)				
钍钨极	WTh-10	余量	1.0~1.49	—	0.06	0.02	0.01	0.01	加入了氧化钍，可降低空载电压，改善引弧稳弧性能，增大许用电流范围。但有微量放射性
	WTh-15	余量	1.5~2.0	—	0.06	0.02	0.01	0.01	
铈钨极	WCe-20	余量	—	2.0	0.06	0.02	0.01	0.01	比钍钨极更易引弧，更小的钨极损耗，放射性剂量也低得多，推荐使用

表4-29 钨极许用电流范围

电极直径/mm	直流/A				交流/A	
	正接(电极-)		反接(电极+)			
	纯钨	钍钨、铈钨	纯钨	钍钨、铈钨	纯钨	钍钨、铈钨
0.5	2~20	2~20	—	—	2~15	2~15
1.0	10~75	10~75	—	—	15~55	15~70
1.6	40~130	60~150	10~20	10~20	45~90	60~125
2.0	75~180	100~200	15~25	15~25	65~125	85~160
2.5	130~230	160~250	17~30	17~30	80~140	120~210
3.2	160~310	225~330	20~35	20~35	150~190	150~250
4.0	275~450	350~480	35~50	35~50	180~260	240~350
5.0	400~625	500~675	50~70	50~70	240~350	330~460
6.3	550~675	650~950	65~100	65~100	300~450	430~575
8.0	—	—	—	—	—	650~830

② 保护气体。用于TIGW的保护气体主要有氩、氦、氩-氦混合气体和氩-氢混合气体。氩、氦、氢等气体的物理性能见表4-30。

表 4-30 熔化极气体保护焊常用保护气体物理性能

性能	气体						
	Ar	He	CO_2	CO	H_2	H	N_2
原子量	39.95	4.00	44.00	28	2.00	1	28.00
密度(1 大气压 21.1℃)/(kg/m³)	1.66	0.17	1.83		0.08		1.17
热导率(3000~5000K)/[W/(m·K)]	0.17	1.5	$5\cdot10^{-2}$	$6.7\cdot10^{-2}$	2.0	3.8	0.23
电离能/eV	15.76	24.59	13.77	14.1	15.43	13.6	14.58
解离能/eV	—	—	5.5(1000~4000K)	10.0(5000~11000K)	4.4	—	9.8
热容量(定压)/[J/(kg·K)]	521	5192	847		1490	—	—

a. 氩气与氦气的比较。两者都属于惰性气体，氦气比氩气的电离电压高、热传导系数大、原子质量轻(密度小)，所以两者电弧特性、工艺性能显著不同，氦气价格昂贵。现比较如下：

a) 在氩气中易引弧，电弧稳定、柔和，氦气较差；

b) 同样电流和弧长，氦弧的电压明显高于氩弧，所以氦弧的温度高，发热大且集中，这是氦弧的最大特点，同样条件下，钨极氦弧焊的焊接速度比钨极氩弧焊高 30%~40%，且可获得较大熔深和窄焊道，热影响区也显著减小；

c) 氩气的密度大，易形成良好的保护罩，为了获得同样的保护效果，氦气的流量必须比氩气大 1~2 倍；

d) 氩气原子质量大，具有良好的阴极清理作用，氦气则较小。

b. 氩-氦混合气体。采用氩-氦混合气体可以同时具有两者的优点，一般混合气体体积比例是氦 70%~80%，氩 25%~20%。

c. 氩-氢混合气体。氩气中添加氢气可提高电弧电压，从而提高电弧热功率，增加熔透能力，并有防止咬边、抑制 CO 气孔的作用。一般氩-氢混合气体只限于焊接不锈钢、镍基合金和镍-铜合金，氢在一定含量范围内对这些材料不会引起有害影响，常用成分为 Ar+15%H_2。用它焊接厚度为 1.6mm 以下的不锈钢对接接头，焊接速度可比纯氩气快 50%。

(3) 手工氩弧焊焊接规范选择。钨极氩弧焊的焊接规范主要有焊接电流种类、极性、大小，钨极直径及端部形状，保护气体流量等，对于自动焊还有焊接速度和送丝速度。

① 焊接电流种类、极性及大小。一般根据工件材料选择电流种类、极性(参见表 4-29)，电流大小是决定熔深的最主要参数，它要根据工件材料、厚度、接头形式、焊接位置等选择，有时还要考虑焊工技术水平(手工焊)等因素。

② 钨极直径及端部形状。钨极直径根据焊接电流大小、电流种类选择(参见表 4-31)。钨极端部形状是一个重要工艺参数。根据电流种类选用不同的端部形状，如图 4-32 所示。尖端角度 α 的大小会影响钨极的许用电流、引弧及稳弧性能。小电流焊接时，选用小直径、小尖角钨极，可使电弧稳定，容易引弧；大电流焊接时，增大锥角可避免尖端过热熔化，减少损耗，并防止电弧向上扩展而影响阴极斑点的稳定性。减小钨极尖端角度，熔深减小熔宽增大，反之则熔深增大熔宽减小。

表 4-31 钨极端部形状和电流范围(直流正接)

钨极直径/mm	尖嘴直径/mm	尖端角度/(°)	电流/A	
			恒定电流	脉冲电流
1.0	0.125	12	2~15	2~25
1.0	0.2	20	5~30	5~60
1.6	0.5	25	8~50	8~100
1.6	0.8	30	10~70	10~140
2.4	0.8	35	12~90	12~180
2.4	1.1	45	15~150	15~250
3.2	1.1	60	20~200	20~300
3.2	1.5	90	25~250	25~350

③ 气体流和喷嘴直径。在一定条件下，气体流量和喷嘴直径有一个最佳范围，此时保护效果最好，保护区最大。如气体流量过低，气流挺度差，排除周围空气的能力弱，保护效果不好；气体流量过高，容易形成紊流，使空气卷入，也会降低保护效果。同样，在流量一定时，喷嘴直径过小，保护范围小，且因流速过高而形成紊流；喷嘴过大，不仅妨碍焊工观察，而且气流流速过低、挺度小，保护效果也不好。一般手工氩弧焊喷嘴内径范围为5~20mm，流量为5~25L/min。

④ 焊接速度。其选择主要根据工件厚度，并与焊接电流、预热温度配合以保证所需的熔深和熔宽。高速自动焊时，还要考虑焊接速度对气体保护效果的影响。如图 4-33 所示，焊接速度太快，保护气流严重偏后，可能使钨极端部、弧柱、熔池暴露在空气中，因此必须采取相应措施，如加大气体流量或将焊炬前倾一定角度，以保持良好的保护作用。

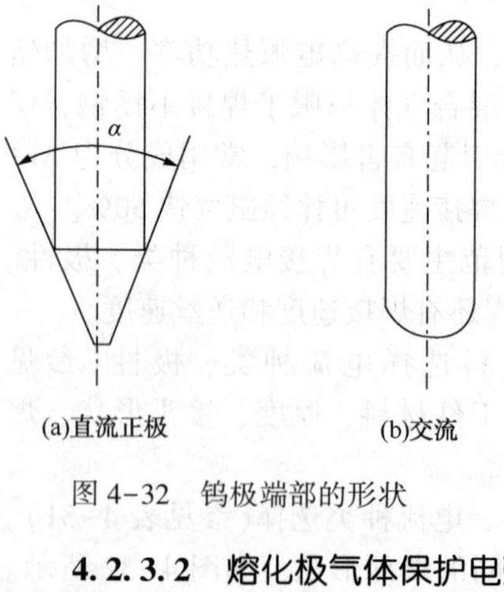

图 4-32 钨极端部的形状

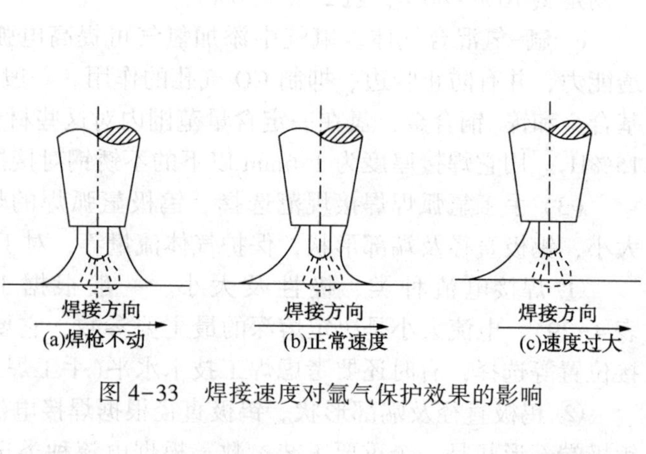

图 4-33 焊接速度对氩气保护效果的影响

4.2.3.2 熔化极气体保护电弧焊

熔化极气体保护电弧焊(英文简称 GMAW)，采用可熔化的焊丝作电极，与工件(另一电极)之间产生的电弧作热源，熔化焊丝和母材(工件)金属，并利用气体作保护介质，以形成焊缝的焊接。

根据保护气体种类和焊丝形成的不同分类如下：

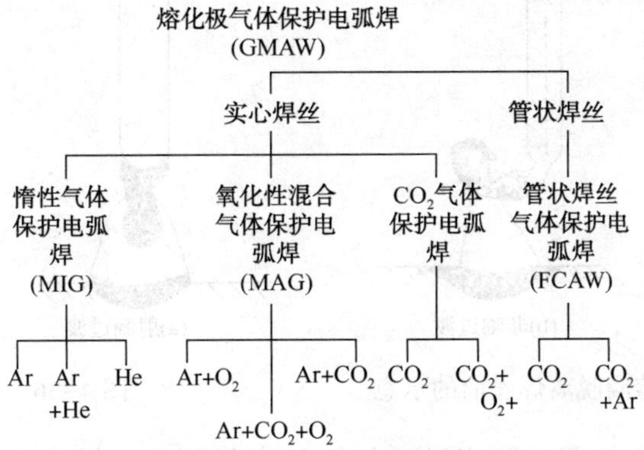

其中熔化极惰性气体保护电弧焊（英文简称MIG，Melt Inert Gas Welding）应用较为普遍，尤其是利用氩气作为保护气体的熔化极氩气保护电弧焊（可简称为熔化极氩弧焊）。其焊接示意如图 4-34 所示。

熔化极氩弧焊的一个重要基本问题是关于熔滴过渡问题。熔滴过渡就是当电极末端金属（焊丝或焊条）熔化后，主要是以熔滴状（仅 5%左右为雾状）形式通过电弧区过渡到焊缝熔池中去。它对熔化极氩弧焊的电弧稳定燃烧、气体保护效果和焊接质量都有很大的影响。

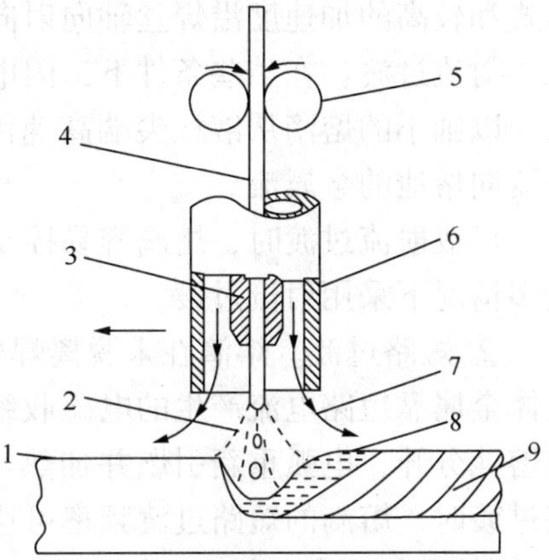

图 4-34　熔化极气体保护电弧焊示意图

1—母材；2—电弧；3—导电嘴；4—焊丝；5—送丝轮；6—喷嘴；7—保护气体；8—熔池；9—焊缝金属

（1）焊丝熔滴过渡的类型及其影响因素。根据国际焊接学会（IIW）的分类，熔化极气电焊焊丝金属的熔滴过渡类型主要有自由过渡、短路过渡、混合过渡。

① 自由过渡。熔滴从焊丝端脱落后，在电弧空间自由运动一段距离后落入熔池。因条件不同，自由过渡又有如下几种。

a. 滴状过渡。电流较小时，熔滴直径大于焊丝直径，当熔滴尺寸足够大时，主要依靠重力将熔滴缩颈拉断，熔滴落入熔池。滴状过渡又分为两种类型（见图 4-35）。

轴向滴状过渡：在富氩混合气体保护焊时，熔滴在脱离焊丝前处于轴向下垂位置（平焊），脱离焊丝后仍沿着轴向落向熔池。

非轴向滴状过渡：在多原子气氛中（CO_2、N_2 或 H_2），阻碍熔滴过渡的力大于熔滴的重力，熔滴脱落之前就偏离焊丝轴线，甚至上翘。熔滴脱离之后一般不能沿焊丝轴向过渡，显然这是不理想的。

b. 喷射过渡。熔滴尺寸与焊丝直径相近或更小，电弧力的方向与熔滴轴向过渡的方向一致，熔滴受电弧力的强制作用脱离焊丝并有力地过渡到熔池。电弧力与重力相比，重力作用可以忽略。喷射过渡又分为两种类型（见图 4-36）。

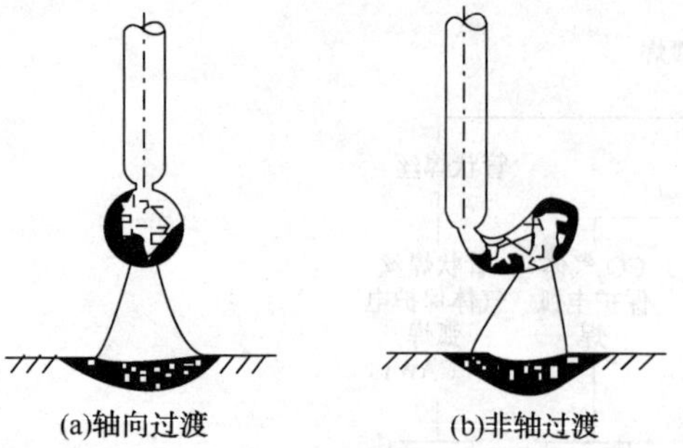

图 4-35　滴状过渡时熔滴脱离焊丝前的示意

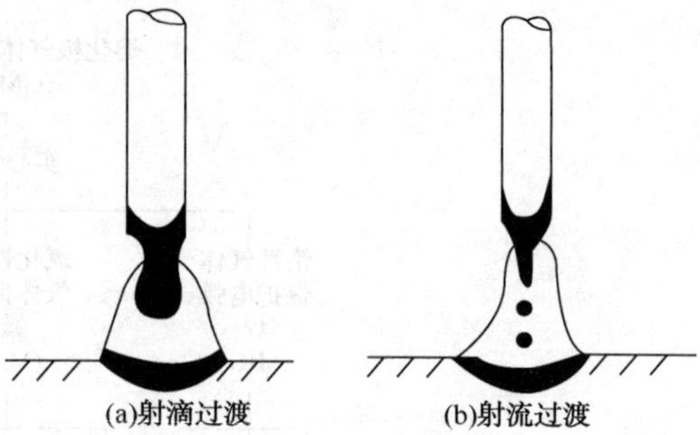

图 4-36　喷射过渡示意

射滴过渡：在某些条件下，熔滴尺寸与焊丝直径相近，焊丝金属以较明显的分离熔滴形式和较高的加速度沿焊丝轴向射向熔池。

射流过渡：在某些条件下，因电弧热和电磁力的作用，焊丝端熔化的金属被压成笔尖状，以细小的熔滴从液柱尖端高速沿轴向射入熔池。熔滴直径很小，过渡频率很高，像一条流向熔池的金属流。

形成射流过渡时，熔滴容易控制，电弧燃烧稳定，可获得良好的焊缝形状和接头质量。大多情况下采用射流过渡。

② 短路过渡。熔滴在未脱离焊丝端头前就与熔池直接接触，电弧瞬间熄灭。焊丝端头液体金属靠短路电流产生的电磁收缩力及液体金属的表面张力被拉入熔池，随后焊丝端头与熔池分开，电弧重新引燃并加热与熔化焊丝、端头金属，为下一次短路过渡做准备。短路过渡时，熔滴的短路过渡频率可达 20~200 次/s(见图 4-37)。

③ 混合过渡。在一定条件下，熔滴过渡不是单一类型，而是自由过渡与短路过渡的混合。例如，管状焊丝气体保护电弧焊及大电流 CO_2 气体保护电弧焊时，焊丝金属有时就是以这种混合过渡类型过渡到熔池的。

④ 影响焊丝熔滴过渡类型的主要因素

a. 电流的大小是影响熔滴过渡类型的最主要因素。如图 4-38 所示，钢焊丝、电流小时为滴状过渡。当电流达到 I'_t 时出现喷射过渡，先是产生不稳定的射滴过渡，当电流达到 I_t（临界电流）时出现不稳定的射流过渡。超过 I_t 时则由射滴过渡变为射流过渡。

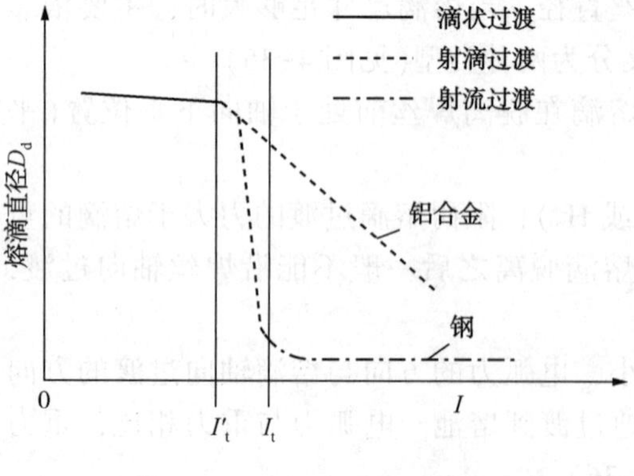

图 4-37　短路过渡示意图

图 4-38　熔滴过渡类型随电流变化的情况

b. 采用直流反接(焊丝接正极)，既具有阴极破碎作用，电弧又比交流电源稳定。

c. 在 Ar 中加入少量 O_2 或 CO_2(称为富氩)和在 Ar(20%)+He 混合气体中，可以得到稳定的喷射过渡。例如，在 Ar 气中加入少量 O_2(2%~5%)或 CO_2(5%~10%)可以稳定电弧并降低临界电流值，在钢材焊接中推荐采用此混合气体。

d. 焊丝材料与直径。在反接条件下，焊丝导热性能较强时，焊丝端头不易形成笔尖状的液体金属柱，不可能产生射流过渡。例如，采用铝焊丝电流超过 I_t'(参见图 4-38)时，熔滴尺寸基本不变，只是由滴状过渡转变为射滴过渡，再提高电流值仍为射滴过渡；而钢焊丝则不同。因此，焊丝材料不同，临界电流含义也不同。焊丝直径越小，临界电流越低，越容易实现射流过渡。

⑤ 焊丝伸出长度增加，有利于熔滴过渡，降低临界电流值。但过长易使伸长段软化，电弧不稳定。一般情况下，伸出长度范围在 12~25mm。

(2) 设备。熔化极氩弧焊设备有半自动焊和自动焊两种。焊接设备主要包括焊接电源、送丝系统、焊枪(手工焊)或行走系统(自动焊)、供气系统(同钨极氩弧焊)和冷却水系统、控制系统五个部分，如图 4-39 所示。

① 焊接电源。主要采用直流焊接电源和脉冲电流。由于是熔化极，可使用电流大，可焊厚度大大增加，效率高，采用脉冲电流时更容易实现自动化、全位置焊接，因此熔化极氩弧焊在焊接生产中将越来越占据重要位置。

脉冲电流波形示意如图 4-40 所示。焊接电源提供两个电流，一个是稳定的维弧电流(基值电流)，以维持电弧正常燃烧、不熄灭，并使焊丝端头部分熔化，为下一次熔滴形成和过渡做准备。维弧电流远小于临界电流，因此在维弧时间内不会产生喷射过渡。另一个是脉冲(峰值)电流，它比临界电流高，给熔滴施加一个较大的力促使其过渡。两个电流结合，比连续电流喷射过渡有效电流低，又比短路过渡电弧需要的有效电流高，因而具有轴向喷射过渡的稳定电弧。

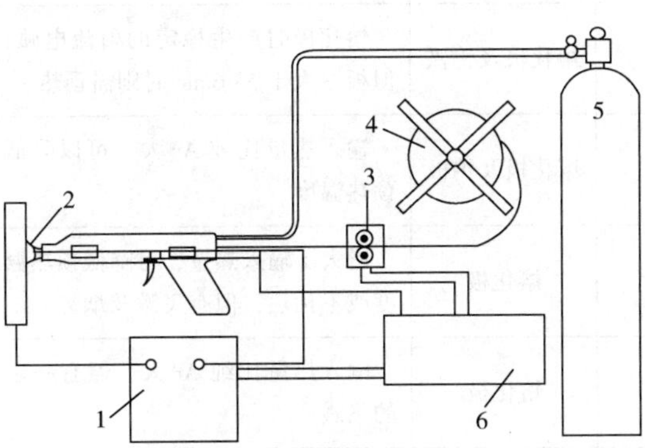

图 4-39 熔化极气体保护电弧焊设备的组成

1—焊机；2—保护气体；3—送丝轮；4—送丝机构；5—气源；6—控制装置

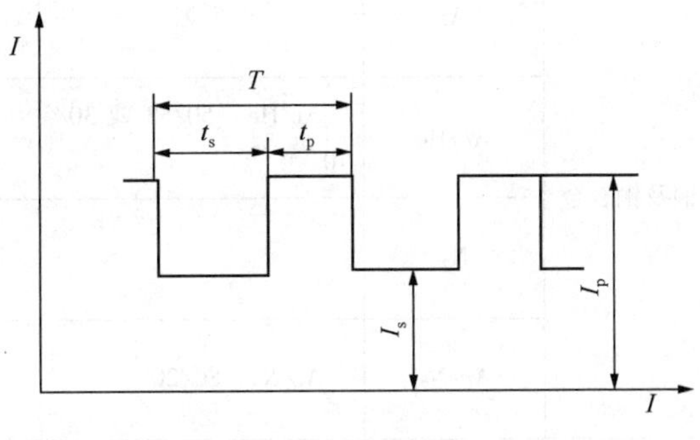

图 4-40 脉冲焊焊接电流波形示意

T—脉冲周期；t_p—脉冲电流持续时间；t_s—维弧时间；I_p—脉冲电流；I_s—维弧电流(基值电流)

脉冲焊的主要优点是熔滴过渡可控，平均电流比连续电流喷射过渡的临界电流低，因此对母材的热输入低，适合于各种材料、各种位置工件的焊接，既可以焊薄板，又可用于厚板焊接；生产率高、质量好，同时焊接电流调节范围宽，包括从短路过渡到喷射过渡的所有电流区域。但设备较复杂、成本高，对操作者要求较高。

② 送丝系统。由送丝机(包括电动机、减速器、校直轮、送丝轮)、送丝软管、焊丝盘等组成。送丝系统有推丝式、拉丝式、推拉式等。

③ 焊枪。熔化极气电焊的焊枪分为半自动焊焊枪(手握式)和自动焊焊枪(安装在机械装置上)，构造基本相同。自动焊焊枪载流容量较大(1500A)，工作时间长，一般采用内部水冷却。

(3) 保护气体和焊丝。

① 保护气体。熔化极氩弧焊采用的保护气体是氩气、氦气及混合气体。常用的保护气体物理性能参见表 4-30。不同材料焊接时的保护气体及其适用范围参见表 4-32。

表 4-32　不同材料焊接时的保护气体及其适用范围

被焊材料	保护气体	混合比	化学性质	焊接方法	备注
铝及铝合金	Ar		惰	熔化极及钨极	钨极用交流、熔化极用直流反接，有阴极破碎作用，焊缝表面光洁
	Ar+He	熔化极：26%~90%He 钨极：多种混合比直至 75%He+25%Ar	惰	熔化极及钨极	电弧温度高。适用于焊接厚铝板，可增加熔深，减少气孔。熔化极时，随着 He 的比例增大，有一定飞溅
钛、锆及其合金	Ar		惰	熔化极及钨极	
	Ar+He	Ar/He　75/25	惰	熔化极及钨极	可增加热量输入，适用于射流电弧脉冲电弧及短路电弧
铜及铜合金	Ar		惰	熔化极及钨极	熔化极时产生稳定的射流电弧；但板厚大于 5~6mm 时则需预热
	Ar+He	Ar/He　50/53 或 30/70	惰	熔化极及钨极	输入热量比纯 Ar 大，可以降低预热温度
	N_2			熔化极	增大了输入热量，可降低预热温度或不预热，但有飞溅及烟雾
	$Ar+N_2$	Ar/N_2　80/20		熔化极	输入热量比纯 Ar 大，但有一定的飞溅
不锈钢及高强度钢	Ar		惰	钨极	适用于焊接薄板
	$Ar+O_2$	加 1%~2%O_2	氧化性	熔化极	适用于射流电弧及脉冲电弧
	$Ar+O_2+CO_2$	加 2%O_2；加 5%CO_2	氧化性	熔化极	适用于射流电弧、脉冲电弧及短路电弧

续表

被焊材料	保护气体	混合比	化学性质	焊接方法	备注
碳钢及低合金钢	$Ar+O_2$	加1%~5%或20%O_2	氧化性	熔化极	适用于射流电弧、对焊缝要求较高的场合
	$Ar+CO_2$	Ar/CO_2　70~80/30~20 Ar/CO_2　95/5	氧化性	熔化极	有良好的熔深，适用于短路电弧、射流电弧及脉冲电弧
	$Ar+O_2+CO_2$	$Ar/CO_2/O_2$　80/15/5	氧化性	熔化极	有较佳的熔深，适用于射流电弧、脉冲电弧及短路电弧
	CO_2		氧化性	熔化极	适用于短路电弧，有一定飞溅
	O_2+CO_2	加20%~25%O_2	氧化性	熔化极	适用于射流电弧及短路电弧
镍基合金	Ar		惰性	熔化极及钨极	适用于射流电弧、脉冲电弧及短路电弧，是焊接镍基合金的主要气体
	Ar+He	加15%~20%He	惰性	熔化极及钨极	增加热量输入
	$Ar+H_2$	$H_2<6\%$	还原性	钨极	加H_2有利于抑制CO气孔

注：1. 表中的气体混合比为参考数据，在焊接中可视具体工艺要求进行调整。

2. 用于焊接低碳钢、低合金钢的$Ar+O_2$及$Ar+CO_2$混合气体中，其Ar可用粗氩，不必用高纯度的Ar。精Ar只用在焊接有色金属及钛、锆、镍等才是需要的。粗氩为制氧厂的副产品，一般含有$2\%O_2+0.2\%N_2$。

② 焊丝。熔化极氩弧焊使用的焊丝成分通常应同母材成分相近，以具有良好的焊接工艺性能并能保证良好的接头性能。使用的焊丝直径一般在0.8~2.5mm。不同材料和不同直径焊丝的临界电流参考值见表4-33。

表4-33　不同材料和不同直径焊丝的临界电流参考值

项目	低碳钢				不锈钢			铝		
焊丝直径/mm	0.80	0.90	1.20	1.60	0.90	1.20	1.60	0.80	1.20	1.60
保护气体	$98\%Ar+2\%O_2$				$99\%Ar+1\%O_2$			Ar		
最低临界电流/A	150	165	220	275	170	225	285	95	135	180

项目	脱氧钢			硅青钢			钛		
焊丝直径/mm	0.90	1.20	1.60	0.90	1.20	1.60	0.80	1.60	2.40
保护气体	Ar			Ar			Ar		
最低临界电流/A	180	210	310	165	205	270	120	225	320

4.2.3.3　二氧化碳气体保护电弧焊

（1）主要特点。成本低；抗氢气孔能力强；适合薄板焊接；易实现全位置焊接。广泛用于低碳钢、低合金钢等金属材料的一般结构焊接，重要焊接结构很少采用。CO_2属于弱氧化性气体，能烧损有益元素如Mn、Si等，在选用焊丝时应注意；焊接过程中易产生金属飞溅，使熔敷系数降低，浪费焊接材料，飞溅金属黏着导电嘴，引起送丝不畅，电弧不稳。

(2) CO_2 气体和焊丝。

① CO_2 气体。来源广、价格低，要注意其纯度应满足焊接要求：$CO_2>99\%$，$O_2<0.1\%$，$H_2O<1\sim2g/m^3$。焊缝质量要求高时，纯度也应提高。

在0℃和一个大气压下的 CO_2 气体密度是1.9768g/L，为空气的1.5倍，所以焊接过程中能有效地排开空气，保护焊接区域。

细丝小电流短路过渡电弧焊接时，气体流量为5~15L/min；粗丝大电流潜弧射滴过渡时气体流量为10~20L/min。

② 焊丝。选用原则除与非熔化极气电焊(氩弧焊)焊丝有相同之处外，还要特别注意对焊丝成分的特殊要求：

焊丝必须有足够数量的脱氧元素和能补偿有益元素的烧损，如Si、Mn等(常选用高Si、高Mn焊丝)；

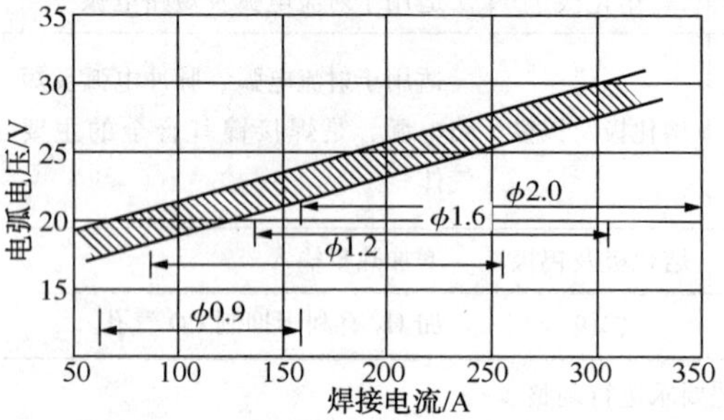

图4-41 CO_2 电弧焊适用的焊接电流和电弧电压范围

焊丝的含碳量要低，一般要求含碳量小于0.11%；

应保证焊丝金属具有满意的力学性能和抗裂性能。

(3) 焊接电流和电弧电压。CO_2 电弧焊通常都是短路过渡，若想获得稳定的短路过渡，只有合适的电弧电压和焊接电流匹配，一般电弧电压为18~24V，焊接电流为80~180A(参见图4-41)。

4.2.4 电渣焊

电渣焊是利用电流通过液体熔渣产生的电阻热作热源，将工件和填充金属熔合成焊缝的焊接方法。

电渣焊的焊接过程可分为三个阶段：引弧造渣阶段、正常焊接阶段和引出阶段。合格的焊缝在正常焊接阶段产生，而两端焊缝部分应割除(参见图4-42)。

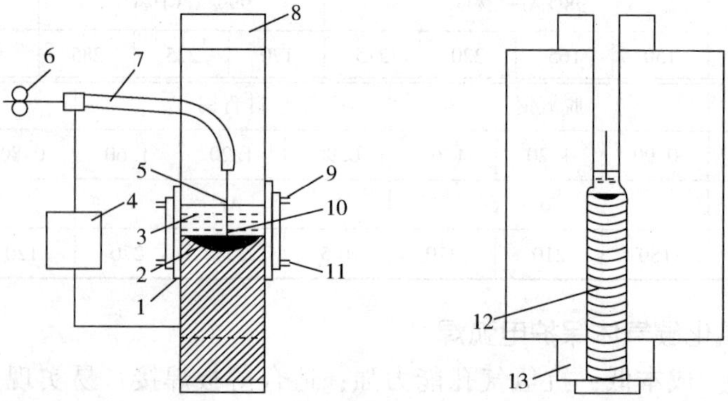

图4-42 电渣焊过程示意图

1—水冷成形滑块；2—金属熔池；3—渣池；4—焊接电源；5—焊丝；6—送丝轮；7—导电杆；8—引出板；9—出水管；10—金属熔滴；11—进水管；12—焊缝；13—起焊槽

根据采用电极的形状及其是否固定，电渣焊方法分为丝极电渣焊、熔嘴电渣焊(包括管极电渣焊)和板极电渣焊。

电渣焊最主要的特点是适合焊接厚件，且一次焊成，但由于焊接接头的焊缝区、热影响区都较大，高温停留时间长，易产生粗大晶粒和过热组织，接头冲击韧性较低，一般焊后必须进行正火和回火处理。

4.2.4.1　设备

丝极电渣焊设备主要包括电源、机头及成形块等(参见图 4-42)。

(1) 电源。多采用交流电源。为保证稳定的电渣过程，避免产生电弧放电或电渣-电弧的混合过程，电源的空载电压低、感抗小，为平特性电源。电渣焊中间无停顿，电源暂载率为 100%合适。

(2) 机头。包括送丝机构、摆动机构和上下行走机构。送丝速度可均匀无级调节(参见焊接规范选择部分)。摆动机构是为了扩大单根焊丝的焊接工件厚度。摆动距离、行走速度均可控制、调整。

(3) 水冷成形滑块。作用是与焊接工件一起围组焊缝区，同时提高熔池金属的冷却速度，一般由紫铜板制成。成形块有固定式和移动式(成形滑块)。

4.2.4.2　焊接材料

电渣焊焊接材料包括电极(焊丝、熔嘴、板极、管极等)焊剂及管极涂料。丝极电渣焊焊接材料为焊丝(电极)和焊剂。

(1) 电极(焊丝)。丝极电渣焊的焊缝成分和性能主要由焊丝与母材来决定，焊剂用量很少，也很少通过焊剂向焊缝金属渗合金。选择电渣焊的电极(焊丝)时，应注意母材对焊缝的稀释作用。常用钢材电渣焊焊丝的选用参见表 4-34。

表 4-34　常用钢材电渣焊焊丝的选用

材料	焊件钢号	焊丝牌号
钢板	Q235A，Q235B，Q235C，Q245R	H08A，H08MnA
	20g，22g，25g，Q345，09Mn2	H08Mn2Si，H10MnSi，H10Mn2，H08MnMoA
	15MnV，15MnTi，16MnNb	H08Mn2MoVA
	15MnVN，15MnVTiRe	H10Mn2MoVA
	14MnMoV，14MnMoVN，15MnMoVN，18MnMoNb	H10Mn2MoVA，H10Mn2NiMo
铸锻件	15，20，25，35	H10Mn2，H10MnSi
	20MnMo，20MnV	H10Mn2，H10MnSi
	20MnSi	H10MnSi

(2) 焊剂。主要作用与一般埋弧焊焊剂不同。电渣焊焊剂在焊接过程中熔化成熔渣后，渣池具有相当的电阻而使电能转化成热能以焊接，此热能还有预热作用，并使熔池金属缓慢冷却，很少有渗合金的作用。熔渣要具有一定的导电性能，黏度太大将在焊缝金属中产生夹渣和咬肉现象；黏度太小会使熔渣从工件边缘与滑块之间的缝隙中流失，严重时会破坏焊接过程，导致焊接中断。常用电渣焊焊剂的类型、化学成分和用途参见表 4-35。其中

HJ170、HJ360 均为电渣焊专用焊剂，HJ431 可同时用于埋弧焊和电渣焊。

表 4-35 常用电渣焊焊剂的类型、化学成分和用途

牌号	类型	化学成分/%	用途
HJ170	无锰低硅高氟	$SiO_2$6～9，$TiO_2$35～41，CaO 12～22，$CaF_2$27～40，NaF1.5～2.5	固态时有导电性，用于电渣焊开始时形成渣池
HJ360	中锰高硅中氟	SiO_2 33～37，CaO 4～7，MnO 20～26，MgO 5～9，CaF_2 10～19，Al_2O_3 11～15，FeO≤1.0，S≤0.10，P≤0.10	用于焊接低碳钢和某些低合金钢
HJ431	高锰高硅低氟	SiO_2 40～44，MnO 34～38，MgO 5～8，CaO ≤6，CaF_2 3～7，Al_2O_3≤4，FeO≤1.8，S≤0.06，P≤0.08	用于焊接低碳钢和某些低合金钢

4.2.4.3 焊接规范选择

电渣焊的主要焊接工艺参数有装配间隙 C_0、焊接电流 I、焊接电压 U 和渣池深度 h，它们直接决定电渣焊过程的稳定性、焊接接头质量、焊接生产率及焊接成本。

（1）装配间隙。对接接头及丁字接头的装配，工件装配间隙 = 焊缝宽度(C) + 焊缝横向收缩量，根据经验可参见表 4-36。

表 4-36 各种厚度工件的装配间隙 mm

装配间隙	工件厚度					
	50～80	80～120	120～200	200～400	400～1000	>1000
对接接头	28～30	30～32	31～33	32～34	34～36	36～38
丁字接头	30～32	32～34	33～35	34～36	36～38	38～40

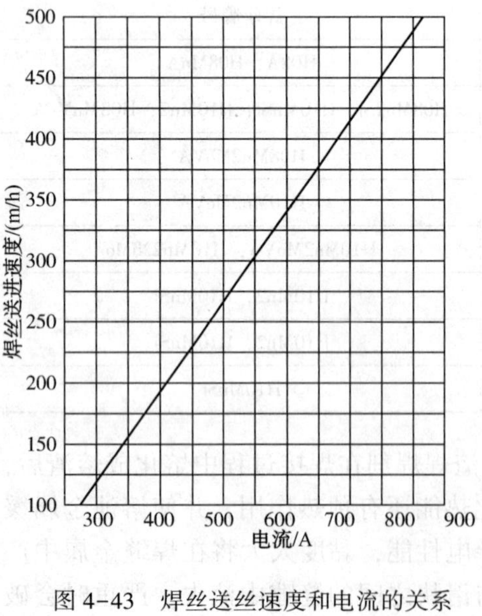

图 4-43 焊丝送丝速度和电流的关系

（2）焊接电流。在电渣焊过程中，焊丝送进速度和焊接电流成严格的正比关系（见图 4-43）。由于焊接电流波动较大，在给定工艺参数时，常给出焊丝送进速度以代替焊接电流。丝极电渣焊的焊丝送进速度可根据式(4-5)计算。

$$v_f=\frac{0.14\delta(C_0-4)v_w}{n} \tag{4-5}$$

式中，v_f 为焊丝送进速度，m/h；v_w 为焊接速度，m/h；δ 为工件厚度，mm；C_0 为装配间隙，mm；n 为焊丝数量，根。

一般情况下焊丝直径为 3mm，焊接速度 v_w 可根据生产经验按表 4-37 选定。

（3）焊接电压。推荐采用的焊接电压见表 4-38。

（4）渣池深度。根据焊丝送进速度与由表 4-39确定保持电渣过程稳定的渣池深度。

表 4-37 推荐的各种材料和厚度的焊接速度

项目	材料	焊接厚度/mm	焊接速度 v_w/(m/h)		
			丝极电渣焊	熔嘴(管极)电渣焊	
			对接接头	对接接头	丁字接头
非刚性固定	Q235，Q345，20	40~60	1.5~3	1~2	0.8~1.5
		60~120	0.8~2	0.8~1.5	0.8~1.2
	25，20MnMo，20MnSi，20MnV	≤200	0.6~1.0	0.5~0.8	0.4~0.6
	35	≤200	0.4~0.8	0.3~.6	0.3~0.5
	45	≤200	0.4~0.6	—	—
	35CrMo1A	≤200	0.2~0.3	—	—
刚性固定	Q235，Q345，20	≤200	0.4~0.6	0.4~0.6	0.3~0.4
	35，45	≤200	0.3~0.4	0.3~0.4	—
大断面	25，35，45，20MnMo，20MnSi	200~450	0.3~0.5	0.3~.0.5	—
	25，35，20MnMo，20MnSi	>450	—	0.3~0.4	—

表 4-38 焊接电压与接头形式、焊接速度、所焊厚度关系

项目			丝极电渣焊每根焊丝所焊厚度/mm					熔嘴电渣焊熔嘴焊丝中心距/mm					管极电渣焊每根管极所焊厚度/mm		
			50	70	100	120	150	50	70	100	120	150	40	50	60
焊接电压/V	对接接头	焊速 0.3~0.6m/h	38~42	42~46	46~52	50~54	52~56	38~42	40~44	42~46	44~50	46~52	40~44	42~46	44~48
		焊速 1~1.5m/h	43~47	47~51	50~54	52~56	54~58	40~44	42~46	44~48	46~52	48~54	44~46	44~48	46~50
	丁字接头	焊速 0.3~0.6m/h	40~44	44~46	46~50	—	—	42~46	44~50	46~52	48~54	50~56	42~48	46~50	
		焊速 0.8~1.2m/h	—	—	—	—	—	44~48	46~52	48~54	50~56	52~58	46~50	48~52	

表 4-39 渣池深度与送进速度的关系

焊丝送进速度/(m/h)	60~100	100~150	150~200	200~250	250~300	300~450
渣池深度/mm	30~40	40~45	45~55	55~60	60~70	65~75

注：本表适用于按表 4-36 选定装配间隙，按表 4-38 选定焊接电压的电渣焊接。

4.2.5 窄间隙焊

随着厚壁压力容器等装备的发展，对厚壁的焊接质量和生产效率提出了新的要求。以往厚壁的焊接一般采用电渣焊和埋弧自动焊，而电渣焊晶粒粗大、热影响区宽，焊后必须进行热处理，周期长，成本高，质量不十分稳定；埋弧自动焊随着壁厚的增加热影响区增大，特别是对高强度钢，会严重影响接头的断裂韧性，降低抗脆断的能力等。20 世纪 60 年代后期出现了窄间隙焊，由于其焊接坡口的截面积比其他类型有很大的缩小，故称之为“窄间隙焊”。目前采用的窄间隙焊接多属于熔化极气电焊(也有埋弧窄间隙焊)。其主要特点如下。

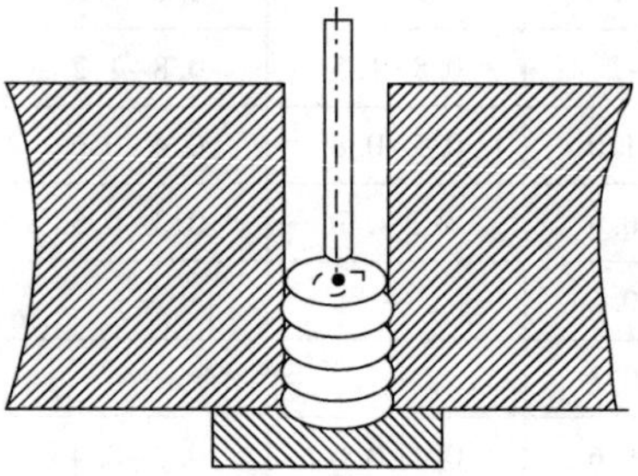

图 4-44　窄间隙焊示意图

(1) 坡口狭小，大大减小了焊缝截面面积，提高了焊接速度，一般常用 I 形坡口，宽度约为 8～12mm，如图 4-44所示，焊接材料的消耗比其他方法低。

(2) 主要适于焊接厚壁工件，焊接热输入量小，热影响区狭小(两侧壁的熔池仅为0.5～1mm)，接头冲击韧性高。

(3) 由于坡口狭窄，采用惰性气体保护，电弧作热源，焊后残余应力低，焊缝中含氢量少，产生冷裂纹和热裂纹的敏感性也随之降低。

(4) 对于低合金高强度钢及可焊性较差的钢的焊接，可以简化焊接工艺。

(5) 可以进行全位置焊接。

(6) 与电渣焊和埋弧自动焊相比，同样一台设备的总成本可降低 30%～40%。

表 4-40 为日本某公司在壁厚为 50～190mm 的压力容器制造中三种焊接方法热输入量的比较。

表 4-40　三种焊接方法的热输入量

焊接方法	焊接热输入量/(MJ/m)	焊接方法	焊接热输入量/(MJ/m)
电渣焊	216	窄间隙气点焊	2.1
埋弧自动焊	4.5		

表 4-41 为中国某高压锅炉汽包采用窄间隙焊工艺与一般埋弧自动焊工艺经济性的比较。

表 4-41　焊接一条汽包环焊缝的经济性比较

项目	窄间隙气电焊	埋弧自动焊
实际焊接时间/h	4～5	8～9
焊丝消耗/kg	40～50	100～120
电能消耗/(kW·h)	约 54	约 238
其他焊接材料	氩气 12～15m^3	焊剂 130～160kg

随着窄间隙焊的自动焊丝摆动、跟踪系统、气体保护系统等及焊接工艺的进一步完善，该焊接方法将会显示出更大的优越性。

4.2.6　焊接材料的选择

如前所述，结合过程装备尤其是压力容器在工程上的实际问题介绍了几种常用焊接方法及焊接工艺。关于压力容器的制造、焊接，国内外均颁布了相关的标准和规程，中国的NB/T 47015—2011《压力容器焊接规程》中对钢制压力容器焊接的基本要求作了相关的规定。现对标准中关于焊接材料选用原则及常用钢号推荐选用的焊接材料介绍如下。

焊接材料选用原则(NB/T 47015—2011)：应根据母材的化学成分、力学性能、焊接性能，结合压力容器的结构特点和使用条件综合考虑选用焊接材料，必要时通过试验确定。焊缝金属的性能应高于或等于相应母材标准规定值的下限或满足图样规定的技术要求。对各类钢的焊缝金属要求如下。

(1) 相同钢号相焊的焊缝金属。

① 碳素钢、碳锰低合金钢的焊缝金属应保证力学性能，且需控制抗拉强度上限。

② 铬钼低合金钢的焊缝金属应保证化学成分和力学性能，且需控制抗拉强度上限。

③ 低温用低合金钢的焊缝金属应保证力学性能，特别应保证夏比(V形)低温冲击韧性。

④ 高合金钢的焊缝金属应保证力学性能和耐腐蚀性能。

⑤ 不锈钢复合钢板基层的焊缝金属应保证力学性能，且需控制抗拉强度的上限；复层的焊缝金属应保证耐腐蚀性能，当有力学性能要求时还应保证力学性能。

复层焊缝与基层焊缝，以及复层焊缝与基层钢板交界处推荐采用过渡层。

(2) 不同钢号相焊的焊缝金属。

① 不同钢号的碳素钢、低合金钢之间的焊缝金属应保证力学性能。推荐采用与强度级别较低的母材相匹配的焊接材料。

② 碳素钢、低合金钢与奥氏体高合金钢之间的焊缝金属应保证抗裂性能和力学性能。推荐采用铬镍含量较奥氏体高合金钢母材高的焊接材料。

③ 焊接材料必须有产品质量证明书，并符合相应标准的规定，且满足图样的技术要求，进厂时按有关质量保证体系规定验收或复验，合格后方准使用。

4.3 常用钢材的焊接

4.3.1 金属材料的焊接性

金属材料的焊接性是指材料在一定的焊接工艺条件下(包括焊接方法、焊接材料、焊接工艺参数和结构形式等)，能否获得优质焊接接头的难易程度和该焊接接头能否在使用条件下可靠运行。因此，材料的焊接性可分为工艺焊接性和使用焊接性。

工艺焊接性是指在一定焊接工艺条件下，能否获得组织、性能均匀一致，无缺陷的焊接接头的能力。即复杂的焊缝合金反应对焊缝性能和产生缺陷的影响程度，以及焊接热源对热影响区组织性能及产生缺陷的影响程度。

使用焊接性是指焊接接头或整体结构满足技术条件所规定的各种使用性能的程度。包括常规的力学性能及特定条件下的性能，如抗脆性断裂性能，蠕变、疲劳性能，持久强度，耐腐蚀性能等。使用条件下的性能较为复杂、严格，焊接接头在必须具有良好的工艺焊接性同时，也必须具有使用条件下的使用性能。

总之，金属材料只具备良好的工艺焊接性，而使用焊接性不理想，是不能满足实际生产需要的；同时，没有良好的工艺焊接性而有可靠的使用焊接性也很难想象。因此，评定金属材料焊接性要从这两个方面同时考虑。

4.3.1.1 评定金属材料的焊接性

全面、正确地评定金属材料的焊接性，需要通过一系列的试验和理论分析、计算，来进行综合判断。无论是工艺焊接性还是使用焊接性，其评定判断方法有三种，实际焊接法、模拟焊接法和理论估算法。

(1) 实际焊接法。在一定的实际生产焊接条件下，进行实际焊接来评价焊接法。也就是在生产焊接条件下，预先进行焊接，然后检查焊接接头是否产生缺陷，再做其他项目的检验。这比较符合实际且有说服力。针对焊接接头中最危险的裂纹，已做了大量试验工作，总结了很多试验方法，如《斜 Y 形坡口焊接裂纹试验法》《T 形接头焊接裂纹试验法》《刚性固定对接裂纹试验法》《窗口拘束裂纹试验法》等。另外，也包括实际设备运行过程中的在役试验和容器爆破试验等破坏性检验方法。

(2) 模拟焊接法。是将造成焊接接法或某一部位的各种缺陷的主要影响问题再现、放大，便于分析研究，找出原因，寻求改善焊接性的方法。

这种方法的特点是不需要进行实际焊接，节省材料、工时等，但与实际焊接有区别，很多焊接条件被简化，缺少真实性。

主要试验方法如焊接热裂纹模拟试验——热塑性试验、充氢焊接延迟裂纹模拟试验；对使用焊接性的试验如抗脆断性能试验，接头的疲劳及动载试验，接头抗腐蚀试验，接头高温性能试验等。

(3) 理论估算法。主要是根据被焊母材或焊缝金属的化学成分、焊接接头的拘束度、焊缝扩散氢含量等条件，经过大量生产和科学研究，归纳总结出理论计算公式、图表等，通过计算，估计裂纹倾向的大小，来评估金属材料的焊接法。

理论估算法的公式、图表在应用时都是有条件的，使用范围受到限制，属于粗略估算。但这种方法不需要做复杂的试验，简单方便，通常适当地与实际焊接和模拟焊接相结合，为制定出合理的焊接工艺做全面准确的判断。

目前常用的理论估算法用于工艺焊接性的估算，如钢的碳当量公式，低合金钢焊接冷裂纹敏感性估算，焊接连续冷却组织转变图法(CCT 图法)，焊接热影响区最高硬度法等。

4.3.1.2 工艺焊接性的试验方法

(1) 碳当量法。影响焊接性的因素很多，碳当量法就是把钢材化学成分中的碳和其他合金元素的含量多少对焊后淬硬、冷裂及脆化等的影响折合成碳的相当含量，并据此含量的多少来判断材料的工艺焊接性和裂纹的敏感性。

世界各国和各研究单位的试验方法和钢材合金体系不同，各自建立了许多碳当量公式，这里简介如下。

① 国际焊接学会(IIW)20 世纪 50 年代推荐的 $CE_{(IIW)}$。

$$CE_{(IIW)}=w(C)+\frac{w(Mn)}{6}+\frac{w(Cr)+w(Mo)+w(V)}{5}+\frac{w(Cu)+w(Ni)}{15}(\%) \tag{4-6}$$

式中，化学成分中的元素含量均取上限，表示在钢中的质量分数。适用于中、高强度的非调质低合金高强钢(σ_b=500~900MPa)。也适用于含碳量偏高的钢种[w(C)≥0.18%]，这类钢的化学成分的范围为：w(C)≤0.2%，w(Si)≤0.55%，w(Mn)≤1.5%，w(Cu)≤0.5%，w(Ni)≤2.5%，w(Cr)≤1.25%，w(Mo)≤0.7%，w(V)≤0.1%，w(B)≤0.006%。

$CE_{(IIW)}$值越大，被焊材料淬硬倾向越大，热影响区越容易产生冷裂纹，工艺焊接性越不好。所以，可以用碳当量值预测某种钢的焊接性，以便确定是否需要采取预热和其他工艺措施。例如，板厚小于20mm、$CE_{(IIW)}$<0.4%时，钢材淬硬倾向不大，焊接性良好，不需要预热；当$CE_{(IIW)}$>0.5%时，钢材易淬硬，焊接时需要预热以防止裂纹。

② 近年来建立的碳当量公式。为适应工程上的需要，又进行了许多研究，通过大量试验，把钢的含碳量范围扩大到0.034%~0.254%，建立了一个新的碳当量公式。

$$CEN=w(C)+A(C)\left(\frac{w(Si)}{24}+\frac{w(Mn)}{16}+\frac{w(Cu)}{15}+\frac{w(Ni)}{20}+\frac{w(Cr)+w(Mo)+w(V)+w(Nb)}{5}+5w(B)\right) \tag{4-7}$$

$$A(C)=0.75+0.25\tanh\{20[w(C)-0.12]\};$$

式中，A(C)为碳的适用系数；tanh为双曲线正切函数。

A(C)与w(C)的关系可参见表4-42。

表4-42 A(C)与w(C)的关系

w(C)	0	0.08	0.12	0.16	0.20	0.26
A(C)	0.500	0.584	0.754	0.916	0.98	0.99

式(4-7)适用于评价0.034%~0.254%碳钢，同时反映了碳当量与钢材冷裂纹倾向性之间的关系。当w(C)>0.17%时与$CE_{(IIW)}$接近；当w(C)<0.17%时与P_{cm}接近。

CEN是目前应用范围较广的碳当量公式，对于确定防止冷裂的预热温度比其他碳当量公式更为可靠。

③ 化学成分的冷裂敏感指数P_{cm}。20世纪60年代以后，各国为改进钢的性能和焊接性，大力发展了低碳微量多合金元素的低合金高强钢。$CE_{(IIW)}$已不适用，日本人伊藤等采用Y形铁研试验，对200多个钢种进行了大量试验，提出了P_{cm}公式。

$$P_{cm}=w(C)+\frac{w(Si)}{30}+\frac{w(Mn)+w(Cu)+w(Cr)}{20}+\frac{w(Ni)}{60}+\frac{w(Mo)}{15}+\frac{w(V)}{10}+5w(B) \tag{4-8}$$

式(4-8)适用范围如下：w(C)0.07%~0.22%，w(Si)0~0.60%，w(Mn)0.4%~1.4%，w(Cu)0~0.5%，w(Ni)0~1.20%，w(Mo)0~0.70%，w(V)0~0.12%，w(Nb)0~0.04%，w(Ti)0~0.05%，w(B)0~0.005%。

根据P_{cm}、板厚δ及焊条熔敷金属中的氢含量[H]，还可以确定防止冷裂所需的预热温度。

(2) 低合金钢焊接冷裂纹敏感性估算法。利用碳当量不但可以评估材料的焊接性，还可以预测低合金钢焊接的冷裂敏感性，从而建立各种冷裂纹判据，应用这些判据可以估算为防止产生冷裂纹所要采取的预热温度和临界冷却时间$(\tau_{100})_\sigma$与$\tau_{8/5}$(由800℃冷至500℃的时间)。

由P_{cm}、δ、[H]和拘束度R所建立的冷裂纹敏感性判据如下。

$$P_c = P_{cm} + \frac{[H]}{60} + \frac{\delta}{600} \tag{4-9}$$

$$P_w = P_{cm} + \frac{[H]}{60} + \frac{R}{400000} \tag{4-10}$$

$$P_{HT} = P_{cm} + 0.088\lg[\lambda H'_D] + \frac{R}{400000} \tag{4-11}$$

$$P_H = P_{cm} + 0.075\lg[H] + \frac{R}{400000} \tag{4-12}$$

式中，[H]为熔敷金属中扩散氢含量，mL/100g；δ 为被焊金属的板厚，mm；R 为拘束度，N/mm·mm；H'_D为有效扩散氢，mL/100g；λ 为有效系数。

低氢焊条 $\lambda=0.6$，$H'_D=[H]$；酸性焊条 $\lambda=0.48$，$H'_D=[H]/2$。

根据 P_c、P_w、P_{HT}建立的预热温度计算公式和应用条件见表4-43。

表 4-43 预热温度计算公式

数学计算式	冷裂敏感性(%)判据公式	公式的应用条件
$T_0=1440P_c-392$	$P_c=P_{cm}+\frac{[H]}{60}+\frac{\delta}{600}$ $P_w=P_{cm}+\frac{[H]}{60}+\frac{R}{400000}$	切槽式斜Y形坡口试件适用于 $w(C)\leqslant 0.17\%$ 的低合金钢，[H]=1～5mL/100g，δ=19～50mm
$T_0=1600P_H-480$	$P_H=P_{cm}+0.075\lg[H]+\frac{R}{400000}$	斜Y形坡口试件适用范围同上，但[H]>5mL/100g，R=5000～33000N/mm·mm
$T_0=1440P_{HT}-330$	$P_{HT}=P_{cm}+0.088\lg[\lambda H'_D]+\frac{R}{400000}$	斜Y形坡口试件，P_{HT}考虑了氢在熔合区附近的聚集

根据国产低合金钢的 P_{cm}、[H]、抗拉强度 σ_b 和板厚 δ 建立的预热温度计算公式为：

$$T_0=-214+324P_{cm}+17.7[H]+0.14\sigma_b+4.73\delta(℃) \tag{4-13}$$

式中，[H]为熔敷金属中扩散氢含量，mL/100g；σ_b 为被焊金属的抗拉强度，MPa；δ 为板厚，mm。

关于利用临界冷却时间$(\tau_{100})_\sigma$所建立的冷裂纹敏感性判据是近年来新的发展。在一定的焊接条件下，第一层焊缝冷却到100℃刚刚不出现裂纹的时间，称为临界冷却时间$(\tau_{100})_\sigma$，对于具体的钢种、焊接结构，$(\tau_{100})_\sigma$是常数。

如果实际焊接结构的某一部位，在上述焊接条件下由峰值温度冷至100℃的时间为τ_{100}，那么产生裂纹的条件为：

$$\tau_{100}<(\tau_{100})_\sigma \tag{4-14}$$

由公式(4-14)可以判断产生裂纹的情况。

(3) 焊接连续冷却组织转变图法(CCT图法)。焊接条件下连续冷却组织转变图是利用快速膨胀仪或热模拟试验机在模拟焊接热循环条件下制作出来的，它可以方便地预测焊接热影响区的组织、性能和硬度，从而可以预测某钢材在一定焊接条件下的淬硬倾向和产生冷裂纹的可能性，同时也可以作为调节焊接线能量、改进焊接工艺(如预热、后热及焊后热处理等)的依据。

Q345R 钢的 CCT 图如图 4-45～图 4-47 所示，有关数据见表 4-44、表 4-45。

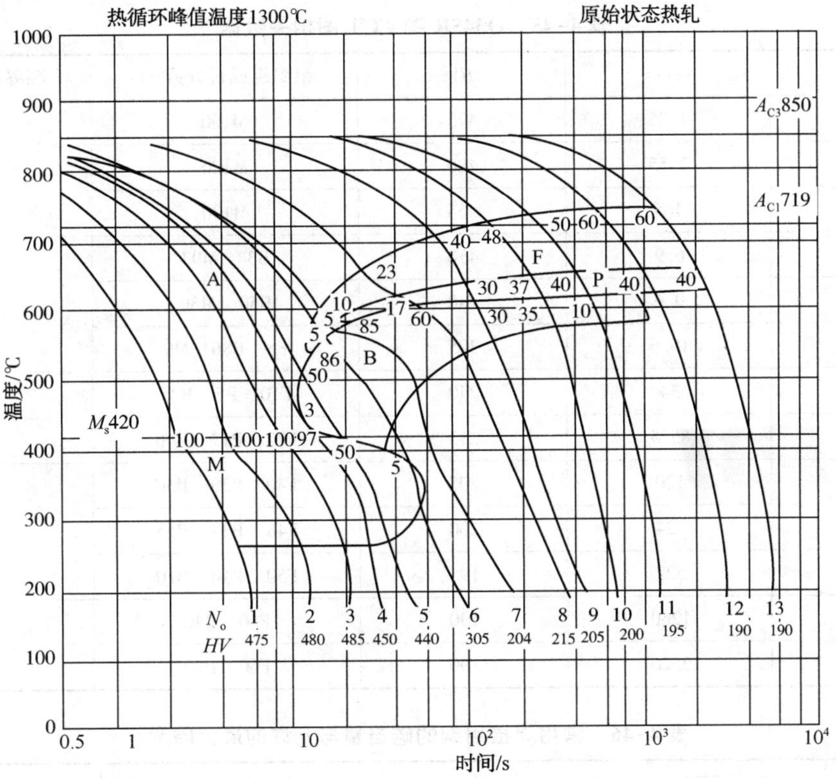

图 4-45　Q345R 钢冷却曲线

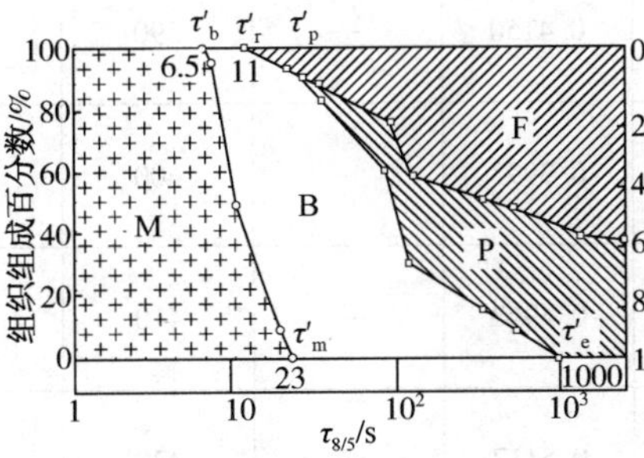

图 4-46　Q345R 钢组织

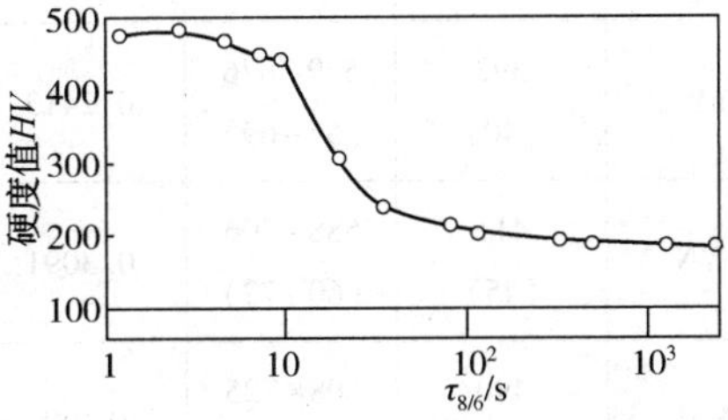

图 4-47　Q345R 钢性能

(4) 焊接热影响区(HAZ)最高硬度法。焊接热影响区的最高硬度可以间接判断被焊钢材的淬硬倾向和冷裂敏感性。由于该试验方法简单，已被国际焊接学会(IIW)采用。中国的国家标准为 GB 4675.5—84，适用于焊条电弧焊。一般情况下用于焊接的钢材，都应提供 HAZ 的最高硬度，采用低合金高强钢的 HAZ 最高硬度参见表 4-46。

表 4-44 Q345R 钢元素与含量

元素	C	Si	Mn	S	P	Cr	Ni
质量分数/%	0.16	0.36	1.53	0.015	0.014	0.003	0.006

表 4-45 Q345R 钢 CCT 图相关数据

No	$\tau_{8/5}$/s	*HV*	组织组成百分数/%	临界冷却时间/s
1	1.25	475	M100	τ'_b6.5
2	2.55	480	M100	
3	4.5	465	M100	
4	6.9	450	B3 M97	τ'_f11
5	9.6	440	B50 M50	
6	19.6	305	F5 B86 M9	
7	34	240	F10 P5 B85	τ'_p26
8	85.5	215	F23 P17 B60	
9	120	205	F40 P30 B50	τ'_m23
10	324	200	F48 P37 B15	
11	522	195	F50 P40 B10	
12	1260	190	F60 P40	τ'_c1000
13	2520	190	F60 P40	

表 4-46 常用焊接用钢的碳当量与允许的最大硬度

国产钢种	σ_f/MPa (kgf/mm^2)	σ_b/MPa (kgf/mm^2)	P_{cm}		$CE_{(IIW)}$		HV_{max}	
			非调质	调质	非调质	调质	非调质	调质
Q345	353 (36)	520~637 (53~65)	0.2485	—	0.4150	—	390	—
15MnV	392 (40)	559~676 (57~69)	0.2413	—	0.3993	—	400	—
15MnVN	411 (45)	588~706 (60~72)	0.3091	—	0.4943	—	410	380 (正火)
14MnMoV	490 (50)	608~725 (62~74)	0.285	—	0.5117	—	420	390 (正火)
18MnMoNb	549 (56)	668~804 (68~82)	0.3356	—	0.5782	—	—	420 (正火)
12Ni3CrMoV	617 (63)	706~843 (72~86)	—	0.2787	—	0.6693	—	435

续表

国产钢种	σ_f/MPa (kgf/mm²)	σ_b/MPa (kgf/mm²)	P_{cm}		$CE_{(IIW)}$		HV_{max}	
			非调质	调质	非调质	调质	非调质	调质
14MnMoNbB	686 (70)	784~931 (80~95)	—	0.2658		0.4593	—	450
14Ni2CrMnMo-VCuB	784 (80)	862~1030 (88~105)	—	0.3346		0.6794	—	470
14Ni2CrMnMo-VCuN	882 (90)	961~1127 (97~116)	—	0.3246	—	0.6794	—	480

注：1. 钢种化学成分取自《机械工程手册》第 12 篇表 12.3-12 中的上限。

2. HV_{max}是按 IIW 最高硬度法测定的。

以上简单介绍了工艺焊接性的几种间接估算法，由于其方法简单，在工程上广泛应用，但每种方法各有优点和不足，应用时常根据具体条件，同时采用几种方法进行间接估算。

由于估算法的不准确，生产中又出现了各种针对焊接最危险的缺陷裂纹的试验方法，即各种模拟焊接法。

4.3.1.3 使用焊接性的试验方法

对于评定焊接接头或焊接结构的使用性能，需要试验的内容更为复杂，具体项目取决于结构的工作条件和设计上提出的技术要求。这里概括介绍如下。

(1) 常规力学性能试验。焊接接头的力学性能试验主要是测定焊接接头(包括母材焊缝金属和热影响区)在不同载荷作用下的强度、塑性和韧性。焊接接头的特点在于其金相组织和化学成分的不均匀性，从而导致了接头存在力学性能的不均匀性。焊接接头主要力学性能试验项目如下。

① 焊接接头的拉伸试验。一般采用横向试样。如果焊缝金属强度超过母材金属强度，大部分的塑性变形将在母材金属内产生，从而造成在焊缝区域以外的颈缩和破坏，说明焊缝金属强度超过母材，但不能说明焊缝的塑性。当焊缝金属强度远远低于母材时，塑性应变集中在焊缝内发生，在这种情况下，局部的应变将导致比正常标距低的伸长率。所以横向焊接接头拉伸试验可以作为接头抗拉强度的尺度，但不能评价接头的屈服点与伸长率。

拉伸试验按 GB/T 228—2010《金属材料　拉伸试验》规定进行。

② 焊接接头的冲击试验。有带 V 形缺口或 U 形缺口两种试样。V 形试样缺口较尖锐，应力集中大，缺口附近体积内金属塑性变形难以进行，参与塑性变形的体积较小，它对材料脆性转变反应灵敏，断口分析比较清晰，目前国际上应用比较广泛。U 形缺口的冲击试样，对于材料脆性转变反应不灵敏，目前正逐步被淘汰，只有在某些仍采用旧标准的工程上才保留 U 形缺口试样。

冲击试验冲断试样时，试样经历弹性变形、塑性变形和断裂三个阶段。现代的示波冲击试验机具备测试冲击过程任何瞬时载荷、位移等参数的能力并可进行计算机数据处理和记录，提供了对材料的动态，断裂过程进行细微分析的可能性。

冲击试验按照 GB/T 229—2007《金属材料 夏比摆锤冲击试验方法》等标准规定进行。

③ 焊接接头的弯曲试验。主要用来评定焊接接头的塑性和致密性。接头弯曲试样可以与焊缝轴线平行或垂直，并有横弯、侧弯、纵弯三种弯曲方法。

焊接接头弯曲及压偏试验按照 GB/T 2653—2008《焊接接头弯曲试验方法》和 GB/T 232—2010《金属材料　弯曲试验方法》规定进行。

④ 焊接接头应变时效敏感性试验。焊接构件在制造与服役过程中，某些工序或工况条件使接头承受不同程度的塑性变形，例如焊后冷作成形、矫正等。随着时间的延长，有的焊接接头的冲击韧性有下降的趋势，甚至发生脆化，这种现象称为冷作时效脆化。

GB/T 2655—1989《焊接接头应变时效敏感性试验方法》规定了测定焊接接头应变时效敏感性的试验方法。

⑤ 焊接接头及堆焊金属硬度试验法。焊接接头及堆焊金属的强度、塑性、韧性、耐磨性以至抗裂性均与硬度相关。例如，在某些情况下技术条件就规定了接头(热影响区)的最高硬度值，以保证接头的塑性、韧性和抗裂性；有时规定堆焊金属的最小硬度值，以保证堆焊层的耐磨性。

GB/T 2654—2008《焊接接头硬度试验方法》规定了在室温下测定焊接接头各部位(焊缝、熔合线、热影响区)和堆焊金属硬度的试验方法。

(2) 焊接接头抗脆断性能试验。金属材料、焊接接头的脆性断裂性能近年来逐渐被认识。脆性断裂即没有塑性变形而表现的破坏形式。影响金属材料、焊接接头产生脆性断裂的原因是多方面的，主要有材料的组织、成分、性能，存在的缺陷(尤其是裂纹)，厚壁材料内部呈平面应变状态，制造工艺中的成形、焊接、热处理等工艺的不合理，工作温度等因素。近年来在压力容器制造中发现焊接接头或材料(带有缺陷)的抗脆断性能与温度的关系很密切，同一处焊接接头或同一种材料，在不同的温度下表现出不同的性能，按照GB/ T 6803—2008《铁素体钢的无塑性转变温度落锤试验方法》做落锤试验，当试验温度逐渐降低到某一温度时，则会产生无塑性变形的完全的断裂(脆断)，这一温度即无塑(延)性转变温度(Nil Ductility Transitiom Temperature，缩写为 NDT)，其含义是材料在接近屈服强度并存在小缺陷的情况下，发生脆性破坏的最高温度，高于此温度一般不会发生脆性破坏。当温度低于 NDT 时，材料产生断裂，无延性，断裂属于脆性。

通过落锤试验可将温度、缺陷尺寸和断裂强度三者之间建立断裂分析图(Pellini 断裂分析图)，以表明它们之间的关系。当温度低于 NDT 时，随着缺陷尺寸加大，断裂强度明显下降；当温度高于 NDT 时，其断裂强度明显上升。

进行落锤试验时，还存在弹性断裂转变温度(Fracture Transition Elastic Temperature，缩写为 FTET)和塑性(延性)转变温度(Fracture Transition Plastic Temperature，缩写为 FTPT)。当温度达到 FTET 后，其断裂强度不管缺陷尺寸如何，都达到或超过材料屈服限；而当温度达到 ETPT 后，材料只有受到相当于拉伸强度 σ_b 的作用时才会拉断，断裂完全是塑性的。

从大量试验数据中看到，对于低合金高强度钢来说，NDT、FTET、FTPT 存在下列关系。

$$FTET = NDT + 33℃$$

$$FTPT = NDT + 66℃$$

可见，如果温度高于 FTET，裂纹不会在名义应力低于屈服应力下扩展。对压力容器来说，一次应力均限制在屈服应力之下，所以在高于 NDT+33℃时，一般都允许满负荷运行，而低于此温度时，存在缺陷的情况下，只允许降低负荷运行。

以上介绍了落锤试验，并用其试验结果来说明缺陷、温度和应力对构成脆性破坏所起的作用，以及它们之间的关系。

除落锤试验外，还有宽板拉伸试验、断裂韧性试验[常用的断裂韧性参量有 K_{IC}、*COD*（δ_c）及 J_{IC}]和 V 形缺口系列冲击试验，均可用于评定材料、焊接接头的抗脆断性能。

另外，评定焊接接头的使用焊接性还有焊接接头疲劳及动载试验、焊接接头的抗腐蚀试验、焊接接头的高温性能试验。

4.3.2 碳钢的焊接

4.3.2.1 碳钢的分类

（1）按含碳量分类：低碳钢 $w(C)\leqslant0.25\%$；中碳钢 $0.25\%<w(C)\leqslant0.60\%$；高碳钢 $w(C)>0.6\%$。

（2）按冶炼方法分类：平炉钢；转炉钢，又分为氧气转炉钢和碱性空气转炉钢；电炉钢。

（3）按钢材脱氧程度的不同分类：沸腾钢(F)；半镇静钢(b)；镇静钢(Z)(TZ 为特殊镇静钢)。

（4）按用途分类：结构钢，用来制造各种金属构件和机器零件；工具钢，用来制造各种工具(量具、刃具、模具)。

（5）按质量钢中有害元素、硫和磷的含量分类：普通碳素钢 $w(S)\leqslant0.050\%$，$w(P)\leqslant0.045\%$；优质碳素钢 $w(S)\leqslant0.035\%$，$w(P)\leqslant0.035\%$；高级优质碳素钢 $w(S)\leqslant0.030\%$，$w(P)\leqslant0.035\%$。

4.3.2.2 低碳钢的焊接

低碳钢的焊接性优良。因低碳钢含碳量低，锰、硅含量又少，所以一般情况下不会因焊接而引起严重硬化组织或淬火组织。这种钢的塑性和冲击韧性优良，焊后的焊接接头塑性和冲击韧性也很好。焊接时一般不需要预热和后热，不需要特殊注意层间温度，焊后也不必采用热处理改善组织和性能。整个焊接过程中不需要特殊的工艺措施。

低碳钢焊接时应注意以下几点。

① 被焊材料和焊接材料的质量是否合格。

② 焊接线能量不宜过大，如埋弧焊时注意焊接电流不宜过大，否则会使焊接热影响区粗晶区晶粒过于粗大，进而使冲击韧性下降。

③ 刚性大的焊接结构在温度较低的情况下焊接时，可能产生裂纹，尤其在北方冬季露天施工时更要注意，可以适当考虑预热。

总之，低碳钢是最容易焊接的钢种，可以采用常用的所有焊接方法焊接，并能获得优良的焊接接头。

几种低碳钢焊接选用焊条举例见表 4-47。几种低碳钢埋弧焊常用焊接材料选择举例见表 4-48。

表 4-47 几种低碳钢焊接选用焊条举例

钢号	焊条选用		施焊条件
	一般结构	焊接动载荷，复杂和厚板结构，重要压力容器，在较低温下焊接	
Q235	E4313(J421)，E4303(J422) E4301(J423)，E4320(J424) E4311(J425)	E4316(J426)，E4315(J427)， E5016(J506)，E5015(J507)	一般不预热
Q255			一般不预热
Q275	E4316(J426)，E4315(J427)	E5016(J506)，E5015(J507)	厚板结构预热150℃以上
08，10，15，20	E4303(J422)，E4301(J423) E4320(J424)，E4311(J425)	E4316(J426)，E4315(J427)， E5016(J506)，E5015(J507)	一般不预热
25	E4316(J426)，E4315(J427)	E5016(J506)，E5015(J507)	厚板结构预热150℃以上
20g，22g	E4303(J422)，E4301(J423)	E4316(J426)，E4315(J427)， E5016(J506)，E5015(J507)	一般不预热
20R	E4303(J422)，E4301(J423)	E4316(J426)，E4315(J427)， E5016(J506)，E5015(J507)	一般不预热

表 4-48 几种低碳钢埋弧焊常用焊接材料选择举例

钢 号	焊弧焊焊接材料选用	
	焊 丝	焊 剂
Q235	H08A	HJ430 HJ431
Q255	H08A	
Q275	H08MnA	
15，20	H08A，H08MnA	HJ430 HJ431 HJ330
25	H08MnA，H10Mn2	
20g，22g	H08MnA，H08MnSi，H10Mn2	
20R	H08MnA	

4.3.2.3 中碳钢的焊接

当含碳量在0.25%左右而含锰量不高时，焊接性良好。随着含碳量的增加，焊接性逐渐变差。当含碳量达0.50%左右而仍按焊接低碳钢工艺施焊时，则热影响区可能产生硬脆的马氏体组织，易于开裂。当焊接材料和焊接过程控制不好时，甚至焊缝区也如此。

焊接时母材熔化进入焊缝，使其含碳量增高，容易产生热裂纹，若硫的杂质含量增加，热裂纹产生的可能性也大大增加，在弧坑处更为敏感。

中碳钢焊接时应注意以下几点。

① 大多数情况下需要预热和控制层间温度，以降低冷却速度，防止产生马氏体组织。

预热温度：35 和 45 钢可为 150～250℃；含碳量再高、厚板、拘束大等条件下，可为 250～400℃。

② 焊后最好立即进行消除残余应力热处理，特别是在厚大件、刚性大的结构或工作条件较苛刻(如动载荷、冲击载荷等)的情况下，更应考虑。清除残余应力回火温度一般为600～650℃。

③ 如果不可能立即消除残余应力，也应采用后热工艺，以便使扩散氢逸出。后热温度可视具体情况而定，后热保温时间大约每 10mm 厚度为 1h 左右。

④ 焊接沸腾钢时注意向焊缝过渡锰、硅、铝等脱氧剂元素，以减少气孔的产生。

⑤ 应选低氢焊接材料。特殊情况下可以选用铬镍不锈钢焊条焊接，不需预热、焊缝奥氏体金属塑性好，可以减小焊接接头残余应力，避免热影响区冷裂纹产生。可选的铬镍不锈钢焊条牌号有奥 102、奥 107、奥 302、奥 307、奥 402、奥 407 等。

如果选用碳钢或低合金钢焊条，而焊缝与母材不要求等强度时，可以选用强度等级比母材低一档的低氢焊条。例如，母材为 490MPa 级，则焊条可选用 J426 或 J427，代替 J506 或 J507。若母材与焊缝强度要求相等时，35 钢可选 J506、J507，45 钢可选 J556、J557，55 钢可选 J606、J607。

4.3.2.4 高碳钢的焊接

高碳钢含碳量大于 0.6%，有高碳结构钢、高碳工具钢和高碳碳素钢等。由于其含碳量更高，更容易产生硬脆的高碳马氏体，淬硬倾向和裂纹敏感倾向更大，从而焊接性更差。这类钢不用于制造焊接结构，主要用于制造高硬度耐磨零部件，高碳钢的焊接以补焊修理为主。为了获得高硬度和耐磨性，高碳钢零件一般都经过热处理。焊接前应退火，以减少裂纹倾向，焊后再经热处理，以达到高硬度和耐磨的要求。

高碳钢焊接时应注意以下几点。

① 碳钢焊接前应先进行退火。

② 焊接材料通常不用高碳钢。焊缝要与母材性能完全相同是比较困难的。因这类钢的抗拉强度大多在 675MPa 以上。选用焊接材料视产品设计要求而定，要求强度高时，一般用 J707 或 J607 焊条，要求不高时可选用 J506 或 J507 焊条，或者选择与以上强度等级相当的低合金钢焊条或填充金属。焊接材料应是低氢的。

另外，高碳钢也可以选用铬镍奥氏体钢焊条焊接，牌号与焊接中碳钢的相同，这时不需要预热。

③ 采用结构钢焊接时必须预热，一般预热温度为 250～350℃以上。

④ 焊接过程中需要保持与预热温度一样的层间温度。

⑤ 焊后工件应立即送入 650℃的炉中保温，进行消除残余应力的热处理。

4.3.3 低合金钢的焊接

低合金钢是在碳素钢基础上加入一定量合金元素的合金钢。合金元素的总含量一般不超过 5%，以提高钢的强度，同时保证其具有一定的塑性和韧性；或者是为了达到某些特殊性能要求，如耐低温、耐高温或耐腐蚀性等。

在焊接结构中常用的低合金钢有强度用钢(高强钢)、低温用钢、耐蚀钢及珠光体耐热钢四类。

4.3.3.1 高强钢的焊接

这类钢的主要特点是强度高，塑性、韧性也较好，广泛用于压力容器、桥梁、船舶、飞机和其他装备。中国低合金高强度钢是以屈服强度来划分强度级别的，目前常用高强钢大致如下。

（1）屈服强度在400MPa的低合金钢，一般都在热轧或正火状态下使用，基体组织为铁素体+珠光体，如Q345钢等。这是低合金高强钢中应用最广泛的钢，有比较成熟的使用经验，是制造中低压容器和一般钢结构的代表材料，焊接性很好。

16Mn钢的屈服强度为345MPa，基本属于热轧的低合金钢，是普通低合金钢(普低钢)中发展最早的钢。其综合性能、焊接性及加工工艺性能均优于普通碳素钢，且质量稳定，与碳素钢相比，使用Q345钢可节省钢材20%~30%。其使用温度在-40~450℃范围内。

当Q345钢作为低温压力容器或厚板结构用钢时，为改善低温韧性，也可以在正火处理后使用。热轧、正火钢按其用途可以分为压力容器用钢、锅炉用钢、焊接气瓶用钢及桥梁用钢等，分别在钢牌号后标以R、g、HP及q等，如Q345R等。

Q345钢是在低碳钢的基础上加入了少量合金，其加工性能与低碳钢相似，具有较好的塑性和焊接性。由于加入了少量合金元素，其强度增加，淬硬倾向比低碳钢稍大，所以在较低温度下或刚性大、厚壁结构的焊接时，需要考虑采取预热措施，预防冷裂纹的产生。不同壁厚及不同环境温度下Q345钢焊接的预热温度参见表4-49。

表4-49 不同板厚及不同环境温度下焊接Q345钢的预热温度

板厚/mm	不同环境温度下的预热温度/℃
<16	不低于-10℃不预热，-10℃以下预热100~150℃
16~24	不低于-5℃不预热，-5℃以下预热100~150℃
25~40	不低于0℃不预热，0℃以下预热100~150℃
>40	均预热100~150℃

（2）屈服强度为500MPa的低合金钢，中国典型代表钢种为18MnMoNb钢，以正火+回火状态供货，对于板厚特别大的、可在调质状态下供货，以保证综合力学性能良好。

18MnMoNb钢以中国富有资源Mn、Mo、Nb为合金元素，是中温、中高压、厚壁压力容器的主要用钢。具有较好的综合力学性能(特别是中温力学性能)，可工作在450℃以下。

当环境温度不太低时，可以不预热进行气割，割口具有良好的机械加工性能。卷板、校圆需加热进行，18MnMoNb钢具有满意的热成形性能。

18MnMoNb钢的碳及合金元素含量都较高，故其淬硬倾向及冷裂倾向都比Q345钢大。据18MnMoNb钢的再热裂纹敏感性试验，它属于稍再热裂纹倾向的钢种。筒体电渣焊时，还要注意防止焊缝金属裂纹。

18MnMoNb钢的焊接应注意以下几点。

① 焊接18MnMoNb钢，除电渣焊外，应采取预热措施，预热温度一般为150~180℃，对于拘束度较大的接头，预热温度应提高到180~230℃。焊后或中断焊接时，应立即进行250~350℃后热处理。

② 18MnMoNb钢的焊接材料：焊条电弧焊，焊条可选E6015-D_1(J607)、E6015-G(J607Ni、J607RH)；埋弧焊，焊剂HJ250、焊丝H08Mn2MoA；电渣焊，焊剂HJ431、焊丝

H10Mn2MoA；CO_2 气体保护焊，焊丝 H08Mn2SiMoA。

③ 为保证焊接接头的性能和质量，焊接线能量适当大些，否则易出现淬硬组织而降低韧性。焊条电弧焊时，焊接线能量一般在 20kJ/cm 以下；埋弧自动焊时，焊接线能量在 35kJ/cm 以下，同时注意多层焊时层间温度控制在预热温度和 300℃之间。

④ 18MnMoNb 钢焊后要进行热处理。电渣焊接头进行 900~980℃正火+630~670℃回火处理，如遇钢材性能偏低或要充分发挥钢材性能潜力时，可采用调质处理。在焊条电弧焊或埋弧自动焊后，进行回火或消除残余应力热处理，其加热温度通常比钢材回火温度低 30℃。

4.3.3.2 低温用钢的焊接

低温用钢主要用于低温下工作的容器、管道等装备。低温用钢可分为无镍和含镍为主的两大类，其牌号、化学成分和力学性能见表 4-50 和表 4-51。对低温用钢的主要性能要求是保证在使用温度下具有足够的韧性及抵抗脆性破坏的能力。低温用钢一般是通过合金元素的固溶强化细化晶粒，并通过正火、回火处理细化晶粒、均化组织，从而获得良好的低温性能。中国的低温压力容器用钢(见表 4-50)为无镍的，最低使用温度-30~-90℃(见表 4-52)。在钢中加入合金元素 Ni 可显著改善钢的低温韧性，含镍的低温用钢(见表 4-53)最低使用温度-70~-170℃，常称为镍钢。

表 4-50 低温压力容器用低合金厚钢板的牌号和化学成分(GB 3531—2014)

牌号	化学成分/%									
	C	Mn	Si	V	Ti	Cu	Nb	RE	S	P
									不大于	
16MnDR	≤0.20	1.20~1.60	0.15~0.50						0.020	0.010
09MnTiCuREDR	≤0.12	1.40~1.70	≤0.40		0.03~0.08	0.20~0.40		0.15(加入量)	0.035	0.035
09Mn2VDR	≤0.12	1.40~1.80	0.20~0.50	0.04~0.10					0.035	0.035
06Ni9DR	≤0.08	0.30~0.80	0.15~0.35				0.02~0.05		0.030	0.030

表 4-51 低温压力容器用低合金厚钢板的力学性能(GB 3531—2014)

钢号	钢板厚度/mm	抗拉强度 σ_b/MPa(kgf/mm²)	屈服强度 σ_s/MPa(kgf/mm²)	伸长率 δ_s/%	冷弯实验 $b=2a$ 180°
			不小于		
16MnDR	6~20	493~617(50~63)	312(32.0)	21.0	$d=2a$
	21~38	470~598(48~61)	294(30.0)	19.0	$d=3a$
09MnTiCuREDR	6~26	441~568(45~58)	312(32.0)	21.0	$d=2a$
	27~40	421~549(43~56)	294(30.0)		
09Mn2VDR	6~20	461~588(47~60)	323(33.0)	21.0	$d=2a$
06MnNbDR	6~16	392~519(40~53)	294(30.0)	21.0	$d=2a$

各种低温用钢的最低使用温度一般相当于钢材的最低冲击值温度。选择低温用钢时，针对产品工作应力大小、板材厚度及热处理条件等不同情况，可以适当调整低温用钢的最低使

用温度。如中国的低温压力容器用低合金钢标准中，薄板的最低冲击温度可比厚板低10~20℃（见表4-52）；有的国家规定，采用热处理消除应力后，钢材的许用温度可降低10~20℃。

表4-52　低温压力容器用低合金厚钢板的夏比低温冲击性能（GB 3531—2014）

牌号	钢板厚度/mm	最低冲击温度/℃	试样方向	冲击吸收功/J(kgf·m) 试样尺寸≥/mm	
				10×10×55	5×10×55
Q345DR	6~20	-40	纵向	21(2.1)	14(1.4)
	21~38	-30			
09MnTiCuREDR	6~20	-60			
	21~30	-50			
	32~40	-40			
09Mn2VDR	6~20	-70			
06MnNbDR	6~16	-90			

（1）低温用钢的焊接。低温用钢由于含碳量低，其淬硬倾向和冷裂倾向小，具有良好的焊接性，但应关注焊缝和粗晶区的低温脆性。为了避免焊缝金属和热影响区形成粗晶组织而降低低温韧性，要求采用小的焊接线能量。焊接电流不宜过大，宜用快速多道焊的方法以减轻过热，并通过多层焊的重热作用细化晶粒。多焊道时要控制层间温度，如焊接06MnNbDR低温用钢时，层间温度不大于300℃。埋弧自动焊时，焊接线能量应控制在28~45kJ/cm。

焊接低温用钢的焊条见表4-53，焊接Q345（用于-40℃）低温用钢时，可采用E5015-G或E5016-G高韧性焊条。

埋弧自动焊时，可用中性熔炼焊剂配合Mn-Mo焊丝，可用碱性熔炼焊剂配合含Ni焊丝，也可采用碱性非熔炼焊剂配合C-Mn焊丝，由焊剂向焊缝渗入微量Ti、B合金元素，以保证焊缝金属获得良好的低温韧性。

焊接低温用钢产品，应注意避免产生缺陷（如弧坑、未焊透及焊缝成形不良等），并注意及时修补产生的缺陷，否则装备在低温运行时，因钢材对缺陷和应力集中的敏感性大，而增大装备的低温脆性破坏倾向。焊后消除应力处理可以降低低合金低温用钢焊接装备的脆断倾向。

（2）3.5%镍低温用钢的焊接。国外低温用钢以镍为主要合金元素，目前含镍的低温用钢中，随着镍含量的增加，有2.25%镍钢、3.5%镍钢、5%镍钢及9%镍钢，其最低使用温度逐渐降低。9%镍钢可用于制造液化氟（液化温度为-196℃）的装备。3.5%镍钢广泛用于乙烯、化肥、橡胶、液化石油气及煤气等工程中低温装备的制造。3.5%镍钢一般为正火或正火+回火状态使用，其最低使用温度为-101℃，3.5%镍钢经淬火、回火调质处理后，组织和低温韧性得到改善，日本JIS标准中的SL3N45钢调质后的最低使用温度为-110℃（参见表4-54），3.5%镍钢依靠降低C、P、S含量，加入Ni等合金成分，并利用热处理细化晶粒，确保低温韧性。

表 4-53 含镍低温钢的化学成分和力学性能

国别	标准号	牌号	力学性能									化学成分/%			
			板厚 δ/mm	C	Si	Mn	Ni	P	S	热处理	板厚 δ/mm	最小屈服强度/MPa (kgf/mm^2)	抗拉强度/MPa (kgf/mm^2)	冲击试验(V形缺口) 试验温度/℃	冲击试验(V形缺口) 最小冲击吸收功 A_{KV}/J(kgf/m)
2.25%Ni 钢															
日	JISG3217	SL2N26	6~50	≤0.17	0.15~0.30	≤0.70	2.10~2.50	≤0.025	≤0.025	正火	—	255(26)	451~588 (46~60)	-70	21(2.1)
美	ASTM A203-72	δ≤50 A 级 50<δ≤100 100<δ≤150		≤0.17 ≤0.21 ≤0.23	0.15~0.30	≤0.7 ≤0.8 ≤0.8	2.10~2.50	≤0.035	≤0.040	正火	—	255(26)	451~529 (46~54)	—	—
美	ASTM A203-72	δ≤50 B 级 50<δ≤100 100<δ≤150		≤0.21 ≤0.24 ≤0.25	0.15~0.30	≤0.7 ≤0.8 ≤0.8	2.10~2.50	≤0.035	≤0.040	正火	—	274(28)	480~588 (49~60)	—	—
法	NFA36-208-66	2.5Ni	3~50	≤0.15	0.15~0.30	≤0.8	2~2.5	≤0.035	≤0.030	正火	δ≤30 30≤δ≤50	274(28) 265(27)	451~529 (46~54)	-80	40(4.1)
3.5%Ni 钢															
日	JIS G3217	SL3N26	6~50	≤0.15	0.15~0.30	≤0.7	3.25~3.75	≤0.025	≤0.025	正火	—	255(26)	441~588 (45~60)	-101	21(2.1)
日	JIS G3217	SL3N45	6~50	≤0.15	0.15~0.30	≤0.7	3.25~3.75	≤0.025	≤0.025	调质	—	441(45)	539~686 (45~70)	-110	27(2.8)

续表

国别	标准号	牌号	力学性能							化学成分/%					
			板厚 δ/mm	C	Si	Mn	Ni	P	S	热处理	板厚 δ/mm	最小屈服强度/MPa (kgf/mm²)	抗拉强度/MPa (kgf/mm²)	冲击试验(V 形缺口) 试验温度/℃	最小冲击吸收功 A_{KV}/J(kgf/m)
美	ASTM A203-72	δ≤50 D 级 50<δ≤100		≤0.17 ≤0.20	0.15~0.30	≤0.7 ≤0.8	3.25~3.75	≤0.035	≤0.040	正火	—	255(26)	451~529 (46~54)	—	—
		δ≤50 E 级 50<δ≤100		≤0.20 ≤0.23	0.15~0.30	≤0.7 ≤0.8	3.25~3.75	≤0.035	≤0.040	正火	—	274(28)	480~588 (49~60)	—	—
法	NFA36-208-66	3.5Ni	3~50	≤0.15	0.15~0.30	≤0.8	3.25~3.75	≤0.030	≤0.030	通过协议	δ≤30 30<δ≤50	274(28) 265(27)	451~529 (46~54)	-100	40(4.1)
5%Ni 钢															
美	ASTM A645-72	—	—	≤0.13	0.20~0.35	0.30~0.60	4.75~5.25	≤0.025	≤0.025	调质	—	451(46)	657~794 (67~81)	-170	34(3.5)
法	NFA36-208-66	5Ni	3~50	≤0.10	0.15~0.30	≤0.8	4.75~5.25	≤0.030	≤0.030	通过协议	δ≤30 30<5δ≤50	392(40) 372(38)	≥539 (55)	-120	48(4.9)

表 4-54 低温钢焊条

焊条牌号	焊条型号	焊缝金属合金系统	主要用途
W707		低碳 Mn-Si-Cu 系	焊接-70℃工作的 09Mn2V 及 09MnTiCuRE 钢
W707Ni	E5515-C_1	低碳 Mn-Si-Ni 系	焊接-70℃工作的低温钢及 2.5%Ni 钢
W907Ni	E5515-C_2	低碳 Mn-Si-Ni 系	焊接-90℃工作的 3.5%Ni 钢
W107Ni		低碳 Mn-Si-Ni-Mo-Cu 系	焊接-100℃工作的 06MnNb、06AlNbCuN 及 3.5%Ni 钢

注：1. 焊条牌号前加"W"，表示低温用钢焊条。

2. 焊条牌号第一、第二位数字，表示低温用钢焊条的工作温度等级，如 W707 的低温温度等级为-70℃。

3. 表中焊条为低氢钠型药皮，采用直流电源。

3.5%镍钢有应变时效倾向，当冷加工变形量在 5%以上时，要进行消除应力热处理以保证低温韧性。

3.5%镍钢可以采用焊条电弧焊、熔化极气体保护电弧焊及埋弧自动焊进行焊接。为保证焊接产品的低温韧性，应注意控制焊接线能量：焊条电弧焊在 20kJ/cm 以下；熔化极气体保护电弧焊在 25kJ/cm 左右。

由于 3.5%镍钢的含碳量较低，所以其淬硬倾向不大。但板厚在 25mm 以上，且刚性较大时，焊前要预热 150℃左右，层间温度也要保持相同。

3.5%镍钢焊接所用焊接材料参见表 4-54(为国产焊条)、表 4-55(为日本的焊条和焊丝牌号、焊缝成分及力学性能)。用 NB-3N 焊条焊接时，建议采用表 4-56 规定的焊接电流，焊后进行 600~650℃热处理，有利于改善焊接接头的低温韧性。

表 4-55 焊接 3.5%Ni 钢的日本焊条及焊丝

牌号		标准型号	焊缝金属成分/%						
			C	Mn	Si	Ni	Mo	S	P
NB-3N 焊条		JISDL5016-D-3 AWSE7016-G	0.03	0.94	0.33	3.20	0.27	0.009	0.010
MGS-3N 焊丝	Ar+2%O_2		0.03	1.20	0.25	4.12	0.20	0.006	0.003
	Ar+5%CO_2		0.03	1.18	0.26	4.08	0.20	0.006	0.004
MF-27XUS-203 埋弧焊丝		AWSF7P15-ENi2-Ni2	0.05	0.75	0.18	2.85	0.20	0.007	0.009

牌号		焊缝力学性能				焊后热处理
		σ_s/MPa	σ_b/MPa	δ/%	A_{KV}/J	
NB-3N 焊条		460	550	32	120(-85℃) 100(-100℃)	620℃×1hSR
MGS-3N 焊丝	Ar+2%O_2	530	600	29	88(-101℃)	焊态
		480	550	34	110(-101℃)	620℃×1hSR
	Ar+5%CO_2	500	590	27	98(-101℃)	焊态
		470	570	32	130(-101℃)	620℃×1hSR
MF-27XUS-203 焊弧焊丝		430	530	33	130(-75℃) 110(-87℃) 60(-101℃)	650℃×5hSR

注：SR 表示消除应力热处理。

表 4-56　NB-3N 焊条的焊接电流(交流或直流反接)

焊条直径/mm		2.6	3.2	4.0	5.0
焊条长度/mm		300	350	400	400
焊接电流/A	平焊	55~85	90~130	130~180	180~240
	立或仰焊	50~80	80~115	100~170	

4.3.3.3　耐蚀钢的焊接

耐蚀钢是指用作抗潮湿、耐海水腐蚀的钢材。国产耐蚀钢如 16CuCr、12MnCuCr、09MnCuPTi 等，是以 Cu、P 合金化为主，配以 Cr、Mn、Ti、Nb、Ni 等合金元素。Cr 能提高钢的耐腐蚀稳定性，Ni 与 Cu、P、Cr 共同加入时，能加强耐腐蚀效果。严格讲在焊缝中含有磷时是不利的，磷会使冷脆敏感性增加，会因易产生偏析而增加热裂纹产生的机会，因此焊缝中含磷时要严格控制碳的含量，因碳会加重磷的危害，一般碳和磷的含量都控制在 0.25%以下时，钢的冷脆倾向不大。

若不采用磷而选择其他元素的合金化，如 Ni-Cr 合金化方案或只含钢不含磷的方案等，也能用于潮湿大气和海水环境，而且不含磷的耐蚀钢要比含磷的焊接性好。

总之，耐蚀钢虽含有铜、磷等合金元素，但含量较低，所以焊接时不会产生热裂纹，冷脆倾向也不大，焊接性仍较好。耐蚀钢的焊接工艺与强度级别较低($\sigma_s = 343 \sim 392$MPa)的热轧钢相同。

4.3.3.4　耐热钢的焊接

耐热钢是长期在高温条件下工作，仍具备高温持久强度、蠕变强度和抗氧化性、抗脆断能力、耐蚀性等性能的用钢。

(1) 耐热钢的种类。按其合金成分的含量可分为低合金、中合金、高合金耐热钢。

① 合金元素总含量在 5%以下的合金钢统称为低合金耐热钢。合金系列有 Mo、Cr-Mo、Cr-Mo-V 等。这类钢通常以退火状态或正火+回火状态供货。合金元素总含量在 2.5%以下的低合金耐热钢，在供货状态下具有珠光体+铁素体组织，故也称为珠光体耐热钢，如 12CrMo、15CrMo 等。

② 合金元素总含量在 5%~12%的合金钢统称为中合金耐热钢。目前用于焊接结构的中合金耐热钢分别是 Cr-Mo、Cr-Mo-V、Cr-Mo-Nb 等系列。这类钢必须以退火状态或正火+回火状态供货，某些钢种也可以调质状态供货。合金总含量在 10%以下的中合金耐热钢，在退火状态下具有铁素体+合金碳化物组织，在正火+回火状态下为铁素体+贝氏体。当合金总含量超过 10%时，在供货状态下的组织为马氏体，因此，属于马氏体耐热钢，如 1Cr13，2Cr13 等。

③ 合金元素总含量高于 13%的合金钢称为高合金耐热钢。按其供货状态下的组织可分马氏体、铁素体、奥氏体铬镍(应用最广)型耐热钢。其合金系列包括 Cr-Ni、Cr-Ni-Ti、Cr-Ni-Mo 等，如 0Cr18Ni9、1Cr18Ni9Ti、0Cr18Ni11Ti 等。

可见，耐热钢中 Cr 和 Mo 是重要合金元素，其中 Cr 主要有抗氧化作用，在高温下与氧结合强，在金属表面形成 Cr_2O_3 稳定化合物包周金属，阻止了金属继续氧化；在温度较高下的金属原子活动能力较强，由于金属再结晶的结果，使金属性能软化，而 Mo 可以提高再结晶温度，阻碍高温下原子的活动能力，提高热强性。碳易与铬结合，降低了抗氧化性，因此碳的含量应小于 0.25%。

在锅炉装备的制造中，耐热钢主要用于制造受热部件(如过热器、再热器和水冷壁等)、集箱、管道和各种炉内零件。常用的低合金耐热钢有：15CrMo、12Cr1MoV 等。在炼油和化工装备制造中，耐热钢主要用于炉管、热交换器、其他受热面管道、高压加氢装备中的各种管道等。常用的高合金耐热钢有奥氏体型镍铬耐热钢等。

(2) 珠光体耐热钢的焊接。

① 厚板的 Cr-Mo 耐热钢，在加工焊接坡口时，可以采用火焰切割，但要预热，预热温度可在 100~150℃范围，并做磁粉检测表面是否产生裂纹。

② 焊接材料的选择要注意保证焊后 Cr 和 Mo 等重要合金元素的含量，控制碳的含量。

③ 焊前预热是防止低合金耐热钢焊接冷裂纹和消除应力裂纹的有效措施之一。预热温度参见表 4-57。

④ 焊后热处理既可以消除焊接残余应力，又可以改善组织、提高接头的综合力学性能，包括提高高温蠕变强度和组织稳定性、降低焊缝及热影响区的硬度等。焊后回火温度参见表 4-57。

表 4-57 珠光体耐热钢的预热、后处理温度

母材钢号	焊条牌号	预热温度/℃	焊后回火温度/℃
12CrMo	热 200，热 207	150~300	670~710
15CrMo	热 307	250~300	680~720
$2\frac{1}{4}$Cr1Mo	热 400，热 407	250~350	720~750
12Cr1MoV	热 310，热 317	250~350	720~750
15Cr1Mo1V	热 327，热 337	250~350	730~750
12Cr5Mo	热 507	300~400	740~760

在制造高温、高压的耐热钢焊接的装备中，对每种焊接接头都应编制相应的焊接工艺规程，其基本内容有坡口的制备、焊前预热温度、层间温度、焊接材料的选择、焊接规范、焊后热处理等。2.25Cr-1Mo 钢容器纵环缝的典型焊接工艺规程实例见表 4-58。

表 4-58 2.25Cr-1Mo 钢厚板埋弧自动焊工艺规程(实例)

焊接方法	埋弧自动焊(SAW)	母材	钢号 A387-22 规格 90mm
坡口形式	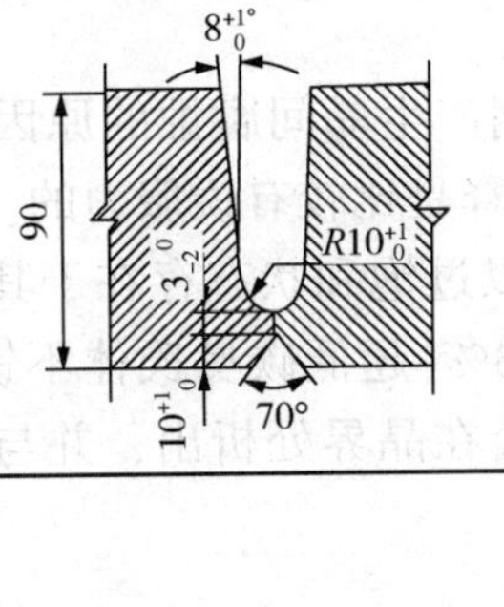	焊前准备	① 检查坡口尺寸和接缝错边是否符合图纸要求 ② 清理坡口两侧母材，直至露出金属光泽 ③ 焊丝清锈除油

续表

焊接方法	埋弧自动焊(SAW)	母材	钢号 A387-22 规格 90mm
焊接材料	焊条牌号 E6015-B3　规格 φ4，φ5mm 焊丝牌号 EB3(AWS)　规格 φ4mm 焊剂牌号 SJ101		
预热制度	预热温度 150~200℃ 层间温度≥150℃ 后热温度 250℃/1h	焊后热处理制度	焊后消除应力处理 (730℃±10℃)/4h
焊接规范参数	焊接电流 600~650A　直流反接 焊接电压 35~36V　焊丝伸出长度 40~50mm 焊接速度 35~28m/h		
操作技术	焊接位置平焊 焊道层数多层多道 焊丝摆动参数不摆动		
焊后检查	① 100%超声波探伤+25%射线检查 ② 热处理前后各做 100%磁粉探伤		

4.3.4　奥氏体不锈钢的焊接

当合金钢中的主要元素铬的含量超过 12%时，会使钢具有不锈的特性，对某些腐蚀性介质具有耐腐蚀性。通常的不锈钢一般多为单相组织：铁素体不锈钢，如 0Cr13、1Cr17 等；马氏体不锈钢，如 1Cr13、2Cr13 等；奥氏体不锈钢如 0Cr18Ni9、0Cr18Ni9Ti、00Cr18Ni10 等(又常称为 18-8 型奥氏体不锈钢)。其中，奥氏体不锈钢应用较广泛，因为这类钢不但能抗很多介质(主要是氧化性介质)的腐蚀，而且高温、低温的力学性能均较好，-196℃仍具有相当的塑性和韧性、较好的焊接性。

在实际焊接生产中，这类钢易产生的问题是晶间腐蚀和热裂纹。为此，了解其产生原因，采取适当的措施是很有必要的。

4.3.4.1　晶间腐蚀

在腐蚀介质的作用下，腐蚀由金属表面沿晶界深入金属内部的腐蚀就是晶间腐蚀。晶间腐蚀是一种局部性腐蚀，它将导致晶粒间的结合力丧失，材料或焊接接头强度急剧下降，甚至造成破坏。

(1) 晶间腐蚀产生的原因。奥氏体不锈钢产生晶间腐蚀的原因有多种解释，其中关于在晶界附近形成“贫铬”现象(见图 4-48)的解释是比较有说服力的。

18-8 型奥氏体不锈钢中的碳在常温下是以过饱和状态存在于其中的，含碳量一般平均 0.10%左右，上限可达 0.25%，下限也为 0.03%(超低碳奥氏体不锈钢)，而碳的溶解值只有 0.02%。在焊接热的作用下过饱和的碳就会在晶界处析出，并与铬结合形成碳化铬，如

$Cr_{23}C_6$ 等。碳化铬中铬的含量很高，远远超出 18-8 型钢中铬的含量(要求铬的含量在 12%以上)，因此使得碳化铬析出的晶界处附近，形成了铬的含量下降，当铬的含量降到不锈钢所需最低含量(12%)以下时，则产生了贫铬现象。在晶界处产生的贫铬现象会加速腐蚀，进而发生了晶间腐蚀。

(2) 影响晶间腐蚀产生的因素。由贫铬现象的分析可知，在晶界处化学成分的重新分布是影响晶间腐蚀的因素之一。温度和时间是晶间腐蚀产生的另外两个影响因素。

温度较高时，碳可以扩散到晶界附近，有碳化铬化合物析出，而铬的扩散速度不如碳快，不能补充晶界处的铬，因此产生了晶间腐蚀。而温度较低时，碳原子不能扩散，也就不存在碳化物在晶界的析出，也就不会产生晶间腐蚀。但温度过高时(如超过 1000℃)，碳化物不稳定，析出来也会重新溶入奥氏体中去，不会造成晶间贫铬。可见，18-8 型奥氏体不锈钢只有在一定的温度范围内受热时，才能产生晶间贫铬现象，称这个最容易产生晶间腐蚀的温度区间为敏化温度区。焊接接头的敏化温度区为 450~1000℃，其中最为敏感的温度范围为 600~650℃。晶界贫铬与温度、时间的关系，如图 4-49 所示。

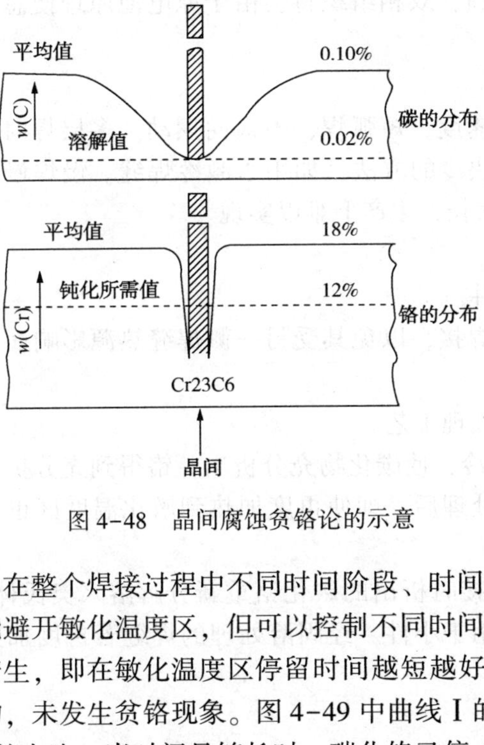

图 4-48 晶间腐蚀贫铬论的示意

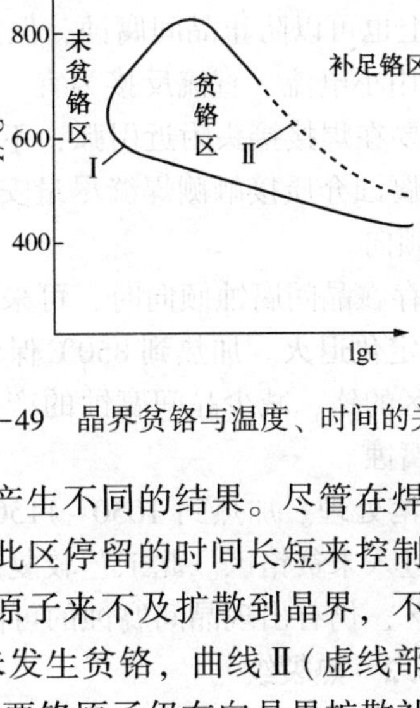

图 4-49 晶界贫铬与温度、时间的关系

在整个焊接过程中不同时间阶段、时间长短，会产生不同的结果。尽管在焊接过程中不能避开敏化温度区，但可以控制不同时间阶段和在此区停留的时间长短来控制晶间腐蚀的产生，即在敏化温度区停留时间越短越好，使得碳原子来不及扩散到晶界，不能形成碳化物，未发生贫铬现象。图 4-49 中曲线Ⅰ的左上方未发生贫铬，曲线Ⅱ(虚线部分是假设的)的右边，当时间足够长时，碳化铬已停止析出，只要铬原子仍在向晶界扩散补充，随时间增长晶界处铬的含量就会回升，从而消除曾产生的贫铬现象。由曲线Ⅰ、Ⅱ所包围的区域为贫铬区。

(3) 预防晶间腐蚀的措施。

① 控制焊缝的化学成分。

a. 控制焊缝的含碳量使之低于 0.08%(低碳)或低于 0.03%(超低碳)，减少形成碳化铬的条件，这是控制焊缝化学成分的有效措施。如选择母材为 0Cr18Ni9Ti、00Cr18Ni10 等，前者为低碳不锈钢，后者为超低碳不锈钢；选择焊接材料为焊条 E0-19-10-XX 和 E00-19-10-XX 等，前者为低碳(不大于0.08%)的不锈钢焊条，后者为超低碳(不大于0.3%)的不锈钢焊条。

b. 添加稳定化元素在被焊母材和焊接材料中，加入钛(Ti)、铌(Nb)等元素，使碳与这些合金元素优先形成碳化物析出，起到稳定奥氏体内铬含量的作用，避免贫铬，这些加入元素称为稳定剂，它们相当于代替了铬与碳结合，所以这种方法称为加稳定剂法，又称为替铬法。其中钛元素的效果最好。稳定剂可通过母材加入，如0Cr18Ni9Ti，这类18-8型钢为稳定型；也可以通过焊接材料加入，如焊条 E0-19-10-Nb-XX 等。

c. 双相组织法。对于某些腐蚀介质来说，最经济的措施是使焊缝中形成少量δ铁素体组织，与奥氏体一起呈现双相组织，可以提高抗晶间腐蚀的能力。这是因为铬在铁素体中溶解度大、扩散能力强，在有铁素体的地方，形成碳化铬时铬原子主要来自铁素体，使奥氏体晶粒内的铬含量很少降低，不至于贫铬。所以在有铁素体的地方就会有堵塞腐蚀通道，并延伸总通道长度，使腐蚀不能沿奥氏体晶界由表面向内部发展。但铁素体的含量不能太高，一般控制在5%~10%。铁素体组织含量过高，双相组织将会由于原电池原理使总抗腐蚀能力下降，力学性能也要降低。

② 从焊接工艺着手。

a. 以快焊快冷为原则，尽量采用大的焊接速度，短弧焊，不横向摆动。多层焊时，层间要完全冷却后再焊接下一层，允许采用焊后快冷的方法，如用水激冷焊缝。慢焊慢冷虽然从理论上也可以防止晶间腐蚀，但需要时间太长，生产上难以实现。

b. 采用小电流、直流反接为宜。

c. 不要在焊接接头附近引弧，不要敲打工件。

d. 与腐蚀介质接触侧焊缝尽量安排在最后焊接，以免其受另一侧焊缝热源影响而增大晶间腐蚀倾向。

e. 当存在晶间腐蚀倾向时，可采用焊后热处理工艺。

③ 稳定化退火。加热到850℃保温2h后空冷，使碳化物充分析出，铬得到充分扩散以补充贫铬区的铬，减少晶间腐蚀的产生。这样处理后，即使再度加热到敏化温度区也不会出现晶间腐蚀。

④ 固溶处理。加热到1050~1150℃，使焊接时析出的碳化铬重新分解溶入奥氏体内，经淬火即进入未贫铬区。此工艺较复杂，仅适用于小件。经固溶处理的焊缝若再度加热到敏化温度区，仍有出现晶间腐蚀的可能。

4.3.4.2 热裂纹

(1) 热裂纹产生的原因。

① 低熔点共晶体的存在是产生热裂纹的主要原因。奥氏体不锈钢中的镍等元素及钢中的有害元素硫、磷，都是生成低熔点共晶的合金元素，如生成的 $Ni+Ni_3S_2$ 共晶的熔点为645℃，$Ni+Ni_3P$ 共晶的熔点为880℃。当产生低熔点共晶并形成高温下的液态膜层，其熔池金属已由液相转变为固相时，是产生热裂纹的危险时刻。若焊接接头承受一定的拉应力，则液态膜层很可能就是热裂纹产生的裂纹源，直到扩展成热裂纹。

② 18-8型奥氏体不锈钢导热系数小，仅为低碳钢的1/3；线胀系数大，为低碳钢的

1.5 倍。这在焊接过程中延长了焊缝金属在高温区停留的时间，增加了热裂纹产生的时机，而且焊接变形大，易产生较大的焊接残余应力，不能承受较大的塑性拉伸应变。

（2）预防焊接热裂纹的措施。

① 严格限制焊缝中的硫、磷等有害元素的含量。

② 控制焊缝成分，使其形成由奥氏体与铁素体组成的双相组织，并控制铁素体的含量不宜过高，可参考预防晶间腐蚀的双相组织法。这时的双相组织焊缝具有较高的抗裂性。

③ 选用碱性焊接材料，低线能量，快焊快冷，防止过热。

④ 尽量减少焊接残余应力。注意正确的焊接结构，选择减少焊缝金属充填量的坡口形式。

4.3.5　铝及铝合金的焊接

铝及铝合金具有较好的耐腐蚀性能，而且低温性能也较好，常用于压力较低的换热装备和储存装备。铝很活泼，在空气中就会与氧结合，在表面生成一层致密的 Al_2O_3 薄膜，可防止硝酸、乙酸的腐蚀，但在碱类和含有氯离子的盐类溶液中，Al_2O_3 薄膜很容易被破坏，引起纯铝的强烈腐蚀。在铝中加入铜、镁、锰等合金元素，可获得不同性能的合金。工业纯铝有 L1、L2、L3 等；防锈铝合金有 LF1、LF2、LF3 等，其强度适中，塑性、耐腐蚀性好，是目前铝合金焊接结构中应用最广的。

4.3.5.1　铝及铝合金的焊接特点

（1）铝的氧化能力强，在焊接过程中，已形成的 Al_2O_3 薄膜，熔点高（达 2050℃）、密度大，会阻碍金属之间的互相结合，而且不熔化，很容易造成焊缝的未熔合、夹渣、气孔等缺陷。

（2）铝及铝合金的导热系数[W/(m·℃)]、比热容[J/(kg·℃)]等都很大（比钢大一倍多），在焊接过程中大量的热能迅速传播，因此焊接铝及铝合金要比钢消耗更多的热能，应选择能量大、集中的大功率热源。

（3）铝及铝合金焊接接头中气孔是较容易产生的缺陷。氢是熔化焊时产生气孔的主要因素。铝及铝合金液体在高温下很容易吸收大量气体，焊接后冷却凝固过程中来不及析出，而聚集在焊缝中形成气孔。

（4）铝及铝合金的热裂纹倾向性大。其线膨胀系数约为钢的两倍，凝固收缩时的体积收缩率达 6.5%左右，焊接时由于过大的内应力而在脆性温度区间内产生热裂纹，这是铝合金尤其是高强铝合金焊接时最常见的严重缺陷之一。

4.3.5.2　铝及铝合金的焊接

（1）焊前必须认真清理铝及铝合金与焊接材料表面的氧化物及污物，并防止焊接过程中再氧化。对焊接全过程进行有效保护，这是最行之有效的预防措施，既可防止氧化，又能减少气孔等缺陷的产生。

（2）钨极氩弧焊、熔化极氩弧焊是焊接铝及铝合金的较好焊接方法，其热量集中，氩气保护效果较好，可获得满意的焊接接头。

（3）注意焊接材料要烘干，并要严格保管、发放，这是预防空气、水蒸气入侵，预防氢气孔的重要工艺内容。

(4) 铝及铝合金在高温焊接时强度很低，液态金属及附近金属容易塌陷。为了保证焊透而又不致塌陷，焊接时常采用垫板托住熔化金属及附近金属，垫板可用石墨、钢材制成。

4.3.6 钛及钛合金的焊接

钛(Ti)有“第三金属”之称，原子序数22、原子量47.9，位于元素周期表第4周期第ⅣB族。熔点1668℃、密度4.51g/cm^3(约为铁的一半)。在退火状态下工业纯钛的抗拉强度为350~700MPa，延伸率为20%~30%，冷弯角为80°~130°。

钛合金的最大优点是比强度(抗拉强度/密度)大，有的钛合金甚至超过钢，而且有较好的韧性、焊接性，良好的耐腐蚀性。在氧化性、中性及有氯离子的介质中，其耐腐蚀性均优于不锈钢，甚至超过1Cr18Ni9Ti钢的10倍。在还原性介质如稀盐酸和稀硫酸中，钛的耐腐蚀性较差，但经过氮化处理后，耐腐蚀性大大提高。钛在高温和低温下都具有良好的性能，例如，铝在150℃、不锈钢在310℃时就会失去原有的性能，而钛在550℃时，性能还保持不变。钛在超低温下(如-253℃)也能保持良好的性能。

钛的塑性好但强度较低，弹性模数较小，在许多情况下，用增加构件的截面积来保证结构的足够刚度，为提高强度和改善其他性能，往往需要加入合金元素。

4.3.6.1 钛及钛合金的分类

按生产工艺可将钛合金分为变形钛合金、铸造钛合金和粉末钛合金，变形钛合金应用较广泛；按性能和用途可分为结构钛合金、耐热钛合金、耐蚀钛合金和低温钛合金等。

中国现行标准按钛合金退火状态的室温平衡组织分为α钛合金、β钛合金和$\alpha+\beta$钛合金三类，分别用TA、TB和TC表示，如TA2、TA7、TB2、TC4、TC10分别为其代表。

4.3.6.2 钛及钛合金的焊接特点

(1) 钛的化学性能非常活泼。钛在常温下能与氧生成致密的氧化膜而保持高的稳定性和耐腐蚀性，在540℃以上生成的氧化膜则不致密。钛在300℃以上即可快速吸氢，600℃以上快速吸氧，700℃以上快速吸氮。氢可以导致钛的塑性、韧性降低，随着含氢量的增加，焊缝金属的冲击韧性急剧下降，甚至脆裂。一般来说，焊缝中氧、氮含量增加也是不利的。另外，钛易与碳形成硬而脆的TiC，易引起裂纹。

(2) 钛的熔点高(1668℃)，焊接时需要较高温度的热源。钛的导热性差，焊接接头易产生晶粒长大倾向(特别是β钛合金)；钛容易过热，使接头塑性降低。

(3) 钛的弹性模量是钢的一半，焊接后变形较大，而且校正较困难。

4.3.6.3 钛及钛合金的焊接

(1) 不宜采用气焊、焊条电弧焊，应采用惰性气体保护焊(如氩气保护电弧焊)、真空电子束焊等，而且在焊接前就进入保护状态，注意焊接接头周围的保护。

(2) 焊接前必须对钛及钛合金的表面进行严格清理，如表面除油、除锈等污物，机械打磨等，且在处理后及时焊接。

(3) 在整个焊接工艺过程中，严格防止铁离子对焊缝的污染，否则会使焊接接头性能变坏。在利用钢、铁制的工具、夹具等辅助装备时，严禁与坡口处接触。

(4) 钛及钛合金的切割下料宜采用机械加工方法，当采用氧气-乙炔火焰切割下料时，最好下料后进行表面处理。

(5) 尽量选用低的焊接线能量。多道焊时，注意冷却后再焊下一道焊缝以防过热。

4.3.7 异种金属的焊接

异种金属的焊接是指将两种(或两种以上)不同的金属材料通过焊接手段使它们形成焊接接头的过程。由于异种材料焊接的种类繁多，性能差别可能很大等，使得异种金属的焊接问题很复杂，这里结合实例介绍如下。

4.3.7.1 熔合比、稀释率

异种金属焊接时，通常以熔敷的焊接材料的化学成分作为焊缝金属的基本成分，而将融入的母材引起焊缝中合金元素所占比例的变化视为"稀释"。稀释的程度取决于焊缝金属的熔合比。熔合比即母材金属在焊缝金属中所占的百分比。熔合比高时，稀释的程度大，反之则稀释的程度小。图 4-50 说明了稀释率的计算方法，图中 B 和(B_1+B_2)分别为两种情况下的熔合比。如果母材 1(B_1)和母材 2(B_2)是异种金属，则两种母材的稀释率可分别按照图 4-50(b)计算。其他接头形式和不同焊缝形状的熔合比、稀释率的计算与上述计算同理。在许多情况下，熔合比的数值与稀释率的数值是相同的。

$$\text{稀释率}=\frac{B}{B+W}\times100\% \tag{4-15}$$

$$\text{母材 1 引起的稀释率}=\frac{B_1}{B_1+B_2+W}\times100\% \tag{4-16}$$

$$\text{母材 2 引起的稀释率}=\frac{B_2}{B_1+B_2+W}\times100\% \tag{4-17}$$

式中，W 为焊缝金属中，熔敷焊接材料所占百分比,%；B 为焊缝金属中，母材所占百分比,%；B_1 为焊缝金属中，母材 1 所占百分比,%；B_2 为焊缝金属中，母材 2 所占百分比,%。

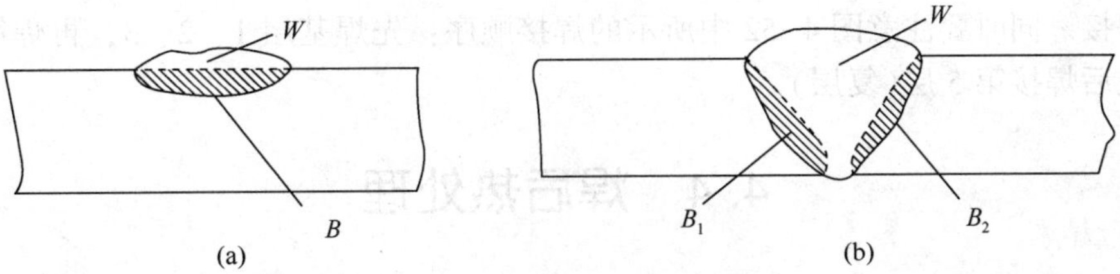

图 4-50 焊缝金属的稀释率

4.3.7.2 异种金属的焊接特点

异种金属焊接时，焊缝金属与母材热影响区金属之间没有明显的界线，而是形成了一个化学成分既不同于焊缝金属又不同于母材的过渡层。当焊缝金属与母材金属化学成分差别很大时，过渡层不易充分混合，过渡层明显，其各部位的性能将对焊接接头的整体性能有重要影响。虽然过渡层的厚度极小，在焊缝金属总量中通常只占 1%左右，但它对接头性能的影响却是不容忽视的。熔合比或稀释率高时，过渡层更明显。

4.3.7.3 异种钢的焊接

奥氏体不锈钢与低碳钢、普低钢的焊接是装备制造中异种钢焊接的典型例子，很普遍。

例如，0Cr18Ni9Ti 钢板与 Q235 钢板的对接(见图 4-51)，复层为 0Cr18Ni9Ti，基层为 Q235 的复合钢板的焊接(见图 4-52)等。

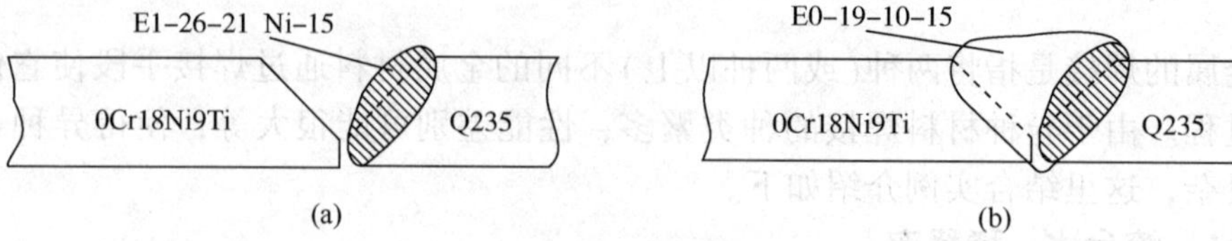

图 4-51　异种钢对接焊接过渡层

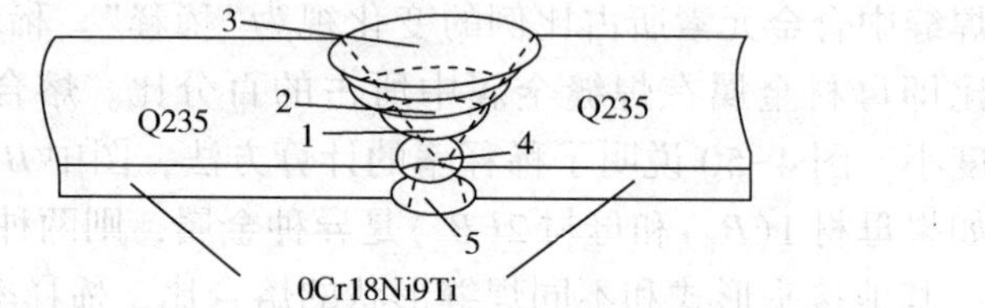

图 4-52　复合钢板焊接顺序

(1) 焊接前首先要分析考虑过渡层金属的化学成分、性能，应满足实际生产条件的要求，如图 4-51 所示对接异种钢焊接的焊缝，通常要保证其 0Cr18Ni9Ti 母材的耐腐蚀性要求，而要同时保证两种母材的性能要求是较困难的。

(2) 过渡层的焊接，为保证焊缝的耐腐蚀性要求，第一步选用高 Cr 高 Ni 的焊条焊接 Q235 一侧以减少 Q235 对过渡层的稀释，如图 4-51(a)所示选用 E1-26-21Ni-15 焊条焊接，形成过渡层后，再如图(b)所示选用 E0-19-10-15 焊条焊接整个焊缝，使焊缝中 Cr、Ni 的含量保证在 13%和 8%左右，以与母材 0Cr18Ni9Ti 相近，从而达到焊缝的耐腐蚀性要求。可见，过渡层的焊接关键是过渡层焊接材料的选择问题。

(3) 对复层为 0Cr18Ni9Ti，基层为 Q235 的复合钢板焊接，与对接相同的是过渡层(第 4 道焊缝)焊接。同时要注意图 4-52 中所示的焊接顺序：先焊基层 1、2、3，再焊第 4 层(过渡层)，最后焊接第 5 层(复层)。

4.4　焊后热处理

焊后热处理是装备制造尤其是压力容器制造中非常重要的工序，它是保证装备的质量、提高装备的安全可靠性、延长装备寿命的重要工艺措施。焊后热处理是将焊接装备的整体或局部均匀加热至金属材料相变点以下的温度范围内，保持一定的时间，然后均匀冷却的过程。

4.4.1　目的和规范

4.4.1.1　焊后热处理的目的

(1) 松弛焊接残余应力。通过焊后热处理可以降低松弛焊接残余应力。焊后热处理可使焊接残余应力在加热过程中随着材料屈服点的降低而降低，当达到焊后热处理温度后，就削弱到该温度的材料屈服点以下。在高温过程中，由于蠕变现象(高温松弛)，焊接残余应力得以充分松弛、降低。对于高温强度低的钢材及焊接接头，焊接残余应力的松弛主要是加热温度、加热过程的作用，而对于高温强度高的钢材及焊接接头，保温时间、保温过程的作用却相当重要。

焊接残余应力的降低，加热温度起很大作用，如果降低加热温度，即使延长保温时间效果也不大。由于冷却过程中产生热应力，因而使冷却后的残余应力值增大，该值取决于焊接结构的形状、尺寸以及进行焊后热处理过程中从保温温度冷却到常温时的条件。如果对于结构件的形状及最大厚度与最小厚度之比缺乏充分考虑，尤其是对于低温区的缓冷及降低出炉温度有所疏忽，那么将再次产生相当大的焊接残余应力。

(2) 稳定结构形状和尺寸。为稳定结构件的形状和尺寸，需要充分松弛残余应力和防止应力的再产生。因此，在注意加热温度和保温时间的同时，还必须注意要采用足够低的冷却速度(以降低结构件内部的温差)和出炉温度。

(3) 改善母材、焊接接头和结构件的性能。

① 软化焊接热影响区。焊后热处理对于因焊接而被硬化及脆化的热影响区有着复杂的影响。一般情况下，焊后热处理的温度越高、保温时间越长，热影响区就越容易软化。但应注意，在不同的焊后热处理条件下，有时可能达不到应有的软化效果，有时又可能过于软化，而不能保证所规定的强度。

② 提高焊缝的延性。对于焊接后延性不良的焊缝金属，可以通过焊后热处理得到改善。

③ 提高断裂韧性。在防止脆性断裂方面，焊后热处理可以使焊接残余应力得到松弛和重新分布，从而减轻其有害影响，同时还有提高(或恢复)母材、热影响区、焊缝金属断裂韧性的效果。但是对于淬火、回火的调质高强钢等材料，采用焊后热处理有时会使其失去调质效果因而降低断裂韧性，某些钢材甚至出现相反效果，对此应予以注意。

④ 有利于焊接接头(焊缝区、热影响区)的氢等有害气体扩散、逸出。

⑤ 提高蠕变性能，在各种腐蚀介质中的耐腐蚀性能、抗疲劳性能等。

4.4.1.2 焊后热处理规范

(1) 加热温度。是焊后热处理规范中最主要的工艺参数，通常在金属材料的相变温度以下，低于调质钢的回火温度 30~40℃，同时要考虑避开钢材产生再热裂纹的敏感温度。但加热温度也不能太低，要考虑消除焊接残余应力、软化热影响区及扩散氢逸出的效应(详见表 4-59)。

(2) 保温时间。一般以工件厚度来选取(详见表 4-59)。焊件保温期间，加热区内最高与最低温差不宜大于 65℃。

(3) 升温速度。要考虑焊件温度均匀上升，尤其是厚件和形状复杂构件应注意缓慢升温。升温速度慢使生产周期加长，有时也会影响焊接接头性能。焊件升温至 400℃后，加热区升温速度不得超过 $5000/\delta$℃/h(δ 为厚度，mm)，且不得超过 200℃/h，最小可为50℃/h。升温期间，加热区内任意长度为 5000mm 内的温差不得大于 120℃。

(4) 冷却速度。冷却速度过快会造成焊件过大的内应力，甚至产生裂纹，同时也会影响性能，应加以控制。当焊件温度高于 400℃时，加热区降温速度不得超过 $6500/\delta$℃/h，且不得超过 260℃/h，最小可为 50℃/h。

（5）进、出炉温度。过高则与加热、冷却速度过快产生相似的结果。焊件进炉时，炉内温度不得高于400℃。焊件出炉时，炉温不得高于400℃，出炉后应在静止的空气中冷却。

常用钢号焊后热处理推荐规范见表4-59（详见JB/T 4709—2007《压力容器焊接规范》）。

表4-59　常用钢号焊后热处理推荐规范

<table>
<tr><th rowspan="2">钢号</th><th colspan="2">需焊后热处理的厚度δ/mm</th><th colspan="2">焊后热处理温度/℃</th><th rowspan="2">回火最短保温时间/h</th></tr>
<tr><th>焊前不预热</th><th>焊前预热100℃以上</th><th>电弧焊</th><th>电渣焊</th></tr>
<tr><td>Q235-A·F，Q235-A，10，20，20R，25</td><td>>34</td><td>>38</td><td>580~620回火</td><td>900~930正火
580~620回火</td><td rowspan="7">① 当厚度 $\delta \leqslant 50$mm 时为 $\frac{\delta}{25}$(h)，但最短时间不少于 $\frac{1}{4}$h
② 当厚度 $\delta > 50$mm 时，为 $\frac{150+\delta}{100}$(h)</td></tr>
<tr><td>09Mn2VD
09Mn2VDR
06MnNbDR</td><td>—</td><td>—</td><td>580~620回火</td><td>900~930正火
580~620回火</td></tr>
<tr><td>Q345，Q345R
Q345D，Q345DR</td><td>>30</td><td>>34</td><td>580~620回火</td><td>900~930正火
580~620回火</td></tr>
<tr><td>15MnV，15MnVR</td><td>>28</td><td>>32</td><td>540~580回火</td><td>900~930正火
540~580回火</td></tr>
<tr><td>20MnMo</td><td>—</td><td>—</td><td>580~620回火</td><td>—</td></tr>
<tr><td>15MnVNR</td><td>—</td><td>—</td><td>540~580回火</td><td>900~930正火
540~580回火</td></tr>
<tr><td>15MnMoV
18MnMoNbR
20MnMoNb</td><td>—</td><td>任意厚度</td><td>600~650回火</td><td>950~980正火
600~650回火</td></tr>
<tr><td>12CrMo</td><td>—</td><td>任意厚度</td><td>600~680回火</td><td>890~950正火
600~680回火</td><td rowspan="2">① 当厚度 $\delta \leqslant 125$mm 时为 $\frac{\delta}{25}$(h)，但最短时间不少于 $\frac{1}{4}$h
② 当厚度 $\delta > 125$mm 时，为 $\frac{375+\delta}{100}$(h)</td></tr>
<tr><td>15CrMo
15CrMoR</td><td>—</td><td>任意厚度</td><td>600~680回火</td><td>890~950正火
600~680回火</td></tr>
</table>

4.4.2　焊后热处理方法

4.4.2.1　炉内整体热处理

焊后热处理在条件允许的情况下应当优先采用炉内整体加热处理的方法。其优点是被处理的焊接构件、容器温度均匀，比较容易控制，因而残余应力的消除和焊接接头性能的改善都较为有效，并且热损失少。但需要有较大的加热炉，投资较大。

4.4.2.2　炉内分段加热处理

当被处理的焊接构件、容器等装备体积较大，不能整体进炉时，或者装备上局部区域不宜加热处理，否则会引起有害影响时，可以在加热炉内分段或局部热处理。分段热处理时，其重复加热长度应不小于1500mm。炉内部分的操作应符合上述焊后热处理规范，炉外部分应采取保温措施，使温度梯度不致影响材料的组织和性能。

例如，B、C、D类焊接接头，球形封头与圆筒相连的A类焊接接头以及缺陷补焊部位，允许采用局部热处理方法。

炉内的加热燃料有工业煤气、天然气、液化石油气、柴油、电等。

4.4.2.3　炉外加热处理

当被处理的装备过大，或由于其他各种原因不能进行炉内热处理时，只能在炉外进行热处理。炉外加热的方法有工频感应加热法、电阻加热法、红外线加热法、内部燃烧加热法。

炉外加热处理也有整体加热处理和分段或局部加热处理之分。

（1）炉外整体焊后热处理。是对不能进入加热炉的大型装备（如大型球形储罐等），在安装现场组焊后，将其整体加热、保温而进行的热处理。这种方法已有较多的应用。由于是大型装备且在现场进行热处理，所以采用这种方法时，对于满足具体的热处理工艺要求，如均匀加热、保温、温度测量、管理、热膨胀对策、安全措施等有一定的困难，因此一定要严格实施工艺要求和管理，并且注意以下几个问题。

① 由于把底座上面的装备整体加热，考虑到热胀冷缩产生的变形和热应力，必须防止其对本体结构、支撑结构、底座等产生不利影响。

② 由于是对大型装备进行加热，采用的热源，均匀加热所需的循环、搅拌装置以及炉外产生的热量等问题都应特别注意其安全保护措施。

③ 为提高热效率和保证温度均匀，对大型装备必须有良好的隔热保温措施。为防止像支柱一类的支撑结构的热传递引起的不利后果（如温度不均等），要注意对这些结构的保温处理。

④ 整体炉外焊后热处理与整体炉内焊后热处理相比较，要做到均匀加热比较困难，为确认整个装备的加热工艺情况是否达到工艺要求，应注意有足够数量且正确配置的温度检测设备，以保证热处理效果。

（2）炉外局部焊后热处理。主要是对装备的局部，如焊接区域、修补焊接区域或易产生较大应力、变形的部位进行局部加热，由于温度分布的不均匀，总的说来是很难取得整体焊后热处理的效果，但又因为其操作工艺相对简单方便，不需要大型加热设备，只要适当注意加热范围、加热温度及保温方法等工艺内容，故实际生产中仍有较多的应用。炉外局部焊后热处理应注意以下几个问题。

① 局部加热由于温度的分布不均匀、温度梯度较大而容易产生较大的热应力，为了尽量减少这种热应力造成的不利影响，加热的范围可以考虑尽量对称，如容器筒体或管子的整个焊接区圆周以环形带状加热器进行焊后热处理，在ASME等规程中已规定了这种方法。HG 20584—2011《钢制化工容器制造技术要求》中规定：接管、附件等与壳体的连接焊缝或

补焊焊缝的加热带宽度应至少包括焊缝边缘外侧6倍壳体壁厚宽度，形成连续环形的加热带。

② 容器环焊缝的加热带宽度应至少包括焊缝边缘两侧各3倍壁厚的宽度，管子对接焊者为2倍。

③ 尽量减少加热区与非加热区之间的温度梯度差，温度梯度过大时，则可能产生残余应力和变形。加热温度不宜过高，适当放慢加热速度和冷却速度。纵焊缝或复杂部件的焊缝宜在容器组焊前进行整体热处理。

④ 保温期间应控制加热带中央相当其一半宽度的范围内的温度达到规定的保温温度和允许的温度偏差。同时，在加热带边缘测得的温度应不低于保温温度的1/2。为此，应在加热带外和/或焊缝内侧设置足够宽度的保温带，以防止有害的温度梯度。保温带的宽度一般应为加热带宽度的1倍以上。

⑤ 当采用热电偶测温时，安排好热电偶安装的位置、数量以及与被测表面接触良好，是保证焊后热处理效果的重要条件。

4.4.3 钢制压力容器应焊后热处理条件

钢制压力容器是进行焊后热处理的典型装备。压力容器用钢板厚度大小、材质的不同，容器接触各种腐蚀性介质，钢板所具备的冷、热加工工艺性能、焊接性的不同等诸多因素，都会在不同程度上造成装备或焊接接头的内部产生残余应力、变形或其他性能变化，为此各国都对压力容器的焊后热处理做出了具体的规定，GB/T 150—2011《压力容器》中也提出了相应的要求。

(1) 容器及其受压元件符合下列条件之一者，应进行焊后热处理。

① 钢材厚度 δ_s 符合以下条件者应进行焊后热处理。碳素钢、07MnCrMoVR厚度大于32mm（如焊前预热100℃以上时，厚度大于38mm）；Q345R及Q345厚度大于30mm（如焊前预热100℃以上时，厚度大于34mm）；15MnVR及15MnV厚度大于28mm（如焊前预热100℃以上时，厚度大于32mm）；任意厚度的15MnVNR、18MnMoNbR、13MnNiMoNbR、15CrMoR、14Cr1MoR、12Cr2Mo1R、20MnMo、20MnMoNb、15CrMo、12Cr1MoV、12Cr2Mo1和1Cr5Mo。

对于钢材厚度 δ_s 不同的焊接接头，上述厚度按薄者考虑；对于异种钢材的焊接接头，按热处理要求严者确定。除图样另有规定，奥氏体不锈钢的焊接接头可不进行热处理。

② 图样注明盛装毒性为极度或高度危害介质的容器。

③ 图样注明有应力腐蚀的容器，如盛装液化石油气、液氨等的容器。

(2) 冷成形或中温成形的受压元件，凡符合下列条件之一者应于成形后进行热处理。

① 圆筒钢材厚度 δ_s，符合以下条件者成形后应进行热处理。碳素钢、Q345R的厚度不小于圆筒内径 D_i 的3%；其他低合金钢的厚度不小于圆筒内径 D_i 的2.5%。

② 冷成形封头应进行热处理。当制造单位确保成形后的材料性能符合设计、使用要求时，不受此限。

除图样另有规定，冷成形的奥氏体不锈钢封头可不进行热处理。

③ 需要焊后进行消氢处理的容器如免做消氢处理，则焊后应随即进行焊后热处理。

④ 改善材料力学性能的热处理，应根据图样要求所制定的热处理工艺进行。母材的热处理试板与容器(或受压元件)同炉热处理。

当材料供货与使用的热处理状态一致时，则整个制造过程中不得破坏供货时的热处理状态，否则应重新进行热处理。

思考题

4-1　举例说明 GB 150《钢制压力容器》中，根据压力容器主要受压部分的焊接接头位置，对焊接接头的分类及其对压力容器制造的实际作用。

4-2　焊接接头的基本形式有几种，在设计制造时应尽量选用哪种形式，为什么？

4-3　为什么焊接接头的“余高”称为“加强高”是错误的？

4-4　以低碳钢为例说明焊接接头在组织、性能上较为薄弱的部位是哪个部位，为什么？

4-5　焊接坡口的形式有几种，选择坡口时主要考虑哪些问题？

4-6　焊条电弧焊的弧焊设备有几种，压力容器壳体焊接时选用哪种，为什么？

4-7　焊条的组成及其作用。解释“E5015”和“J507”的含义。

4-8　焊丝的种类及实芯焊丝的特点与应用。

4-9　焊剂的种类，比较熔炼焊剂与烧结焊剂的各自特点。

4-10　埋弧自动焊焊接 16MnR 钢时，试选择焊丝与焊剂。

4-11　手工钨极氩弧焊时使用的电流有几种，其各自的特点是什么？

4-12　气体保护电弧焊时，使用的保护气体主要有几种，其各自的特点是什么？

4-13　熔化极氩弧焊时，熔滴过渡有几种类型，哪种应用较多，为什么？

4-14　脉冲电流熔化极气电焊的主要优点是什么？

4-15　二氧化碳气体保护焊的特点是什么？在选用焊丝时应注意的问题。

4-16　电渣焊及其焊接特点。

4-17　窄间隙焊及其焊接特点。

4-18　焊接材料选择原则。

4-19　45 钢焊接时应注意的问题。

4-20　熟悉-16Mn、18MnMoNb 钢的焊接工艺措施。

4-21　奥氏体不锈钢(18-8 型钢)焊接的主要问题及预防措施。

4-22　钛及钛合金的焊接特点及其焊接。

4-23　异种钢焊接的特点，0Cr18Ni9Ti 钢与 Q235 钢焊接时，应注意哪些问题？

4-24　压力容器焊后热处理的目的及条件。

4-25　解释下列概念：①焊接线能量；②焊缝形状系数；③焊接冷却时间 $\tau_{8/5}$；④可焊性；⑤TIG、MIG；⑥冷裂纹。

5 典型压力容器

压力容器是过程装备的核心，随着现代生产的需要和科学技术的发展，压力容器的应用领域越来越广，且出现了不少结构不同的压力容器。现对工程上几种典型压力容器如储存容器(球罐)、换热容器(换热器)、超高压容器(热套式、扁平钢带错绕式)，分别简介其各自的结构、特点、制造工艺等。

5.1 管壳式换热器

在炼油、石油化工等过程装备中，几乎所有的工艺过程都有装备为加热、冷却或冷凝过程(统称为传热过程)服务(除加热炉外)，这些装备又统称为冷换设备(习惯上称为换热设备或换热器)。据统计，在各种石油化工厂、炼油厂中，换热设备约占总装备投资的10%~40%；在炼油厂的各工艺装置中，换热设备台数占工艺设备总台数的25%~70%；质量占工艺设备总质量的25%~50%；检修工作量有时可达总检修量的60%~70%。表5-1为几个石油化工典型装置中换热器的数量和所占比重，说明换热设备用量之大。各国对其研究和制造也都非常重视。

表5-1 石油化工典型装置中换热器占有情况①

装置	专用设备		换热器		
	总台数	总质量/t②	台数	质量/t	占总质量的百分数/%
300kt/a 乙烯	273	7469.2	134	1902.43	25.5
45kt/a 丁二烯抽提	58	638.3	32	206.1	32.3
180kt/a 高压聚乙烯	326	1365	62	64	19.3
80kt/a 聚丙烯	318	967.5	93	243.87	25.2
60kt/a 乙二醇	85	1103.7	37	375.4	34.0
100kt/a 加氢制苯	78	734	37	129.38	17.6
2500kt/a 原油常减蒸馏	118		81		69

注：①包括中低压容器、换热器、反应器、炉类、化工机器。

②炉类中不包括耐火材料、炉架质量。

换热设备种类繁多、结构各异，工程上以按结构形式、用途和传热方式三种方法分类最多，其中按结构形式分类的管壳式换热器又称为列管式换热器，是最典型的换热设备，在所有换热器中占有主导地位，无论是产值还是产量都超过半数以上。

管壳式换热器的工业生产有悠久的历史，工艺成熟，经验丰富，生产成本低，选用材料广泛，维修方便，适应性强，处理量大，尤其适于在高温、高压下应用。因此它在与近代出现的各种新型、高效和紧凑式换热器的竞争中仍处于主导地位，同时也是压力容器制造的典型代表。其壳体多以单层卷焊制造。

管壳式换热器结构形式很多，常用的有固定管板式、浮头式及U形管式等。

5.1.1 主要零部件、分类及代号

管壳式换热器主要零部件名称见表5-2，主要部件分类及代号见表5-3。

表5-2 管壳式换热器主要零部件名称

序号	名称	序号	名称	序号	名称
1	平盖	21	吊耳	41	封头管箱(部件)
2	平盖管箱(部件)	22	放气口	42	分程隔板
3	接管法兰	23	椭圆形封头	43	悬挂式支座(部件)
4	管箱法兰	24	浮头法兰	44	膨胀节(部件)
5	固定管板	25	浮头垫片	45	中间挡板
6	壳体法兰	26	无折边球形封头	46	U形换热管
7	防冲板	27	浮头管板	47	内导流筒
8	仪表接口	28	浮头盖(部件)	48	纵向隔板
9	补强圈	29	外头盖(部件)	49	填料
10	壳体(部件)	30	排液口	50	填料函
11	折流板	31	钩圈	51	填料压盖
12	旁路挡板	32	接管	52	浮动管板裙
13	拉杆	33	活动鞍座(部件)	53	部分剪切环
14	定距管	34	换热管	54	活套法兰
15	支持板	35	假管	55	偏心锥壳
16	双头螺栓或螺栓	36	管束(部件)	56	堰板
17	螺母	37	固定鞍座(部件)	57	液面计接口
18	外头盖垫板	38	滑道	58	套环
19	外头盖侧法兰	39	管箱垫片		
20	外头盖法兰	40	管箱短节		

注：序号1~47件可参见图5-1~图5-3，序号48~58件见GB/T 151—2014《热变换器》中图1-3~图1-5。

表 5-3 主要部件的分类及代号

	前端管箱		壳体		后端结构
A	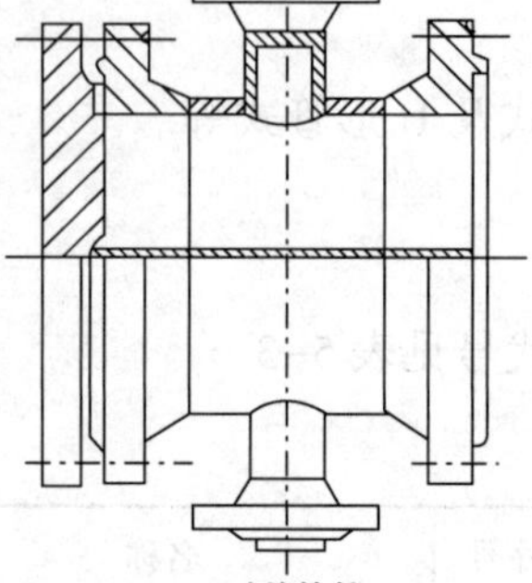 平盖管箱	E	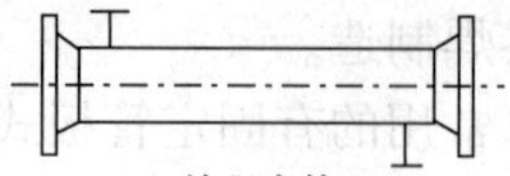 单程壳体	L	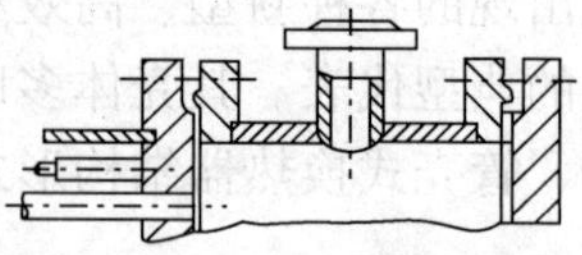 与A相似的固定管板结构
		F	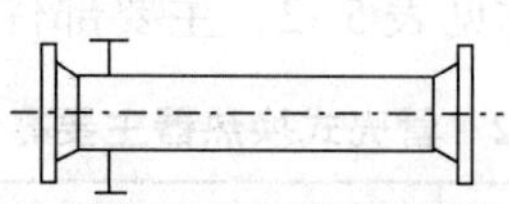 具有纵向隔板的双程壳体	M	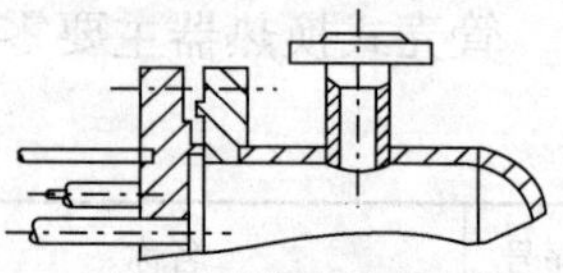 与B相似的固定管板结构
B	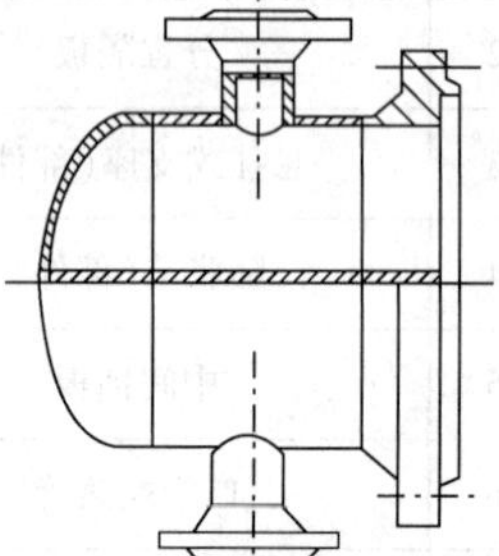 封头管箱	G	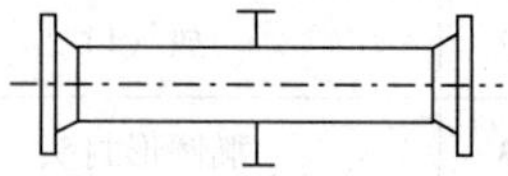 分流壳体	N	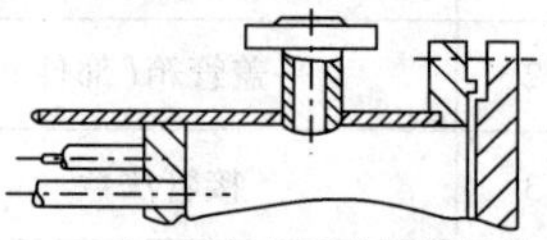 与C相似的固定管板结构
		H	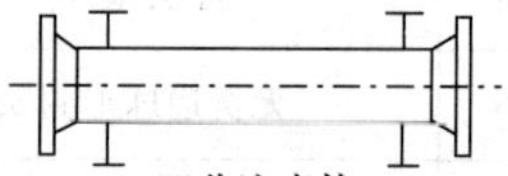 双分流壳体	P	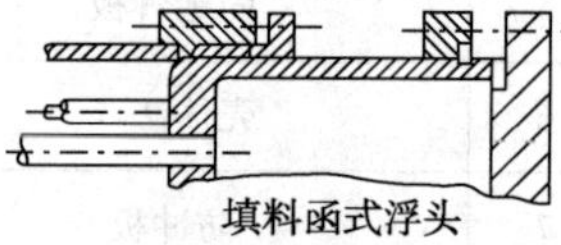 填料函式浮头
C	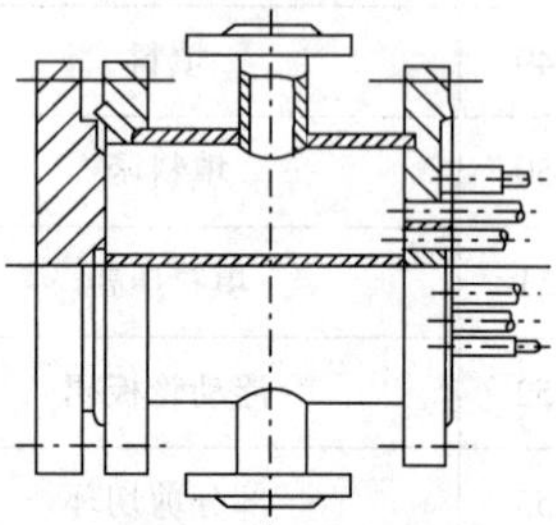 用于可拆管束的与管板制成一体的管箱	I	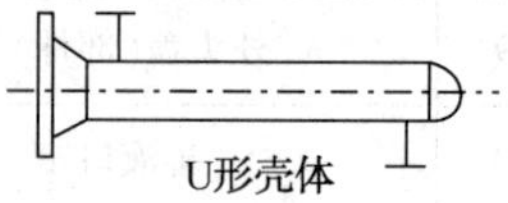 U形壳体	S	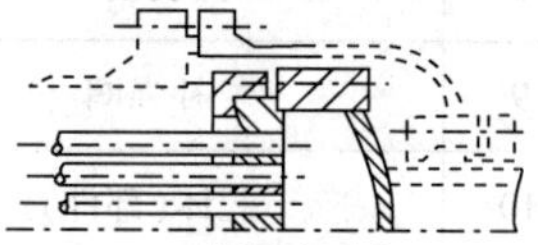 钩圈式浮头
		J	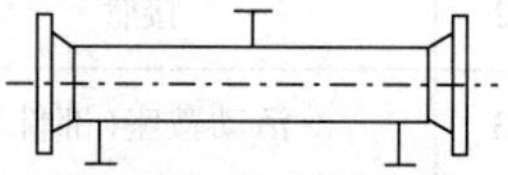 无隔板分流(或冷凝器壳体)	T	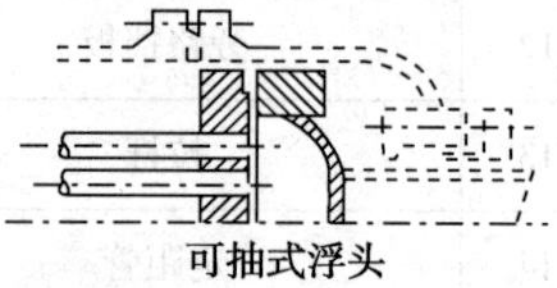 可抽式浮头
	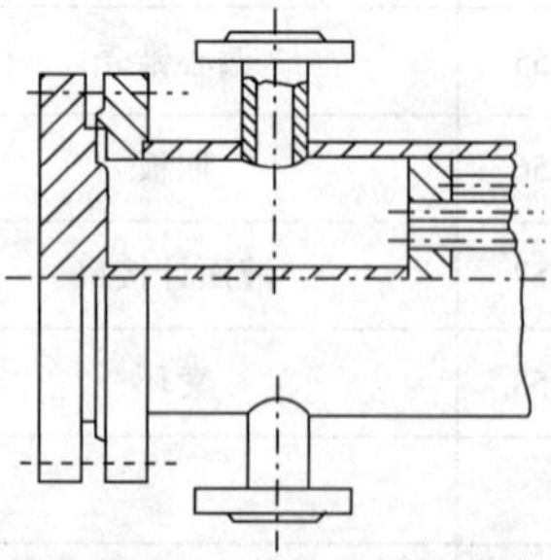 与管板制成一体的固定管板扳箱	K	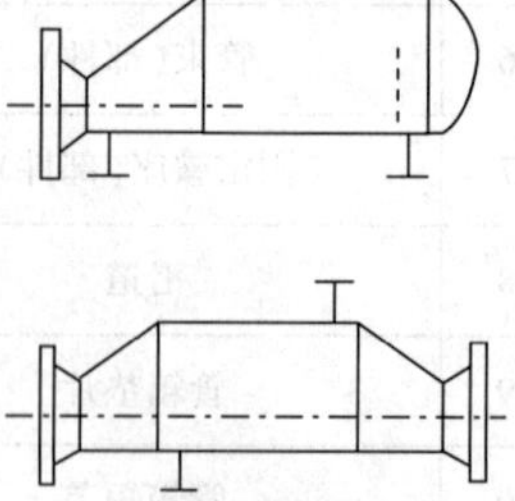 釜式重沸器	U	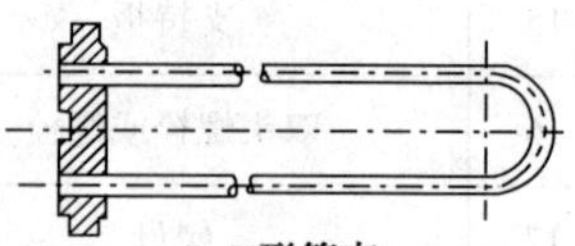 U形管束
				W	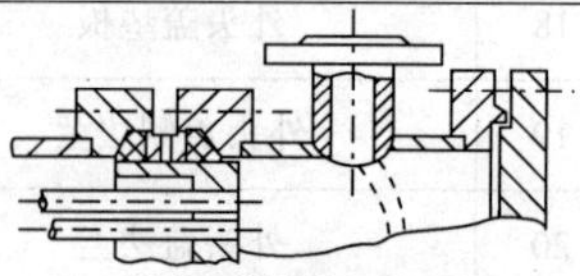 带套环填料函式浮头

关于管壳式换热器，中国已颁布相关标准 GB/T 151—2014《热交换器》，其型号和表示方法如下。

示例

（1）两端可拆平盖管箱，公称直径 500mm，管程和壳程设计压力均为 1.6MPa，公称换热面积 $54m^2$，高精度冷拔换热管外径 25mm，管长 6m，4 管程、单壳程的浮头式换热器的型号为：

$$\mathrm{AES500-1.6-54-\frac{6}{25}-4\ I}$$

（2）一端可拆管箱，公称直径 700mm，管程设计压力 2.5MPa，壳程设计压力 1.6MPa，公称换热面积 $200m^2$，高精度冷拔换热管外径 25mm，管长 9m，4 管程、单壳程的固定管板式换热器的型号为：

$$\mathrm{BEM700-\frac{6}{25}-200-\frac{9}{25}-4\ I}$$

$$\times\times\times DN-\frac{P_t}{P_s}-A-\frac{L}{d}-\frac{N_t}{N_s}\ \mathrm{II}$$（或Ⅱ）Ⅰ级换热器(或Ⅱ级换热器)

管壳程数,单壳程只写N_t

L为公称长度,m;d为换热管外直径,mm

公称换热面积,m^2

管/壳程设计压力,MPa,压力相等时只写P_t

公称直径,mm,对于釜式重沸器用分数表示,分子为管箱内直径,分母为壳体内直径

第一个字母代表前端管箱形式

第二个字母代表壳体形式

第三个字母代表后端结构形式

(见表5-3,见图5-1、图5-3)

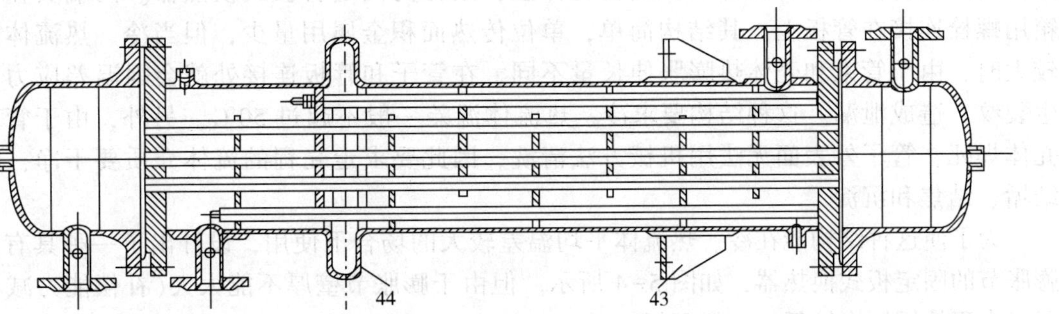

图 5-1　AES、BES 浮头式换热器

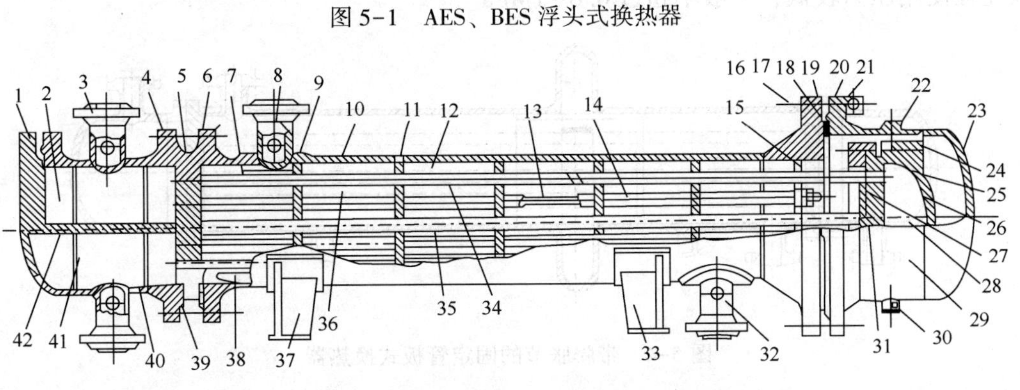

图 5-2　BEM 立式固定管板式换热器

(3)一端可拆管箱，公称直径500mm，管程设计压力4.0MPa，壳程设计压力1.6MPa，公称换热面积75m²，高精度冷拔换热管外径19mm，管长6m，2管程、单壳程的U形管式换热器的型号为：

$$\text{BIU500}-\frac{4.0}{1.6}-75-\frac{6}{19}-2\ \text{I}$$

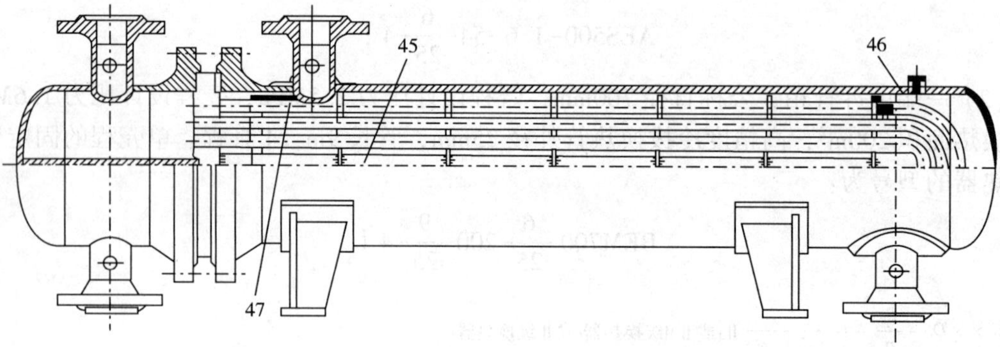

图5-3　BIU U形管式换热器

5.1.2　结构特点与应用

5.1.2.1　固定管板式换热器

如图5-2所示，为管壳式换热器中最基本的一种。它是由一个钢制圆筒形的承压壳体和在壳体内平行装设的许多管束所组成。管束安装在管板上，两块管板又分别被焊在壳体的两端，使所有管束都被固定在壳体上，故称为固定管板式换热器。两端头盖和管箱用螺栓连接在管板上。其结构简单，单位传热面积金属用量少，但当冷、热流体温差较大时，由于管束和壳体热膨胀伸长量不同，在管子和管板连接处就会因温差应力而产生裂纹，造成泄漏。这种结构要求冷、热流体温差一般不超过50℃。另外，由于管束与壳体焊死，管子外表面无法用机械方法清洗，因此要求走壳程的流体介质要干净，不易结垢、结焦和沉淀。

为了使这种结构能在冷、热流体平均温差较大的场合下使用，设计出了一种具有波形膨胀节的固定板式换热器，如图5-4所示。但由于膨胀节壁厚不能太大(补偿能力减小)，所以壳程使用压力较低，一般不超过0.6~1MPa。

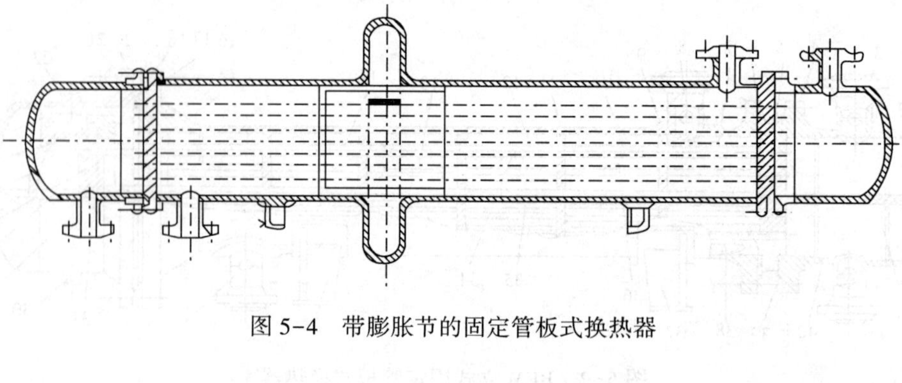

图5-4　带膨胀节的固定管板式换热器

5.1.2.2 浮头式换热器

在各种带温度补偿的换热器中，浮头式结构应用最多。其结构特点是，管板一端被固定，另一端为活动的，可以在壳体内自由地滑动，如图 5-1 所示。能自由滑动的管板与头盖组成一体，称为“浮头”。由于浮头可以随着冷、热流体温差的变化自由伸缩，因而就不会产生温差应力，所以可以用在冷、热流体温差较大的场合。同时，由于浮头直径比外壳内径小，整个管束可以从壳体中拉出，因此管束内外部便于清洗，或更换管子。缺点是结构较复杂，耗材料多，浮头处泄漏不易检查出来。

5.1.2.3 U 形管换热器

U 形管换热器，即将管束全部弯成 U 形，全部管端只连接在一块管板上(见图 5-3)，可以自由膨胀，不会因为管子与壳体间的壁温差而产生温差应力，但要避免管程温度的急剧变化，因为分程隔板两侧的温度差太大会在管板中引起局部应力，同时，U 形管的直管部分的膨胀量不同也会使 U 形部分应力过大。

U 形管换热器管束密封连接少、结构简单；外侧管束可以抽出清洗(但管子内壁 U 形弯头处不易清洗)；只有一块管板而无浮头，所以造价低。其缺点是管内清洗不如直管方便；管板上排列的管子较少；管束中心部位存在较大间距，使得流体易走短路，影响传热效果；由于弯管后管壁会减薄，所以直管部分也必须用厚壁管；各排管子弯管曲率不同、管子长度不同，故物料分布不如直管的均匀；管束中部的内圈 U 形管不能更换，管子堵后报废率大(堵一根 U 形管相当于两根直管)。

U 形管换热器适用于管、壳壁温差较大或管程介质易结垢，需要清洗又不宜采用浮头式或固定管板式的情况。特别适用于管内走清洁而不易结垢的高温、高压和腐蚀性强的物流。

5.1.3 壳体组对焊接的要求与管子管板的连接

管壳式换热器的主要零件制造包括筒节的制造、封头的制造及管子弯曲等，其工艺内容在第 4 章中已分别作了较具体的分析和介绍。管壳式换热器的制造还有一些较突出的工艺内容，如整个承压壳体的组对焊接制造要求；管子和管板的连接方法及工艺；管板加工，折流板加工，管束的制造、装配等。现再对整个壳体组对、焊接的要求和管子与管板的连接，进行介绍，其他制造工艺内容详见 GB/T 151—2014《热交换器》。

5.1.3.1 壳体制造技术要求

GB/T 151—2014《热交换器》中，对圆筒壳体制造的有关技术要求简介如下。

(1) 用板材卷制时，内直径允许偏差可通过外圆周长加以控制。其外圆周长允许上偏差为 10mm，下偏差为零。

(2) 圆筒同一断面上，最大直径与最小直径之差 $e<0.5\%DN$，且 $DN\leqslant 1200$mm 时，其值不大于 5mm；$DN>1200$mm 时，其值不大于 7mm。

(3) 圆筒直线度允许偏差为 $L/1000$(L 为圆筒总长)，且 $L\leqslant 6000$mm 时，其值不大于 4.5mm；$L>6000$mm 时，其值不大于 8mm。

直线度检查，应通过中心线的水平和垂直面，即沿圆周 0°、90°、180°、270°四个部位测量。

另外，关于筒节与封头、筒节与筒节的组对及焊接接头棱角度的技术要求和 GB/T 150—2011《压力容器》(第 4 部分：制造、检验和验收) 中关于壳体制造的相应技术要求参见 6.5 圆筒与壳体。

5.1.3.2 管子与管板连接

钢制管壳式换热器管子与管板的连接方式有胀接、焊接和胀焊连接。

(1) 胀接。将胀管器插入到装配在管板孔里的管口内，加向前轴向力并顺时针旋转，将管子端部胀大变形直至管子端部产生塑性变形，管板孔产生弹性变形，退出胀管器则管子在管板孔弹性变形恢复的作用下，使管子与管板孔接触表面上产生很大的挤压应力并紧密结合，既达到了密封又能抗拉脱力。为保证胀接质量，要注意控制胀管率并注意胀接的应用、特点。

① 胀管率。控制胀管率实际上是控制管子、管板的变形率。而控制变形率在生产中比较方便、直接的检测方式是测量胀管前的管板孔、管子外径、管子内径和胀接后的管子内径(容易测得)。为此推荐以下两种计算胀管率的公式。

$$K=\frac{[(d_2-d_1)-(D-d)]}{D}\times100\% \tag{5-1}$$

$$W=\frac{[(d_2-d_1)-(D-d)]}{D}\times100\% \tag{5-2}$$

式中，K 为内径增大率,%；W 为壁厚减薄率,%；D 为胀前管板孔直径，mm；d 为胀前管子外径，mm；d_1、d_2 分别为胀前、胀后管子内径，mm；δ 为胀前管子壁厚，mm。

通过测量胀接后的管板孔直径、管子外径(测量很不方便且不准确)来计算胀管率是不理想的。

计算胀管率不但要考虑胀接前后管板孔、管子内径与外径、管子壁厚的变化，还要注意管板、管子的材料性能等因素的影响。不同胀接接头的形式，不同规格及不同材质的管子(同时还要考虑管板尺寸、材质等)，都存在不同胀管率，不能一致要求。例如，ϕ25mm×2.5mm、20 钢钢管胀接时取 $W=4\%\sim8\%$，相当于 $K=0.8\%\sim1.6\%$。管子直径大，管壁薄取小值；管子直径小，管壁厚取大值。

胀管率过小为欠胀，不能保证必要的连接强度和密封性，胀管率过大为过胀，它可能使管子壁厚减薄量过大，加工硬化现象严重，甚至产生裂纹；还可能使管板产生塑性变形，而使胀接强度下降，且过胀后很难修复。

② 应用及特点。胀接适用于直径不大、管壁不厚的管子；胀接的管板材料的力学性能(如硬度)应比管子材料的高，使管子产生塑性变形时，管板仍处于弹性变形阶段，以保证胀接的强度，相同材料不宜胀接；胀接后管子与管板孔的间隙比焊接的小，有利于管端的耐腐蚀性提高；胀接的强度和密封性不如焊接；胀接不适于管程和壳程温差较大的场合，否则影响胀接质量；胀接时要求环境温度不低于-10℃，以保证胀接质量；胀接表面要求清洁，管板孔表面粗糙度 R_a 不大于 12.5μm。

(2) 焊接。管子与管板连接采用焊接法应用比较广泛。其主要特点是对不能胀接的管子与管板，如管子与管板材料相同、小直径厚壁管、大直径管及管程和壳程介质温差较大的场合等，可以采用焊接连接；焊接连接的管子与管板孔的间隙较大，且介质在此流动困难，耐腐蚀性差；焊接的强度较高、密封性好；管子与管板连接采用的自动脉冲钨极氩弧焊，效率高、质量好。

(3) 胀焊连接。即对同一管口进行胀接再加焊接，因此胀焊连接同时具备了胀接和焊接的优点。对于在高温、高压下工作的换热器，由于单一的焊接或胀接的缺点，而不能满足工作条件的需要，胀焊连接则既可以解决高温下胀接应力松弛、胀口失效，又可以解决焊接接口在高温循环应力作用下，焊口易发生疲劳裂纹和焊接间隙内的易腐蚀损坏等问题。

胀焊连接在生产中又有先胀后焊和先焊后胀的两种工艺，各有特长，但大多采用先焊后胀工艺，只是要注意避免后胀可能产生裂纹的问题。

另外，管子与管板连接还有采用爆炸胀接的方法。

5.2 球　　罐

球形储罐作为大容量、有压储存容器，在各个工业部门中用于液化石油气、液化天然气、液氧、液氯、液氢、液氨及其他中间介质的储存；也用于压缩空气、压缩气体(氧气、氮气、城市煤气等)的储存。在原子能工业中球形储罐还作为安全壳(分隔有辐射和无辐射区的大型球壳)使用。操作温度一般为-50~50℃，操作压力一般在3MPa以下。

球罐与圆筒容器(即一般储罐)相比，在相同直径和压力下，壳壁计算厚度仅为圆筒容器的一半，因此球形容器的钢材消耗比同样容量、同样压力的圆筒形容器少得多。除此以外，球形容器还具有占地面积小、底座基础工程量少及受风面小等优点。但球罐的制造、焊接和组装要求严格，检验工作量大，制造费用较高。鉴于球形容器的上述优点和工艺装置的日益大型化，球形容器的直径也越来越大，目前国内已投入使用的球形容器已经超过15000m^3。从发展趋势看，制造大型球形容器将成为过程设备制造的重要任务之一。

球罐是一种典型的超限设备。制造厂做完球壳板及其他零件(支柱、接管、人孔等)后即分片交货。在安装现场则由专业安装单位将球壳板及其他零件组装成球罐。球壳板的分片方案和制造质量必须充分满足现场组装的要求。各零件制造工艺也应与现场组装工艺结合起来进行统一考虑。

中压球罐的罐体上设有人孔、安全阀排放口、排污口和进出气口，就进出气口的位置而言，有的在球体的顶部，有的在球体的下部。某厂公称容积为1000m^3、公称压力为2.5MPa的氧气球罐的进出气口设在了球体的下部，结构示意图如图5-5所示。工程设计时除需注意进出气口的方位之外，还要由设备厂家提供球罐的设备净重、设备结构容积、安全阀开启压力等参数。

在制造厂完成的工作有：球壳及附件用材料的复验，球壳板制造及质量检查，支柱及拉杆的制作及组焊，支柱与赤道板焊接及质量检查，人孔接管及其补强件的制造和检查，盘梯、栏杆、操作台等金属结构的制造，喷淋装置的制造。厂内组焊部件的热处理(当现场不做整体热处理时)，制备焊接工艺试验及焊工考核用的与球壳板相同材质的试板；除锈、涂漆、包装。其中主要工作是球壳板制造，球壳板制造工艺有其不同于其他设备零件的制造特点。

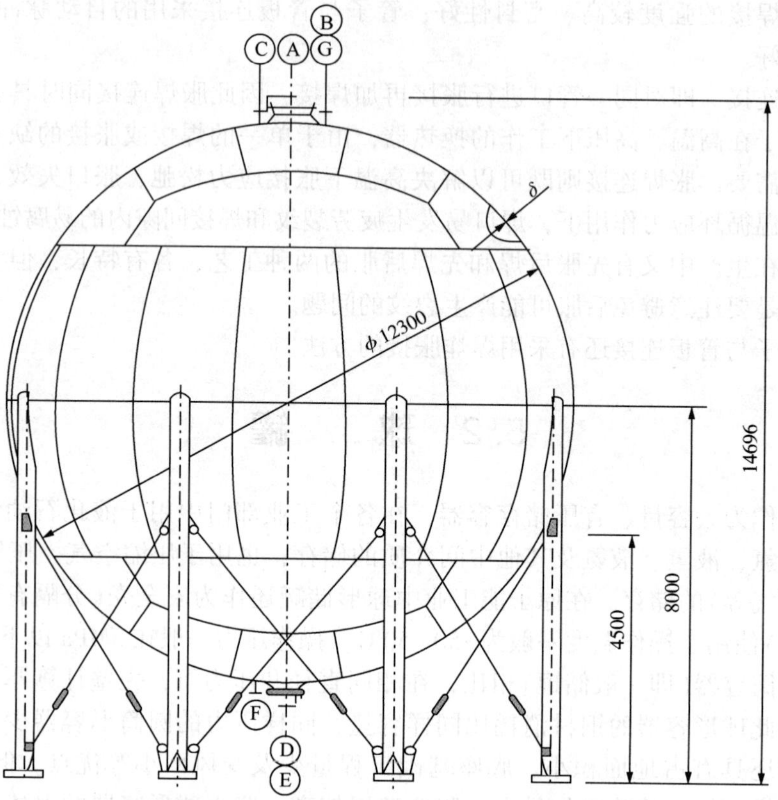

图 5-5　1000m³、2.5MPa 的氧气球罐示意图(单位为 mm)
A，D—人孔；B，C—安全阀接口；E—排污口；F—进出气口；G—压力表口

5.2.1　技术要求

除了与其他压力容器相同的技术要求外，球形压力容器作为一种具有双向曲率的薄壳，还有一些特有的技术要求。球罐容积都很大，盛装物料多，工作压力也比较高，局部破损可能导致的后果十分严重，因此它的技术要求比较严格。这些技术要求可分为两类：一类是制造厂应该达到的；另一类是现场组焊应达到的。

钢板在使用前必须经过严格的检察，对材料应进行必要的化学成分和力学性能复验，每块球壳板均不得拼接且表面不允许存在裂纹、气泡、结疤、折叠和夹杂等缺陷。球壳板不得有分层，球壳板的形式与尺寸应符合图样要求。

5.2.2　球壳的组合形式

球形容器的球壳板设计、球形容器壳体的组合形式必须通过球壳板设计方案进行确定。设计球壳板时应当考虑以下几个方面：

(1) 必须满足所储存物料在容量、压力、温差和抗蚀性等方面的要求，且安全可靠；

(2) 各球壳板处于最佳受力状态，如焊缝分布均匀、避免十字焊缝等；

(3) 考虑球壳板加工机械(油压机或水压机)的跨度大小，运输条件的可能，尽量采用大的球壳板结构，使焊缝长度最小，减少安装工作量；

(4) 考虑钢板的规格，增强球壳板的互换性，尽量提高板材的利用率。

除上述要求外，球形容器的制造、验收还应符合有关技术规范的规定，如 GB/T 12337—2014《钢制球形储罐》等。

目前，足球式已很少采用，国内自行设计、制造、组装焊接的球罐多为橘式和混合式排板组成的球壳。

5.2.3 球壳板制造

球壳板的制造步骤为：放样、平面划线、切割、成形、球面划线、精切割、开坡口、检验、与附件焊接、部件热处理、检验、油漆。

5.2.3.1 划线

球壳板的划线与筒体展开不同，要分两次进行。一次是在板材上进行平面划线，画出近似的展开形状，切割出来板坯(留出精切割的余量)；另一次是成形后在球壳板上进行球面立体划线，求得精确的球壳板边界，再进行一次精切割。这样可使球壳板尺寸准确，符合设计要求。如果省去第二次划线和切割，在材料利用和减少制造工时上会有好处，但成形误差不能消除，尺寸精度较差，可能对组装产生不良影响。

(1) 平面划线。球壳板是球面的一部分，从理论上讲不能展开成为平面图形，因此应先经过计算求出若干点的放样尺寸。在薄铁板上标出其位置，连接各点构成平面曲线图形，成净样板。这一平面曲线图形本身并不十分准确，而且未考虑具有一定厚度的板坯在成形过程中各点金属塑性流动的情况不同而带来的偏差，所以还不能直接用于下料，而是要通过试压成形的球壳板进行校正后，才能做出实际下料用的样板。

(2) 球面划线。板坯成形后，可以采用多种方法进行球面划线。球面上的线分为经线、纬线两种。纬线是与球径垂直的平面与球面的交线，经线是通过球心的平面与球面的交线，任何划线方法都必须能精确划出这两种线来。

① 样板划线法。首先制出内表面的净样板铺在球壳板内侧，根据它的边缘划出精切线。这种方法适于大直径的球壳板，能达到较高的精确度。缺点是要进行复杂的计算和修正，才能得到准确的内表面净样板。另外也有用木制和金属焊制的实体空间样板进行划线工作的，但比较笨重。

② 光学划线法。这种方法的优点是不需大型划线工具；球壳板划线可以就地进行，无需来回吊运；但是划线操作比较麻烦，要求划线工有相当的技术水平，生产率也较低。

③ 空间划规划线法。一端固定且长度不变的杆件在空间摆动，杆的另一端的轨迹都在半径等于杆长的球面上，这就是所谓空间划规。对杆件的运动再加上其他约束条件，就能在这个球面上得到要求的空间曲线。如果使杆件在通过球心的某一平面内摆动，则摆动端的轨迹就是经线。如果杆件摆动时使端部在某一垂直于球径的平面内运动，则形成的轨迹就是纬线。根据这一原理已设计出多种划线工具。

5.2.3.2 模压成形

球面的特点是它上面任一点在任何方向的曲率都是恒定值，因此用模压法成形时，板坯与模具的相对位置不需严格对中，还有可能用小尺寸的模具通过多次多位置冲压来制造大尺寸的球壳板。

模压分为热压成形和冷压成形两种。热压成形要将板坯在炉内加热到900～1000℃，放到模具上冲压成形；冷压成形无需加热，而且都是小模具多次多点冲压成形，即将板坯放在模具上，往复移动，压机每一行程冲压板坯的一部分，最后使整个板坯成为球面。由于冷压法有较多优点，在国外早已成为生产球壳板的主要方法，只有当板厚太大，受压机能力限制无法采用冷压时，才用热压法成形。国内的制造厂也日益广泛地采用冷压法。

冷压成形具有下列优点：

① 适合于压制调质型高强度钢球壳板。这类钢一经加热，力学性能就会改变，热压后如不再调质，性能达不到原来的指标；如重新调质，又难以控制球壳板在调质处理过程中的变形。

② 适于制造大型球壳板。多点多次的局部成形法不受压模大小限制，只要压机工作空间的宽度和钢板尺寸允许，球壳板可以做得很大；热压法受规定的变形温度范围的限制，工件不能太大，以免成形尚未完成，温度已降到终锻温度以下。

③ 制造精度高，成形过程中有足够时间检查和矫正形状，调整各处变形度也可减少积累误差。

④ 节省了整个加热过程的设备、操作和燃料费用，工人劳动条件好。

5.2.3.3 压制工艺

冷压虽然都是多次局部成形，但按每次成形范围的大小又可分为局部成形法和点压成形法。局部成形时，板料一端先送进模中压制，然后从前到后依次压一遍。第一遍不能压到底，以免发生局部过度变形，相继的两次加压范围要有一定的重叠面积，整个过程中重叠面积要尽量保持相等，以使变形情况尽可能一致。板料送到头后返回压第二遍，第二遍可压到底。注意防止工件曲率半径小于样板曲率半径的过压现象，否则矫形很困难。一般压三遍就可以成形，操作熟练时两遍亦可。屈强比大的高强度钢回弹大，需加大压力压制，为了防止钢板变薄和局部变形过大，压制遍数不宜过少。

点压成形过程如图5-6所示，第一遍也不能压到底。各遍的压点位置不宜重复，以免产生积累性的形状误差。

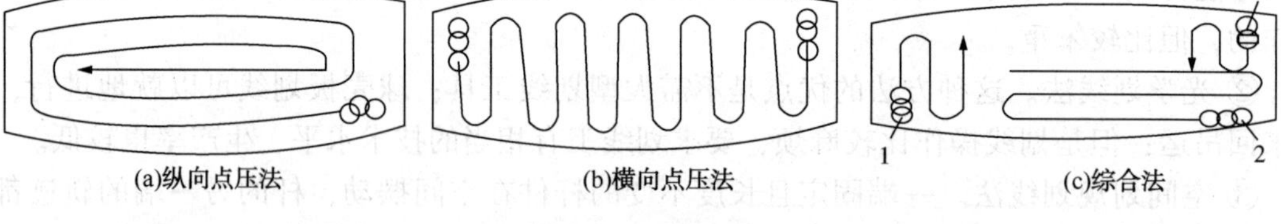

图5-6　点压成形

1—第一遍压点轨迹；2—第二遍压点轨迹；3—第三遍压点轨迹

点压法可以用一套模具压制不同曲率的球壳板，边压边用样板校正曲率。可以省去模具的制造费用和更换模具的辅助时间。

球壳板在冷压成形过程中，要随时进行曲率校正，一般初压时宽度方向曲率常常比别的方向小，需要在凸凹模间加垫板。

5.2.3.4 球形容器的组装

球形容器若在厂内建造，整台运输是很困难的，因此球形容器的现场组装和焊接已得到广泛运用。现场组装涉及许多工艺技术问题，有待于进一步研究解决。

球形容器最常用的组装方法有三种，即整体组装法、分段组装法和混合组装法。

（1）整体组装法。指在球罐支柱的基础上，把球壳板的单片或组片用夹具逐一组装成球形，其安装工程可大致分为组装和焊接两个阶段。

整体组装不仅适用于各种大小规格的球形容器的安装，而且也适应于各种形式的壳体的安装，如大型油罐的安装、煤气柜的安装等。采用整体组装时，一般先安装好支柱并固定好支座位置，再以支座基础为基准，利用支柱、座部分支承作用，以有利于球体定位和稳定。

整体组装有较好的连接尺寸精度，可以节省大量的工装辅助材料，组装速度快。但由于有较多的高空作业，要求操作人员有较高的技术等级。

（2）分段组装法。是分别按赤道带、上下温带、上下极带在平台上组装成各自的环带、完成纵缝焊接后再叠装成球形的一种方法。由于这种方法需要有平台和重型机械，因此适宜于小型球形容器的建造。

分段组装是把纵缝放置于平台上组焊，纵缝组焊约束力小，又因部分高空作业变为地面上进行，组装精度易于保证，纵缝的焊接质量好。但是由于最后的叠装难于保证对口尺寸精度，而且环带的刚性大，常常存在有较大的环缝约束力，不利于环带间的组装。

（3）混合组装法。是综合整体组装和分段组装的方法，以充分利用现场的现有条件，如平台、吊机等而采用的一种较为灵活的方法。它兼备了上述两种方法的优点，一般适宜于中小型球形容器的组装。

5.2.3.5 球形容器的焊接特点

（1）焊接变形特征。球形容器的形状决定了其不同于圆筒形壳体的焊接变形。球形容器与平板一样，焊接后也存在横、纵向的变形和角变形。此外，由于球壳的空间三维曲面形状，还将产生内凹变形，从而改变了球壳的曲率。

为此，焊接前要先掌握其变形规律，采取相应的措施，如焊前设置加强筋板或防变形工装等。

（2）焊接工艺的选择。焊接工艺的确定关系到焊接接头能否达到母材的性能，因此必须根据母材来进行选择。

当焊接工艺确定以后，像压力容器的焊接一样，还必须按 TSG 21—2016《固定式压力容器安全技术监察规程》的规定进行质量控制。

焊接工艺的内容除与压力容器要求相同外，对于球形容器来说，要特别重视焊接方法选择、预热温度的选择和热输入量的选择。

为使球形容器在焊接中或焊接后有较高的韧性而不发生焊接裂纹，较多的是采用焊条电弧焊和埋弧自动焊两种焊接方法。特别是现场组装的球形容器的焊接，由于全位置焊接的需要，一般均采用焊条电弧焊。另外，焊条电弧焊热输入量小、焊道小，晶粒度细而韧性好。

在具体施焊中，对于球形容器还必须确定合理的焊接次序。不同的组装形式有不同的焊接坡口和焊接次序，因此即使是同一材料且规格相同的球形容器，焊接次序也不可能完全一致，但编制焊接次序时必须遵守这样的原则：应使焊接部位(包括热影响区)无裂纹，并使变形和残余应力减少到最小的程度。

(3) 球形容器的预热和焊后热处理。球形容器的预热和焊后热处理要参照相关的规范。需要说明的是，球形容器因体积较大，除结构部件外一般无法在炉内进行热处理，而多采用内燃法消除应力。

5.3 高压容器的制造

目前高压容器的制造和结构形式中，有单层结构和多层结构形式，参见表 5-4。单层结构压力容器中以单层卷焊式为主；多层结构压力容器中有热套式、扁平钢带倾角错绕式、层板包扎式。

表 5-4 高压容器结构形式

单层容器	多层容器	单层容器	多层容器
单层卷焊式	热套式	铸锻焊式	绕丝式
整体锻造式	扁平钢带错绕式	电渣锤熔式	
半片筒节冲压拼焊式	层板包扎式	引伸式	
锻焊式	绕板式		

5.3.1 单层和多层容器制造的比较

单层容器和多层容器在制造工艺上各有特点，比较如下。

(1) 单层容器相对多层容器，其制造工艺过程简单、生产效率较高。多层容器工艺过程较复杂，工序较多，生产周期长。

(2) 单层容器使用钢板相对较厚，而厚钢板(尤其是超厚钢板)的轧制比较困难，抗脆裂性能比薄板差，质量不易保证，价格昂贵。多层容器所用钢板相对较薄，质量均匀易保证，抗脆裂性好。

(3) 多层容器的安全性比单层容器高，多层容器的每层钢板相对抗脆裂性好，而且不会产生瞬时的脆性破坏，即使个别层板存在缺陷，也不至延展至其他层板。另外，多层容器的每个筒节的层板上都钻有透气孔，可以排出层间气体，若内筒发生腐蚀破坏，介质由透气孔泄出也易于发现。

(4) 多层容器由于层间间隙的存在，所以导热性比单层容器小得多，高温工作时热应力大。

(5) 由于多层容器层板间隙的存在，环焊缝处必然存在缺口的应力集中。

(6) 多层容器没有深的纵焊缝，但它的深环焊缝难于进行热处理。

(7) 单层厚壁容器在内压作用下，筒体沿壁厚方向的应力分布很不均匀，筒体内壁面应力大、外壁面应力小，随着筒体外直径和内直径之比的增大，这种不均匀性更为突出。为提高厚壁筒的承载能力，在内壁面产生预压缩应力，达到均化应力沿壁厚分布的目的，出现了各种形式的多层筒体结构。热套式筒体是典型的多层筒体结构。

5.3.2　热套式高压容器

(1) 热套式高压容器结构如图 5-7 和图 5-8 所示。

图 5-7 为三层热套式容器(氨合成塔)，是热套式高压容器的一种结构。分段套合，利用热套法制成一段一段筒节、套合后通过对环焊缝的组焊制造容器。这种方法技术成熟，应用较广泛。

图 5-8 三层热套式容器是热套式高压容器的另一种结构。整体热套合，即先焊好内筒全长，然后分段热套外筒。外筒之间(轴向)不焊接，因此容器轴向力完全由内筒承受。这种方法使环焊缝较薄，容易保证环焊缝质量，但容器太长，整体套合不方便。

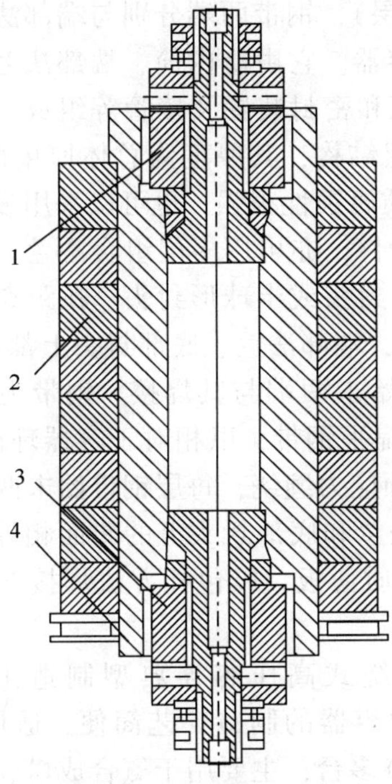

图 5-7　双层套箍式容器

1—顶塞；2—套箍；3—底塞；4—内筒

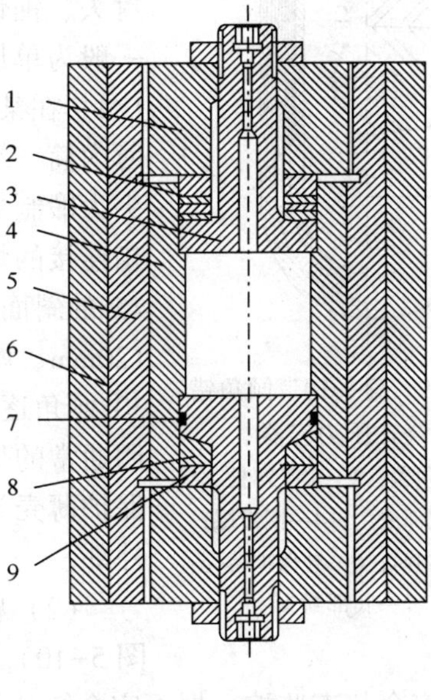

图 5-8　三层热套式容器

1—螺塞；2—垫片；3—自紧塞头；4—内筒体；5—中筒体；6—外筒体；7—密封圈；8—楔形垫；9—垫圈

(2) 热套层数。热套式容器的层数增多，可以减薄各层圆筒的厚度，提高筒体的承载能力和抗脆性断裂能力，但会影响筒壁的传热，增加制造的复杂性，费用高，因此以 2~3 层较普遍。热套式的层数一般不超过 5 层，通常生产中选用相同的厚度更为方便。

在压力很高的场合，为充分发挥材料的各自特性，内筒往往采用抗拉强度高、断裂韧性低的材料，而外筒采用抗拉强度稍低、断裂韧性高的材料。若介质腐蚀性很强或内壁易发生磨损破坏，内筒也可以采用耐腐蚀或耐磨的高强度钢。

(3) 过盈量的选择。热套式容器制造的关键工艺是热套时过盈量的选择。通常是控制过盈量在一定的范围内，然后将外层筒加热，内层筒迅速套入外层筒内成为厚壁筒节。

目前过盈量的选择，大部分在套合直径的0.1%~0.2%范围内，即选择较大的过盈量范围。这样可以降低加工精度，方便加工，甚至可以不进行机加工。同时使套合面更加紧密，对套合后所产生的较大套合应力，应作消除套合应力热处理。

(4) 每个套合圆筒上必须按图样要求钻泄放孔。

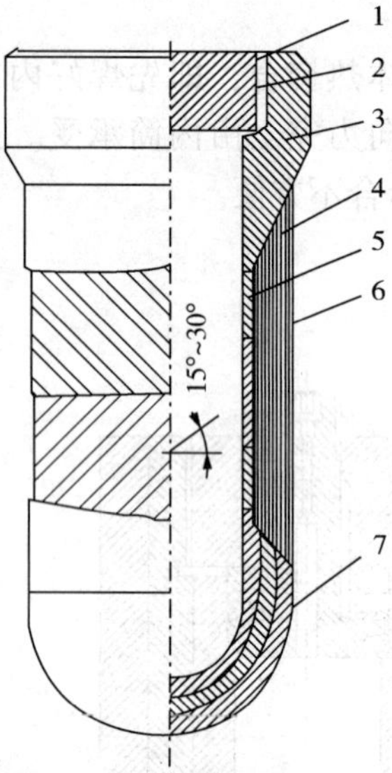

图5-9　扁平钢带倾角错绕式压力容器

1—顶盖；2—扁平螺栓；3—端部法兰；4—钢带层；5—薄内筒；6—外保护薄壳；7—底部封头

5.3.3　扁平钢带倾角错绕式高压容器

(1) 扁平钢带倾角错绕式高压容器筒体结构。其筒体结构如图5-9所示，是在较薄的单层或多层组合内筒外面倾角错绕多层扁平钢带(一般为偶数层)，钢带两端分别与端部法兰和底部封头焊接所组成的压力容器。它由薄内筒、端部法兰、底部封头、钢带层、外保护薄壳和密封装置及接管等组成。薄内筒一般为单层卷焊而成的单层结构，其厚度为总体厚度的1/6~1/4。在某些特殊场合如介质腐蚀性很强，也可以采用多层组合薄内筒。端部法兰通常为锻件，亦可用多层组合法兰。底部封头为锻制平盖、锻制紧缩口封头或半球形封头。在距离与内筒相连接的焊接接头20mm处，端部法兰、底部封头上都有35°~45°的斜面，供每层钢带的始末两端与其焊接。钢带为宽80~120mm、厚4~8mm的热轧扁平钢带，以相对于容器环向15°~30°倾角逐层交错多层多根预应力缠绕，每层钢带始末两端斜边用通常的焊接方法与端部法兰和底部封头上的斜面相焊接。外保护薄壳为厚3~6mm的优质薄板，以包扎方法焊接在钢带层外部。

(2) 扁平钢带倾角错绕式高压容器典型制造工艺(见图5-10)。这种绕带式压力容器的制造工艺简便、适用性广，易实现安全状态监控。据不完全统计，全国已生产7000多台，主要用于氨合成塔、甲醇合成塔、氨冷凝塔、铜液吸收塔、油水分离器、水压机蓄能器、氨或甲醇分离器及各种高压气体(空气、氦气、氮气和氢气)储罐等装备。其中

最大实验容器内直径	1000mm	最小使用容器壁厚比	1/7
最大使用容器内直径	1000mm	最大开孔实验接管内直径	140mm
最大使用容器长度	22m	最高使用容器设计压力	32MPa
最大使用容器壁厚	150mm	最高使用容器设计温度	约200℃
最多钢带层数	28层	最大钢带横截面(宽×厚)	80mm×6mm
最高爆破实验压力	209.7MPa	最大绕带装置(外直径×长度)	ϕ2mm×25m
最小使用容器长度	2m		

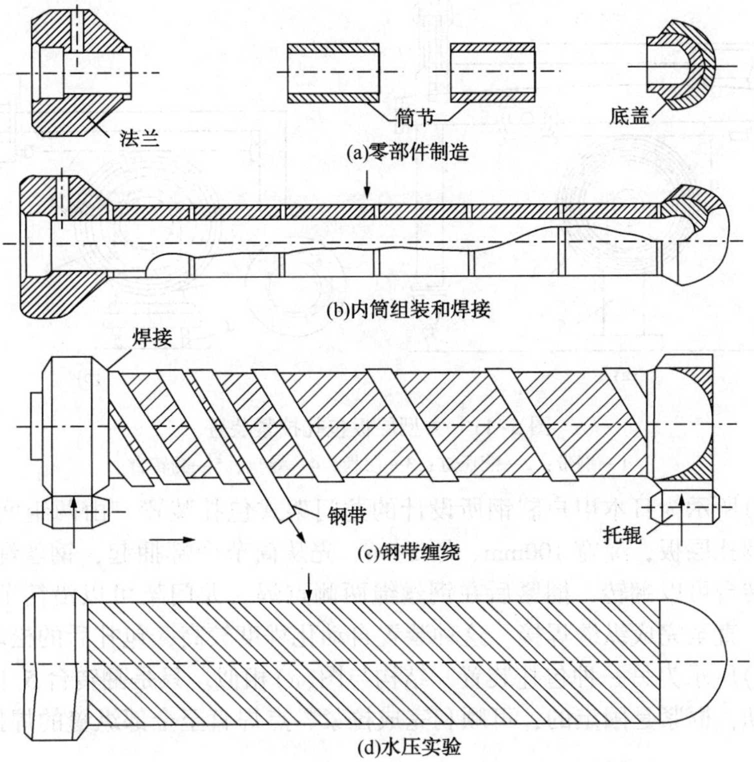

图 5-10　扁平钢带倾角错绕式压力容器典型制造工艺

5.3.4　层板包扎式高压容器

5.3.4.1　制造工艺

(1) 内筒板为 12~25mm 较厚板。

(2) 层板为 6~12mm，国外层板已选 12~20mm，预先将层板弯卷成瓦片状。

(3) 将预弯的瓦片状层板，放在专用的层板包扎拉紧装置的内筒上(注意每层层板的 C 类纵焊缝位置要预先安排好，不能重叠或太近)，用钢丝绳捆在层板上并拉紧、点焊，最后焊接纵缝。

(4) 修磨焊缝，准备下层的包扎、拉紧、点焊至焊接全部纵缝。

(5) 每层层板包扎后需要进行松动面积检查。GB/T 150—2011《压力容器》中规定：对内径 D_i 不大于 1000mm 的容器，每一有松动部位，沿环向长度不得超过 D_i 的 30%，沿轴向长度不得超过 600mm；对于内径 D_i 大于 1000mm 的容器，每一有松动的部位，沿环向长度不得超过 300mm，沿轴向长度不得超过 600mm。

(6) 每个多层筒节上必须按图样要求钻泄放孔。

5.3.4.2　层板包扎拉紧装置

层板包扎拉紧装置如图 5-11 所示。

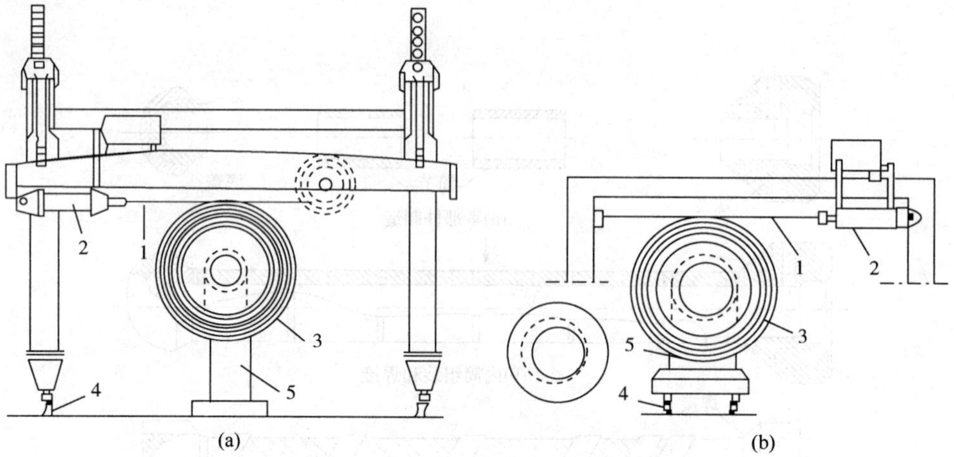

图 5-11　大型层板包扎拉紧装置

1—钢带；2—液压缸；3—层板；4—导轨；5—翻转台

图 5-11(a)所示为日本申户制钢所设计的龙门架式包扎装置。由两组间距约为 500mm 的扁平钢丝绳捆扎层板，绳宽 100mm、厚 5mm。先从筒节中部捆起，钢丝绳拉力由油缸调节，筒节在翻转台可以翻转，捆紧后在钢丝绳两侧点焊。龙门架可以沿筒节轴向移动，逐段捆扎、点焊，直至完成纵缝焊接。这种装置自动化程度较高，包扎后的松动较少。

图 5-11(b)所示为另一种包扎装置，结构与图(a)相似。只是翻转台 5 下有轮子，可以在轨道 4 上移动，框紧是固定的，可顺利完成拉紧、点焊直至全部纵缝的焊接。

思考题

5-1　了解、熟悉管壳式换热器的主要零部件名称及作用。

5-2　了解、熟悉固定管板式、浮头式、U 形管换热的结构特点及应用。

5-3　管子与管板连接方式及其特点是什么？

5-4　比较单层与多层容器制造的特点。

5-5　多层容器的结构形式有哪些种类及其特点？

5-6　球罐的结构形式及其结构特点是什么？

第二篇　过程装备检测技术

6　过程装备的检测

过程装备的检测包括对装备(尤其是锅炉、压力容器、机器的重要零部件等)的原材料、设计、制造、安装、运行、维修等各个环节的检验、测量、试验、监督，目的在于依据相关法规，如《锅炉安全技术监察规程》《压力容器安全监察规程》等，经过专职检验人员的判定下结论，提前消除上述各环节中出现的影响安全的因素，更可靠地保证装备安全。

过程装备在各个环节中的检测方法较多，大致可分为宏观检测、理化检测和无损检测。检测的主要对象是装备的常见缺陷。

6.1　定期检测

实行定期检测，是早期发现缺陷、消除隐患、保证装备(尤其是压力容器)安全运行的有效措施。对于压力容器的定期检测根据其检测项目、范围和期限可分为外部检测、内外部检测和全面检测。

6.1.1　外部检测

外部检测可以在装备运行中进行。其目的是及时发现外部或操作工艺方面存在的不安全问题，一般每年不少于一次。

检测项目至少包括如下诸方面。

(1) 容器外壁的防腐层、保温层是否完整无损。

(2) 容器上有无锈蚀、变形及其他外伤。

(3) 容器上的所有焊缝、法兰及其他可拆连接处和保温层有无泄漏。

(4) 容器是否按规定装设了安全装置，其选用、装设是否符合要求，维护是否良好，是否超过了规定的使用期限。

(5) 容器及其连接管道的支承是否适当，有无倾斜下沉、振动、摩擦以及不能自由胀缩等不良情况。

(6) 容器的操作压力、操作温度是否在设计规定的范围内，工作介质是否符合设计的规定。

6.1.2　内外部检测

容器的内外部检测在容器停止运行的条件下进行。检测的目的是尽早发现容器内、外部所存在的缺陷(包括新产生和原始缺陷的发展情况)，确定容器能否继续运行或保证安全运行所必须采取的适当措施。

容器内外部检测每三年至少进行一次。工作介质对器壁有腐蚀性而且按腐蚀速度控制使用寿命的容器，内外部检测的间隔期限不应该超过容器剩余寿命的一半。容器的剩余寿命按容器的实际腐蚀裕度(即检测时测定的实际厚度减去不包括腐蚀裕度在内的计算厚度)与腐蚀速度之比进行计算。即

$$容器的使用寿命(a)=\frac{实际腐蚀裕度(mm)}{腐蚀速度(mm/a)}$$

检测项目至少包括如下内容。

(1) 外部检测的全部项目。

(2) 容器内壁的防护层(如涂层、镀层、堆焊层、衬里等)是否完好，有无损坏迹象。

(3) 容器内壁是否存在腐蚀、磨损以及裂纹等缺陷，缺陷要进行测量大小并分析其严重程度、产生原因，确定对缺陷的处理方法等。

(4) 容器有无宏观局部变形或整体变形，测定变形程度。

(5) 容器在操作压力和操作温度下若工作介质对容器壁的腐蚀有可能引起金属材料组织的破坏(如脱碳、晶间腐蚀)，则应对器壁进行金相检验、化学成分分析和表面硬度的测定。

对容器检验的结论可以分为：按原设计工艺条件继续使用；采取适当的措施继续使用；不能继续使用(判废)。

对检测出缺陷的容器，除判废者外，可以根据使用条件和缺陷的具体情况(缺陷性质、严重程度等)分别采取以下措施继续使用。

(1) 消除所发现的缺陷或对有缺陷的部位进行修补，重新检查不再发现缺陷。

(2) 改变容器原有的操作工艺条件，如降低使用压力，调整使用温度等。

(3) 采取特殊的监护措施，如设置声发射仪器监护等。

(4) 缩短检测周期，注明下次检验日期。

6.1.3 全面检测

容器进行全面检测，以确定其能否在设计要求的工艺条件下继续安全运行。

全面检测的期限需根据具体情况而定，工作介质无明显腐蚀性的容器，至少每六年进行一次。

容器的全面检测主要包括如下内容。

(1) 内外部检测的全部项目。

(2) 宏观检测发现焊接质量不良的容器，对焊缝做射线或超声波探伤抽查。

(3) 高压容器主螺栓(端盖与法兰的连接螺栓)全部进行表面探伤。

(4) 对容器进行耐压试验。

经全面检测的容器应由检测人员做好详细记录，并根据检测情况做出检测结论、存档，每十年至少一次。

6.2　常规检测

对装备的常规检测包括宏观检测、理化检测和无损检测。宏观检测主要指直观检测和工具检测，无损检测包括射线检测、超声波检测、表面检测等。

6.2.1　直观检测

直观检测就是检查人员凭借感觉器官对装备进行检测，判别缺陷。

常用的直观检测即通过眼睛观察。检测装备整体和各构件结构是否合理，表面是否有腐蚀、变形、磨损、渗漏等现象。对眼睛观察所怀疑的地方，可用砂布打磨干净，再用浓度为10%的硝酸酒精溶液将可疑处浸湿、擦净，用放大镜进一步观察。

对容器封闭部分、内部检测，可用灯光检测，如手电筒、反光镜、窥测镜等将被检测部位照明或放大。复杂结构部分也可用手触摸表面发现缺陷。

锤击检查是利用手锤(0.5kg左右)轻轻敲击被检金属表面，根据锤击时发出的声音和小锤反弹程度(凭手感)来判断该部位是否存在缺陷。

6.2.2　工具检测

利用各种工具、量具对装备进行内、外表面的检测，各构件相对位置、变形的检测等为工具检测。根据被检测对象的要求不同，工程上使用的工具、量具较多。

常利用平直尺和各种形状样板检测表面的平直度、弧度等判别其变形的大小(参见图6-1和图6-2)。

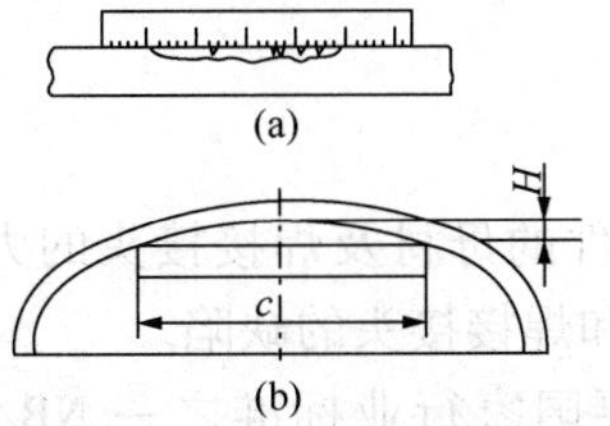

图6-1　直尺检查样板检测

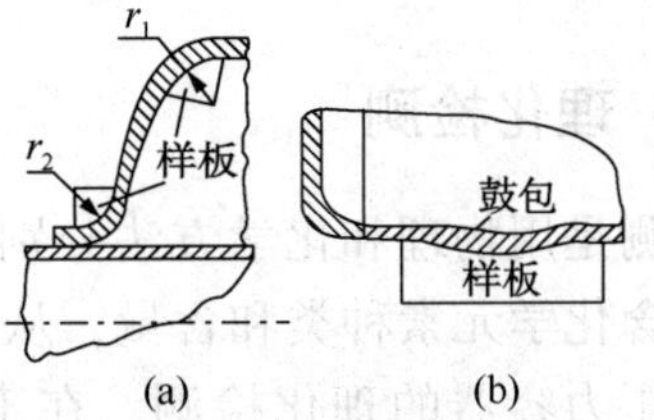

图6-2　样板检测

对在役或腐蚀较严重装备，需要进行测厚、测深，以确定其实际尺寸，经常用超声波测厚仪进行，也可采用钻孔法检测实际厚度(参见图6-3)，但应注意尽量少钻孔，孔径以6~8mm为宜，用回形针配合直尺测量。钻孔法还可以用于对裂纹在夹层的深度或发展长度的检测。检测完毕后，需电焊补平。

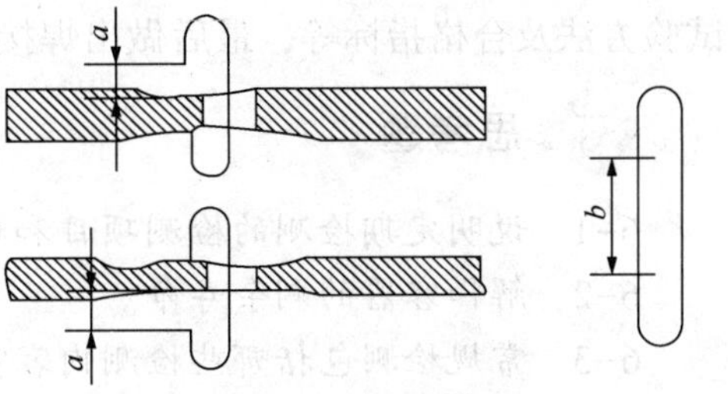

图6-3　钻孔法测厚

利用专用的焊缝检测尺可以检测焊缝的外形尺

寸和装配焊接后的相对位置(参见图 6-4 和图 6-5)。

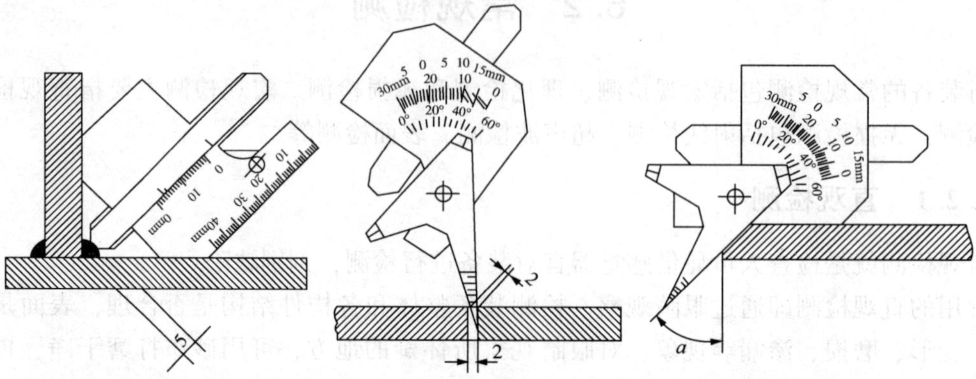

(a)测量焊缝高度　(b)测量对口间隙　(c)测量坡口角度

图 6-4　焊缝外形检测

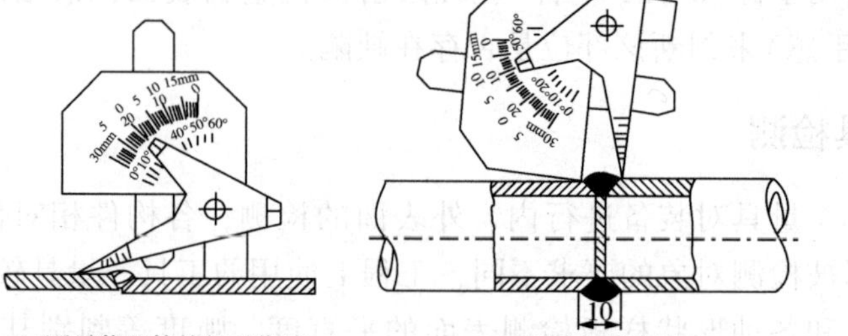

(a)测量装配件的相对位置　(b)测量焊缝宽度

图 6-5　装配焊接后相对位置检测

6.2.3　理化检测

理化检测是用物理和化学方法分别检测装备构件的母材及焊接接头的力学性能、金相组织及其所含化学元素种类和含量，从而判别材质和焊接接头的缺陷。

对钢制压力容器的理化检测，在工程上的重要国家行业标准之一 NB/T 47014—2011《承压设备焊接工艺评定》中，规定了承压设备焊接工艺评定规则、试验方法和合格标准。其中对压力容器使用的母材规定了相应的国家标准号，并根据其化学成分、力学性能和焊接性能分别进行了分组，提出了相应的评定规则，规定了试件和试样的制备、检测项目、试验方法及合格指标等，最后做出焊接工艺指导书和焊接工艺评定报告用于指导生产。

思考题

6-1　说明定期检测的检测项目和检测期限。

6-2　解释容器的剩余寿命。

6-3　常规检测包括哪些检测内容?

7 射线检测及缺陷等级评定

目前射线检测主要有 X 射线检测、γ 射线检测、高能 X 射线检测和中子射线检测，前两种应用普遍。

7.1 X 射线、γ 射线的产生和性质

7.1.1 X 射线的产生

X 射线主要由 X 射线管产生，在真空玻璃外壳内的阴极(灯丝)和阳极(靶面)之间加上几十至几百千伏高电压，被加热的灯丝放出电子在高电压电场作用下，以极高的速度撞击到靶面，产生大量热能和少量 X 射线能量。

由 X 射线管产生的 X 射线按其波长不同可分为连续 X 射线和标识 X 射线，射线检测中，X 射线管所产生的都属于连续 X 射线，不采用标识 X 射线。

连续 X 射线的最短波长 λ_{min}(此时具有最高能量的光子)为：

$$\lambda_{min}=\frac{1.2394}{U}(\text{nm}) \tag{7-1}$$

式中，U 为射线管电压，kV。

连续 X 射线的转换效率 η 为：

$$\eta=\eta_0 zU \tag{7-2}$$

式中，η_0 为比例常数，为 10^{-6}；z 为阳极靶材料原子序数，钨靶 $z=74$。

可见管电压高则波长越短；转换效率与阳极靶材料和管电压有关，当靶材料选定时，η 随 U 升高而提高。

7.1.2 γ 射线的产生

γ 射线是由放射性同位素的核反应、核衰变或裂变放射出的。γ 射线检测常用的放射性同位素有 ^{60}Co、^{192}Ir 等，它们是不稳定的同位素，能自发地放射出某种粒子(α、β 等)或 γ 射线后会变成另一种不同的原子核，这种现象称为衰变。因此，放射性物质的能量会自然地逐渐减少，减少的速度(衰变速度)不受外界条件(如温度、压力等)的影响，可用半衰期 $\tau_{1/2}$ 反映。

半衰期是指放射元素原子核数目因衰变而减少到原来原子核数目一半时所需要的时间。

$$\tau_{1/2}=\frac{0.693}{\lambda} \tag{7-3}$$

γ 射线与 X 射线检测的一个重要不同点是，γ 射线源无论使用与不使用其能量都在自然地逐渐减弱。

7.1.3　射线的性质

X 射线、γ 射线同是电磁波，后者波长短、能量高、穿透能力大，两者性质相似。X 射线的主要性质如下。

（1）不可见，直线传播。

（2）不带电，不受电场、磁场影响。

（3）能穿透可见光不能透过的物质，如金属材料。

（4）与光波相同，有反射、折射、干涉现象。

（5）能被传播物质衰减。

（6）能使气体电离。

（7）能使照相胶片感光，使某些物质产生荧光作用。

（8）能产生生物效应，伤害、杀死生命细胞。

7.2　射线检测的原理和准备

7.2.1　射线检测原理

利用射线检测时，若被检件内存在缺陷，缺陷与工件材料不同，其对射线的衰减程度不同，且透过厚度不同，透过后的射线强度则不同。如图 7-1 所示，若射线原有强度为 J_0，透过工件和缺陷后的射线强度分别为 J_δ 和 J_0。胶片接受的射线强度不同，冲洗后可明显地反映出黑度差部位，即能辨别出缺陷的形态、位置等。

已知

$$J_\delta = J_0 c^{-\mu\delta}$$

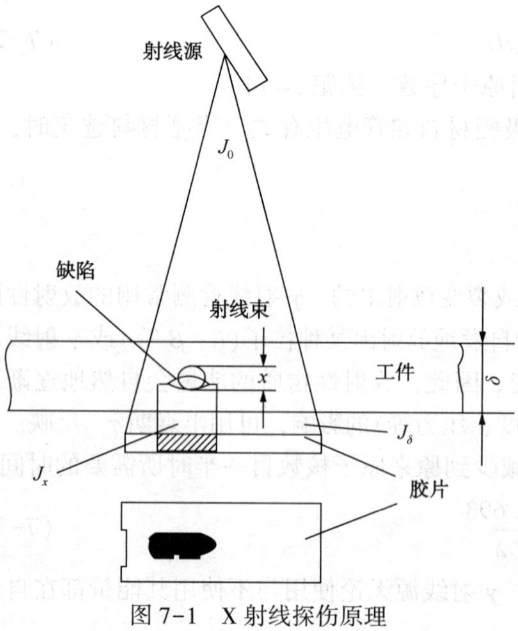

图 7-1　X 射线探伤原理

则

$$J_x = J_0 e^{-\mu(\delta - x)}$$

透过后射线强度之比为：

$$\frac{J_x}{J_\delta} = e^{\mu x} \tag{7-4}$$

式中，μ 为衰减系数；x 为透照方向上的缺陷尺寸；e 为自然对数的底。

可见沿射线透照方向的缺陷尺寸 x 越大，衰减系数 μ 越大，则有无缺陷处的强度差越大，J_x/J_δ 值越大，在胶片上的黑度差越大，越易发现缺陷所在。

7.2.2　射线检测准备

在射线检测之前，首先要了解被检工件的检测要求、验收标准，了解其结构特点、材质、制造工艺过程，结合实际条件选择合适的射线检测设备、附件，如射线源、胶片、增感屏、像质计等，为制定必要的检测工艺、方法做好准备工作。

7.2.2.1 射线源的选择

选择射线源应考虑射线能量，能量大、穿透力强、透照厚度增大，可以穿透衰减系数较大的材料。生产中首先要保证设备的能量能够穿透被检工件，但能量过大不仅浪费，而且会降低胶片的黑度反差效果等。因此，在曝光时间许可的条件下，应尽量采用较低的射线能量。例如，选用400kV以下的X射线透照焊缝时，不同厚度材料允许使用的最高X射线管电压如图7-2所示。

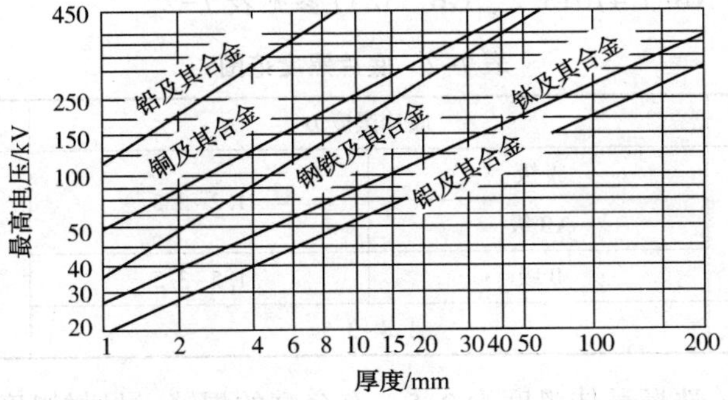

图7-2 透照不同厚度材料时允许使用的最高X射线管电压

γ射线透照钢件的适宜厚度范围见表7-1。

表7-1 γ射线透照钢件的适宜厚度范围 mm

射线源	高灵敏度技术	低灵敏度技术	射线源	高灵敏度技术	低灵敏度技术
$^{192}I_r$	18~80	6~100	$^{60}C_o$	50~150	30~200
$^{137}C_s$	30~100	20~120	$^{169}Y_b$	2~12	1~15

7.2.2.2 胶片的选择

射线检测的结果是利用胶片显示和记录保存的，了解和选择好胶片是保证透照影像质量和结果可靠性的重要环节。

（1）胶片的构造及作用。胶片的构成如图7-3所示。其各自成分的作用如下。

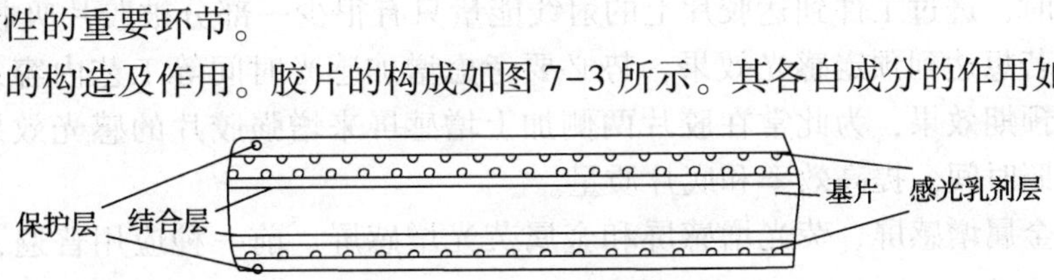

图7-3 胶片的构成示意

基片：是胶片的基体，由乙酸纤维制成，国外多用聚酯基片（或称涤纶基片），厚约0.25~0.30mm，占胶片的70%左右。聚酯片更薄，韧性好、强度高，更适于自动冲洗。

感光乳剂层（感光药膜）：其主要成分是极小的溴化银微粒和明胶，两者组成悬浮体，两面各约厚10~20μm。溴化银接受不同强度射线照射后析出多少不同的银，经过潜影、显影、定影处理，在胶片上将显示出黑度不同的影像。

结合层（底膜）：由明胶、水、有机溶剂和酸等组成，可使感光乳剂层和基片牢固地粘结在一起，防止乳剂层在冲洗时从基片上脱落下来。

保护层(保护膜)：由透明的胶质或高分子化合物组成，厚约1~2μm，涂在乳剂层上防止污染和磨损。

(2) 底片的黑度。照射到底片上的光强度为L_0，透过底片后的光强度为L_0(均不是射线强度)，则L_0/L的常用对数，定义为底片的黑度(D)。黑度表达式为：

$$D=\lg\frac{L_0}{L} \tag{7-5}$$

底片的黑度范围(NB/T 47013.2、GB 3323)参见表7-2。

表7-2 底片黑度范围

射线种类	底片黑度 D		灰雾度 D_0
X射线	A级	1.2~3.5	≤0.3
	AB级		
	B级	1.5~3.5	
γ射线	1.8~3.5		

对无余高的焊缝，选择最佳黑度为2.5；有余高的焊缝，母材黑度为3~3.5，焊缝黑度为1.5~2.0。黑度值由经常年检的可靠黑度计来测定。

(3) 底片的保存。检测前的胶片应保存在低温、低湿度的环境中，室温在10~15℃，相对湿度在55%~65%为宜。并且避免与有害、腐蚀性气体(如煤气、乙炔气、氨气、硫化氢等)接触，避免胶片的人为缺陷产生，如变形、折压、划损、污染等。

检测后的底片及评定结果应有检测报告，保存五年以上，随时待查。

(4) 射线透照质量等级。分为(NB/T 47013.2)A级(普通级)、AB级(较高级)和B级(高级)。如对锅炉焊缝射线检测时，一般情况下选AB级的照相方法，重要部位可考虑B级，不重要部位选A级。

7.2.2.3 增感屏的选择

射线照相时，透过工件到达胶片上的射线能量只有很少一部分被胶片吸收(约为1%)，使胶片感光，若想达到预定感光效果，势必要考虑增加感光时间等工艺内容，即使这样往往也不能达到预期效果，为此常在胶片两侧加上增感屏来增强胶片的感光效果，加快感光速度，减少透照时间，提高效率和底片质量。

增感屏有金属增感屏、荧光增感屏和金属荧光增感屏。前一种应用普遍，后两种应用较少，且只限于A级。

7.2.2.4 像质计的选择

像质计(透度计)基本上有三种类型：金属丝型、平板孔型、槽型。中国国家标准规定采用金属丝型，即线型像质计。其构造如图7-4所示，由7根不同直径的金属丝构成。像质计的应用原理是将其放在射线源一侧被检工件部位(如焊缝)的一端(约被检区长度的1/4处)，金属丝与焊缝方向垂直，细丝置于外侧，与被检部位同时曝光，则在底片上应观察到不同直径的影像，若被检工件厚

图7-4 线型像质计

度、检测透照条件相同时，能识别出的金属丝越细，说明灵敏度越高。

射线照相相对灵敏度(K)表示为：

$$K=\frac{d}{\delta}\times 100\% \tag{7-6}$$

式中，K 为相对灵敏度，%；d 为底片上可识别出的最细金属丝直径，mm；δ 为被检工件的穿透厚度，mm。

线型像质计的线号、直径和允差(JB/T 7902—2015)见表 7-3。

表 7-3 线型像质计的线号、直径和允差(JB/T 7902—2015)

像质计内含的线				金属线			线距 a(中心线)/mm
1 号	6 号	10 号	13 号	线号	标称线径 d	允差/mm	
×				1	3.20	±0.03	9.6_{0}^{+1}
×				2	2.50		7.5_{0}^{+1}
×				3	2.00		6_{0}^{+1}
×				4	1.60	±0.02	3_{0}^{+1} 或 5_{0}^{+1}
×				5	1.25		
×	×			6	1.00		
×	×			7	0.80		
	×			8	0.63		
	×			9	0.50	±0.01	
	×	×		10	0.40		
	×	×		11	0.32		
	×	×		12	0.25		
		×	×	13	0.20		
		×	×	14	0.16		
		×	×	15	0.125		
		×	×	16	0.100		
			×	17	0.080	±0.005	
			×	18	0.063		
			×	19	0.050		

7.2.2.5 射线检测的几何条件

(1) 几何不清晰度 u_g 射线检测的最后准备工作就是几何条件的确定(参见图 7-5)，合适的几何条件可以达到发现缺陷的最佳灵敏度。几何条件要确定的主要内容是射线源有效焦点尺寸(d)、焦点至胶片距离(即焦距 F)、缺陷至胶片距离(b)、焊缝透照厚度比(k)及一次透照长度等参数的确定。如图 7-5 所示，在具有一定尺寸的射线源照射下，透过有缺陷的工件时，会在底片影像边缘部分产生一定宽度的半影区，此半影区即为几何不清晰度 u_g。

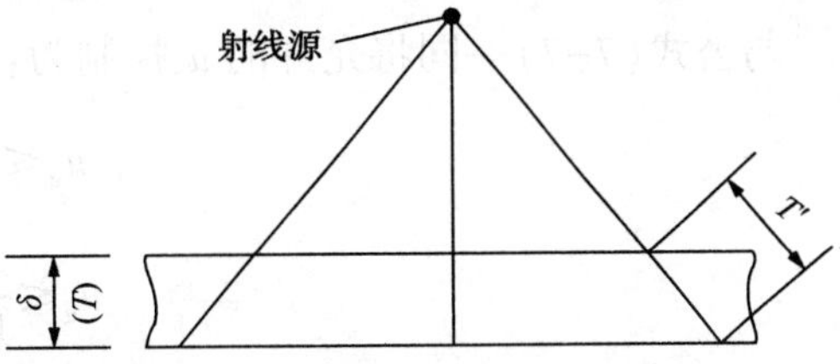

图 7-5 焊缝透照厚度比示意

$$\frac{u_g}{d}=\frac{OD}{OA},\ OD\approx b\approx\delta\approx L_2,\ OA\approx F-b\approx L_1$$

$$\frac{u_g}{d}=\frac{b}{F-b}$$

即

$$u_g=\frac{dL_2}{L_1} \tag{7-7}$$

$$u_g=\frac{d\delta}{F-\delta} \tag{7-8}$$

式中，d 为有效焦点尺寸，mm；L_1为射线源到工件上表面的距离，mm；L_2为胶片至工件上表面的距离，mm；δ 为被检工件在透照方向上的厚度(在此条件下，即为工件厚度)，mm；F 为焦点至胶片距离，即焦距，$F=L_1+L_2$，mm。

由式(7-7)可知，d/L_1，越小，底片上的影像就越清晰。因此在可能的条件下，应尽量选择焦点尺寸小的射线源，并适当增加射线源至工件上表面距离。同时还要注意，胶片应紧紧贴在被检工件上，这也是提高影像清晰度的主要工艺方法之一。另外由图 7-5 可知，在 d/L_1一定的条件下，u_g随着工件厚度的增加而增大。

以上介绍的 u_g实际上是不同深度缺陷影像中的最大值(因此时认为 $b\approx\delta_\delta\approx L_2\approx OD$)。缺陷越靠近胶片，则所得影像的轮廓就越清晰。因此，标准中规定用以衡量透照灵敏度的像质计应放在靠近射线源一侧的焊缝表面上，以保证在整个透照厚度范围内都能达到像质计所显示的透照灵敏度。

对 u_g影响较大的参数是射线照相的焦距 $F(L_1+L_2)$。实际检测中经常使用的焦距范围在 500~1000mm。在欧美国家，标准的焦距是 700mm。

目前在世界上主要工业国家的射线照相标准中，控制 u_g的主要办法有两种：一种是区别不同的底片级别或对不同的透照厚度范围分别规定允许的 u_g值；另一种是将 u_g的允许值视为变量，其值随着透照厚度的增加而增大，随底片级别的改变而改变。中国标准、德国标准(DIN 54111—1998)和国际标准(ISO 5579—2014)目前采用后一种办法控制 u_g。

GB 3323—2005 中公式为：

$$\left.\begin{aligned}&\frac{L_1}{d}\geqslant 7.5\,L_2^{\frac{2}{3}}\ A\text{ 级}\\&\frac{L_1}{d}\geqslant 10\,L_2^{\frac{2}{3}}\ AB\text{ 级}\\&\frac{L_1}{d}\geqslant 15\,L_2^{\frac{2}{3}}\ B\text{ 级}\end{aligned}\right\} \tag{7-9}$$

与公式(7-7)一同将允许的 u_g控制为：

$$\left.\begin{aligned}&u_g\leqslant\frac{2}{15}L_2^{\frac{2}{3}}\ A\text{ 级}\\&u_g\leqslant\frac{1}{10}L_2^{\frac{2}{3}}\ AB\text{ 级}\\&u_g\leqslant\frac{1}{15}L_2^{\frac{2}{3}}\ B\text{ 级}\end{aligned}\right\} \tag{7-10}$$

根据公式(7-9)作出的最小 L_1/D 与 L_2 的关系如图 7-6 所示。根据梯形的中线原理和公式(7-9)作出的确定最小 L_1 的诺模图，如图 7-7 所示。诺模图即用三条尺度线表示一个三元方程(例如 d、L_2、L_1)的线图，使得任一直线与这三条尺度线相交时，所得的三个交点均满足该方程。基于这一原理，对于确定的 d 和 L_2 值，在诺模图 7-7 上做过 d 和 L_2 两点的直线相交于 L_1 轴，其交点值即为在 d 和 L_2 上。确定的条件下满足式(7-9)要求的最小 L_1 值。查出最小 L_1 值后应化整到较大的整数值使 u_g 满足式(7-10)的规定。

不清晰度的影响因素除上述的几何不清晰度 u_g 之外，还有固有不清晰度 u_i(参见表 7-4)，运动不清晰度 u_m，散射线、胶片度、底片灰雾度、显影条件等多种影响因素。

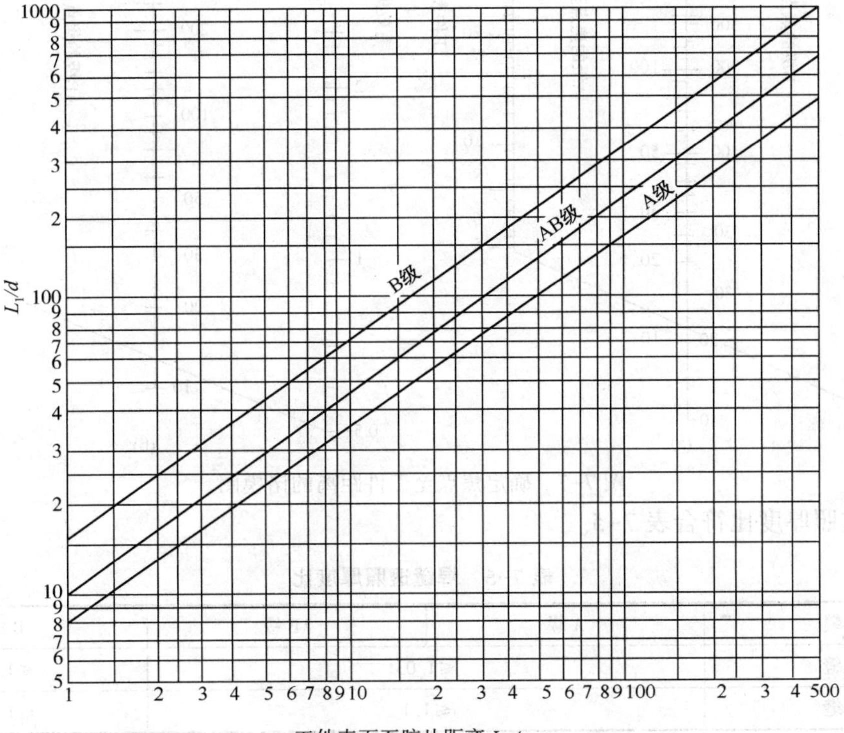

图 7-6 最小 L_1/d 值与工件表面至胶片距离 L_2 的关系

表 7-4 不同射线能量下的固有不清晰度 u_i 值

项目	X 射线				γ 射线		
	100~250kV		250~420kV		^{192}Ir	^{60}Co	
增感屏类型	无	铅	铅	荧光	铅	铅	钢
u_i/mm	0.08	0.13	0.15	0.3~0.4	0.23	0.63	0.43

(2) 焊缝透照厚度比 K。参见图 7-5。

$$K=\frac{T'}{\delta}=\frac{T'}{T} \tag{7-11}$$

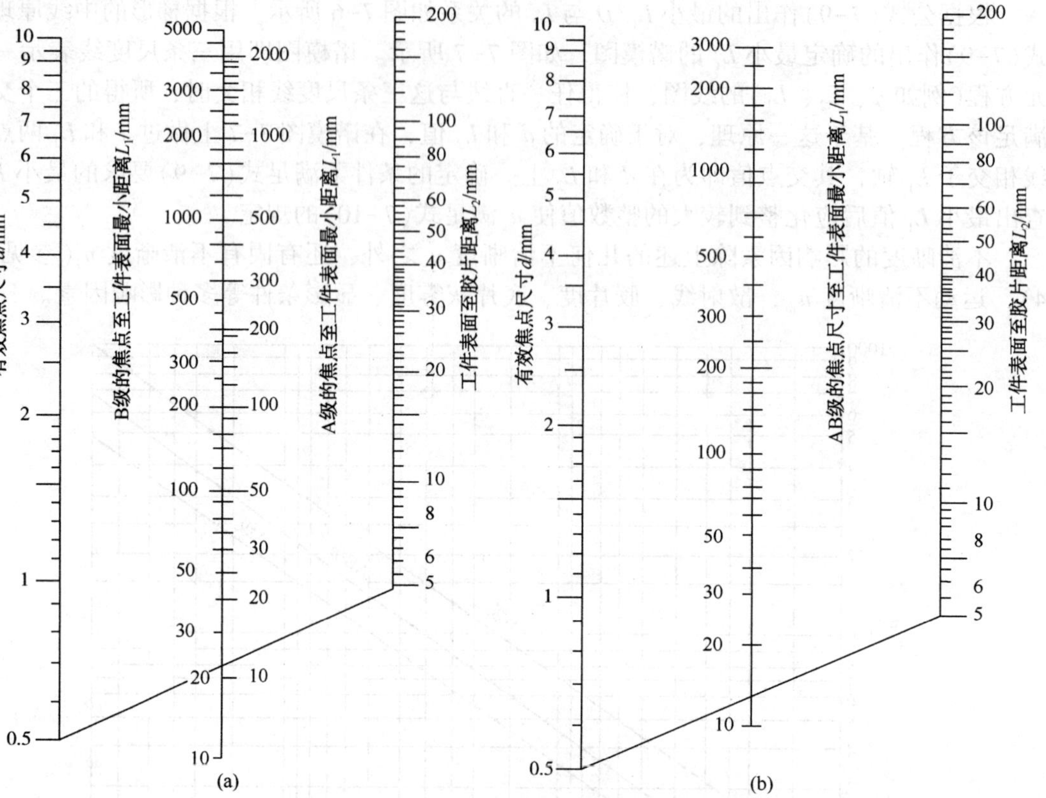

图 7-7　确定焦点至工件距离的诺模图

焊缝透照厚度比符合表 7-5。

表 7-5　焊缝透照厚度比

焊缝	A 级	AB 级	B 级
纵缝	≤1.03		≤1.01
环缝	≤1.1		≤1.06

在射线检测中除要了解、掌握上述内容外，还要根据实际工件的具体结构、材质、厚度等选择各种有利于检测的透照方式，如纵缝透照法、环缝外透法、环缝内透法、双壁单影法、双壁双影法等，尽可能反映工件的内部情况。最后胶片经过暗室处理，得到合格的底片。

7.3　焊缝射线透照缺陷等级评定

对射线底片的评定即对底片进行分析、判断、评定并做出结论，是射线检测的最后一项重要工作。根据评定的结论及被检工件的要求和相关标准，来决定工件是否合格、返修等。

7.3.1　评定工作的基本要求

(1) 底片质量要求的主要内容：合适的底片黑度、像质指数(即底片上必须显示的最小钢丝直径与相应的像质指数)，不允许存在伪缺陷，正确的像质计、标记的影像和合理的射线底片影像级别(A 级、AB 级和 B 级)。

(2) 底片观察的条件要符合要求，如评片环境和能观察底片最大黑度为 3.5 时的亮度等。

(3) 具备相应评片资格和经验的评片人。如必须具备劳动部门颁发的射线Ⅱ级以上资格证书检测人员担任评片工作。

7.3.2 焊缝的质量分级

根据 NB/T 47013—2015《承压设备无损检测》及 GB/T 3323—2019《金属熔化焊焊接接头射线照相》中关于钢制压力容器对接焊缝透照缺陷等级评定的内容，根据缺陷的性质和数量，焊缝质量分为四级(见表 7-6)。Ⅰ级焊缝质量最高，依次下降。另外，关于钢管环缝等内容的射线透照缺陷等级评定参见 NB/T 47013.2 等相关标准。

不同形态的焊接缺陷分级见表 7-7。

表 7-6 焊缝的质量分级

焊缝级别	要求内容
Ⅰ级	Ⅰ级焊缝内不允许有裂纹、未熔合、未熔透和条状夹渣存在
Ⅱ级	Ⅱ级焊缝内不允许有裂纹、未熔合和未焊透存在
Ⅲ级	Ⅲ级焊缝内不允许有裂纹、未熔合以及双面焊或相当于双面焊的全焊透对接焊缝和加垫板的单面焊中的未焊透。不加垫板的单面焊中的未焊透允许长度按表 28 条状夹渣长度的Ⅲ级评定
Ⅳ级	焊缝缺陷超过Ⅲ级者为Ⅳ级

表 7-7 焊接缺陷的分级

缺陷形态	分级内容
圆形缺陷	① 长宽比小于或等于 3 的缺陷定义为圆形缺陷。它们可以是圆形、椭圆形、锥形或带有尾巴(在测定尺寸时应包括尾部)等不规则的形状。包括气孔、夹渣和夹钨 ② 圆形缺陷用评定区进行评定，评定区域的大小见下表，评定区应选在缺陷最严重的

缺陷评定区 mm

母材厚度 δ	≤25	>25-100	>100
评定区尺寸	10×10	10×20	10×30

③ 评定圆形缺陷时，应将缺陷尺寸按下表换算成缺陷点数

缺陷点数换算

缺陷长径/mm	≤1	>1~2	>2~3	>3~4	>4~6	>6~8	>8
点数	1	2	3	6	10	15	25

④ 不计点数的缺陷尺寸见下表

不计点数的缺陷尺寸/mm

母材厚度 δ	缺陷长度
≤25	≤0.5
>25~30	≤0.7
>50	≤1.4% δ

注：母材板厚不同时，取薄的厚度值

续表

缺陷形态	分级内容

圆形缺陷

⑤ 当缺陷与评定区边界线相接时，应把它划为该评定区计算点数

⑥ 当评定区附近缺陷较少，且认为只用该评定区大小划分级别不适当时，经供需双方协商，可将评定区沿焊缝方向扩大到3倍，求出缺陷总点，用此值的1/3进行评定

⑦ 圆形缺陷的分级见下表

圆形缺陷的分级

质量等级点数	评定区/mm					
	10×10			10×20		10×30
	母材厚度/mm					
	≤10	>10~15	>15~25	>25~50	>50~100	>100
Ⅰ	1	2	3	4	5	6
Ⅱ	3	6	9	12	15	18
Ⅲ	6	12	18	24	30	36
Ⅳ	缺陷点数大于Ⅲ级或缺陷长径大于$\frac{1}{2}\delta$者					

注：1. 表中数字是允许缺陷点数的上限

2. 母材板厚不同时，取薄的厚度值

⑧ Ⅰ级焊缝和母材厚度等于或小于5mm的Ⅱ级焊缝内不计点数的圆形缺陷，在评定区内不得多于10个

条状夹渣

① 长宽比大于3的夹渣定义为条状夹渣

② 条状夹渣的分级见下表

条状夹渣的分级/mm

质量等级	单个条状夹渣长度	条状夹渣总长
Ⅱ	$\frac{1}{3}\delta$，最小可为4，最大不超过20	在任意直线上，相邻两夹渣间距均不超过$6L$的任何一组夹渣，其累计长度在12δ焊缝长度内，不超过δ
Ⅲ	$\frac{2}{3}\delta$，最小可为6，最大不超过30	在任意直线上，相邻两夹渣间距均不超过$3L$的任何一组夹渣，其累计长度在6δ焊缝长度内，不超过δ
Ⅳ	大于Ⅲ级者	

注：1. 表中L为该组夹渣中最长者的长度，δ为母材厚度

2. 长宽比大于3的长气孔的评级与条状夹渣相同

3. 当被检焊缝长度不足128(Ⅱ级)或68(Ⅲ级)时，可按比例折算。当折算的条状夹渣总长小于单个条状夹渣长度时，以单个条状夹渣长度为允许值

4. 当两个或两个以上条状夹渣在一直线上且相邻间距小于或等于较小夹渣尺寸时应作为单个连续夹渣处理，其间距也应计入夹渣长度，否则应分别评定

5. 母材板厚不同时，取薄的厚度值

续表

缺陷形态	分级内容
裂纹未熔合未焊透	参见表 27 焊缝的质量分级要求
综合缺陷	在实际生产中，焊接缺陷的存在形式、形态是很复杂的，可能以单一形态出现，也可能是多种缺陷综合存在，为此需要进行综合评级 综合评级要求：在圆形缺陷评定区内，同时存在圆形缺陷和条状夹渣或未焊透时，应各自评级，将各自评级结果级别之和减 1 作为最终级别 当在评定范围内存在裂纹、未熔合等缺陷时，不必进行综合评级，因为它只能评为Ⅳ级

7.3.3 缺陷位置和尺寸的确定

在射线探伤中经过评片后，有时根据生产上的需要，经常会遇到要求对缺陷的位置和尺寸的测定问题。下面介绍缺陷深度和平面尺寸测定方法(参见表 7-8)。

表 7-8 缺陷位置和尺寸的确定

<table>
<tr><th>待求参数</th><th>示意图</th><th>计算公式</th><th>备注</th></tr>
<tr><td>缺陷深度
d</td><td>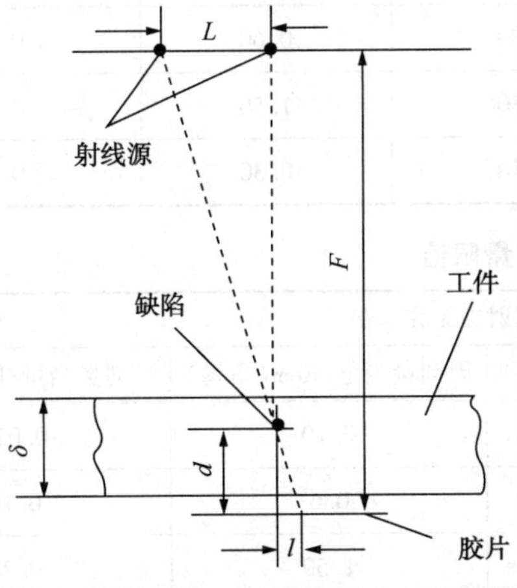
</td><td>参见图示有$\frac{F-d}{d}=\frac{L}{l}$
则 $d=\frac{LF}{L+l}$</td><td>F—焦距；
L—两次曝光射线源水平移动距离，mm；
l—两次曝光缺陷的影像距离，mm；
d—缺陷深度，mm(包括了底片前半面厚度和增感屏厚度，约 2mm)</td></tr>
<tr><td>缺陷平面尺寸</td><td>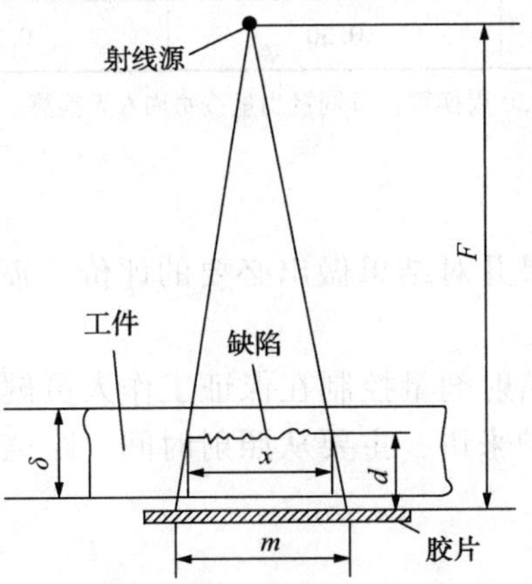
</td><td>参见图示有$\frac{x}{m}=\frac{F-d}{F}$
$x=\frac{F-d}{F}m$ 同理 $y=\frac{F-d}{F}n$</td><td>x、y—缺陷在垂直于射线方向上，平面坐标真正长度和宽度，mm；
m、n—x、y 投影到底片上的影像坐标长度和宽度，mm；
F—焦距，mm；
d—缺陷深，mm
此法用于影像尺寸大于缺陷真正尺寸时，对于薄工件或缺陷位置靠近胶片时采用大焦距，垂直照射的情况下，底片上呈现的影像大小基本上等于缺陷在垂直于射线照射方向的平面上的真实大小</td></tr>
</table>

上面介绍的缺陷深度和平面尺寸的测定，是一项较烦琐的工作，且存在一定误差，只在特殊需要的情况下测定。

7.4 射线防护

7.4.1 射线防护标准

国内射线防护标准参见 GB 18871—2002《电离辐射防护与辐射源安全基本标准》、GB 22448—2008《500 千伏以下工业 X 射线探伤机防护规则》。标准中的有关条款见表 7-9、表 7-10。

表 7-9 电离辐射的剂量当量限值

受照射部位		职业性放射性工作人员的剂量当量限值		放射性工作场所相邻及附近地区工作人员和居民的剂量当量限值	
器官分类	名称	Rem(雷姆)	mSv(毫希沃特)	Rem(雷姆)	mSv(毫希沃特)
第一类	全身、性腺红骨髓	5	50	0.10	0.017
第二类	皮肤、骨、甲状腺	30	300	0.60	0.10
第三类	手、前臂、足踝	75	750	1.50	0.25
第四类	其他器官	15	150	0.30	0.05

表 7-10 剂量当量限值

受照射部位	职业性放射性工作人员			
	年剂量当量/Rem(雷姆)	月剂量当量/Rem(雷姆)	周剂量当量/Rem(雷姆)	日剂量当量/Rem(雷姆)
第一类器官	5	0.42	0.10	0.017
第二类器官	30	2.52	0.6	0.10
第三类器官	75	6.25	1.50	0.25
第四类器官	15	1.25	0.30	0.10

注：表中月剂量当量按每年 12 个月换算；周剂量当量按每年 50 周换算；日剂量当量按每周 6 天换算。

7.4.2 射线防护方法

在进行射线防护之前，要求有准确的测量结果并对结果做出必要的评价。辐射监测主要是对工作环境和工作人员的监测。

射线防护方法主要从控制辐射剂量着手，把辐射剂量控制在保证工作人员健康和安全的条件下的最低标准内。对射线检测的外照射防护来讲，主要从照射时间、距离和屏蔽三方面进行，详见表 7-11。

影响辐射损伤的因素见表 7-12。

表 7-11 控制辐射剂量的方法

控制项目	控制内容
照射时间	控制照射时间，即控制工作人员在辐射场中的停留时间。因为人体在辐射场内停留时间越长，则累积吸收剂量越大，即 剂量=剂量率×时间 可见在剂量率不变的情况下，累积的吸收剂量与照射时间成正比关系，因此，射线探伤工作人员注意缩短在辐射场内的停留时间，是防护措施之一
距离	适当增加被照射人员与辐射源之间的距离，也是防护的措施之一。因为对于同一辐射源，照射剂量或剂量率与距离的平方成反比。可见增加工作人员与辐射源之间的距离，是有效的简便的防护措施 照射剂量与距离的关系式为： $\frac{D_1}{D_2}=\frac{R_2^2}{R_1^2}$ 式中，D_1、D_2 分别为距离辐射源 R_1、R_2 处的剂量；R_1、R_2 分别为辐射源起点 1、2 处的距离 上述关系式适用于点射线源
屏蔽	屏蔽就是在辐射源与工作人员之间增加一道防护屏蔽物，以减小射线对人体的损害。显然防护屏蔽物对射线的吸收越多，对人体的损害就越少。因此，原子序数高、密度大的材料是好的防护材料，如常用的铅、混凝土等。另外，根据射线探伤条件不同，屏蔽防护可以有固定永久式，如防护墙、门等；也可以是活动临时式，如移动操作室、防护屏、铅砖等

表 7-12 影响辐射损伤的因素

<table>
<tr><th>主要因素</th><th colspan="2">影响内容</th></tr>
<tr><td>辐射性质</td><td colspan="2">辐射性质包括辐射的种类和能量。不同的辐射源在介质中的线能量转移(LET)不同，所产生的电离密度不同，因而相对产生的生物效应也不相同。如 X 射线和 Y 射线的生物效应基本相同，而中子与 Y 射线相比，中子的 LET 较大，所以中子产生的生物效应比 Y 射线大。另外，对同一类型的辐射，若射线能量不同，产生的生物效应也不相同。如低能 X 射线造成皮肤红斑所需的照射量小于高能 X 射线，因为低能 X 射线主要被皮肤吸收，而高能 X 射线照射时，将能量同时分布到较深的组织中去</td></tr>
<tr><td rowspan="9">剂量</td><td colspan="2">剂量与生物效应之间存在着复杂的关系，一般说来，吸收剂量越大，生物效应也越大。以一次全身照射为例，不同剂量的照射对人体的损伤大致估计见下表。rad(拉德)为吸收剂量的专用单位</td></tr>
<tr><td>吸收剂量</td><td>人体损伤程度</td></tr>
<tr><td>25rad 以下一次照射</td><td>观察不出明显的病理变化</td></tr>
<tr><td>50rad 左右</td><td>可见一时性迹象变化</td></tr>
<tr><td>大于 50rad</td><td>可出现机能和血象的改变，因个体差异有的可能表现出轻辐射症候群</td></tr>
<tr><td>大于 100rad</td><td>能引起程度不同(轻中、重、极重)的急性放射病</td></tr>
<tr><td>500rad 左右</td><td>当一次全身照射达到 500rad 时，使人体致半死状态</td></tr>
<tr><td>大于 1000rad</td><td>在一、二个月内 100%死亡</td></tr>
<tr><td>几千 rad</td><td>几千 rad 的全身照射，可破坏中枢神经系统，而在几分钟至几小时内致死</td></tr>
<tr><td>剂量率</td><td colspan="2">由于人体对射线的生物损伤有一定的恢复作用，所以在受照射总剂量相同时，小剂量率的分散照射比一次大剂量率的急性照射所造成的生物损伤要小得多。例如，若一生(50 年)全身均匀照射的累积剂量为 200rad，并不会发生急性生物损伤；若一次急性照射的剂量为 200rad，则可能产生严重的躯体效应，临床表现为急性放射病。剂量率=剂量/时间</td></tr>
</table>

续表

<table>
<tr><th>主要因素</th><th colspan="2">影响内容</th></tr>
<tr><td>照射方式</td><td colspan="2">照射方式主要有外照射和内照射。对射线探伤者来说主要是外照射。在外照射的情况下，单方向与多方向进行照射生物损伤不同；一次照射与多次照射不同，多次照射时，其间隔时间不同，所产生的生物损伤也有差别</td></tr>
<tr><td>照射部位</td><td colspan="2">人体受照射的部位不同，产生的生物损伤也不同。例如，以600rad照射全身可引起致死，而同样的剂量照射手足，可能不会发生明显的临床症状。在相同剂量和剂量率照射条件下，不同部位的辐射敏感性的高低依次排列为：腹部、盆腔、头部、胸部、四肢</td></tr>
<tr><td rowspan="6">照射面积</td><td colspan="2">在相同剂量照射下，受照面积越大，产生的效应也越大。以600rad照射为例，在不同的照射面积上，效应见下表</td></tr>
<tr><td>照射面积</td><td>效应</td></tr>
<tr><td>几平方厘米</td><td>皮肤暂时变红，不会出现全身症状</td></tr>
<tr><td>几十平方厘米</td><td>产生恶心、头痛等症状，经过一时期症状会消失</td></tr>
<tr><td>全身的1/3以上面积</td><td>有致死的危险</td></tr>
<tr><td colspan="2">另外，注意与被照射部位的关系，重要部位的小面积照射也会有严重损伤</td></tr>
</table>

思考题

7-1　简述射线检测之前应做的准备工作。

7-2　说明射线照相的质量等级要求(像质等级)。

7-3　射线检测焊接接头时，对接接头透照缺陷等级评定的焊缝质量级别是怎样划分的？

7-4　说明像质计的应用及作用。试确定被检测钢板厚度为50mm，要求相对灵敏度(K)为1.5%时，像质计的组别，并判断底片上可识别出的最细金属丝直径。

7-5　影响底片不清晰度的因素有哪些？

7-6　对射线防护的方法有几种？检测人员每年允许接受的最大射线照射剂量是多少？

8 超声波检测及缺陷等级评定

超声波检测目前在国内系指采用A型脉冲反射式超声波探伤仪产生的超声波，透射被检物并接收反射回的脉冲信号，对信号进行等级分类的全过程。

8.1 超声波检测的基础知识

8.1.1 超声波及其特性

超声波即是频率高于20000Hz的机械波(声波的频率范围为20~20000Hz)。超声波的特性如下。

(1) 具有良好的方向性。在超声波检测中超声波的频率高、波长短，在介质传播过程中方向性好，能较方便、容易地发现被检物中是否存在缺陷。

(2) 具有相当高的强度。超声波的强度与其频率的平方成正比，因此其强度相当高。如1MHz的超声波能量(强度)相当于1kHz声波强度的100万倍。

(3) 在两种传播介质的界面上能产生反射、折射和波形转换。目前国内广泛采用的脉冲反射式超声波检测法就是利用了这一特点。

(4) 具有很强的穿透能力。超声波可以在许多金属或非金属物质中传播，且传播距离远、传输能量损失少、穿透力强，是目前无损检测中穿透力最强的检测方法，如可穿透几米厚的金属材料。

(5) 对人体无伤害。

8.1.2 超声波的种类及应用

几种波的传播特点及应用参见表8-1。

表8-1 几种波的传播特点及应用

波的类型	概念	符号	图示	质点振动特点	传播介质	应用
纵波	在传播介质中质点的振动方向与波的传播方向相同的波，称为纵波	L	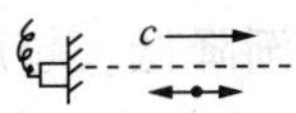	质点的振动方向平行于波的传播方向	固、液、气体介质	钢板、锻件等探伤
横波	在传播介质中质点的振动方向与波的传播方向相互垂直的波，称为横波	S(T)		质点的振动方向垂直于波的传播方向	质点的振动方向垂直于波的传播方向	焊缝、钢管等探伤

续表

波的类型	概　念	符号	图　示	质点振动特点	传播介质	应　用
表面波（端利波）	当交变的表面张力作用于固体表面时，产生沿介质表面传播的波，称为表面波	R	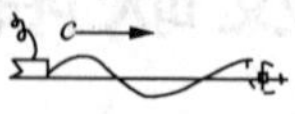	质点作椭圆运动，椭圆长轴垂直于波传播方向，短轴平行于波传播方向	固体介质	钢板、锻件钢管等探伤
板波（兰姆波）	SH 波是水平偏振的横波在薄板中的传播	SH	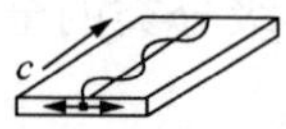	薄板中各质点的振动方向平行于板面而垂直于波的传播方向	固体介质（厚度与波长相当的薄板）	薄板、薄壁钢管的探伤（δ<6mm）

其中，纵波和横波的应用比较广泛，纵波及横波通常是由直探头和斜探头产生的。

8.1.2.1　纵波的声场声压分布

纵波声场的声压（P）分布如图 8-1 所示。

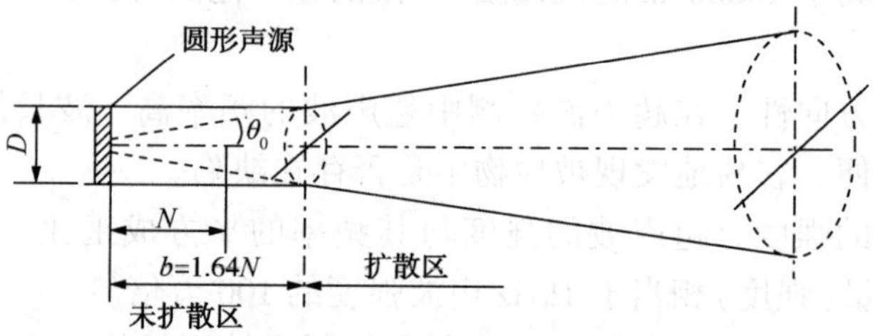

图 8-1　圆形声源的纵波超声场声压分布

若声场的声源声压为 P_0，则有

$$P\approx 2P_0\sin\frac{\pi D^2}{8\lambda x};\ \lambda=\frac{c}{f}(x>D\text{ 时}) \tag{8-1}$$

$$P\approx\frac{P_0F}{\lambda x};\ F=\frac{\pi D^2}{4}(x>3\frac{D^2}{4\lambda}\text{时}) \tag{8-2}$$

式中，D 为波源直径，mm；N 为近场区长度，$N=\frac{D^2}{4\lambda}=\frac{F}{\pi\lambda}$，mm；$b$ 为未扩散区长度，$b\approx 1.64N$，mm；θ_0为未扩散角，$\theta_0=\arcsin 1.22\frac{\lambda}{D}\approx 70\frac{\lambda}{D}$，(°)；$P_0$为波源声压，Pa；$x$ 为波源轴线上某点至波源的距离，mm；c 为波速，m/s；f 为波动频率，Hz。

从图 8-1 圆形声源的纵波超声场中可以看出，不同截面上的声压分布是不同的，当 $x\geqslant N$ 时，轴线上声压最高，偏离中心轴线声压逐渐降低。超声波的能量主要集中在 $2\theta_0$之内的锥形区域，此区域称为主波束，主波束边缘声压为零。半扩散角（θ_0）的大小是衡量超声波方向性好坏的参数。在超声波检测过程中要注意声压分布的特点，利用主声束检测，同时注意其他参数的影响。

8.1.2.2　超声波的反射和折射

当超声波从某一介质传播到另一介质时，一部分能量在界面上反射回原介质内，成为反射波；另一部分能量透过界面在第二介质内传播，成为折射波。如图 8-2 所示。

(1) 反射率。反射波声压 P_γ 与入射波声压 P_0 之比，称为反射率 γ。即

$$\gamma=\frac{P_\gamma}{P_0}=\frac{Z_2\cos\alpha-Z_1\cos\beta}{Z_2\cos\alpha+Z_1\cos\beta} \tag{8-3}$$

当超声波垂直入射时，$\alpha=\beta=0°$，则

$$\gamma=\frac{Z_2-Z_1}{Z_2+Z_1} \tag{8-4}$$

式中，Z_1 为第一介质的声阻抗，$Z_1=\rho_1c_1$；Z_2 为第二介质的声阻抗，$Z_2=\rho_2c_2$；ρ 为介质的密度；c 为声速。

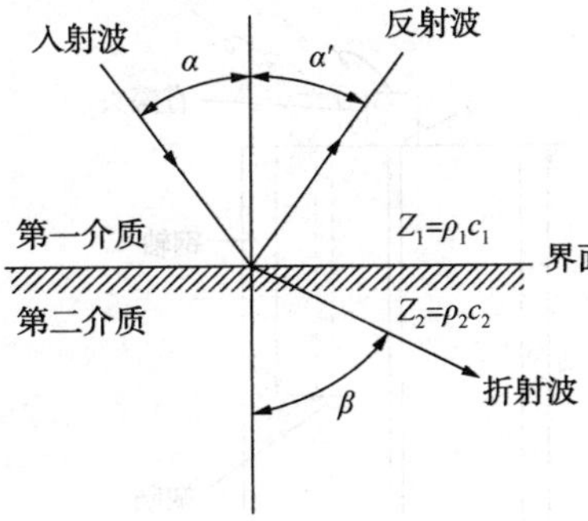

图 8-2　波的反射与折射

从反射率计算公式可以看出，两介质声阻抗相差越大，反射率越大，例如，钢的声阻抗比气体的声阻抗大得多，所以在钢中传播的超声波碰到裂纹等缺陷时(裂纹等缺陷内可能由气体等介质构成)，便从缺陷表面反射回来，而且反射率近于 100%，测定出反射回来的超声波，就能查别缺陷的存在，这就是超声波检测的基本原理。

(2) 透过率。透过声压 P_t 与入射声压 P_0 之比，称为透过率 K。即

$$K=\frac{P_t}{P_0}=\frac{2Z_2\cos\alpha}{Z_2\cos\alpha+Z_1\cos\beta} \tag{8-5}$$

当超声波垂直入射时，$\alpha=\beta=0°$，

$$K=\frac{2Z_2}{Z_2+Z_1}=1+\gamma \tag{8-6}$$

从透过率计算公式可以看出，第二介质的声阻抗增大，则透过率也增大。这对超声检测很有实际意义。例如，检测时为尽量使超声波透入工件，必须在探头与工件表面之间加机油、水等耦合剂，否则在探头与工件表面之间存在有空气，易产生全反射。此时耦合剂(液体)声阻抗大，则自探头射入工件的超声波及从工件内反射回探头的超声波都容易透过。

但应指出，当第二介质较薄时，反射率与透过率的计算公式有些不同，它们不但与两介质的声阻抗有关，而且和第二介质的厚度与该介质中超声波波长之比有关。

(3) 直探头(纵波)的应用。当超声波垂直入射到平界面上时，如图 8-3 所示，对轴(钢)件检测，超声波从直探头的发射点(a)发射进入轴件中垂直发射传播，到达底面(由钢与空气组成的界面，此时的反射率近于 100%)时，绝大部分能量的超声波反射回来，被探头接收，超声波传播的距离为轴件的高度 L。若超声波在钢介质中碰到裂纹等缺陷时(缺陷的介质不同于钢介质)，则从缺陷界面反射回来，故可判别缺陷的存在，并能进一步判断缺陷的位置，根据反射回的波形形态、特点还可以判断缺陷的性质(如裂纹、夹层、夹渣等缺陷)，此时超声波所传播的距离即是缺陷所存在的位置与发射点间的长度 x。

(4) 斜探头(横波)的应用。在对焊缝检测时，由于焊缝余高凸凹不规则，且高出钢板表面，因此通常选用斜探头(横波)检测，斜探头发射出的超声波传播方向、路径如图 8-4 所示。超声波由斜探头的入射点(a)发射进入钢板后的方向沿着 ab 方向传播，与钢板表面垂直方向有夹角 β，β 为斜探头的特性参数之一，常用 K 值表示，$K=\tan\beta$。

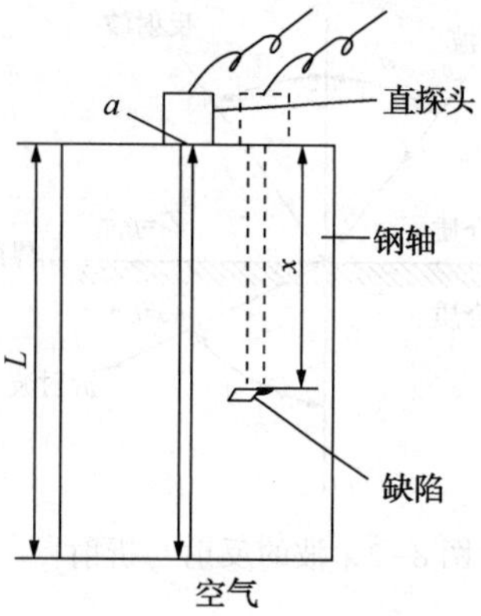

图 8-3　直探头的应用

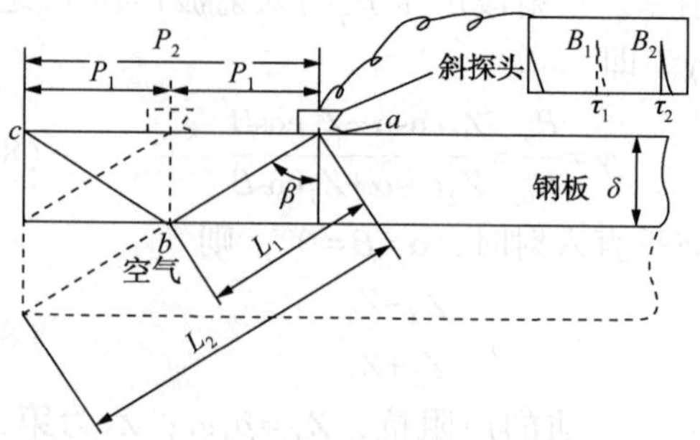

图 8-4　斜探头的应用

L_1——一次波声程，$L_1=\delta/\cos\beta$；L_2—二次波声程，$L_2=2\delta/\cos\beta$；

P_1——一次波跨距，$P_1=\delta\tan\beta=K\delta$；

P_2—二次波跨距，$P_2=2\delta\tan\beta=2K\delta$；δ—板厚

当超声波传播到钢板与空气的界面(b 点)时，产生全反射，传播方向改向 bc 方向。由于钢板上、下两表面是平行的，所以超声波将在钢板内按 W 形路线传播。

在焊缝检测时，一次波声程[如图 8-5(a)所示]常用于厚板焊缝检测，但不易发现焊缝区上部(M 区)的缺陷；二次波声程[如图 8-5(b)所示]常用于中厚板、薄板的焊缝检测。

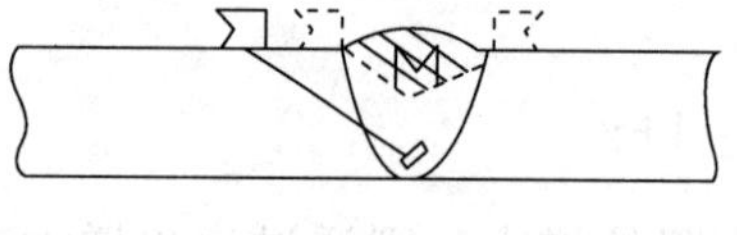

(a)一次波声程检测

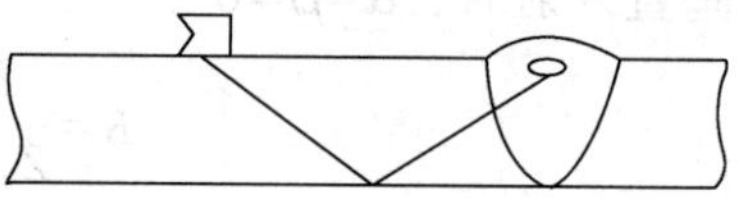

(b)二次波声程检测

图 8-5　超声波检测

8.1.2.3　超声波的衰减

超声波在介质中传播，随着传播距离的增加，其能量逐渐减弱的现象称为超声波能量的衰减。超声波衰减是很复杂的问题，传播的介质不同、传播的条件不同、超声波的波形不同，其衰减规律也不同。

(1) 超声波衰减的主要原因。

① 声束的扩散衰减。不同的振源在介质中产生的波形不同，声波在介质中传播的状况也不同。如图 8-1 所示，随着传播距离的增加，声场的声压分布是不同的，声波将会扩散，从而单位面积上超声波能量和声压将会逐渐减少，这种随着波阵面的扩散而引起的超声波能量和声压的减少，称为扩散衰减。

在实际检测中，随着使用探头形式、晶片大小和频率的不同，超声波的扩散衰减也是不相同的。

② 超声波的散射衰减。超声波的散射主要来源于介质内部声阻抗不同(如金属晶粒的大小不同等)的界面。超声波在这些阻抗不同的界面上产生散乱反射，被散射的超声波在介质中经过复杂的传播路径，使主声束方向上的声能减少而产生的衰减称为散射衰减。

在实际检测中，铸铁材料晶粒粗大而且是由不同成分、不同形态的石墨(片状、团絮状、球状)和铁素体组成，界面复杂、散射衰减严重；奥氏体不锈钢晶粒粗大，很难用检测一般钢材的方法来进行检测，这也是散射衰减严重的原因。

③ 介质吸收引起的衰减。在超声波传播过程中，由于传播介质的吸收使声能转换成另外形式的能量(如转换成热能等)，而使声能减少称为吸收衰减。

声波被介质吸收主要是由介质的黏滞性、热传导、弹性弛豫等因素引起的。黏滞性阻碍质点振动，造成质点间的摩擦，使一部分声能转换成热能；热传导是由于介质的疏部和密部之间进行热交换而导致声能的损失；弛豫吸收是由于介质质点振动的迟缓，声能没有传播出去，而储存在介质的内部。

除了上述三种主要衰减之外，材质的声能衰减还有其他一些因素，如在强磁性材料中由于磁畴壁引起的衰减；电子相互作用引起的衰减；应力与交变应力产生晶格位错引起的衰减；残余应力造成声场紊乱而引起的衰减等。

(2) 衰减系数。超声波在不同介质的衰减情况，常用衰减系数来定量表示。

工件材质衰减系数的计算公式为：

$$\alpha=\frac{(B_1-B_2)-6\text{dB}}{2\delta} \tag{8-7}$$

式中，α 为衰减系数(单程)，dB/mm；B_1-B_2 为衰减器的两次读数之差，dB；δ 为工件检测厚度，mm。

在工件无缺陷完好区域，选取三处检测面与底面平行且有代表性的部位，调节仪器使第一次底面回波幅度(B_1)为满刻度的50%，记录此时衰减器的读数，再调节衰减器，使第二次底面回波幅度(B_2)为满刻度的50%，两次衰减器读数之差即为(B_1-B_2)的dB差值。计算后取三处衰减系数的平均值作为该工件的衰减系数。

(3) 衰减对检测的影响。传播介质是影响超声波衰减的主要因素，在气体介质中超声波衰减最严重，在液体介质中次之，在固体介质中衰减最小。因此，在实际检测过程中要避免有气体介质传播。另外，随着超声波传播的路径增大，衰减增加，使检测灵敏度降低。

超声波在金属中传播时的散射衰减与金属晶粒尺寸有关，晶粒尺寸越大，散射作用越强，衰减也越严重；反之，则衰减减小。例如，奥氏体不锈钢、铸钢、铸铁等材料，由于较粗大的晶粒，超声波检测时，需要采用一些与普通钢材不同的特殊检测工艺方法。

用超声波检测钢材时，超声波是由探头发射出来的，而探头通常是由有机玻璃制造的，所以超声波首先接触的第一介质就是有机玻璃(固体)，在进入到钢材料(钢介质)之前，接触的第二传播介质通常是空气，这时由探头产生并发射出来的超声波碰到的第一界面是由有机玻璃(固体)与空气(气体)组成的界面，而使超声波很难进入到被检工件钢材料中去。为此超声波检测时必须用耦合剂(一般为液体，排除了空气的影响)以解决这个问题。

8.1.3 超声波探伤仪、探头、耦合剂、试块

在超声波检测时，主要使用的设备及用品是超声波探伤仪、探头、耦合剂、试块等。

8.1.3.1 超声波探伤仪

超声波探伤仪是超声检测中的关键主体设备，它的功能是产生电振荡并加在换能

器——探头上，使之产生超声波，同时又可以将探头接收的返回信号放大处理，以脉冲波、图像显示在荧光屏上，以便进一步分析判断被检对象的具体情况。超声波探伤仪有多种分类方法，其中按缺陷被显示方式不同有以下几种类型，见表 8-2，常用脉冲反射式超声波探伤仪主要参数见表 8-3。

表 8-2　常用脉冲反射式超声波探伤仪

类　型	缺　陷　显　示
A 型探伤仪	A 型显示是以脉冲波形显示在荧光屏上，横坐标代表声波的传播时间(或距离)，纵坐标代表反射波幅度。由反射波的位置可以计算缺陷的位置，由反射波的幅度可以估算缺陷的大小。目前应用于金属材料超声波探伤的仪器基本上都是 A 型显示脉冲反射式探伤仪
B 型探伤仪	B 型显示是以图像显示在荧光屏上，横坐标以机械扫描来代表探头的扫描轨迹，纵坐标以电子扫描来代表声波的传播时间(或距离)，可以显示出被检工件在任意界面上缺陷的分布及深度
C 型探伤仪	C 型显示也是一种图像显示，此时纵、横坐标都是以机械扫描来代表探头在工件表面的位置。探头接收脉冲波的幅度以光点、亮度表示，因而探头在工件表面上移动时，荧光屏上便显示出工件内部缺陷的平面图像(即从探头方向看的投影)，但不能显示缺陷的深度
对探伤仪的一般要求 (NB/T 47013.3—2015)	A 型脉冲反射式超声波探伤仪工作频率范围为 1～5MHz，仪器至少在荧光屏满刻度的 80%范围内呈线性显示。探伤仪应具有 80dB 以上的连续可调衰减器，步进级每挡不大于 2dB，其精度为任意相邻 12dB 误差在±1dB 以内，最大累计误差不超过 1dB，水平性误差不大于 1%，垂直性误差不大于 5%。其余指标应符合 ZBY230 的规定

表 8-3　常用脉冲反射式超声波探伤仪主要参数

特征参数	汕头 CTS 型			德国 Krautkrämer		
	22	23	24	USK7	USL48	USIP12
探伤频率/MHz	0.5～10	0.5～20	0～25	0.5～10	1～10	0.5～15 1～25
增益或衰减/dB	80	90	110	100	106	106
近表面分辨率/mm	$\phi2 \geqslant 3$	$\phi2 \geqslant 2$			$\phi1.2 \geqslant 1.3$	$\phi0.4 \geqslant 1.3$
薄板分辨力/mm		1.2	1.2			0.5
探测范围/mm	10～120	5～5000	5～10000	0～10 0～2500	0～5 0～6000	0～5 0～15000
质量/kg	5	7.2	18	5.1	8.4	18

注：探测范围指纵波；增益或衰减指可读数；近表面分辨力和 $\phi2$ 等是指平底孔。

8.1.3.2　探头

探头是与超声波探伤仪配合产生超声波和接收反射回信号的重要部件，也即是将电能转换成超声波能(机械能)和将超声波能转换为电能的一种换能器。

探头的分类方式可参见表 8-4。

表 8-4 探头的分类

分类内容	类型
按入射声束方向分类	直探头，其入射波束与被检工件表面垂直 斜探头，其入射波束与被检工件表面成一定的角度(入射角)
按波形分类	按照在被检工件中产生波形不同可分为纵波探头、横波探头、板波(兰姆波)探头和表面波探头
按晶片数目分类	按照探头制造中压电晶片的数量可分为单晶探头、双晶探头和多晶片探头
按耦合方式分类	按照探头与被检工件表面的耦合方式可分为直接接触式探头和液浸式探头(如水浸式探头)。注意直接接触式探头工作时在探头与工件之间也有一薄层耦合剂
按声束形状分类	按照超声声束的集聚与否可分为聚焦探头与非聚焦探头

在实际检测中，常用的探头有直探头、斜探头、双晶探头、聚焦探头等。探头的主要性能、特点及应用如下。

(1) 直探头。波束垂直于被检工件表面入射到工件内部传播(参见图 8-3)，探头用来发射和接收纵波，可用单探头反射法，也可用双探头穿透法。

单晶直探头晶片尺寸为 $\phi 14 \sim \phi 25mm$ 或方晶片面积大于 $200mm^2$，小于 $500mm^2$，发射超声波的入射点为直探头中心。公称频率为 2.5MHz，远场分辨力应大于或等于 30dB，声束轴线水平偏离角不应大于 2°，主声束垂直方向不应有明显的双峰。

直探头常用于检测钢板、锻件等上下两表面平行的工件及轴类件等，检测钢板厚度范围为 20~250mm。

(2) 斜探头。利用探头内的透声楔块使声束倾斜于工件表面射入工件内部的探头称为斜探头。根据探头设计制造的入射角度不同，可在工件中产生纵波、横波和表面波，也可以在薄板中产生板波，通常所说的斜探头系指横波斜探头。

斜探头的主要性能参数除晶片尺寸、公称频率外，在检测工件之前还应校对、测试如下性能参数(参见图 8-4)。

① 斜探头的入射点 a。是指斜探头发射出的超声波入射到工件内，主声束与工件表面相接触的点，如图 8-6 所示。校对测准斜探头的入射点，对准确确定工件内部缺陷的位置有很大的影响。

斜探头入射点的校对、检测必须在标准规定的标准试块上进行(如 CSK-ⅠA 试块、ⅡW-2 试块等)。

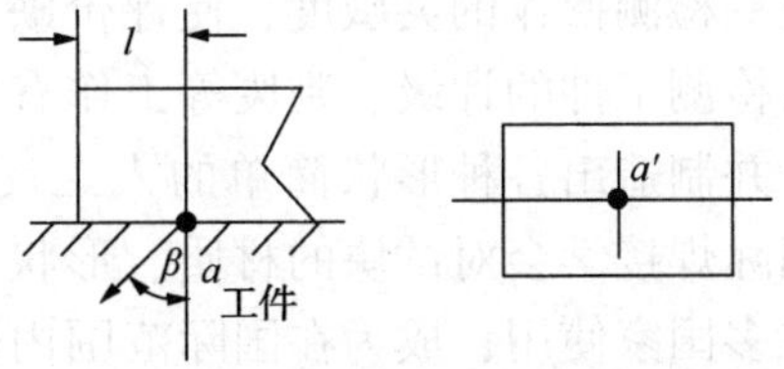

图 8-6 斜探头入射点及前沿长度

② 声束的折射角(K 值)。常用的横波斜探头，其入射角不同，在工件内产生的折射角也不同。在实际检测时，经常用 K 值来表示斜探头的折射角，$K=\tan\beta$(β 为折射角)。K 值为 1.0，1.5，2.0，2.5，3.0。折射角的校对值与公称值偏差应不超过 2°，K 值的偏差不应超过±0.1。

③ 斜探头前沿长度 l。是指斜探头入射点 a 至探头前沿的水平距离，如图 8-6 所示。校测值不应超过 1mm。

掌握斜探头前沿长度 l 对检测过程中的缺陷定位及确定合理的检测操作空间等都有很实际的作用。

④ 声束轴线偏向角。是指主声束轴线与晶片中心法线之间的夹角。这是探头制造的一个工艺参数，为保证缺陷定位与指示长度的测量精度，声束轴线偏向角不应大于2°。

以上斜探头的性能参数不但要在检测之前校测，而且要在每间隔六个工作日按GB 10062—1999《超声探伤用探头性能测试方法》规定的方法检查一次。

8.1.3.3 超声波探伤仪和探头的系统性能

当探头与超声探伤仪在一起配合进行检测工作时，对它们所组成的系统性能也要给予考虑并提出要求，以满足实际检测需要。

(1) 灵敏度余量。在A型超声波检测系统中，以一定脉冲波形表示的标准缺陷检测灵敏度与最大检测灵敏度之间的差值称为灵敏度余量，用分贝dB数值表示。标准缺陷不同，对系统灵敏度余量要求也不同。以$\phi 3\times 40$的横通孔为标准缺陷，GB 11345—2013《焊缝无损检测　超声检测　技术、检测等级和评定》中规定系统的有效灵敏度必须大于评定灵敏度10dB以上。

(2) 分辨力。超声波检测系统能够把声程不同的两个邻近缺陷在示波管荧光屏上作为两回波区别出来的能力称为分辨力。

分辨力的详细测定方法可参见JB/T 9214—2010《A型脉冲反射式超声波探伤系统工作性能测试方法》。

(3) 始脉冲宽度。超声波探伤仪与直探头组合的始脉冲宽度，对于频率为5MHz的探头，其占宽不得大于10mm；对于频率为2.5MHz的探头，其占宽不得大于15mm。

8.1.3.4 耦合剂

当探头与被检工件表面直接接触时，即采用直接接触式检测时，必须选用合适的耦合剂以减少声能的损失，同时也能提高探头的使用寿命。在选择耦合剂时要注意不要对工件、探头及操作者构成损伤、腐蚀等影响。常用有机油、糨糊、甘油和水等透声性好的耦合剂。

8.1.3.5 试块

当采用超声波进行检测或测量时，为校验超声波探伤仪、探头等设备的综合系统性能，统一检测操作的灵敏度，使评价缺陷的位置、大小、性质等尽量达到一致要求，使最后对被检测工件的评级、判废等工作有共同的衡量标准，在进行超声波被测之前按不同用途设计并制造出各种形状简单的人工反射体，统称为试块。随着超声波检测工作的不断发展，国际焊接学会对试块的材质、形状、尺寸及表面状态等都作了具体统一的规定，并已经在许多国家使用，成为在国际范围内的标准，这一类试块常称为标准试块。标准试块基本上可分为校验标准试块和对比标准试块。

(1) 对试块的总体要求。由于实际超声波检测时条件不同、情况复杂，因此实际应用的试块种类繁多，以满足不同条件下的要求。现对试块的总体要求简介如下。

① 试块应采用与被检工件有相同或近似声学性能的材料制成，该材料用探头检测时，内部不得有大于2mm平底孔当量直径的缺陷。

② 校准用反射体可采用长横孔、短横孔、平底孔、线切割槽和V形槽等。校准时探头主声束应与反射体的反射面相垂直。

③ 试块的外形尺寸应代表被检工件的特征，试块厚度应与被检工件厚度相对应。如果涉及两种或两种以上不同厚度的部件熔焊工件时，试块的厚度应由其平均厚度来确定。

④ 试块的制造要求应符合 JB/T 9214 和 JB 4126 的规定。

⑤ 现场检测时，也可以采用其他形式的等效试块。

另外对用于不同情况下的试块，可参照有关要求来制造，如 NB/T 47013.3 中的相应试块要求等。

(2) 试块的分类及应用。

① 校验标准试块。主要用于校验探伤仪、探头的综合性能，确定探伤灵敏度等工艺参数。

中国压力容器焊缝超声波检测所规定的标准试块 CSK-Ⅰ A 试块即是在ⅡW(国际焊接学会制定的标准试块)等试块的基础上进行了多次修改而制成的校验标准试块。

② 对比标准试块。主要用于调整检测范围，确定探伤的灵敏度等，与对比标准试块来比较，评估被检缺陷的大小等，以便对工件缺陷进行分级，做出最后判定。

③ 压力容器焊缝检测用标准试块。

a. CSK-Ⅰ A试块。为 NB/T 47013.3《承压设备无损检测　第 3 部分：超声检测》所推荐的用于焊缝超声波探伤试块，以校验为主(参见图 8-7)。其主要用途如下：

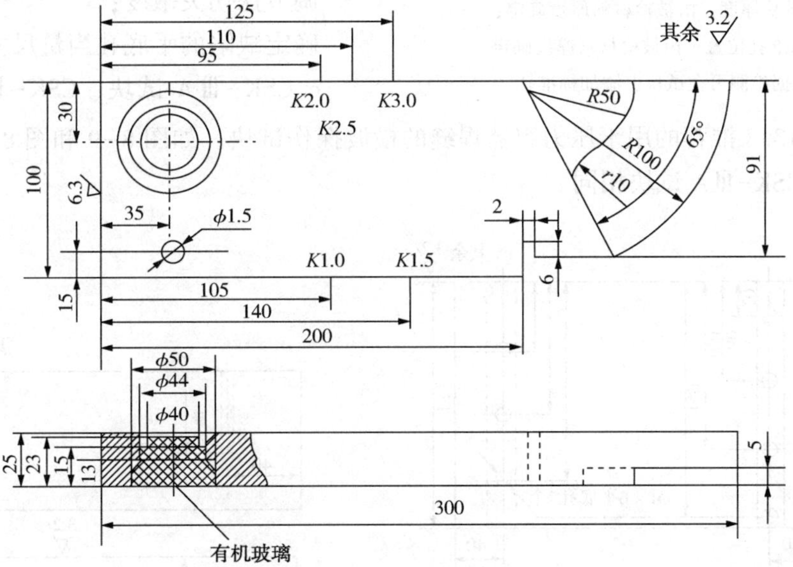

图 8-7　CSK-Ⅰ A 试块

适用于厚度范围为 8~120mm 的焊缝和厚度范围大于 120~300mm 的焊缝探伤；

利用厚度尺寸 25 测定超声探伤仪的水平线性、垂直线性和动态范围；

利用厚度尺寸 25 和 100 调整纵波检测范围和扫描速度；

利用尺寸 85、91、100 测定直探头的分辨力；

利用 $\phi50$ 至两侧的距离 5 和 10 测定探头的盲区范围；

利用 $\phi50\times23$ 有机玻璃块测定探伤仪和直探头的穿透能力；

利用 $\phi50$ 和 $\phi1.5$ 圆孔测定斜探头的折射角；

利用 $R100$ 测定探伤仪和斜探头的组合灵敏度（又称灵敏度余量、综合灵敏度）；

利用尺寸 91（纵波声程 91mm 相当于横波 50mm）调节横波 1∶1 扫描速度；配合利用 $R100$ 校正零点；

利用 $R100$ 测定斜探头的入射点和前沿长度；

利用试块直角棱边测定斜探头声束轴线的偏离情况。

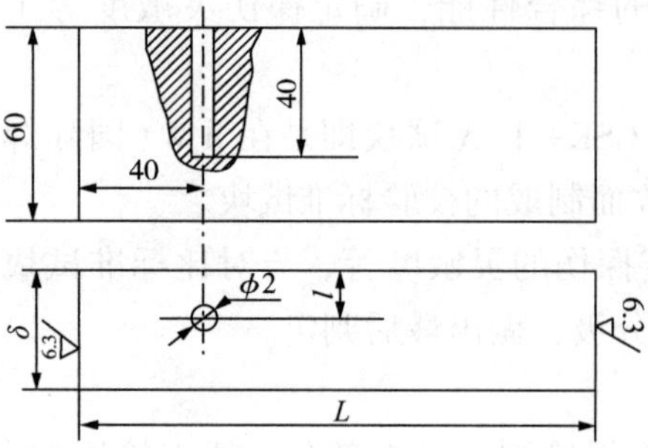

图 8-8　CSK-Ⅱ A 试块

L—试块长度，由使用的声程确定；

δ—试块厚度，由被检材料厚度确定；

l—标准孔位置，由被检材料厚度确定

根据检测可在试块上添加标准孔

b. CSK-Ⅱ A 试块。为 NB/T 47013.3 推荐的用于压力容器焊缝的横波探伤试块，以对比为主（参见图 8-8）。

其主要用途如下：

适用于厚度范围 8~120mm 的焊缝探伤；

测试探伤仪的组合性能，如灵敏度余量、始波宽度等；

绘制直探头距离-波幅曲线和面积-波幅曲线；

调节探伤灵敏度；

确定缺陷的平底孔当量尺寸。

c. CSK-ⅢA 试块、CSK-ⅣA 试块。均为 NB/T 47013.3 推荐的用于压力容器焊缝的横波探伤试块，如图 8-9 和图 8-10 所示。其主要用途与 CSK-ⅢA 试块相同。

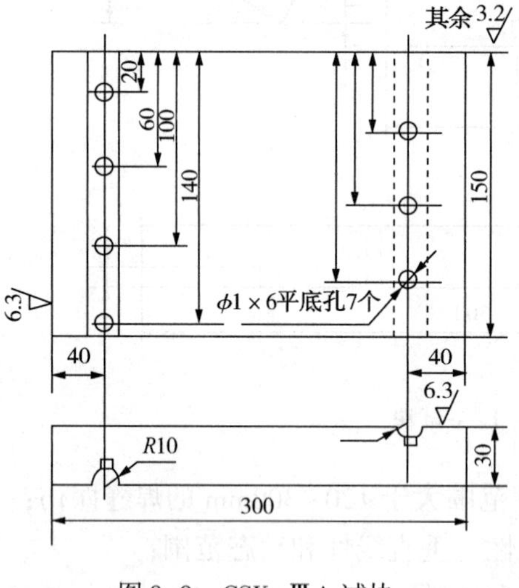

图 8-9　CSK-ⅢA 试块

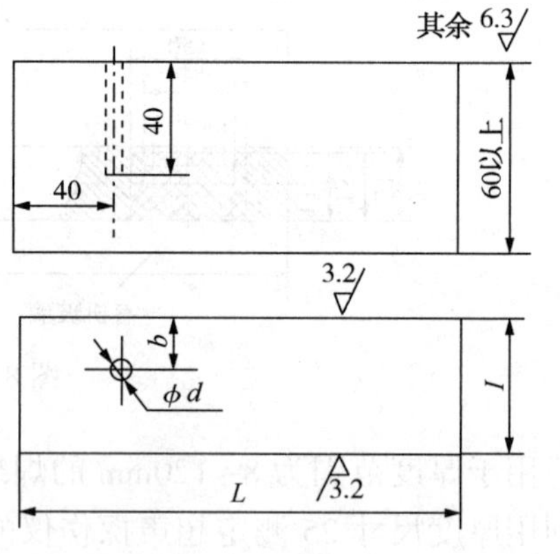

图 8-10　CSK-ⅣA 试块

CSK-ⅢA 试块（见图 8-9）含有 7 个距探测面不同深度的 $\phi1\times6$ 平底孔，为了克服试块侧面和端面反射的影响，在试块侧面短横孔处加工了两个 $R10$ 圆弧槽。

CSK-ⅣA 试块适用于厚度范围大于 120~300mm 的焊缝探伤。其尺寸见表 8-5。

表 8-5　CSK-ⅣA 试块尺寸　　　　mm

CSK-ⅣA	被检工件厚度	对比试块厚度 δ	标准孔位置 b	标准孔直径 d
N01	>120~150	135	δ/4	6.5
N02	>150~200	175		8.0
N03	>200~250	225		9.5
N04	>250~300	275		11.0

d. 压力容器钢板超声波检测标准试块。均为 NB/T 47013.3 标准所推荐，如图 8-11 和图 8-12 所示。

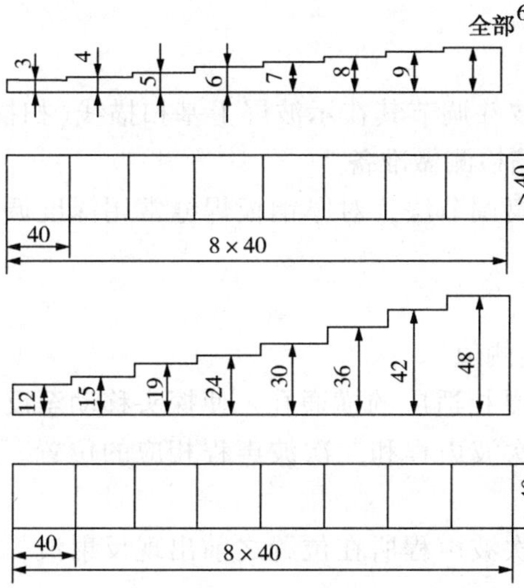

图 8-11　标准试块

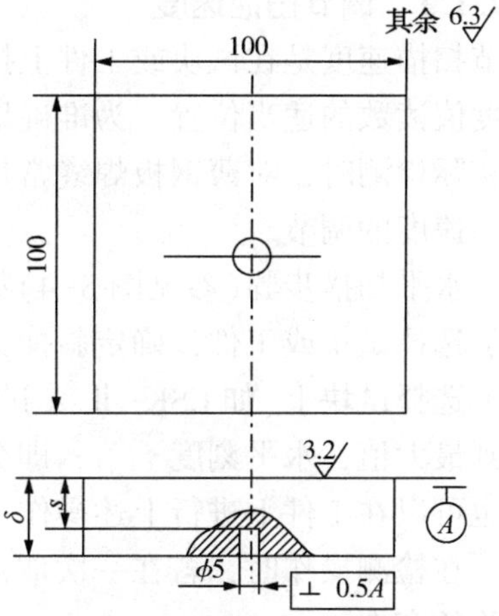

图 8-12　标准试块

图 8-11 所示为标准试块，适用于板厚小于或等于 20mm 的钢板，采用双晶直探头检测，其主要用途为检测探伤灵敏度。当被检板厚小于或等于 20mm 时，用该试块将工件等厚部位第一次底波高度调整到满刻度的 50%，再提高 10dB 作为检测灵敏度。

图 8-12 所示为标准试块，适用于板厚大于 20mm 的钢板，采用单晶直探头检测，其主要用途为检测探伤灵敏度。当被检板厚大于 20mm 时，将试块平底孔第一次反射波高，调整到满刻度的 50%作为检测灵敏度。

图 8-12 所示试块的 δ、s 尺寸见表 8-6。

表 8-6　标准试块 δ、s 尺寸

试块编号	被检钢板厚度	检测面到平底孔的距离 s	试块厚度 δ	试块编号	被检钢板厚度	检测面到平底孔的距离 s	试块厚度 δ
1	>20~40	15	≥20	4	>100~160	90	≥110
2	>40~60	30	≥40	5	>160~200	140	≥170
3	>60~100	50	≥65	6	>200~250	190	≥220

注：压力容器复合钢板对比试块及其超声检测内容见 NB/T 47013—2015。

8.2 超声波检测缺陷

利用超声波对缺陷的检测主要包括：对缺陷位置的确定(定位)，对缺陷尺寸和数量的确定(定量)和对缺陷性质如裂纹、气孔、夹渣的分析、判别(定性评估)。目前基本是采用A型脉冲反射式探伤仪检测缺陷，根据脉冲反射波的位置、幅值、形状等来判断。

8.2.1 检测前的准备

首先根据被检工件选择好探头的形式和检测方法，并且要做好调节检测仪器的扫描速度和灵敏度等准备工作。

8.2.1.1 调节扫描速度

调节扫描速度是在试块或工件上接收反射波并调节其在示波屏上基扫描线(扫描速度)水平刻度值读数的适当位置，为准确地进行缺陷检测做准备。

在实际检测时，对薄钢板焊缝常用水平距离调节法，对厚钢板焊缝常用深度调节法来完成扫描速度的调节。

调节水平扫描步骤(参见图8-4)如下。

(1) 选择试块或工件，确定斜探头 K 值(实测值)。

(2) 选择试块上(如CSK-ⅡA试块)与板厚相适应的横通孔，使探头移动至反射回的波高达到最大值，水平刻度 τ_1、τ_2 即分别为一次波声程和二次波声程相应的位置。现场检测时，也可以在工件上进行上述操作。

(3) 在检测操作时，若在一次波声程和二次波声程所在位置之前出现反射波，则可以判定缺陷的存在。

8.2.1.2 调节检测灵敏度

检测灵敏度是衡量超声波在某最大声程处所能扫描到的规定尺寸缺陷的能力。在实际检测时，扫描灵敏度至少应比基准灵敏度(判伤灵敏度)高6dB，以保证发现缺陷。但在评估缺陷时应按规定的基准灵敏度进行，在调节检测灵敏度之前应予以注意。

实际检测时，所发现缺陷的大小是通过“缺陷当量”，即在相同的声程上用缺陷反射波高与标准试块上横通孔反射波高相等时的横通孔直径来表示的。检测前选择某一标准试块，利用试块上某一横通孔反射波高作为仪器的起始灵敏度(也称为相对灵敏度)。起始灵敏度高，容易发现缺陷，但过高会使屏幕上出现各种杂乱信号，甚至使允许存在的缺陷也反映出来，影响了对不允许存在缺陷的判别。起始灵敏度调节过低，则可能会漏过不允许存在的缺陷。为此对检测灵敏度的调节，各国都做出了相应规定。

调节检测灵敏度的方法有利用试块调节和利用工件调节两种。

(1) 试块调节。是按不同被检对象(如钢板、锻件、焊缝等)，对灵敏度的要求不同，而选择相应的标准试块来调节检测灵敏度。常用于钢板、焊缝、钢管等。

对压力容器用钢板超声波检测，其检测试块和灵敏度，如图8-11、图8-12所示。对压力容器焊缝超声检测，检测试块为CSK-ⅠA、CSK-ⅡA、CSK-ⅢA和CSK-ⅣA等，可通过距离-波幅曲线的绘制来选择相应检测灵敏度，以进行检测、评定工作。

距离-波幅曲线按所用探头和仪器在试块上实测的数据绘制而成，该曲线由评定线、定量线和判废线组成。评定线与定量线之间(包括评定线)为Ⅰ区，定量线与判废线之间(包括定量线)为Ⅱ区，判废线及以上区为Ⅲ区。如图8-13所示。

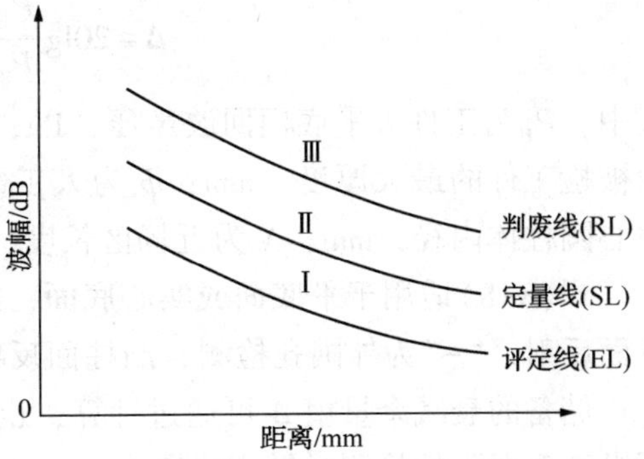

图8-13　距离-波幅曲线

距离-波幅曲线灵敏度的选择如下：

厚度为8~120mm的焊缝，其距离-波幅曲线灵敏度按表8-7的规定；

厚度大于120~300mm的焊缝，其距离-波幅曲线灵敏度按表8-8的规定。

直探头的距离-波幅曲线灵敏度按表8-9的规定，距离-波幅曲线的制作可在CS2试块上进行，其组成如前所述。

检测横向缺陷时，应将各线灵敏度均提高6dB。

扫描灵敏度不低于最大声程处的评定线灵敏度。

表8-7　厚度为8~120mm焊缝距离-波幅曲线的灵敏度

试块形式	板厚/mm	评定线	定量线	判废线
CSK-ⅡA	8~46	ϕ2×40-18dB	ϕ2×40-12dB	ϕ2×40-4dB
	>46~120	ϕ2×40-14dB	ϕ2×40-8dB	ϕ2×40+2dB
CSK-ⅢA	8~15	ϕ1×6-12dB	ϕ1×6-6dB	ϕ1×6+2dB
	>15~46	ϕ1×6-9dB	ϕ1×6-3dB	ϕ1×6+5dB
	>46~120	ϕ1×6-6dB	ϕ1×6	ϕ1×6+10dB

表8-8　厚度为120~300mm焊缝距离-波幅曲线的灵敏度

试块形式	板厚/mm	评定线	定量线	判废线
CSK-ⅣA	>120~300	ϕd-16dB	ϕd-10dB	ϕd

表8-9　直探头距离-波幅曲线灵敏度

评定线	定量线	判废线
ϕ2mm平底孔	ϕ3mm平底孔	ϕ6mm平底孔

(2)工件调节。是使探伤仪器储备一定的衰减余量值Δ(dB)后，将探头对准被检工件底面，并通过“增益”旋钮调整反射的回波B的最高幅值达到50%(或80%)基准高，然后再使用“衰减器”增益Δ(dB)，则基准灵敏度调节完毕。

检测灵敏度一般不得低于最大检测距离处的ϕ2mm平底孔当量直径。

衰减余量值Δ是被检工件底波与同深度(或不同深度)的特定人工缺陷回波高度的分贝差值，当$X\geqslant3$时计算公式为：

$$\Delta=20\lg\frac{P_{\mathrm{H}}}{P_{\phi}}=20\lg\frac{2\lambda X}{\pi\phi^{2}} \tag{8-8}$$

$$\Delta = 20\lg \frac{P_H}{P_\phi} = 20\lg \frac{2\lambda X}{\pi\phi^2} \pm 10\lg \frac{D}{d} \tag{8-9}$$

式中，P_H为工件大平底面回波声压，Pa；P_ϕ为人工缺陷回波声压，Pa；λ 为波长，mm；X 为被检工件的最大厚度，mm；ϕ 为人工缺陷直径，mm；D 为空心圆柱体外径，mm；d 为空心圆柱体内径，mm；N 为近场区长度，mm。

式(8-8)适用于平底面或实心底面；式(8-9)适用于空心圆柱体，“+”为内孔检测，凹柱面反射，“-”为外国孔检测，凸柱面反射。

储备的衰减余量值 Δ 可通过计算，也可由相应的 AVG 曲线查到。如对锻件检测时，利用纵波直探头的检测灵敏度确定。

利用工件底波调节检测灵敏度不需要试块，一般也不要考虑耦合和材质的衰减损失补偿。此种方法适用于 $X \geqslant 3N$ 的大平底面或圆柱曲面。当工件底面较粗糙、有污物或底面与检测面不平行时，底面反射率降低，底面回波高度下降，在此条件下，调节后的灵敏度偏高。此法常用于锻件检测。

8.2.2 缺陷的检测

缺陷检测是一项较复杂、内容较多的工作。由于工件的结构形式不同、材质不同、要求不同，超声波检测的方法不同，有直接接触法、浸液法，探头的种类很多，又有反射法、透射法；超声波有脉冲波、连续法；波型又有纵波、横波等。在装备制造中，焊缝的超声波检测是最普遍的。焊缝的超声波检测同其他缺陷检测一样，首先要了解常见的焊接缺陷(见 6.1 节)，选择合适的检测方法、探头，调节好扫描速度和灵敏度，同时做好检测工艺内容的准备。

8.2.2.1 焊缝超声检测的准备工作

由于焊接接头的结构特点，经常选用斜探头，利用一次反射法在焊缝的单面双侧对整个焊接接头进行检测。当母材厚度大于 46mm 时，采用双面双侧的直射波检测。对于要求比较高的焊缝，根据实际需要也可将焊缝余高磨平，直接在焊缝上进行检测。

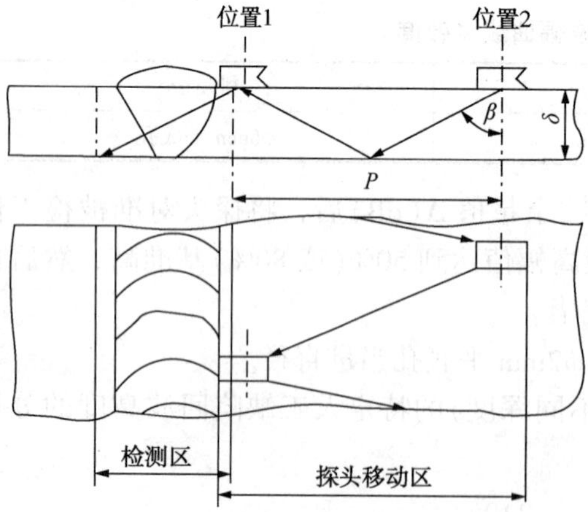

图 8-14 探头移动区

(1) 探头移动区域。是为保证探头在移动检测过程中，超声波主声束能扫描到焊缝区内的各点位置，而在焊缝两侧和纵向必须预留的检测空间，如图 8-14 所示。

若焊缝需要全检时，探头移动区域的宽度应是焊缝的长度，焊缝两侧探头移动区应不小于 1.25P(采用一次反射法或串列式扫描检测)。

$$P = 2K\delta \qquad P = 2\tan\beta\delta \tag{8-10}$$

式中，P 为跨距，mm；δ 为板厚，mm；β 为探头折射角，(°)；K 为探头 K 值。

探头的移动区域不但在超声检测时必须考虑，而且还要在所有重要焊缝的结构设计、装配、复检时必须考虑，也就是说对于整体装备的需要全检的焊缝必须有这一预留空间位置。

(2) 斜探头 K 值的选择。K 值增大，则探头的折射角(β)增大，声程相应增长，荧光屏上相应始波与一次声程之间的距离拉长，便于缺陷的检测，而且近场区干扰减小，适合于薄板检测；K 值减小，探头的折射角(β)减小，声程相应减短，衰减小，适合于厚板检测。

在检测条件允许的情况下，应尽量选择 K 值较大的斜探头。推荐选择的斜探头 K 值见表 8-10。

表 8-10 推荐选择的斜探头 K 值

板厚 δ/mm	K 值(β)	板厚 δ/mm	K 值(β)
8~25	3.0~2.0(72°~60°)	>46~120	2.0~1.0(60°~45°)
>25~46	2.5~1.5(68°~56°)	>120~300	2.0~1.0(60°~45°)

注：实际检测时，常用实际校测的 K 值进行。

(3) 斜探头入射点的测定和 K 值的校测。斜探头的入射点即是探头发射出的超声波主声束轴线入射到工件时与工件表面的相交点。它是在缺陷检测过程中的测量基准点。

入射点的测定是在 CSK-Ⅰ A、ⅡW-2 等试块上进行的。将探头放在试块的圆弧圆心处，慢慢移动探头，这时探头发射出的超声波被圆弧面反射回来，仔细找出反射波的最高位置，则试块上圆弧圆心点所对应的探头底面点，即为该斜探头的入射点。将探头放在试块上刻有 K 值数据(或折射角度数)的位置，当圆弧面的反射波达到最高值时，探头入射点(前面已测定)所对应试块上的相应 K 值(或折射角度数)即为该斜探头的实际校测的 K 值。

8.2.2.2 缺陷的定位

做完所有的准备工作，并对预检工件易产生的缺陷及缺陷易发生的位置做了充分分析之后，便可进行检测工作。经过仔细扫描，一旦发现缺陷(见图 8-15)，在荧光屏上已经调节好的一次底波(图中 c 处，但屏幕上并无显示)之前，便会出现缺陷波，图中 b 处位置，是缺陷波的最大值位置，此时有

$$\frac{X'}{P_1}=\frac{ob}{oc},\quad X'=P_1\frac{ob}{oc},\quad X'=K\delta\frac{ob}{oc}$$

注意及时检测探头的位置：L 的长度和 Z 的坐标尺寸。

缺陷的第一个坐标点为：

$$X=L-X',\quad X=L-K\delta\frac{ob}{oc} \qquad (8-11)$$

缺陷的第二个坐标点为：

$$Y=\frac{X'}{K},\quad Y=\delta\frac{ob}{oc}(\text{也可用深度法求 }Y\text{ 值}) \qquad (8-12)$$

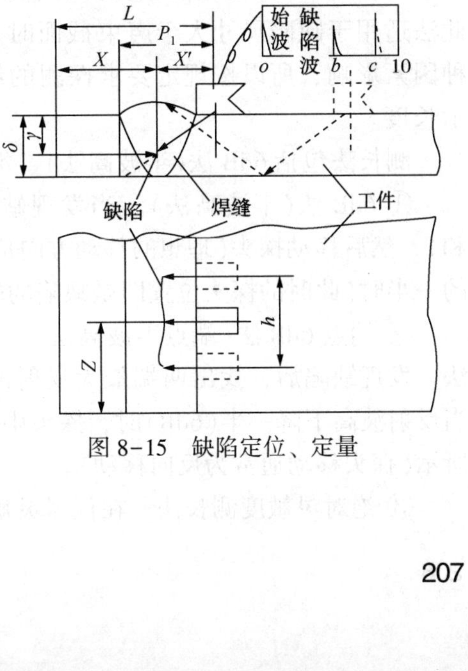

图 8-15 缺陷定位、定量

式中，P_1为次波跨距(应实测得到)，$P_1=K\delta$，mm；K为斜探头K值(预选好)，$K=\tan\beta$(β为折射角)；δ为钢板厚度(已知)，mm；L为发现缺陷时探头所在位置(可测得)，mm；ob、oc为缺陷波和一次波底波在荧光屏上的读数(刻度)；X、Y、Z为探头发现缺陷时，缺陷在三维空间里的三个坐标值，即缺陷的定位情况。

利用二次声程可以检测焊缝区上部的缺陷，进行定位计算，道理同上，参看图8-14中探头向后移动的位置。

8.2.2.3 缺陷的定量

在缺陷定位中，最后的定位结果是缺陷的某一点在空间的位置。显然，继续进行缺陷定位，也可以对缺陷进行量的处理。实际检测时，常用的定量方法有当量法、测长法、底波高度法等。

(1) 当量法。可分为当量试块比较法、当量计算法和当量AVG曲线法。这种方法确定的缺陷尺寸是缺陷的当量尺寸。当量尺寸总是小于或等于真实缺陷尺寸。当量法用于缺陷尺寸小于声束截面尺寸时。

① 当量试块比较法。将缺陷的回波与试块上预先加工出的一系列不同声程、不同大小的人工缺陷回波相比较，当同声程处(或相近的声程处)的两处回波高度相同时，则可认为被检自然缺陷与该比较的人工缺陷是相当的(即为当量缺陷)。

该法用于$X<3N$的情况或特别重要零件的精确定量。一般情况下应用较少，原因是要制造各种与真实缺陷相近的人工缺陷是很麻烦的。

② 当量计算法。通过计算各种规则反射体的理论回波声压(当$X\geqslant 3N$时)，用其变化规律与公式计算相比较，确定缺陷的当量尺寸。

③ 当量AVG曲线法。利用通用AVG曲线或实用AVG曲线来确定被检工件中缺陷的当量尺寸。

AVG曲线是根据声均的特性，计算得出的声程距离(A)、增益(V)、缺陷当量大小(G)三者之间关系的一组曲线，是当量定量法。它比试块法节约了大量试块，简化了检测过程。

(2) 测长法。根据缺陷的回波高度与探头移动距离之间的关系来确定缺陷的尺寸。此法适用于缺陷尺寸大于声束截面时。由于缺陷的回波高度受检测条件、缺陷性质等多种因素影响，所以按规定要求探测的结果总是要小于或等于缺陷的实际长度，故称为指示长度。

测长法包括6dB法(半波高法)、端点6dB法(端点半波高法)、绝对灵敏度测长法。

① 6dB法(半波高法)。当发现缺陷时，使反射回的缺陷波达到最大值(不要达到饱和)，然后移动探头(理想的移动方向应是缺陷延长方向)，当反射回的缺陷波高降至原来的一半时(此时的探头位置即是缺陷的端点)，探头移动的距离即为被检缺陷的指示长度。

② 端点6dB法(端点半波高法)。当被检缺陷各部分反射波高变化较大时，常采用此法。发现缺陷后，找出两端最大反射波，分别以两端的反射波高为基准，继续移动探头，当反射波高下降一半(6dB)时，探头中心线之间的距离即为缺陷的指示长度L，如图8-16所示(探头移动通常为反向移动)。

③ 绝对灵敏度测长法。在仪器灵敏度一定的条件下，当发现缺陷时(不一定要求回波

达到最高），沿缺陷长度方向平行移动，若回波高度降到某一规定位置，则探头所移动的距离即为缺陷的指示长度。指示长度与测长灵敏度有关，测长灵敏度越高，缺陷所测得的指示长度就越大。

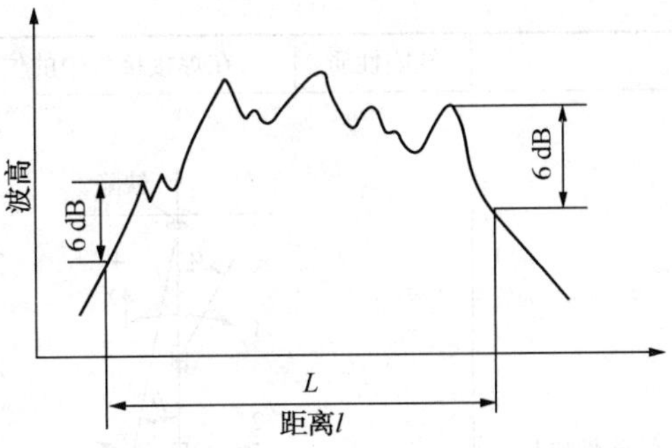

图 8-16　端点 6dB 法

(3) 底波高度法。通过测试的缺陷回波高与底波高比值的不同，来衡量缺陷的相对尺寸大小。若工件中存在缺陷，将会使底波高度下降，且缺陷越大，缺陷回波越高，底波高度则越低，缺陷回波高与底波高的比值越大。缺陷回波高与底波高之比的表示方式有以下两种。

① F/B 法。在一定灵敏度条件下，以缺陷波高 F 与缺陷处底波高 B 之比来表示缺陷的相对大小。

② F/B_G法。在一定灵敏度条件下，以缺陷波高 F 与无缺陷处底波高 B_G之比来衡量缺陷的相对大小。

底波高度法不用试块，可直接利用底波调节灵敏度并比较不同缺陷的大小。操作简单方便，但不能给出缺陷的当量尺寸。同样尺寸的缺陷，距离不同，F/B 不同，距离小则 F/B大，因此 F/B 相同缺陷当量尺寸并不一定相同。此法只适用于具有平行底面的工件。

还应指出，对于较小的缺陷，一次底波 B 往往饱和，对于密集型缺陷，往往缺陷波不明显，这对于 F/B 法和 F/B_G法就不适用了，但这时可以借助底波的次数来判定缺陷的相对大小和缺陷的密集程度，底波次数少则缺陷尺寸大或密集程度严重。底波高度法可用来测定缺陷的相对大小、密集程度、材质晶粒度和石墨化程度等。

缺陷的定量可参见图 8-15 中缺陷长度 h 的确定过程。缺陷长度 h 的测量可使用 6dB 法或端点 6dB 法。

8.2.2.4　缺陷的定性评估

假若缺陷的位置、尺寸、数量相同而性质不同，其影响也是不同的，尤其裂纹是最危险的。因此重要部位如焊接接头，在评级时，不但要准确地确定缺陷的位置、尺寸、数量等，而且要辨别缺陷的性质，才能顺利地进行缺陷的评定工作。然而影响超声波检测的缺陷定性工作的因素很多，缺陷的定性评估可以结合以下几方面内容来进一步判别，见表 8-11。

表 8-11　缺陷的定性评估

	缺陷性质	在焊接接头中的位置	缺陷的形状	缺陷的存在形式
缺陷性质与其位置、形状、分布的关系	气孔夹渣	焊缝区	球状、针状等	单个，密集，链状等
		焊缝区	球状、不规则块状等	单个，密集，链状等
	未焊透	坡口边缘，根部，焊道层间	长条状等	沿焊缝纵向连续或断续
	未熔合	焊道层间，坡口边缘	长片状等	沿焊缝纵向或横向断续
	裂纹	焊缝区，热影响区	长条状等	沿焊缝纵向或横向

续表

	缺陷性质	在焊接接头中的位置	缺陷的形状	缺陷的存在形式
缺陷性质与动态波形的关系	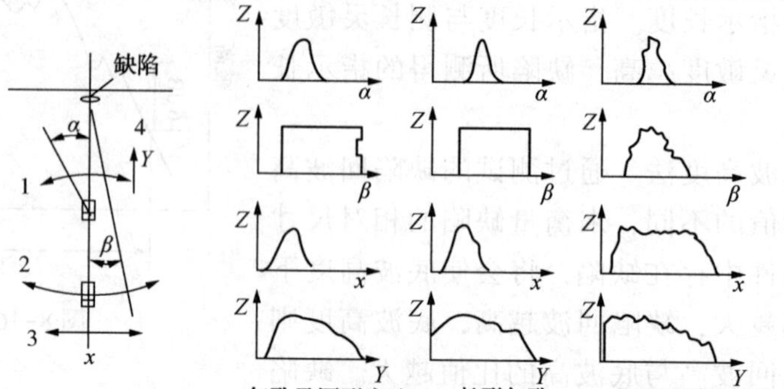 焊接接头中缺陷波形特征的包络线 1—摆动(α 为摆角)；2—环绕移动(β 为绕角)； 3—水平移动(x 为水平位移)；4—垂直位移(Y 为垂直距离)			
	动态波形图是以缺陷波高为纵坐标，探头移动距离或转动角度为横坐标，随探头的移动所绘制出的缺陷波形高度变化的包络线。它为反映缺陷的形状、分布等提供了综合分析特征和缺陷性质的判断依据			
常见焊接缺陷的波形特征	裂纹	裂纹属于面积型缺陷，当探头与裂纹面垂直时反射面积较大，由于裂纹曲折，用斜探头探伤时屏幕上往往出现锯齿较多的尖波，如下面图(a)中缺陷波所示。使探头沿缺陷长度方向平行移动，波形中锯齿变化较大，波高也有变化。再平移一段距离波高逐渐降低甚至消失(裂纹终了)。 当探头绕缺陷转动时，缺陷波可迅速消失和再现		
	未焊透	未焊透的波形基本上和裂纹波形相似，但反射回波的锯齿较少。未焊透通常与探测面垂直，当焊道较直且对称时，从焊道两侧检测回波大致相同。单面未焊透(根部)平移探头回波较稳定。双面未焊透(中间)，采用单斜探头检测，回波较低，易漏检，需要采用双探头串列式探伤，平移时，回波较稳定。未焊透的缺陷尺小往往比裂纹大		
	未熔合	未熔合多出现在母材与焊缝区的交界处和多层焊的焊道层间，其波形与未焊透相似，但常不以焊道对称分布，所以从两侧检测时回波波幅、形状通常不同，缺陷范围没有未焊透大，有时只能从一侧探到		
	气孔	气孔属于体积型缺陷，一般是球形，反射面小，波形单纯，从不同角度检测时波高大致相同，一旦探头原地转动，单个气孔的反射迅速消失。链状气孔出现断续缺陷波。密集气孔则出现数个此起彼落的缺陷波		
	夹渣	由于夹渣本身形状不规则，表面粗糙，故反射回波常由一串高低不同的小波合并而成，波移部较宽，如下面图(b)所示。点状夹渣回波类似点状气孔回波。条状夹渣回波多呈锯齿形，波幅较低，具有一定长度，从不同方向检测时回波形状不同，波幅有变化		
	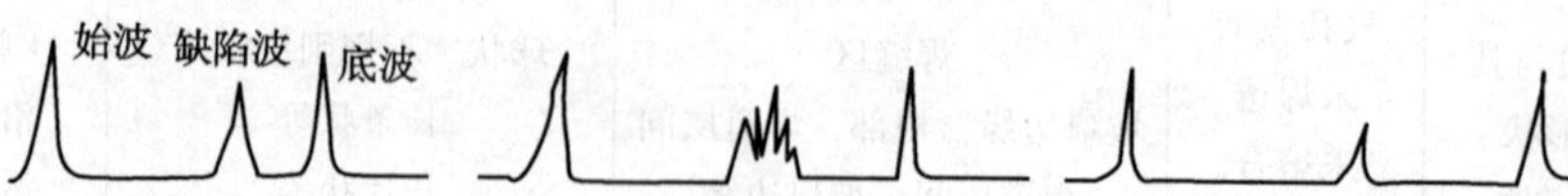 (a)裂纹波形　(b)夹渣波形　(c)气孔波形			

8.3 超声波检测焊接接头的缺陷等级评定

8.3.1 超声波检测焊接接头的等级选择

焊接接头超声波检测分为A、B、C三个等级(NB/T 47013.3—2015)。就检验的完善程度而言，A级最低(难度系数1)；B级一般(难度系数5~6)；C级最高(难度系数10~12)。工程技术人员应在充分了解超声波检测可行性的基础上进行结构设计及确定制造工艺，以防止焊接结构限制相应检测等级的实施。

8.3.1.1 各等级的检验范围

(1) A级检验。用一种角度斜探头在被检焊缝的单面单侧仅对可能扫查到的焊缝截面实施检测。一般情况下不要求检测横向缺陷。当母材厚度大于50mm时，不允许采用A级检验。

(2) B级检验。原则上用一种角度探头在被检焊缝的单面双侧对整个焊面截面实施检测。当母材厚度大于100mm时，要求在被检焊缝的双面双侧进行检测。在受几何条件限制的情况下，可用两种角度的斜探头在被检焊缝的双面单侧实施检测。条件允许应检测横向缺陷。

(3) C级检验。至少要用两种角度的斜探头在被检焊缝的单面双侧实施检测，同时要求在两个扫查方向上用两种角度的斜探头检测横向缺陷。当母材厚度大于100mm时，应在被检焊缝的双面双侧进行检测。

8.3.1.2 其他的附加要求

(1) 磨平焊缝的余高，以便探头能够在焊缝上面平行扫查。

(2) 要用直探头检测被检焊缝两侧斜探头声束扫查经过的那部分母材，以确认母材内是否存在影响斜探头检测结果的分层或其他缺陷。

(3) 当母材厚度大于等于100mm，窄间隙焊缝的母材厚度大于等于40mm时，一般要求增加串列式扫查。

8.3.2 缺陷评定

距离-波幅曲线(DAC)是缺陷评定和检验结果等级分析(NB/T 47013.3—2015)的依据。

(1) 当检测时反射波高度超过评定线的信号时，应注意其是否具有裂纹等危害性缺陷特征，如果有怀疑，应改变探头角度，增加探伤面，观察动态波型，结合结构工艺特征作判定，如对波型不能准确判断时，应辅以其他检验作综合判定。

(2) 最大反射波幅位于DAC Ⅱ区的缺陷，其指示长度小于10mm时按5mm计。

(3) 相邻两缺陷各向间距小于8mm时，两缺陷指示长度之和作为单个缺陷的指示长度。

8.3.3 检测结果分级

焊缝的超声波检测结果分为四级(NB/T 47013.3—2015)。

（1）最大反射波幅位于 DAC Ⅱ区的缺陷，根据缺陷指示长度按表 8-12 的规定予以评级。

（2）最大反射波幅不超过评定线的缺陷，均评为Ⅰ级。

（3）最大反射波幅位于Ⅰ区的非裂纹性缺陷，均评为Ⅰ级。

（4）最大反射波幅超过评定线的缺陷，若检验者判定为裂纹类的危害性缺陷时，无论其波幅和尺寸如何，均评定为Ⅳ级。

（5）最大反射波幅位于Ⅲ区的缺陷，无论其指示长度如何，均评定为Ⅳ级。

（6）不合格的缺陷应予返修。返修区域修补后，返修部位及补焊受影响的区域，应按原检测条件进行复验。复检部位的缺陷亦应按缺陷评定要求评定。

表 8-12　锅炉、压力容器本体焊接接头超声波检测质量分级　mm

等级	工件厚度 t	反射波幅所在区域	允许的单个缺陷指示长度	多个缺陷累计长度最大允许值/L'
Ⅰ	≥6~100	Ⅰ	≤50	—
	>100		≤75	—
	≥6~100	Ⅱ	≤t/3，最小可为 10，最大不超过 30	在任意 9t 焊缝长度范围内 L'不超过 t
	>100		≤t/3，最大不超过 30	
Ⅱ	≥6~100	Ⅰ	≤60	—
	>100		≤90	—
	≥6~100	Ⅱ	≤2t/3，最小可为 12，最大不超过 40	在任意 4.5t 焊缝长度范围内 L'不超过 t
	>100		≤2t/3，最大不超过 75	
Ⅲ	≥6	Ⅱ	超过Ⅱ级者	
		Ⅲ	所有缺陷（任何缺陷指示长度）	
		Ⅰ	超过Ⅱ级者	—

注：1. 当焊缝长度不足 9t（Ⅰ级）或者 4.5t（Ⅱ级）时，可按比例折算。当折算后的多个缺陷累计长度允许值小于该级别允许的单个缺陷指示长度时，以允许的单个缺陷指示长度作为缺陷累计长度允许值。

2. 用 NB/T 47013.3—2015 中 6.3.13.4 规定的测量方法，使声束垂直于缺陷的主要方向移动探头测得的缺陷长度。

思考题

8-1　解释A型超声波。在工业产品的检测中应用较广泛的超声波类型是哪种？举例说明其主要应用。

8-2　在超声波检测过程中，影响超声波能量衰减的主要原因有哪些方面？衰减对检测有哪些影响？实际检测时常采取什么措施？

8-3　超声波检测时应做的准备工作是什么

8-4　如何绘制距离-波幅曲线，其用途是什么？

8-5　利用斜探头对焊接接头检测时（参见图 8-14），试估算钢板厚度为 25mm 的单面焊缝，对接接头两侧至少应留有的探头移动区域。

8-6　说明超声检测焊接接头时，国家标准对焊接接头检测等级的划分和选择。

8-7　说明国家标准对焊接接头超声波检测结果的缺陷分级及要求。

9 表面检测及缺陷等级评定

表面检测是对材料、零部件、焊接接头的表面或近表面缺陷进行检测和评定缺陷等级。常规的表面检测方法有磁粉检测、渗透检测和管材涡流检测等。对于能导电的管材等工件，常用涡流检测方法进行。使被检工件感应产生出涡流，通过涡流磁场的变化情况，可以反映出工件内有无缺陷的存在。

9.1 磁粉检测

9.1.1 磁粉检测原理

当一被磁化的工件表面和内部存在缺陷时，缺陷的导磁率远小于工件材料，磁阻大，阻碍磁力线顺利通过，造成磁力线弯曲。如果工件表面、近表面存在缺陷(没有裸露出表面也可以)，则磁力线在缺陷处会逸出表面进入空气中，形成漏磁场(参见图 9-1 的 S-N 磁场)。此时若在工件表面撒上导磁率很高的磁性铁粉，在漏磁场处就会有磁粉被吸附，聚集形成磁痕，通过对磁痕的分析即可评价缺陷。

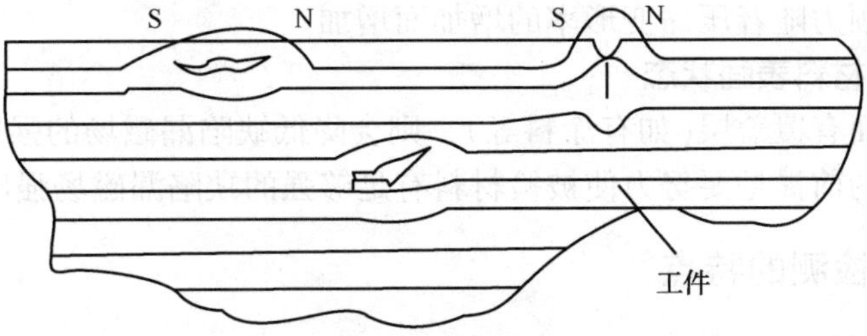

图 9-1　磁粉检测原理

9.1.2 影响漏磁场强度的主要因素

磁粉检测灵敏度的高低，关键在于形成漏磁场强度的强弱。影响漏磁场强度的主要因素如下。

9.1.2.1 外加磁场强度

缺陷漏磁场强度的强弱与工件被磁化程度有关。一般说来，如果外加磁场使被检材料的磁感应强度达到其饱和值的 80%以上，即达到 0.8T 时，缺陷的漏磁场强度就会显著增加。图 9-2 所示为铁磁物质的重要特性曲线——磁滞回线，H 为外加磁场强度，A/m(1A/m=4π/1000Oe)；B 为磁感应强度($B=\mu H$，μ 为材料的导磁率)；B_r 为剩余磁感应强度；H_c 为矫顽力。

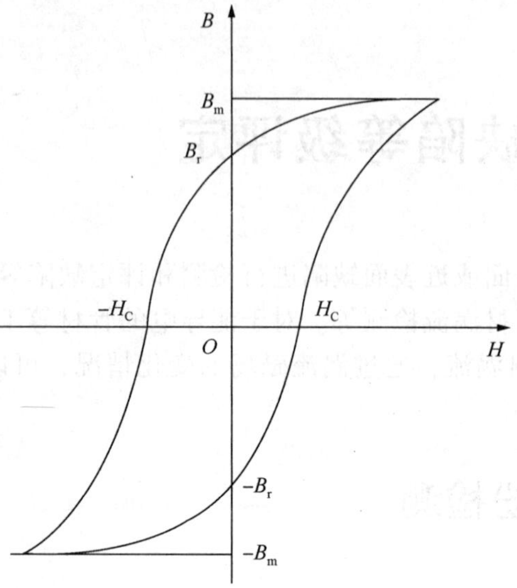

图 9-2　磁滞回线

9.1.2.2　缺陷的形状和位置

缺陷方向与磁力线方向越接近 90°，其漏磁场强度越大，否则相反。检测时，很难发现与被检表面所夹角度小于 20°的夹层。表面漏磁场强度随着缺陷深宽比的增加而增加。

缺陷位置越接近表面，漏磁场强度就越强，否则减弱。当缺陷较深时，漏磁场强度将衰减至零，无法进行磁粉检测。

9.1.2.3　被检材料的性质

常温下的钢铁材料是体心立方晶格，非奥氏体组织，是铁磁性材料；而面心立方晶格、奥氏体组织是非铁磁性材料。奥氏体不锈钢在常温下是奥氏体组织，无磁性。

材料的合金化程度，冷加工程度及热处理状态也会影响材料的磁性。

（1）钢铁材料随着含碳量的增加，碳钢的矫顽力几乎呈线性增加，而最大相对导磁率却随之下降。

（2）合金化将增加钢材的矫顽力，使其磁性硬化。

（3）退火、正火状态的钢材磁性差别不大，而淬火后则可以提高钢材的矫顽力。随着淬火以后回火温度的升高，矫顽力又有所降低。

（4）晶粒越粗大，钢材的导磁率越大，矫顽力越小，反之则相反。

（5）钢材的矫顽力随着压缩变形率的增加而增加。

9.1.2.4　被检材料表面状态

若被检材料表面有覆盖层(如有涂料等)，则会降低缺陷漏磁场的强度。

可见磁粉检测的前提是要努力使被检材料有足够强的缺陷漏磁场强度。

9.1.3　磁粉检测的特点

磁粉检测有如下几个特点。

（1）适用于能被磁化的材料(如铁、钴、镍及其合金等)，不能用于非磁性材料(如铜、铝、铬等)。

（2）适用于材料和工件的表面和近表面的缺陷，该缺陷可以是裸露于表面，也可以是未裸露于表面。不能检测较深处的缺陷(内部缺陷)。

（3）能直观地显示出缺陷的形状、尺寸、位置，进而能做出缺陷的定性分析。

（4）检测灵敏度较高，能发现宽度仅为 0.1μm 的表面裂纹。

（5）可以检测形状复杂、大小不同的工件。

（6）检测工艺简单，效率高、成本低。

9.1.4　磁化方法及特点

根据工件的结构、尺寸及分析缺陷的概况，选择合适的磁化方法，参见表 9-1。

表 9-1 磁化方法示意及特点

磁化方法	示意图	特点
线圈法	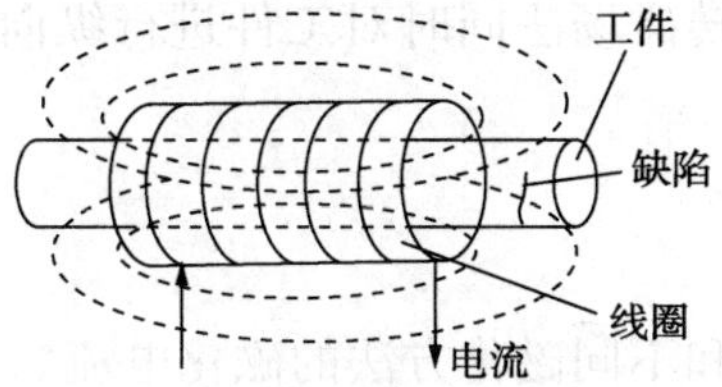	将被检工件放入通电线圈中磁化，线圈产生与工件轴向平行的磁场，即纵向磁场。纵向磁场有利于发现工件内与线圈轴向垂直的缺陷，周向缺陷如左图所示。当构件长度大于线圈产生纵向磁场的有效长度时，应分段磁化检测；小于时可将工件串接磁化以提高检测效率
磁轭法	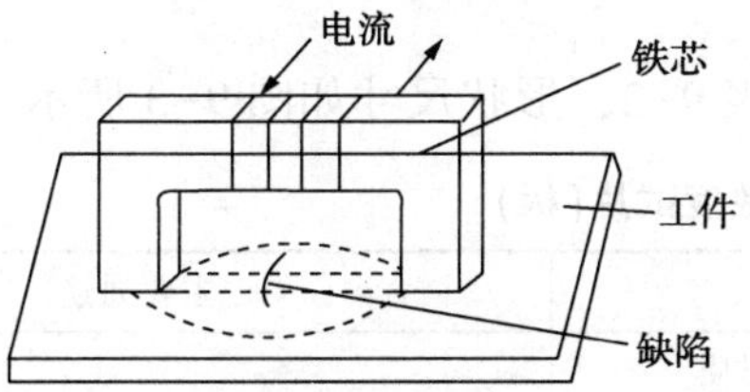	电磁轭铁芯或水久磁铁将被检工件表面两磁极间的区域磁化，常用于局部的磁化，属于纵向磁化，如对对接和角接焊接接头、壳体等局部的磁化检测，磁轭的磁极间距应控制在 50~200mm，检测的有效区域为两极连线两侧各 50mm 的范围内，磁化区域每次应有 15mm 的重叠
轴向通电法	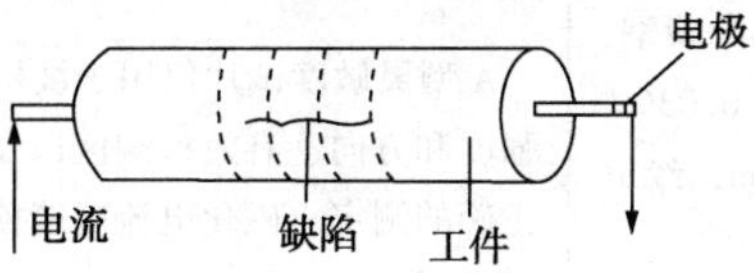	将探伤机两极置于被检工件的两端，使电流沿零件轴向通过则形成周向磁场，属于周向(环向)磁化，主要能发现轴向(与周向磁场垂直)缺陷，适于中、小型零件检测
中心导体法	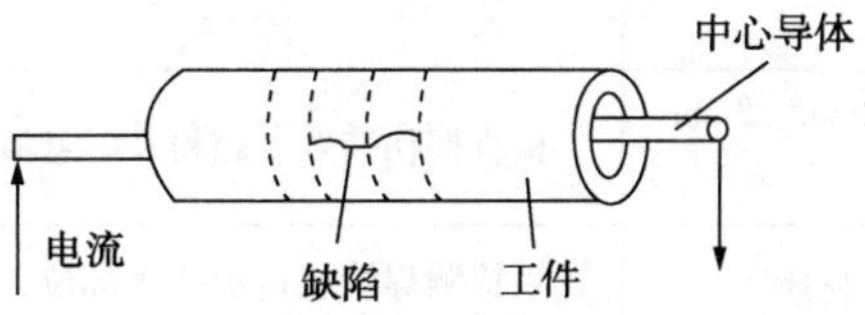	对于空心工件的内表面磁化，可采用中心导体穿入空心工件，当电流从中心导体流过时在被检的空心工件上形成周向磁场，属于周向(环向)磁化，若空心工件(如管材)存在有轴向(与周向磁场垂直)缺陷则可以被发现，芯棒直径尽量大，可放在中心，也可偏心。每次有效检测区约为 4 倍芯棒直径，且重叠区长度应不小于 0.4d
触头法	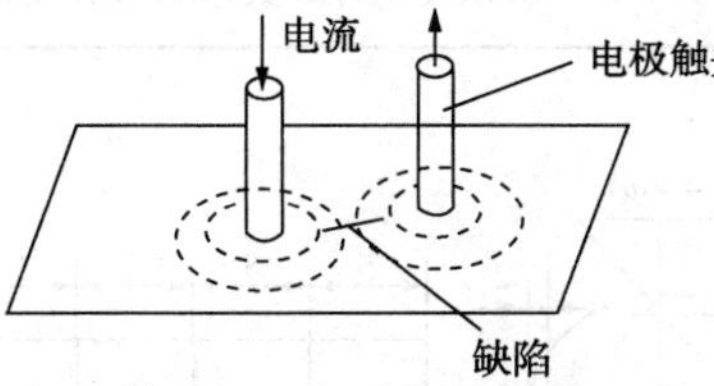	用两个电极触头接触待检测工件的缺陷处表面，电流将通过电极触头，导入被检工件，此时在工件有缺陷处，电极触头的周围产生环状磁场，尤其是在两触头之间若有与周向磁场相垂直的缺陷，则缺陷会被发现。触头法属于局部周向磁化
平行电缆法	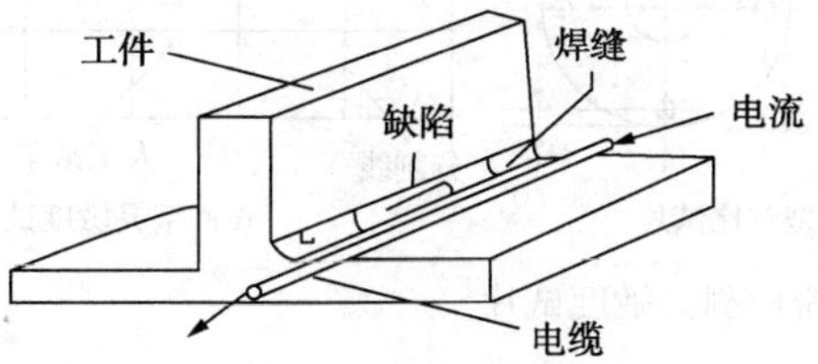	平行电缆法如左图所示，使电缆放置在与被检部位缺陷相平行的位置(如角接接头的焊缝处)，当电流通过电缆时，将在焊缝区产生沿焊缝呈周向的磁场，若角焊缝中有纵向缺陷则将会被发现。该法属于局部周向磁化。常用于⊥、T 形等角接接头焊缝的缺陷检测。电缆应紧贴工件，不要遮盖焊缝
旋转磁场法	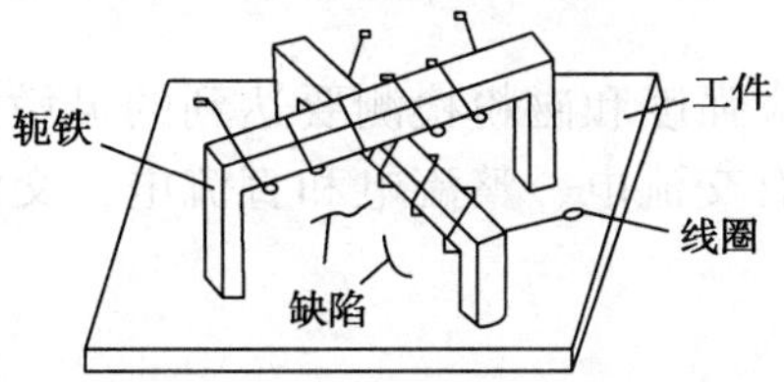	交叉放置的轭铁上绕有线圈，当通以电流时，工件上的磁场方向随时间连续变化形成旋转磁场，可以同时检测出工件上任意方向的缺陷，检测速度较快，用于局部的检测

在检测与工件轴线方向垂直或夹角≥45°的缺陷时，应采用纵向磁化方法，如线圈法、磁轭法；在检测与工件轴线方向平行或夹角<45°的缺陷时，应采用周向磁化方法，如轴向通电法、中心导电法、触头法、平行电缆法。旋转磁场法同时对工件进行纵向、周向磁化，适用任意方向的缺陷检测。

9.1.5　磁化规范

磁化规范的确定包括选择合理的灵敏度试片和不同磁化方法的磁化电流。

9.1.5.1　灵敏度试片

常用灵敏度试片(板)型号及其主要用途见表 9-2，形状尺寸如图 9-3 所示。

表 9-2　常用灵敏度试片(板)

<table>
<tr><th>试片(板)型号</th><th colspan="3">试片(板)主要特征</th><th>主要通途</th></tr>
<tr><td rowspan="3">A-15/100
A-30/100
A-60/100
(NB/T 47013—2015)</td><td>相对槽深</td><td>灵敏度</td><td>材质</td><td rowspan="3">A 型灵敏度试片仅用于被检工件表面有效强度和方向、有效检测区以及磁化方法是否正确的测定。磁化电流应能使试片上显示清晰的磁痕</td></tr>
<tr><td>15/100μm
30/100μm
60/100μm</td><td>高
中
低</td><td>超高纯低碳钢，$w(C) < 0.03\%$，H_0<80A/m，经退火处理</td></tr>
<tr><td colspan="3">相对槽深：分子为人工槽深度，分母为试片厚度</td></tr>
<tr><td>B 型
(NB/T 47013—2015)</td><td colspan="3">孔径 ϕ1.0mm 孔深分别为 1mm、2mm、3mm、4mm 四种</td><td>检查探伤装置、磁粉及磁悬液综合性能</td></tr>
<tr><td rowspan="2">C 型
(NB/T 47013—2015)</td><td>厚度</td><td>人工缺陷深度</td><td>材质</td><td rowspan="2">当检测焊缝坡口等狭小部位，由于尺寸关系，A 型灵敏度试片使用不便时，可用 C 型灵敏度试片。其作用与 A 型试片相同</td></tr>
<tr><td>50μm</td><td>8μm</td><td>同 A 型</td></tr>
</table>

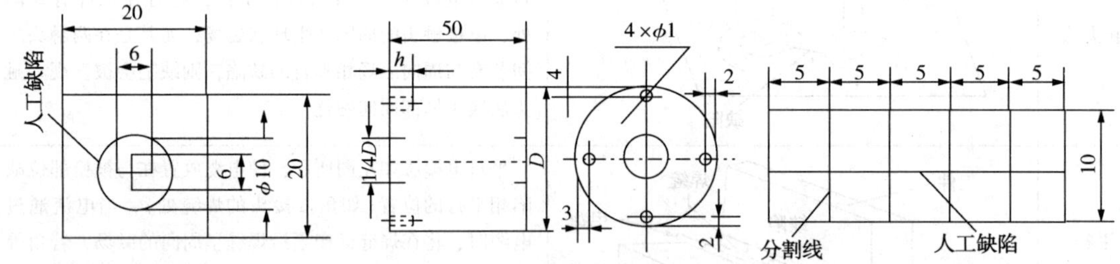

(a)A型灵敏度试片　　(b)B型对比试片　　(c)C型灵敏度试片

图 9-3　常用磁粉检测灵敏度试片

9.1.5.2　磁化电流

外加磁场强度的强弱直接影响工件的磁感应强度和磁粉检测要达到的灵敏度，而磁场强度主要是通过磁化电流来调节的。磁化电流有交流电、整流电和直流电，交流电应用较广泛。其各自特点如下。

(1) 交流电磁化。主要有以下几点：

① 交流电的集肤效应可提高磁粉检测被检表面缺陷的灵敏度；

② 只有使用交流电才能在被检工件上建立起方向随时间变化的磁场，实现复合磁化；

③ 与直流磁化相比，交流磁化在被检工件截面变化部位的磁场分布较为均匀，有利于对该部位缺陷的检测；

④ 交流磁化的磁场浅，容易退磁；

⑤ 设备简便，易于维修，成本低；

⑥ 由于交流电集肤效应的影响，近表面缺陷的检出能力不如直流磁化强；

⑦ 交流磁化后被检工件上的剩磁不稳定，因此，利用剩磁法检测时，一般需在交流探伤机上加配断电相位控制器，以保证获得稳定的剩磁。

(2) 整流与直流磁化。整流电有单相、三相的半波和全波整流，其中三相全波整流已很接近直流。随着电流波型脉动程度的减小，整流电磁场的渗透能力增强，可检出埋藏较深的缺陷。相比之下，直流磁化检出缺陷的埋藏深度最深。整流或直流电磁化被检工件均可获得稳定的剩磁，但退磁较困难，要求较高时需用专用的超低频退磁设备。另外，被检工件的截面突变部位容易出现磁化不足或过量磁化现象，而造成缺陷漏检。

(3) 磁化电流的选择。不同的磁化方法、不同的工件结构、不同的检测要求，磁化电流的选择是不同的。

① 线圈法。当采用低充填因数线圈对工件进行纵向磁化时，工件的直径(或相当于直径的横向尺寸)应不大于固定环状线圈内径的10%。工件可偏心放置在线圈中。

偏心放置时，线圈的磁化电流为：

$$I=\frac{45000}{N\frac{L}{D}} \tag{9-1}$$

正中放置时，线圈的磁化电流为：

$$I=\frac{1720R}{N\left(6\frac{L}{D}-5\right)} \tag{9-2}$$

对于不适宜用固定线圈检测的大型工件(如管道的环焊缝等)，可采用电缆缠绕式线圈进行检测，磁化电流为：

$$I=\frac{35000}{N\left(\frac{L}{D}+2\right)} \tag{9-3}$$

式中，I 为电流，A；N 为线圈匝数；L 为工件长度，mm；D 为工件直径或横截面上最大尺寸，mm；R 为线圈半径，mm。

以下两方面需予以注意。

a. 上述公式不适于长径比 $L/D<3$ 的工件。对于 $L/D<3$ 的工件，若使用线圈法，可利用磁极加长块来提高长径比的有效值或采用灵敏度试片实测来决定缺陷长度值。对于 $L/D\geqslant 10$ 的工件，公式中的 L/D 取 10。

b. 线圈法的有效磁化区在线圈端部 0.5 倍线圈直径的范围内。

② 磁轭法。采用磁轭法磁化工件时，其磁化电流应根据灵敏度试片或提升力校验来确定。

磁轭的磁极间距应控制在50~200mm，检测的有效区域为两极连线两侧各50mm的范围内，磁化区域每次应有15mm的重叠。当间距为200mm时，交流电磁轭至少应有44N的提升力；直流电磁轭至少应有177N的提升力。

③ 轴向磁化法。

直流电(整流电)连续法 $I=(12\sim20)D$

直流电(整流电)剩磁法 $I=(25\sim45)D$

交流电连续法 $I=(6\sim10)D$

焊接件磁化电流计算公式为：

a. 圆形工件整体磁化时

$$I=HD/0.32 (H\text{ 在 }2400\sim4800\text{A/m 选用}) \tag{9-4}$$

b. 板材焊缝整体磁化时

$$I=(5\sim10\delta) \tag{9-5}$$

式中，I为电流，A；D为工件直径，mm；H为磁场强度，A/m；δ为被检钢板厚度，mm。

④ 触头法。当采用触头法磁化大工件时，电流(A)计算如下。

工件厚度δ<20mm时，电流值为3~4倍触头间距；

工件厚度δ≥20mm时，电流值为4~5倍触头间距。

⑤ 平行电缆法。如使用该方法检测焊缝纵向缺陷时，磁化电流应根据灵敏度试片实测结果来确定。

其他方法的磁化电流选择等内容见NB/T 47013—2015。

9.1.6 磁粉

磁粉是在缺陷处形成缺陷磁痕的重要材料，正确选用磁粉可以使检测灵敏度提高，为最后的缺陷评定提供直接保证。

9.1.6.1 磁粉的种类

磁粉大致可分为荧光磁粉和非荧光磁粉两大类

(1) 荧光磁粉。在磁性氧化铁粉(如Fe_3O_4、$\gamma-Fe_2O_3$)或工业纯铁粉的外面再涂覆一层荧光染料制成的磁粉，即荧光磁粉。一般的荧光磁粉在紫外光的激发下发出人眼敏感的黄绿色荧光。在黑光灯下，其色泽鲜明，容易发现，可见度、对比度好，可在任何颜色的被检表面上使用。一般情况下，荧光磁粉只在湿法检测中使用，即把荧光悬浮在煤油或水的载液中制成湿粉。

(2) 非荧光磁粉。用黑色的Fe_3O_4或红褐色的$\gamma-Fe_2O_3$及工业纯铁粉为原料直接制成的磁粉即为非荧光磁粉。这种磁粉既可以用于湿法检测，又可以用于干法检测。在检测过程中，直接在白光下观察磁痕。专用于干法的非荧光磁粉的表面上常涂有一层旨在增加对比度的染料，常见的颜色有浅灰、黑、红或黄几种。

在纯铁粉中添加了Cr、Al和Si等元素制成的磁粉，可在300~400℃的高温下对焊缝进行检测。

9.1.6.2 磁粉的性状

(1) 磁性。磁粉磁性的强弱直接关系到磁粉能否被待检表面上的漏磁场吸附而形成磁痕。理想的磁粉首先应具有高导磁率，易于被微弱的缺陷漏磁场磁化和吸附，并且有低矫顽力，磁化后易于分散并可以反复使用。通常采用磁性称量法衡量磁粉磁性的好坏。非荧光磁粉的磁性称量值应大于7g，荧光磁粉的磁性称量值可略低于7g。

(2) 粒度。磁粉的粒度应小于76μm(大于200目)。干粉的粒度范围以10~60μm为好，而湿粉的粒度宜控制在1~10μm。粒度超过60μm的磁粉很难在载液中悬浮，不能在湿法检测中使用。荧光磁粉因其外表有涂覆层，粒度一般在5~25μm。

选择磁粉的粒度时，应同时考虑被检缺陷的性质、尺寸和磁粉的使用方式。用干法检查近表面缺陷或较大尺寸缺陷时，宜采用较粗的磁粉；用湿法检查表面缺陷或小尺寸缺陷时，宜采用细磁粉。

(3) 颗粒的形状。磁粉颗粒的形状有条状和球状之分。一般说来，条状磁粉容易在磁场内被磁化，形成磁粉链条，而球状磁粉则因其不易被磁化而具有较好的流动性。将球形颗粒和条形颗粒按一定比例混合起来的磁粉可以兼有良好的磁性和流动性，是较理想的磁粉。

9.1.6.3 磁悬液

湿粉检测时，将磁粉与油或水按一定比例混合而成的悬浮液体称为磁悬液。用油配制磁悬液时，特别是配制荧光磁粉的磁悬液时，应优先选用优质、低黏度、闪点在60℃以上的无味煤油。变压器油或变压器油与煤油的混合液也可作为悬浮磁粉的载液。磁粉在变压器油中的悬浮性好，但变压器油因其黏度大，作载液的检测灵敏度不如用煤油高。另外，自来水也可被用来配制磁悬液，但要在水中加入润湿剂、防锈剂和消泡剂，以保证水磁悬液具有良好的使用性能。

磁悬液的浓度(即每升液体中所含有的磁粉质量，g)对检测的灵敏度有很大的影响。小缺陷会因磁粉的浓度太低而被漏检，而磁粉浓度太高，又会使衬度变差，干扰缺陷的显示。

9.1.6.4 反差增强剂

对焊缝磁粉检测，由于焊缝表面粗糙不平，可能会降低缺陷磁痕的显示而造成缺陷漏检。为了提高缺陷磁痕的可见度，检测前可先在被检焊缝附近喷或刷涂一层白色的、厚度为25~45μm的反差增强剂。检测时，在这层白色的基底上再喷洒黑色的磁粉即可以得到清晰的缺陷磁痕。

反差增强剂的配方示例见表9-3。

表9-3 反差增强剂的配方示例

成分	每100mL含量	成分	每100mL含量
工业丙酮	65mL	火棉胶	15mL
稀释剂X-1	20mL	氧化锌粉	10g

检测后，可用3：2的工业丙酮与稀释剂X-1的混合液擦除反差增强剂。

9.1.7 退磁

由铁磁性材料的磁滞回线(参见图9-2)可知，当外加磁场强度(H)为零时，材料内的磁感应强度(B)不为零，而有剩余的磁感应强度(B_r、$-B_r$)——剩磁。

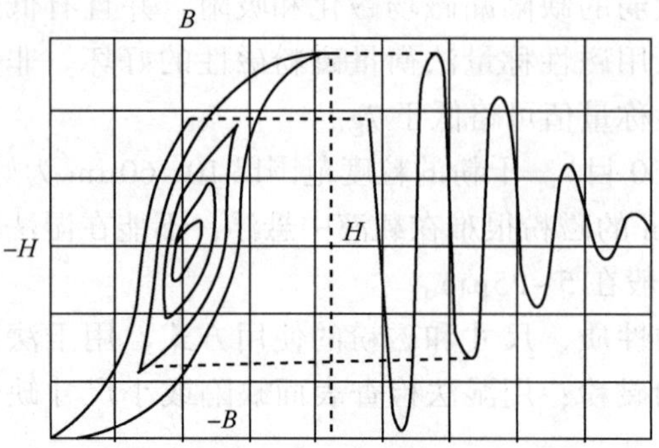

图 9-4　退磁原理

有些工件经过磁粉检测后，不允许有剩磁存在或有相应的剩磁要求时，则需要退磁。退磁就是将被检工件内的剩磁减小，达到相应的剩磁要求，以至不妨碍工件的使用性能。退磁原理如图 9-4 所示。

9.1.7.1　交流退磁

常用的交流退磁方法是将被检工件从一个通有交流电的线圈中沿轴向逐步撤出至距离线圈 1.5m 以外，然后断电。将工件放在线圈中不动，逐渐将电流幅值降为零，也可以收到同样的退磁效果。用交流电磁轭退磁时，先把电磁轭放在被检工件表面上，然后在励磁的同时将电磁轭缓慢移开，直至被检工件表面完全脱离电磁轭磁场的有效范围。用触头法检测后，可再将触头放回原处，然后让励磁的交变电流逐渐衰减为零，即可实现退磁。

9.1.7.2　直流退磁

在需要退磁的被检工件上通以低频换向、不断递减至零的直流电可以更为有效地去除工件内部的剩磁。

9.1.8　磁痕评定和缺陷等级评定

9.1.8.1　磁痕的评定与记录

（1）除能确认磁痕是由于工件材料局部磁性不均或操作不当造成的之外，其他一切磁痕显示均作为缺陷磁痕处理。

（2）长度与宽度之比大于 3 的缺陷磁痕，按线形缺陷处理，长度与宽度之比≤3 的缺陷磁痕，按圆形缺陷处理。

（3）缺陷磁痕长轴方向与工件轴线或母线的夹角≥30°时，作为横向缺陷处理，其他按纵向缺陷处理。

（4）两条或两条以上缺陷磁痕在同一直线上且间距≤2mm 时，按一条缺陷处理，其长度为两条缺陷之和加间距。

（5）长度<0.5mm 的缺陷磁痕不计。

（6）所有磁痕的尺寸、数量和产生部位均应记录，并图示。

（7）磁痕的永久性记录可采用胶带法、照相法以及其他适当的方法。

（8）非荧光磁粉检测时，磁痕的评定应在可见光下进行，工件被检面处可见光照应不小于 500lx。荧光磁粉检测时，磁痕的评定应在暗室内进行，暗室内可见光照度不大于 20lx，工件被检面处的紫外线强度不小于 1000μW/cm^2。

（9）当辨认细小缺陷磁痕时，应用 2~10 倍放大镜进行观察。

9.1.8.2　缺陷的等级评定

（1）下列缺陷不允许存在：

任何裂纹和白点；

任何横向缺陷显示；

焊缝及紧固件上任何长度大于 1.5mm 的线形缺陷显示；

锻件上任何长度大于 2mm 的线形缺陷显示；

单个尺寸大于等于 4mm 的圆形缺陷显示。

(2) 缺陷显示累积长度的等级评定按表 9-4 进行。

表 9-4 缺陷显示累积长度的等级评定 mm

等级	评定区尺寸	
	35×100 用于焊缝及高压紧固件	100×100 用于各类锻件
Ⅰ	<0.5	<0.5
Ⅱ	≤2	≤3
Ⅲ	≤4	≤9
Ⅳ	≤8	≤18
Ⅴ	大于Ⅳ级者	

9.2 渗透检测

渗透检测是利用液体的毛细现象检测非松孔性固体材料表面开口缺陷的一种无损检测方法。在装备制造、安装、在役和维修过程中，渗透检测是检验焊接坡口、焊接接头等是否存在开口缺陷的有效方法之一。

9.2.1 基本原理和特点

9.2.1.1 渗透检测的基本原理

当被检工件表面存在有细微的肉眼难以观察到的裸露开口缺陷时，将含有有色染料或者荧光物质的渗透剂，用浸、喷或刷涂方法涂覆在被检工件表面，保持一段时间后，渗透剂在存在缺陷处的毛细作用下渗入表面开口缺陷的内部，然后用清洗剂除去表面上滞留的多余渗透剂，再用浸、喷或刷涂方法在工件表面上涂覆薄薄一层显像剂。经过一段时间后，渗入缺陷内部的渗透剂又将在毛细作用下被吸附到工件表面上来，若渗透剂与显像剂颜色反差明显(如前者多为红色，后者多为白色)或者渗透剂中配制有荧光材料，则在白光下或者在黑光灯下，很容易观察到放大的缺陷显示。

当渗透剂和显像剂配以不同颜色的染料来显示缺陷时，通常称为着色渗透检测(着色检测、着色探伤)。当渗透剂中配以荧光材料时，在黑光灯下可以观察到荧光渗透剂对缺陷的显示，通常称为荧光渗透检测(荧光检测、荧光探伤)。因此，渗透检测是着色检测和荧光检测的统称。其基本检测原理是相同的。

9.2.1.2 渗透检测的特点

(1) 适用材料广泛，可以检测黑色金属、有色金属，锻件、铸件、焊接件等；还可以检测非金属材料如橡胶、石墨、塑料、陶瓷、玻璃等的制品。

(2) 是检测各种工件裸露出表面开口缺陷的有效无损检测方法，灵敏度高，但未裸露的内部深处缺陷不能检测。

(3) 设备简单、操作方便，尤其对大面积的表面缺陷检测效率高，周期短。

(4) 所使用的渗透检测剂(渗透剂、显像剂、清洗剂)有刺激性气味，应注意通风。

(5) 若被检表面受到严重污染，缺陷开口被阻塞且无法彻底清除时，渗透检测灵敏度将显著下降。

9.2.2 方法分类和选用

按渗透剂和显像剂的种类不同，渗透检测方法分类、特点及选用参见表 9-5 和表 9-6。

表 9-5 按渗透剂种类分类的渗透检测方法、特点及选用

方法名称	渗透剂种类	方法代号	特点及选用
荧光渗透检测	水洗型荧光渗透剂	FA	零件表面上多余的荧光渗透液可直接用水清洗掉。在紫外线灯下有明亮的荧光显示，易于水洗，检查速度快，对于表面粗糙度低且检测灵敏度要求不高的工件可以选用，适用于中、小型零件的批量检测
	后乳化型荧光渗透剂	FB	零件表面上的荧光渗透液要用乳化剂乳化处理后，方能用水洗掉。有极明亮的荧光，对于表面粗糙度较高且要求有较高检测灵敏度的工件宜选用此法
	溶剂去除型荧光渗透剂	EC	零件表面上的多余荧光渗透液需用溶剂清洗，检验成本比较高，一般情况下不宜采用。对于大型工件的局部检测可以选用
着色渗透检测	水洗型荧光渗透剂	VA	与水洗型荧光渗透剂相似，但不需要紫外线灯
	后乳化型荧光渗透剂	VB	与后乳化型荧光渗透剂相似，但不需要紫外线灯
	溶剂去除型荧光渗透剂	VC	一般装在喷罐内使用，便于携带，广泛用于焊缝、大型工件局部等处的检测，尤其适用于现场无水源、电源等情况下的检测

另外，荧光法比着色法有较高的检测灵敏度。

表 9-6 按显像方法分类的渗透检测方法及特点

方法名称	显像剂种类	方法代号	使用特点
干式显像法	干式显像剂	D	使用干式显像剂，须先经干燥处理，再用适当方法均匀地喷洒在整个工作表面，并保持一段时间
湿式显像法	湿式显像剂	W	经清洗后的检测面，可直接将显像剂喷洒或涂刷到被检面上或将工件浸入到显像剂中，然后迅速排除多余显像剂，再进行干燥处理
	快干式显像剂	S	用快干式显像剂同干式，然后进行自然干燥或用低温空气吹干。禁止将快干式显像剂倾倒在工件表面，以免冲洗掉缺陷内的渗透剂
无显像剂显像法	不用显像剂	N	

按表 9-5 和表 9-6 中各种方法组合使用的检测步骤见表 9-7。

表 9-7　检测步骤

渗透剂和显像剂的种类	检测方法符号	前处理	渗透	乳化	清洗	去除	干燥	显像	干燥	观察	后处理
水洗型荧光渗透剂-干式显像剂	FA-D	○	○		○		○	○		○	○
水洗型荧光渗透剂或水洗型着色渗透剂-湿式显像剂	FA-W VA-W	○	○		○			○	○	○	○
水洗型荧光渗透剂或水洗型着色渗透剂-湿式显像剂-快干式显像剂	FA-S VA-S	○	○		○		○	○		○	○
水洗型荧光渗透剂-不用显像剂	FA-N	○	○		○		○			○	○
后乳化型荧光渗透剂-干式显像剂	FB-D	○	○	○	○		○	○		○	○
后乳化型荧光渗透剂-湿式显像剂	FB-W	○	○	○	○			○	○	○	○
后乳化型荧光渗透剂-快干式显像剂	FB-S	○	○	○	○		○	○		○	○
溶剂去除型荧光渗透剂-干式显像剂	FC-D	○	○			○		○		○	○
溶剂去除型荧光渗透剂或溶剂去除型着色渗透剂-湿式显像剂	FC-W VC-W	○	○			○		○	○	○	○
溶剂去除型荧光渗透剂或溶剂去除型着色渗透剂-快干式显像剂	FC-S VC-S	○	○			○		○		○	○
溶剂去除型荧光渗透剂-不用显像剂	FC-N	○	○			○				○	○

9.2.3　对比试块

在渗透检测中，使用对比试块的目的是衡量在检测条件相同的情况下，渗透检测材料的性能及显示缺陷痕迹的能力。

NB/T 47013—2015 中介绍的对比试块类型如图 9-5 所示。

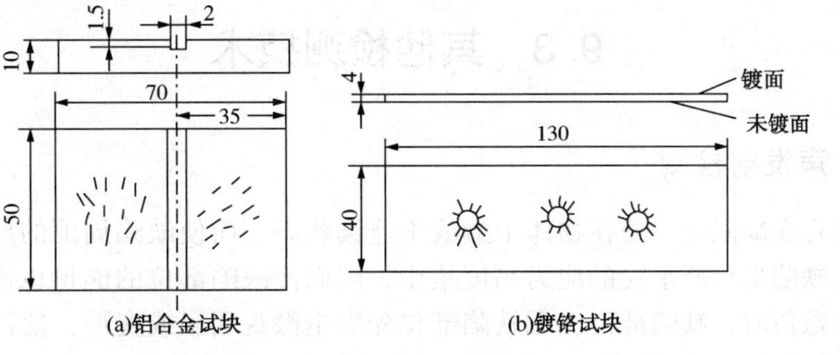

图 9-5　对比试块

一般情况下，做过着色试验的对比试块不宜再作荧光渗透试验。

对比试块使用后必须进行彻底清洗，试块上不应留下任何荧光或着色渗透剂的痕迹。为防止试块的玷污，可将其浸泡在50%丙酮与50%另一种适当溶剂的混合液中，或浸泡在盛有丙酮和无水酒精的混合液(混合比为1∶1)的密闭容器中保存，或用其他等效方法保存。

9.2.4 缺陷显示痕迹分类和缺陷等级评定

9.2.4.1 缺陷显示痕迹分类

缺陷显示痕迹分类见表9-8。

表9-8 缺陷显示痕迹分类

痕迹类型	判别条件
线性缺陷	长度与宽度之比大于3的缺陷显示痕迹，按线形缺陷处理
圆形缺陷	长度与宽度之比小于等于3的缺陷显示痕迹，按圆形缺陷处理
横向缺陷	缺陷显示痕迹长轴方向与工件轴线或母线的夹角大于等于30°时，按横向缺陷处理
纵向缺陷	除按横向缺陷处理外的其他缺陷，按纵向缺陷处理

另外，在判别真伪缺陷迹痕时，除确认显示迹痕是由外界因素或操作不当造成的之外，其他任何大于等于0.5mm的显示迹痕均应作为真实缺陷显示迹痕处理。

当两条或两条以上缺陷显示迹痕在同一直线上间距小于等于2mm时，按一条缺陷处理，其长度为显示迹痕长度之和加间距。

9.2.4.2 缺陷等级评定

缺陷显示累积长度的等级评定见表9-4。

同时，在缺陷显示迹痕等级评定的过程中，不允许存在以下缺陷：

任何裂纹和白点；

任何横向缺陷显示；

焊缝及紧固件上任何长度大于1.5mm的线形缺陷显示；

锻件上任何长度大于2mm的线形缺陷显示；

单个尺寸大于或等于4mm的圆形缺陷显示。

9.3 其他检测技术

9.3.1 声发射检测

物体内部存在缺陷时，便在物体中造成不连续状态，而使缺陷周围的应变能较高，在外力作用下，缺陷部位所承受的应力高度集中，因而使缺陷部位的能量也进一步集中。当外力达到某一数值时，缺陷部位比无缺陷部位先发生微观屈服或变形，使该部位应力得到松弛，多余的能量释放出来，成为波动能(应力波或缺陷显示声波)，即为声发射，再通过声换能器接收，从而检查出发声的地点。

缺陷通常是以脉冲的形式将能量释放出来。释放能量的大小与缺陷的微观结构特点以及外力的大小有关。而单位时间内所发射出来的脉冲数目既与释放的能量大小有关，也与释放能量的微观过程的速率有关。

一般来说，引起声发射的微观结构尺寸越小，或者释放能量的微观过程所进行的速率越快，则所产生的声发射频率越高。因此，测量声发射的能量分布情况及声发射总数或声发射频率，就能判断声发射源(缺陷或潜在缺陷)的微观结构特点及材料的声发射规律。

用电子仪器检测发射出来的声波，加以处理，以探测缺陷发生、发展规律，或寻找缺陷位置的技术称为声发射技术。

声发射检测对象必须是处于动态中的缺陷，如正在产生和扩展中的裂纹等。而对于静态中的气孔、夹渣和未焊透等缺陷是不能检测的，即它适用于承载条件下的监控与监测。

9.3.2 全息照相检测

在普通照相中，使照相底板感光的，只是光的强度，而光的强度只与振幅成正比，与相位无关。因此，照相底板只记录了物体光波的振幅，而失掉了光的相位变化，即没有记录物体光波的全部信息，故它不能反映物体的全部情况。

全息照相就是在照相时，把物体波的振幅和相位同时记录下来。其方法是，使物体波(物体反射波或物体透射波)同另外一参考波在照相底板上交叠在一起，产生干涉。于是在照相底板上产生干涉条纹，经显影和定影之后，便得到全息照相图，这个过程称为“造图”。这种全息图是干涉条纹，而不是物像。将全息图用参考光束照射，就能使物像重现，这个过程称为“建像”。

全息照相能精确地再现被摄物体的光波，能够查知工件表面层缺陷和内部缺陷的立体情况。使我们对于缺陷的大小、取向和形状得到更清楚的了解，从而能够较有把握地探伤、判伤和对工件作出质量评定。

全息照相检测技术也能检查出不透明物体内部的缺陷。对于不透明的物体来说，光线只能在它的表面上发生反射，因而只能反映物体的表面情况。但是，物体的表面与物体的内部是互相联系的，如物体内部有缺陷，在一定条件下，会通过某种方式而表现为物体表面的异常情况。因而这也是一种无损检测。

例如，首先摄取物体在不受力状态下的全息图，这时物体内部缺陷并不在表面上表现出异常情况。第二步是摄取物体受力状态下的全息图，这时物体由于受力，它的表面发生位移，于是第二个全息图上的干涉条纹与第一个相比就发生了移动。第三步是将两个全息图一同在激光的照射下建像。每一个全息图都显示出物体光波的原来波阵面，由于两个波阵面都保持了它们原来的振幅和相位，所以两个波阵面相遇时将发生干涉，此时除了显示原来的物体全息像外，还产生了较粗大的干涉条纹。条纹间距就表示物体受力变形时表面位移的大小。当物体内部无缺陷时，这种条纹的间距和形状是连续的，与物体的外形轮廓的变化是同步调的。反之，如果工件内部存在缺陷，则由于物体受力时，内部缺陷对应的表面发生的位移与无缺陷部位不同，建像时，在干涉条纹的波纹图上，对应于有缺陷的局部区域，就出现波纹不连续的突然的形状和间距变化，从而判定内部有缺陷存在。图 9-6 所示为激光全息检测聚四氟乙烯铝胶合板局部开脱的全息图。

9.3.3 热中子检测

目前发展较为成熟和实际应用较多的是热中子检测，其他能区的中子检测还处于研究阶段。热中子检测是根据各种物质对热中子吸收能力不同的原理进行的。图9-7所示为热中子检测的示意图。它包括中子源、慢化剂、准直器、被透视工件和像探测器等几部分。检测时，中子源发射的快中子，经慢化剂充分慢化后变成热中子，热中子通过准直器限制热中子束的发散角，使之成为束照射并透过被检验的工件，在像探测器上把被透视工件内部情况记录下来。

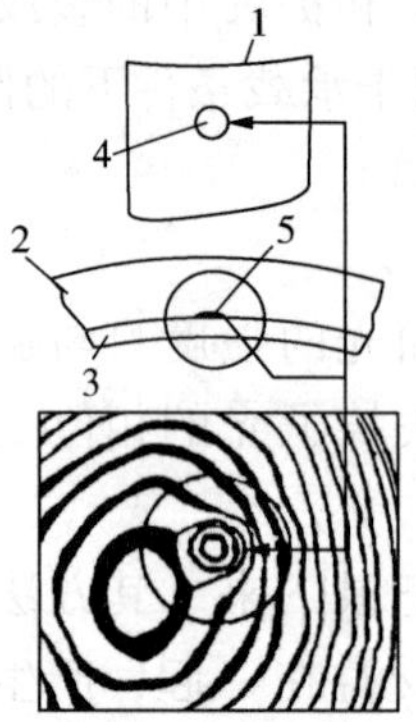

图9-6 激光全息检测胶合板开脱的全息图

1—聚四氟乙烯铝胶合板；2—聚四氟乙烯；3—铝；4—缺陷位置；5—缺陷

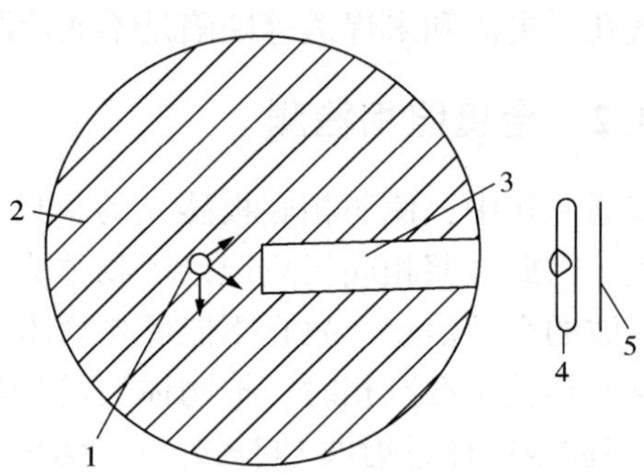

图9-7 热中子检测示意图

1—中子源；2—慢化剂；3—准直器；4—工件；5—像探测器

9.3.4 涡流检测

涡流检测也是以电磁感应原理为基础，当钢管(指碳钢、合金钢和不锈钢)通过交流电的绕组时，钢管表面或近表面出现集肤效应，其有缺陷部位的涡流发生变化，导致绕组的阻抗或感应电压产生变化，从而得到关于缺陷的信号。从信号的幅值及相位等可以对缺陷进行判别，能有效地识别钢管内外表面的不连续性缺陷，如裂纹、未焊透、夹渣、气孔、点腐蚀等，对开放性线形缺陷最为敏感。

涡流检测适用于制造过程作为半成品和成品的生产检验。半成品检验有利于改进制造工艺，提高质量。成品检验是加工的最后工序，对产品进行最后筛选。它适用于线、管、棒、球等不复杂形状的产品进行在线或离线检测。它广泛用于压力容器用圆形无缝钢管及焊接钢管质量的复检，国内许多生产厂家用它作为带成材双层管焊缝和带成材不锈钢金属软管的管环纵焊缝在线检测的手段，效果比较明显，有助于提高焊缝质量。

涡流检测适用于承压无缝钢管环焊缝及焊接管纵焊缝的表面和近表面缺陷检测，适用于外径为6~180mm的钢管、铜及铜合金管、钛及钛合金管的检测。它是一种快速、便宜、安全，且可以实现全自动化的检测方法。缺点是缺陷的类型、位置和形状不易估计，需辅以其他无损检测方法进行定性和定位。另外，它不能用于绝缘材料的检测。

思考题

9-1　磁粉检测原理。影响磁粉检测灵敏度高低（漏磁场强度的强弱）的主要因素有哪些？

9-2　磁粉检测的特点。

9-3　磁粉检测的磁化方法及其应用，磁化规范的确定要考虑哪些内容？

9-4　磁粉的种类、性能及应用。

9-5　退磁的原理及方法。

9-6　磁粉检测时磁痕的评定要求。

9-7　磁粉检测的缺陷评定要求和评定等级。

9-8　渗透检测原理和特点。

9-9　渗透检测方法的分类和选用。

9-10　渗透检测缺陷显示痕迹的分类和等级评定标准。

第三篇　过程机器零部件加工与装配

10　机械加工质量

保证机械产品的质量是一个企业得以生存和发展的关键，产品的制造质量包括零件的机械加工质量和产品的装配质量两个方面。零件的机械加工质量将直接影响产品的性能、效率、寿命及可靠性等质量指标，它是保证产品制造质量的基础。

机械加工质量指标包括两方面的参数：一方面是宏观几何参数，指机械加工精度；另一方面是微观几何参数和表面物理-力学性能等方面的参数，指机械加工表面质量。

10.1　机械加工精度

10.1.1　机械加工精度的概念

机械加工精度是指零件加工后的实际几何参数(尺寸大小、几何形状、表面间的相互位置)与图纸规定的理想几何参数的符合程度。零件的理想几何参数对表面几何形状而言主要指绝对正确的圆柱面、平面和锥面等；对表面之间的相互位置而言主要为绝对的平行、垂直和同轴等；对尺寸而言为零件的公称尺寸。公称尺寸是指由设计计算所决定，并经圆整后的尺寸。但是由于机械加工中的种种原因，不可能把零件做得绝对符合理想值，总会产生偏差，这种偏差即加工误差。实际生产加工中加工精度的高低用加工误差的大小来表示。生产实践证明，采用同一种加工方法，公称尺寸越大，产生的加工误差就越大，加工精度越低；反之公称尺寸越小，产生的加工误差就越小，加工精度越高。

10.1.2　获得规定加工精度的方法

机械加工是为了使工件获得规定的尺寸精度、形状精度、位置精度及表面质量，要求机械加工中获得这些精度的主要方法有以下几种。

10.1.2.1　获得尺寸精度的方法

(1) 试切法。该法是通过试切—测量—调整刀具—再试切的反复过程来获得尺寸精度。试切法生产效率低，加工精度取决于工人的技术水平，但能获得较高的尺寸精度，且不需复杂的装置。主要用于单件小批生产。

例如，图 10-1 所示的阶梯轴，要求车到 $\phi d_{-\delta d}^{0}$。加工时先试切一段，量其直径为 d_1，根据 d_1 与 d 的差值调整刀具的位置，再试切，再测量，如此反复，直到试切的尺寸合格为止。

(2) 调整法。调整法加工前，先按要求的尺寸调整好刀具相对于工件的位置，并在一批零件的加工过程中始终保持这个位置不变，以获得规定的加工尺寸。

调整法比试切法加工精度的保持性好，且具有较高的生产率，多用于六角车床、多刀半自动车床以及自动机床的加工。调整法对操作工人要求不高，但对调整工人要求较高，在成批及大量生产中广泛应用。

如图 10-2 所示，六角刀架的纵向位置是用事先调整好位置的挡块配合机械机构来控制，以保证工件的轴向尺寸。

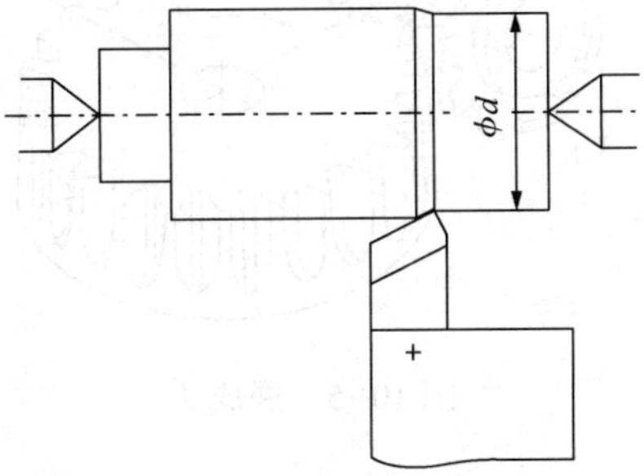

图 10-1　用试切法获得尺寸

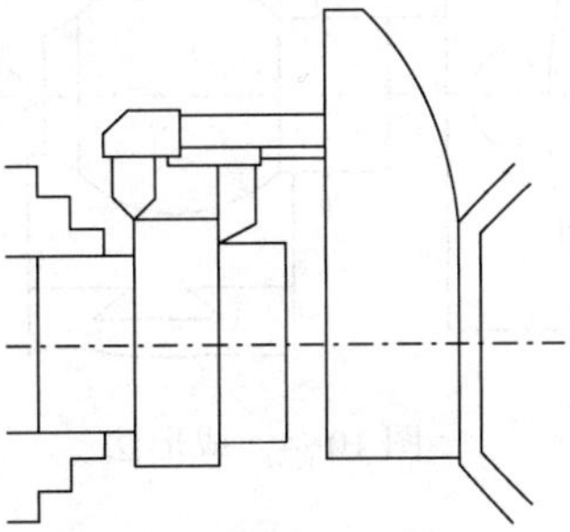

图 10-2　用调整法获得尺寸

(3) 定尺寸刀具法。该法是用具有一定尺寸精度的刀具来保证工件的加工尺寸。如钻头、扩孔钻、拉刀、槽铣刀等。这种方法具有较高的生产率，尺寸精度较稳定。加工精度主要取决于刀具的精度及刀具与工件的位置精度。

(4) 自动控制法。该法是将测量装置、进给装置和控制系统组成一个自动加工系统。加工过程中由自动测量装置测量工件的加工尺寸，并与所要求的尺寸进行比较后发出信号，信号通过转换、放大后控制机床或刀具作相应调整，直到达到规定的加工尺寸要求，这种方法一般用在数控机床上，用来加工精度较高，形状复杂的零件，适应于单件、小批和中批生产。

10.1.2.2　获得表面形状精度的方法

在机械加工中，工件的表面形状主要依靠刀具与工件作相对的成形运动来获得。为了保证形状精度，必须首先保证成形运动本身和其相互关系的准确性。

工件在加工时获得形状精度的方式有以下三种。

(1) 轨迹法。这种加工方法是利用非成形刀具刀尖的运动轨迹来形成被加工表面的形状。普通的车削、铣削、刨削和磨削等均属于刀尖轨迹法。用这种方法得到的形状精度主要取决于成形运动的精度。例如图 10-3 用工件的回转和车刀按靠模所作的曲线运动来车削成形表面。

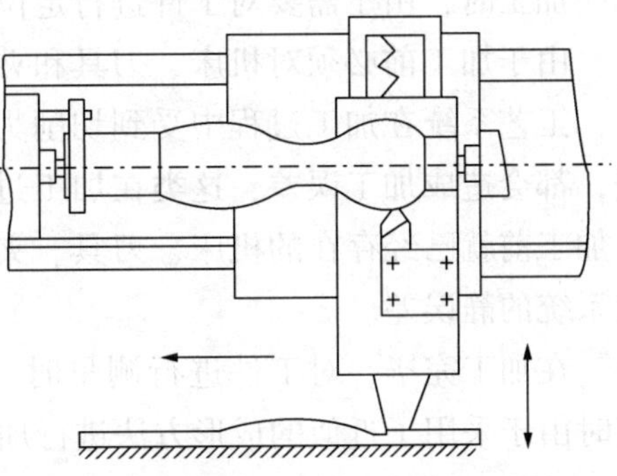

图 10-3　轨迹法

(2) 成形法。成形法加工是利用成形刀具的几何形状来代替机床的某些成形运动而获得加工表面形状，如图 10-4 所示。成形法所获得的形状精度主要取决于成形刀具刀刃的形状精度和安装精度。

（3）展成法。该法利用刀具和工件作展成运动所形成的包络面来得到加工表面的形状，如滚齿、插齿、磨齿等均属展成法，如图 10-5 所示。这种方法所获得的形状精度主要取决于刀刃的形状精度和展成运动精度等。

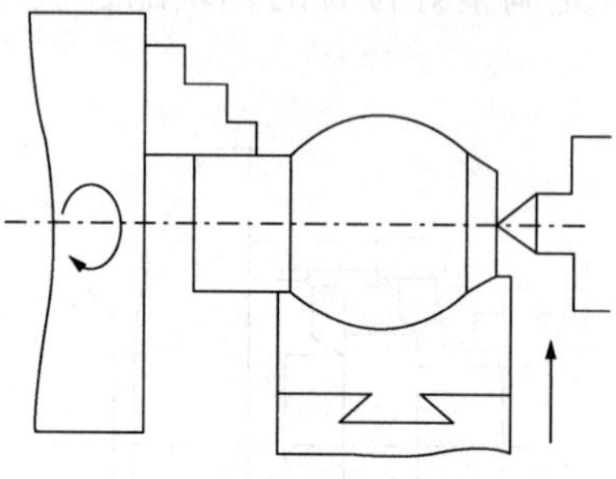

图 10-4　成形法

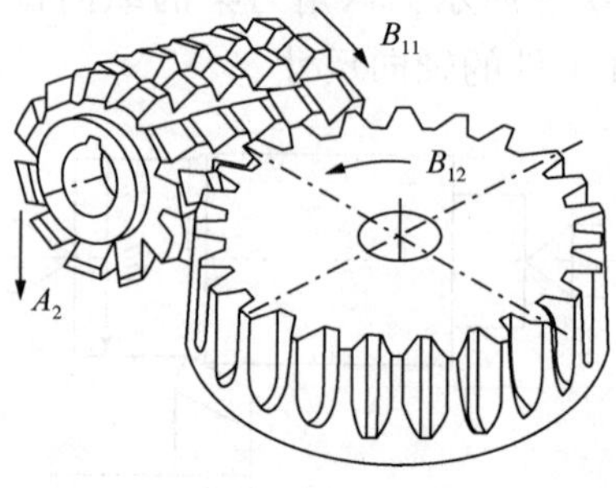

图 10-5　展成法

10.1.2.3　获得位置精度的方法

获得位置精度的方法主要有三种：按照工件加工过的表面进行找正的方法；用夹具安装工件，工件的位置精度由夹具来保证；划线法，根据工件上所划线来进行找正。

10.1.3　影响机械加工精度的因素

10.1.3.1　原始误差概述

机械加工时，刀具与工件之间在切削运动过程中的相对移动形成所需要的加工表面。如车削时，工件夹持在夹具上，随车床主轴做旋转运动，刀具装夹在刀架上，相对于工件作横向或纵向移动。因此，在机械加工过程中，由机床、刀具、夹具和工件等组成的一个完整的系统，称为机械加工工艺系统。工艺系统中各方面的误差都可能造成工件的加工误差。通常，将工艺系统的误差称为原始误差。

原始误差的存在，使工艺系统各组成部分之间的位置关系或速度关系偏离了理想状态，致使加工后的零件产生了加工误差。

加工时，由于需要对工件进行定位和夹紧而产生工件装夹误差。

由于加工前必须对机床、刀具和夹具进行调整，而产生了调整误差。

工艺系统在加工过程中受到切削力、切削热和摩擦而产生的受力变形、受热变形和磨损，都会造成加工误差，这类在加工过程中产生的原始误差称为工艺系统的动误差，而把在加工前就已经存在的机床、刀具、夹具本身的制造误差称为工艺系统的几何误差，或工艺系统的静误差。

在加工完毕，对工件进行测量时，由于测量方法和量具本身的误差而产生测量误差。有时由于采用了近似的成形方法进行加工，还会产生加工原理误差。

此外，工件在毛坯制造、切削加工和热处理时，由于力和热的作用而产生的内应力，也会引起工件变形而产生加工误差。

综上所述，原始误差可归纳分类如下。

- 原始误差
  - 加工原理误差
  - 工件装夹误差
  - 工艺系统的静误差
    - 机床误差
    - 夹具误差
    - 刀具制造误差
  - 调整误差
  - 工艺系统的动误差
    - 工艺系统受力变形
    - 工艺系统受热变形
    - 刀具磨损
    - 工件内应力引起的变形
  - 测量误差

10.1.3.2 加工原理误差

加工原理误差是指由于采用了近似的加工运动或者近似的刀具廓形进行加工而产生的误差。

为了获得规定的加工表面，刀具和工件之间必须作相应的成形运动。如螺旋面和渐开线齿面的形成要求刀具与工件间分别完成准确的螺旋运动和渐开线展成运动。从理论上讲，应采用完全正确的刀刃形状并作相应的成形运动，以获得准确的零件表面。但是，这往往会使机床、夹具和刀具的结构变得复杂，造成制造上的困难；或者由于机构环节过多，增加运动中的误差，结果反而得不到高的精度。

因此，在生产实际中常采用近似的加工原理来获得规定范围的加工精度。例如滚齿加工常常存在两种原理误差：一种是为了避免加工刀具制造、刃磨的困难，常采用阿基米德基本蜗杆来代替渐开线基本蜗杆滚刀而产生造形误差；另一种是由于齿轮滚刀刀齿数有限，齿轮的齿形实际上是一条折线，而不是一条光滑的渐开线，与理论上的渐开线相比存在着齿形误差。采用此方法虽然会带来加工原理误差，但可以简化机床结构和刀具形状，降低成本，提高生产率，但由此带来的原理误差必须控制在允许的范围内。

10.1.3.3 装夹误差和夹具误差

装夹误差包括定位误差和夹紧误差两个部分。因定位不正确而引起的误差称为定位误差。例如，加工时由于定位基准和设计基准不重合所产生的误差属于定位误差。工件或夹具刚度过低或夹紧力作用方向、作用点选择不当，都会使工件产生变形，造成夹紧误差。例如，用三爪卡盘夹持薄壁套筒进行镗孔加工时(图 10-6)，夹紧前薄壁套筒的内外圆都是圆的，夹紧后套筒会变成三棱圆形[图 10-6(a)]；镗孔后，内孔呈圆形[图 10-6(b)]；但松开三爪卡盘后，外圆弹性恢复为圆形，所加工内孔又会变成三棱圆形[图 10-6(c)]，使镗孔孔径产生加工误差。为了减小这种变形，可在工件外面套上一个开口的薄壁过渡环[图 10-6(d)]，使夹紧力沿工件圆周均匀分布，从而减小变形。

夹具的作用是使工件相对于刀具和机床具有正确的位置，因此夹具误差对工件的位置精度和尺寸精度影响很大。夹具误差一般指定位元件、导向元件及其夹具体等零件的加工和装配误差。夹具磨损将使夹具误差增大，从而使工件的加工误差也相应增大。为了保证工件的加工精度，除了严格保证夹具的制造精度外，必须注意提高夹具易磨损件的耐磨性，当磨损到一定限度后须及时予以更换。

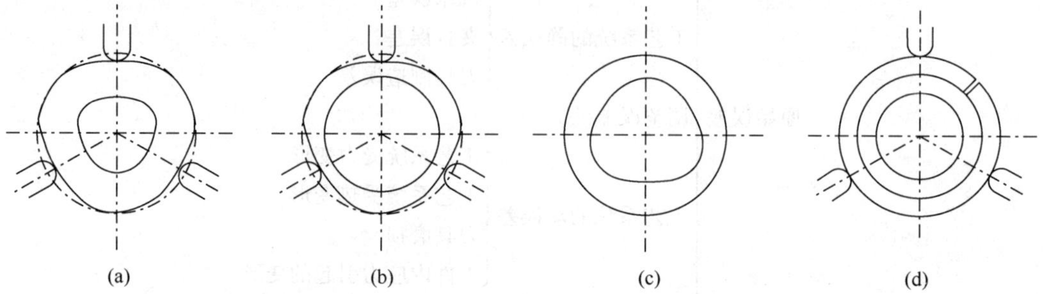

图 10-6　薄壁套筒夹紧误差示例

10. 1. 3. 4　刀具误差

刀具误差对加工精度的影响，根据刀具种类不同而异。一般刀具(如车刀、刨刀等)的制造误差对加工精度没有直接影响，用定尺寸刀具(如麻花钻、键槽铣刀等)加工时，加工面的尺寸精度不仅与刀具本身的尺寸精度有关，还与刀具的工作条件有关。如钻头两刃相对于尾柄轴线刃磨的不对称，会造成钻削时两侧刀刃受力不均匀，引起径向跳动，使加工的孔径扩大。用成形刀具(如成形车刀、成形砂轮等)加工时，刀具本身的形状精度直接影响到加工面的形状精度。用展成法(如滚齿刀、插齿刀等)加工时，刀具切削刃的形状误差以及刃磨、安装、调整不正确，同样也会影响加工表面的形状精度。

刀具磨损后，除了使切削性能变差外，还改变了刀刃与工件的相对位置。在用调整法加工一批工件时，将使工件尺寸不断发生变化，出现尺寸分散现象。这时，刀具磨损对加工精度的影响比较突出。

10. 1. 3. 5　机床误差

机床误差包括机床的制造误差、安装误差和磨损等。机床误差的项目很多，这里主要分析对加工精度影响较大的主轴回转误差、导轨误差和传动链误差。

(1) 主轴回转误差。机床主轴是用来安装工件或刀具并将运动和动力传递给工件或刀具的重要零件，它直接影响被加工工件的加工精度，尤其是在精加工时，机床主轴的回转误差往往是影响加工精度的主要因素。为了保证加工精度，机床主轴回转时其回转轴线的空间位置应是稳定不变的。但实际上由于受主轴部件结构、制造、装配、使用等种种因素的影响，主轴在每一瞬时回转轴线的空间位置都是变动的，即存在着回转误差。主轴理想回转轴线是一条假定的在空间位置不变的回转轴线。对于任何一种结构形式的主轴部件，其理想回转轴线都是客观存在的，但其实际位置却很难确定。为此，人们就把主轴瞬时几何轴线的平均回转轴线近似地作为理想回转轴线。机床主轴的回转误差可以分为径向跳动、倾角摆动和轴向窜动三种基本形式，如图 10-7 所示。

不同形式的主轴回转误差对加工精度的影响不同，同一形式的回转误差在不同的加工方式(例如车削和镗削)中对加工精度的影响也不一样。

提高主轴及箱体轴承孔的制造精度，选用高精度的轴承，提高主轴部件的装配精度，对主轴部件进行平衡，对滚动轴承进行预紧等，均可提高机床主轴的回转精度。

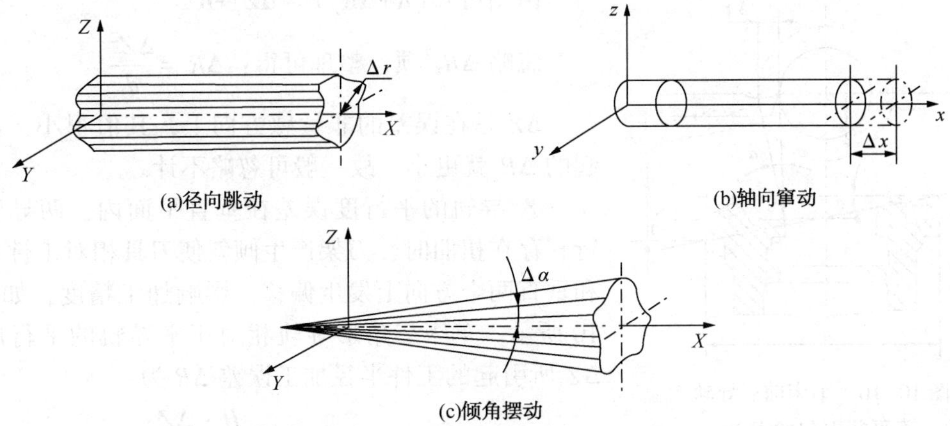

图 10-7　主轴回转误差的基本形式

（2）导轨误差。床身导轨是机床中主要部件的安装基准，它的各项误差直接影响零件的加工精度。车床导轨的精度要求，主要有以下三个方面。

① 车床导轨在水平面内直线度误差 ΔY，这项误差使刀尖沿着工件半径方向发生位移误差 ΔR，$\Delta R=\Delta Y$，导轨误差将 1∶1 地反映为工件表面的圆柱度误差（鞍形或鼓形），如图 10-8 所示。

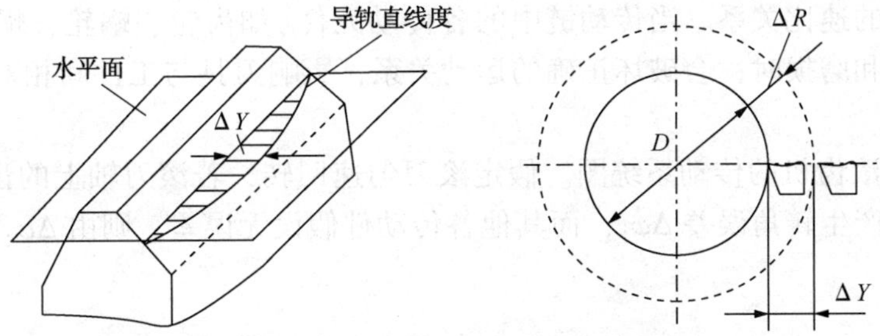

图 10-8　车床导轨在水平面内直线度引起的误差

② 车床导轨在垂直面内的误差 ΔZ 如图 10-9 所示，这项误差将使刀具产生垂直位移，使工件表面产生半径误差 ΔR_Z。

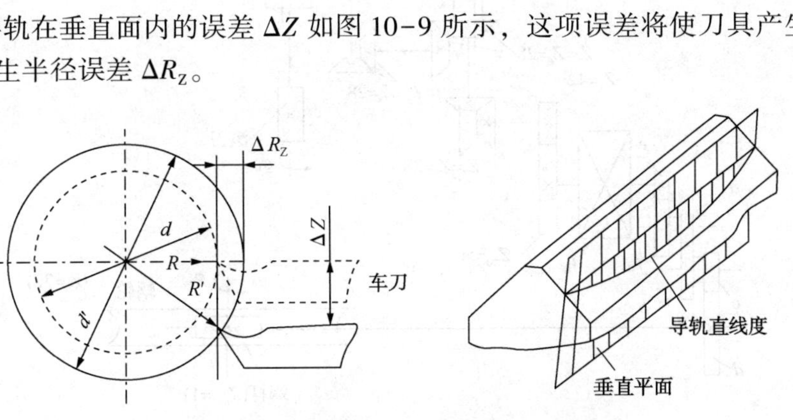

图 10-9　车床导轨在垂直面内直线度引起的误差

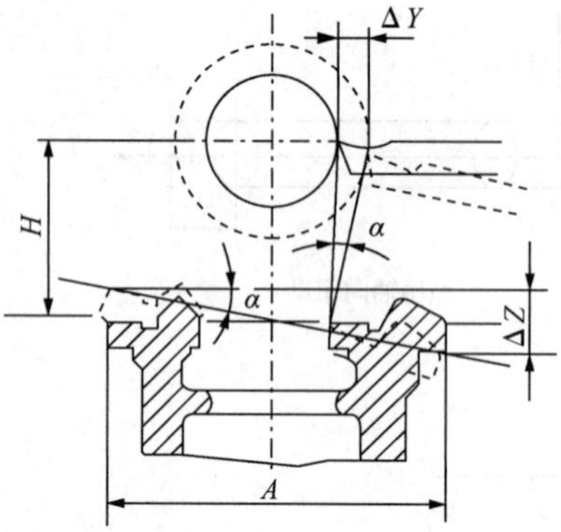

图 10-10　车床前后导轨不平行引起的误差

由图可知 $(R+\Delta R_Z)^2=\Delta Z^2+R^2$

忽略 $\Delta R_z{}^2$ 项，整理可得：$\Delta R_z=\dfrac{\Delta Z^2}{d}$

ΔZ 是在误差的非敏感方向上，其值很小，由此引起的 ΔR_z 就更小，故一般可忽略不计。

③ 导轨的平行度误差在垂直平面内，两导轨不平行、存在扭曲时，刀架产生倾斜使刀具相对工件在水平和垂直两个方向上发生偏移，影响加工精度，如图 10-10 所示。车床三角形导轨相对于平导轨的平行度误差 ΔZ 所引起的工件半径加工误差 ΔR 为：

$$\Delta R\approx\Delta Y=\frac{H\cdot\Delta Z}{A}$$

一般车床中，$H\approx\dfrac{2}{3}A$，外圆磨床 $H\approx A$，因此导轨扭曲度的影响也是很大的。

机床在使用过程中，导轨会发生磨损，由于导轨工作区常常集中在某一范围内，故导轨在全长上磨损很不均匀，使用一段时间后，会造成机床几何精度超差，应注意及时修复。

（3）传动链误差。传动链误差是指传动链始末两端传动元件间相对运动的误差。对于某些表面的加工，如车螺纹、滚齿和插齿等，为了保证工件的精度，要求工件和刀具间的运动必须有准确的速比关系。当传动链中的各传动元件（如齿轮、蜗轮、蜗杆等）存在制造误差、装配误差和磨损时，会破坏正确的运动关系，影响刀具与工件间相对运动的正确性，使工件产生误差。

图 10-11 为滚齿机的传动系统图。假定滚刀匀速回转，若滚刀轴上的齿轮 Z_1 由于加工和安装等原因而产生转角误差 $\Delta\varphi_1$，而其他各传动件假设无误差，则由 $\Delta\varphi_1$ 产生的工作台转角误差 $\Delta\varphi_{1n}$ 为：

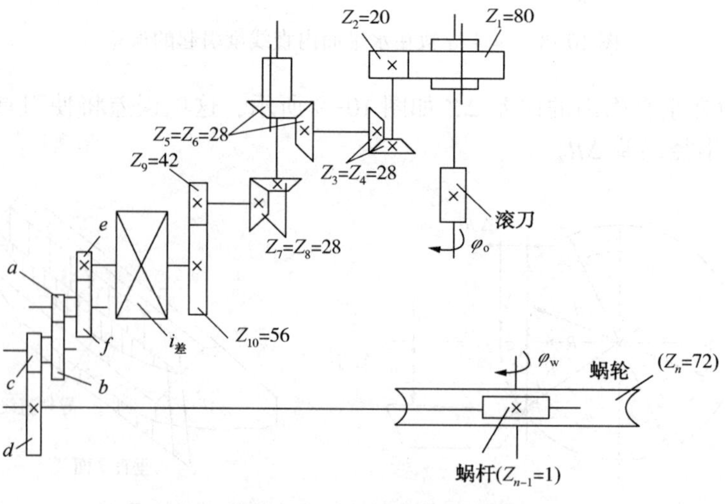

图 10-11　滚齿轮的传动系统图

$$\Delta\varphi_{1n}=\Delta\varphi_1\times\frac{80}{20}\times\frac{28}{28}\times\frac{28}{28}\times\frac{28}{28}\times\frac{42}{56}\times i_{差}\times\frac{e}{f}\times\frac{a}{b}\times\frac{c}{d}\times\frac{1}{72}=K_1\Delta\varphi_1$$

式中，$i_{差}$为差动机构的传动比；K_1为齿轮 Z_1到工作台的传动比，K_1反映了齿轮 Z_1的转角误差对终端工作台传动精度的影响程度，称为第一个元件的误差传递系数。

同理，若传动链中第 j 个元件的转角误差为 $\Delta\varphi_j$，则传到工作台的转角误差为 $\Delta\varphi_{jn}$。

$$\Delta\varphi_{jn}=K_j\cdot\Delta\varphi_j$$

式中，K_j为第 j 个元件的误差传递系数。

整个传动链的传动误差是各传动元件所引起的工作台转角误差的叠加，即：

$$\Delta\varphi_{\Sigma}=\sum_{j=1}^{n}\Delta\varphi_{jn}=\sum_{j=1}^{n}K_j\Delta\varphi_j$$

式中，n 为传动元件数。

为了减少机床传动链误差对加工精度的影响，可采取下列几方面的措施：

① 减少传动链中传动元件的数目，即缩短传动链，以减少误差来源；

② 提高传动元件，特别是终端传动元件的制造精度和装配精度；

③ 消除传动链中齿轮副或螺旋副中存在的传动间隙，这种间隙将使速比不稳定，从而使终端元件的瞬时速度不均匀；

④ 采用矫正装置，矫正装置的实质是在原传动链中人为地加入一个误差，其大小与传动链本身的误差相等而方向相反，从而使误差相互抵消。

10.1.3.6　调整误差

零件加工的每一个工序中，为了获得被加工表面的形状、尺寸和位置精度，总要进行一些调整工作。例如，调整夹具在机床上的位置，调整刀具相对于工件的位置等。由于调整不可能绝对准确，由此产生的误差称为调整误差。引起调整误差的因素很多，例如调整时所用刻度盘、样板或样件等的制造误差，测量用的仪表、量具本身的误差等。

10.1.3.7　工艺系统受力变形及对加工精度的影响

机械加工过程中，工艺系统在夹紧力、切削力、传动力等外力的作用下，各环节都将产生相应的变形，使刀具和工件间已调整好的正确位置关系遭到破坏而造成加工误差。如车削刚性较差的工件时，由于工件在切削力作用下会发生变形，使加工出的工件出现两头细中间粗的腰鼓形；若工件刚性很好而机床刚性较差，则由机床变形引起的“让刀”现象使车出的工件呈两头大、中间小的鞍形。由此可见，工艺系统受力变形是加工中一项很重要的误差来源，它严重地影响工件的加工精度。工艺系统的受力变形通常是弹性变形，一般说来，工艺系统抵抗弹性变形的能力越强，加工精度越高。

(1) 工艺系统的刚度。工艺系统在外力作用下所产生的变形大小取决于外力的大小和系统抵抗外力的能力。工艺系统抵抗外力使其变形的能力称为刚度 K。刚度 K 以切削力 F 和在该力方向上所引起的刀具和工件间相对变形位移 y 的比值来表示，即：

$$K=F/y(\mathrm{N/mm})\tag{10-1}$$

由于切削力有三个分力，所以刚度也有相应三个方向的刚度，但是在切削加工中，对加工精度影响最大的是刀刃沿加工表面法线方向(背向力)的分力，因此计算工艺系统刚度时，通常只考虑此方向的切分力 F_{y} 和变形位移量 y_{xt}，即：

$$K_{xt}=\frac{F_y}{y_{xt}}(\mathrm{N/mm}) \tag{10-2}$$

刚度的倒数称为柔度。则工艺系统的柔度 W_{xt} 为：

$$W_{xt}=\frac{y_{xt}}{F_y}(\mathrm{mm/N}) \tag{10-3}$$

通常，工艺系统的刚度 K_{xt} 越大，则柔度 W_{xt} 越小，工艺系统受力后的变形 y 越小，所引起的加工误差也越小。

工艺系统由机床、夹具、刀具及工件等组成，因此工艺系统受力变形产生的总位移 y_{xt} 是由各组成部分变形位移的叠加，即：

$$y_{xt}=y_{jc}+y_{jj}+y_{dj}+y_g \tag{10-4}$$

式中，y_{jc} 为机床的受力变形量，mm；y_{jj} 为夹具的受力变形量，mm；y_{dj} 为刀具的受力变形量，mm；y_g 为工件的受力变形量，mm。

按刚度的定义，机床、夹具、刀具和工件的刚度分别为：

$$K_{jc}=F_y/y_{jc},\ K_{jj}=F_y/y_{jj},\ K_{dj}=F_y/y_{dj},\ K_g=F_y/y_g \tag{10-5}$$

由式(10-2)、式(10-4)、式(10-5)，可得工艺系统刚度的表达式为：

$$K_{xt}=1/\left(\frac{1}{K_{jc}}+\frac{1}{K_{jj}}+\frac{1}{K_{dj}}+\frac{1}{K_g}\right) \tag{10-6}$$

上式表明了工艺系统各部分刚度与工艺系统刚度的关系。因此，当知道工艺系统各组成部分的刚度之后，就可以求出整个工艺系统的刚度。

工艺系统中，刀具和工件的结构一般比较简单，刚度计算也比较容易。例如，当用卡盘装夹棒料进行车削时，工件的刚度可用材料力学中悬臂梁的变形公式来计算，当用两顶尖装夹长轴进行车削时，工件的刚度可用材料力学中简支梁的变形公式来计算。

对于由多个零件组成的机床部件，其刚度计算很复杂，通常用实验的方法加以测定。

(2) 工艺系统受力变形对加工精度的影响。工艺系统受力变形对加工精度的影响，主要表现在以下两个方面。

① 切削过程中随受力点位置变化而引起的工件尺寸及形状误差。工艺系统刚度除与系统各组成部分各自的刚度有关外，还随受力点的位置变化而变化，在不同位置，其变形量是变化的，由此引起的加工误差也随之变化，使加工出来的工件表面产生形状误差。

假定工件短而粗，即工件的刚度很高，而且切削过程中切削力保持不变时，则工件的受力变形很小，与机床、夹具和刀具的变形相比可忽略不计。当加工细而长的轴，即工件刚度很低时，则切削时工件的变形将大大超过机床、夹具和刀具的变形。这时，工艺系统的变形量取决于工件变形量的大小。工艺系统的刚度随切削力作用点的位置不同而不同，因而加工后工件各横截面上的尺寸也不同，从而造成工件的形状误差。

② 误差复映。从工艺系统刚度计算公式看出，切削力的变化将使工艺系统的变形发生变化，从而使工件产生加工误差。引起切削力变化的因素很多，工件加工余量和材料硬度不均所引起的切削力变化及其所带来的加工误差。

毛坯材料的硬度不均也会使切削力发生变化，导致工艺系统变形量的变化，从而产生加工误差。铸件和锻件在冷却过程中冷速不均是造成毛坯硬度不均的主要原因。

(3) 其他作用力引起的加工误差。在车床或磨床类机床上加工轴类零件时，常用单爪拨盘带动工件旋转，如图 10-12 所示。半径为 r 的工件由主轴端面上离轴心距离为 L 的拨销带动旋转。传动力 F_c在 Y 方向的分力 F_{cy}有时与切削力 F_y的方向一致，有时相反，使工艺系统的受力变形发生变化，进而引起工件的加工误差。工件半径误差 Δr 随回转角 α 的变化而变化。当 $\alpha=90°$ 和 270°时，$\Delta r=0$；当 $\alpha=0°$时，传动力使工件靠近刀具，工件被多切去一定厚度，形成工件的最小半径；当 $\alpha=180°$时，传动力使工件离开刀具，工件被少切去一定厚度，形成工件的最大半径，因此切削后的工件截面形状如图 10-13 所示。

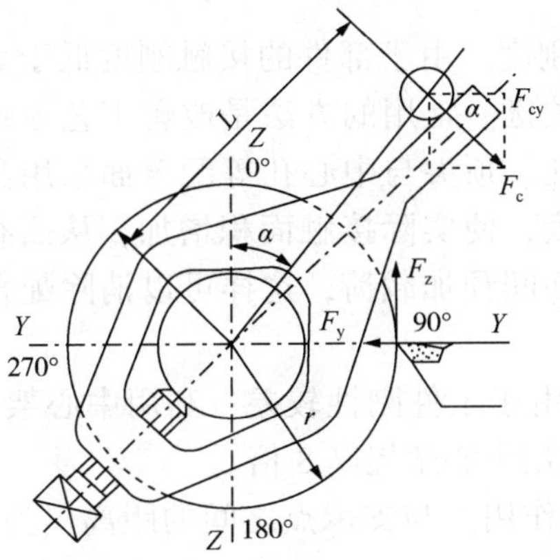

图 10-12　单爪拨盘传动时的受力分析

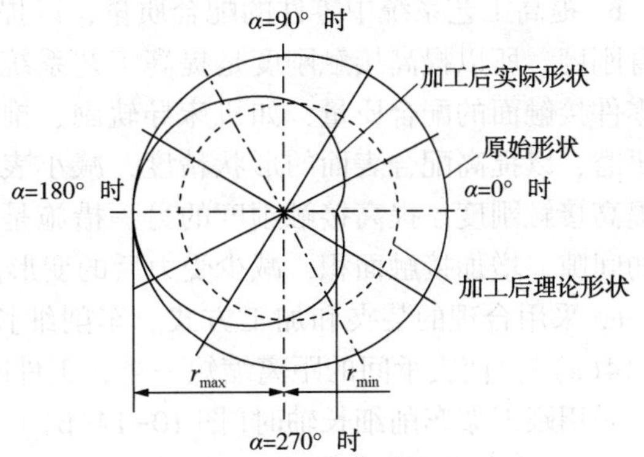

图 10-13　用单爪拨盘传动时工件的截面形状

切削加工中，高速旋转的零部件(含夹具、工件和刀具)的不平衡将产生离心力；离心力和传动力一样，在每一转中不断地变更方向，产生相近的误差规律。车外圆时，工件将产生心形曲线的形状误差。

对于刚度较差的工件，若夹紧时施力不当，使工件在变形状态下加工，加工完松开后由于弹性恢复也会出现加工误差。

在工艺系统中，有些零部件在自身重力作用下产生的变形也会造成加工误差。例如龙门铣床、龙门刨床横梁在刀架自重下引起的变形将造成工件的平面度误差。对于大型工件，因自重而产生的变形有时会成为引起加工误差的主要原因。

总之，工艺系统受力变形产生误差(影响加工精度)的问题是十分复杂的。各种影响因素在不同的具体情况下，对加工精度的影响程度不同。因此，在分析生产中存在的具体加工精度问题时，要分清主次，抓住主要矛盾。

(4) 减小工艺系统受力变形的措施。减小工艺系统受力变形是保证加工精度的有效途径之一。在实际生产中，常从以下三个方面采取措施予以解决。

① 采取适当的工艺措施减小载荷及其变化。如合理选择刀具的几何参数和切削用量以减小切削力，尤其是减小径向力 F_y，更有利于减小受力变形；将毛坯分组，使机床在一次调整中加工的毛坯余量比较均匀，以减小复映误差。

② 提高工艺系统的刚度可采取以下几点措施。

a. 合理设计零部件结构。在机械加工中，切削力引起的加工误差往往是因为工件本身的刚度不足或工件各个部位刚度不均匀而产生的。在机床和夹具中都有一些重量和体积较大的支承件，如机床上的床身、立柱、横梁和夹具上的夹具体等，这些零件本身的刚度对整个工艺系统影响较大。要提高支承件的刚度，不能单纯依靠增加其截面积，必须选用合理的零件结构和断面形状，以达到在节约材料和减轻重量的基础上提高其刚度。一般来说，当只受简单的拉、压时，其变形与截面大小有关。当受到弯扭力矩时，则其变形取决于断面的抗弯与抗扭惯性矩，即不但与截面积大小有关，而且还与截面形状有关。当其外形尺寸中高度相等时，则无论是抗弯或抗扭惯性矩，都是方形截面的最大。截面中无论是方形、圆形或矩形，在相同截面积下，空心截面的惯性矩总是比实心的大。另外，在适当的部位设置隔板或加强筋也可收到良好的效果。

b. 提高工艺系统中零件的配合质量，以提高接触刚度。由于部件的接触刚度低于零件本身刚度，所以提高接触刚度是提高工艺系统刚度的关键。常用的方法是改善工艺系统主要零件接触面的配合质量，如机床导轨副、锥体与锥孔、顶尖与中心孔等配合面采用刮研与研磨，以提高配合表面的形状精度，减小表面粗糙度，使实际接触面积增加，从而有效地提高接触刚度。提高接触刚度的另一措施是在接触面间预加载荷，这样可以消除配合面间的间隙，增加接触面积，减少受力后的变形。

c. 采用合理的装夹和加工方式。车削细长轴时，由于工件刚性较差，利用中心架[图10-14(a)]，使支承间的距离缩短一半，工件刚度比不用中心架提高 8 倍。

采用跟刀架车削细长轴时[图 10-14(b)]，切削力作用点与支承点之间的距离仅为 5~10mm，工件刚度可大大提高。

轴类零件在粗加工时往往一端以卡盘装夹，另一端以后顶尖支承[图 10-14(c)]，以提高工件的刚度。这时，工件刚度比只用卡盘夹持有明显提高。

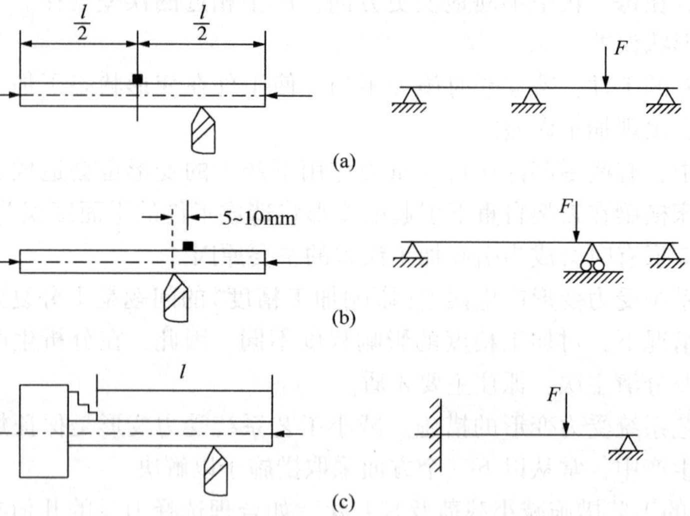

图 10-14　用辅助支撑提高工件刚度

图 10-15 表示改变工件装夹方式可提高工艺系统刚度。图 10-15(a)所示装夹方式，加工面离夹紧面远，工件倾覆力矩大，易变形。图 10-15(b)所示装夹方式，加工面离夹紧面近，倾覆力矩小，有利于提高切削用量和生产率。

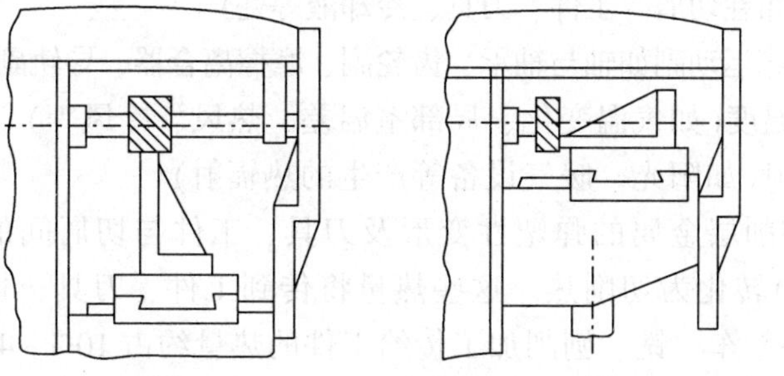

图 10-15 改变工件装夹方式提高刚度

当工件自身刚性差时，夹紧时应特别注意选择适当的夹紧方法，尤其是在加工薄壁零件时，为了减少加工误差，应使夹紧力均匀分布。例如图 10-15 所示薄壁套筒装在三爪卡盘上镗孔时，为了减少夹紧变形，可在工件外面套上一个开口的薄壁过渡环，使夹紧力沿工件圆周均匀分布。

③ 转移或补偿弹性变形。图 10-16 是在龙门床上辅加梁来转移横梁弹性变形的示意图。通常，龙门铣床的横梁在铣头的重力作用下会产生挠曲变形而影响加工精度。在横梁上增加一辅加梁，使横梁不承受铣头和配重的重量，横梁的变形就被转移到不影响加工精度的辅加梁上。这种让导向部分尽量避免承受重量或其他外力作用的设计，在精密和大型机床中较为常用。图 10-17 是在龙门铣床上用辅助梁使横梁产生相反方向的预变形，以抵消铣头重量引起的挠曲变形的示意图。它是在横梁上加一辅助梁，两梁之间垫有一定高度的一组垫块。当两梁用螺栓紧固时，横梁即产生所需要的反向变形。各垫块的高度差可根据横梁和辅助梁的变形曲线来确定。

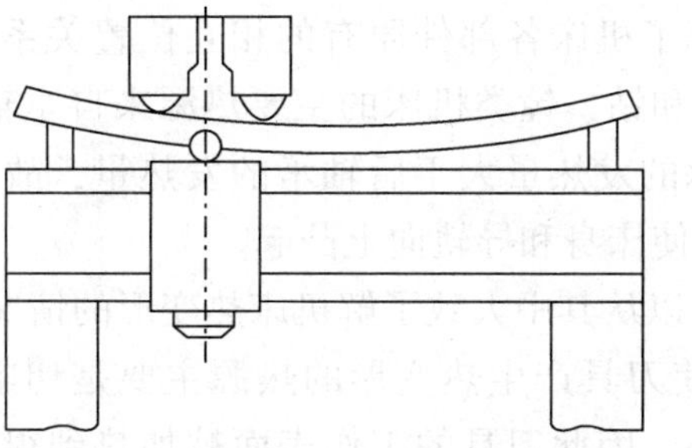

图 10-16 用附加梁转移横梁的变形

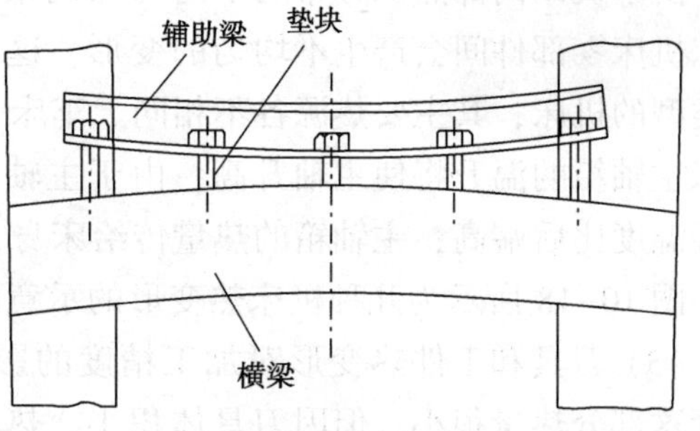

图 10-17 用辅助梁使横梁产生相反的预变形

1.1.3.8 工艺系统受热变形产生的误差

在机械加工中，工艺系统在各种热源的影响下会产生复杂的变形，使得工件与刀具间的相对正确位置关系遭到破坏，造成加工误差。工艺系统热变形对精加工和大件加工具有重要的影响。据统计，在这两种加工中由热变形所造成的加工误差占总加工误差的40%~70%。

（1）工艺系统产生热变形的热源。加工过程中，引起工艺系统热变形的热源大致可以分为内热源和外热源两大类。

内部热源 { 切削热(分布在切屑、工件、刀具、冷却液等处)
摩擦热(机床运动副如轴与轴承、齿轮副、摩擦离合器、导轨副等所产生的摩擦热) }

外部热源 { 环境温度(如气温变化、局部室温差、热风、冷风等)
热辐射(如阳光、暖气设备等产生的热辐射) }

切削过程中，切削层金属的弹塑性变形及刀具、工件与切屑间的摩擦所消耗的能量，绝大部分(约99.5%)转化为切削热。这些热量将传到工件、刀具、切屑和周围介质中去。当不加切削液时，一般车、铣、刨削加工传给工件的热量约占10%~40%，传给刀具的热量在5%以下，大量的切削热(50%~80%)由切屑带走。钻孔时传给工件的热量较多，约占50%以上，传入切屑的约30%，传给刀具的为15%左右。磨削时传给工件的热量较多，约占84%，传入磨屑的约4%，传给砂轮的为12%左右。因此，切削热是刀具和工件热变形的主要热源。

轴承、齿轮副、摩擦离合器、溜板和导轨、丝杆和螺母等运动副的摩擦热，以及动力源的能量消耗所产生的传动系统的摩擦热是机床热变形的主要热源。

部分切削热由切削液和切屑带走，当它们落到床身上时，也把热量传给床身，形成二次热源。此外，摩擦热还通过润滑油的循环散布到各处。这些是主要的二次热源，它们对机床热变形也有较大影响。

外部热源的影响有时也不可忽视，尤其是加工大型、狭长形零件和精密加工时，由于加工时间长或昼夜温差引起的热变形差别较大，故也影响零件的加工精度。日光、照明及其他外部热源对机床产生的温升往往是局部的，这也会引起各部分不同的热变形。

(2) 机床的热变形对加工精度的影响。使机床产生热变形的热源主要是摩擦热、传动热和外界热源传入的热量。

由于机床内部热源分布的不均匀和机床结构的复杂性，机床各部件的温升是各不相同的，机床零部件间会产生不均匀的变形，这就破坏了机床各部件原有的相互位置关系。不同类型的机床，其主要热源各不相同。车床、铣床和钻、镗类机床的主要热源来自主轴箱。车床主轴箱的温升将使主轴升高；由于主轴前轴承的发热量大于后轴承的发热量，故主轴前端温度比后端高；主轴箱的热量传给床身，还会使床身和导轨向上凸起。

图10-18所示为几种机床热变形的示意图。可以从其中大致了解机床热变形的情况。

(3) 刀具和工件热变形对加工精度的影响。使刀具产生热变形的热源主要是切削热。尽管这部分热量很小，但因刀具体积小，热容量小，因此刀具的工作表面被加热到很高温度，高速钢车刀刀刃部分的温度约700~800℃，硬质合金刀刃可达1000℃以上。图10-19所示为车刀的热变形情况。三条曲线中的*A*表示了车刀在连续工作状态下因温升而产生变形的过程；*B*表示切削停止后，刀具冷却时的变形过程；*C*表示刀具在间断切削时(如车短小轴类)，刀具处于加热冷却交替状态下的变形过程。因切削时间短，所以刀具热变形Δ_1对加工精度影响较小，但在刀具达到热平衡前，先后加工的一批零件仍存在一定误差Δ_2。一般在连续切10~20min就可达到热平衡，热变形表现为刀样的伸长，变形量有时可达0.05mm左右。刀具热变形在一般加工中，对加工精度的影响不大。

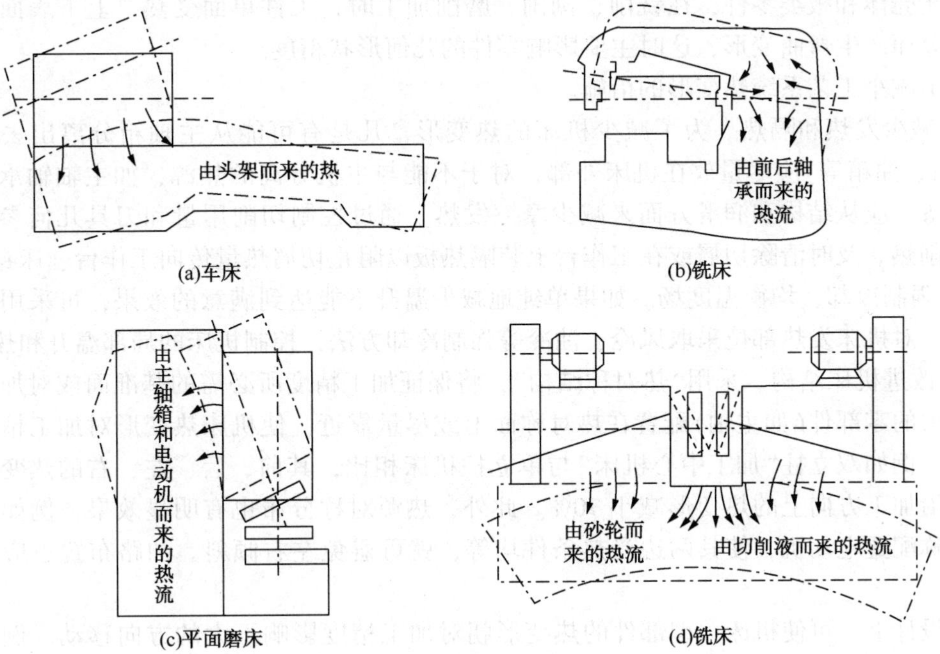

图 10-18 几种机床的热变形示意图

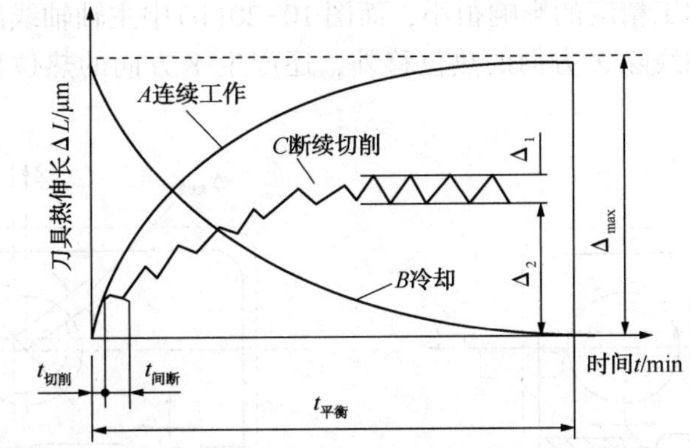

图 10-19 车刀的热变形

减少刀具热变形对加工精度的影响措施有：减小刀具伸出长度；改善散热条件；改进刀具角度，减小切削热；合理选用切削用量以及加工时采用冷却液使刀具得到充分冷却。

工件的热变形是由切削热引起的。轴类零件车削加工时，工件受热比较均匀，主要引起长度和直径上的变形。对于直径大、长度长的轴类零件，由于其切削路程长，车削开始时，温升不大，直径膨胀较小，车削终了时，温升大，直径膨胀也大，车去较多，故靠近主轴箱的工件直径要比靠近尾架部分的直径小。

对于精密加工，热变形是一个不容忽视的重要问题。例如，磨削长度为 3000mm 的丝杆，每磨一次，温升约 3℃，丝杆伸长量为 $\Delta L=\alpha L\Delta T=3000\times1.17\times10-5\times3=0.1$(mm)。而 6 级精密丝杆的螺距累积误差在全长上不允许超过 0.02mm，可见热变形影响的严重性。

对于壳体和板类零件，在铣削、刨削、磨削加工时，工件单面受热，上下表面之间形成温度差而产生弯曲变形，这时主要影响零件的几何形状精度。

(4) 减小工艺系统热变形的措施。

① 减少发热和隔热。为了减少机床的热变形，凡是有可能从主轴箱分离出去的热源(如电机、油箱等)应尽量放在机床外部，对于不能与主机分离的热源，如主轴轴承、丝杠螺母副等，应从结构和润滑方面来减少摩擦发热。通过控制切削用量和刀具几何参数，可减少切削热。及时清除切屑或在工作台上装隔热板以阻止切屑热量传向工作台、床身等。

② 强制冷却，均衡温度场。如果单纯地减少温升不能达到满意的效果，可采用热补偿的方法，对机床发热部位采取风冷、油冷等强制冷却方法，控制机床的局部温升和热变形。

③ 改进机床结构。采用“热对称结构”，将保证加工精度所必需的基准面或对加工精度影响最大的零部件(如主轴)配置在热对称面上或尽量靠近，使机床热变形对加工精度的影响最小。例如双立柱“加工中心机床”与单立柱机床相比，其前、后、左、右的热变形要小得多，沿加工方向上的热变形减小 70%。此外，热源对称分布也有明显效果，例如在机床两边对称配置电动机，使其两边受热条件均等，就可避免左右倾斜。油路布置也应考虑对称性。

在设计上，可使机床关键部件的热变形朝对加工精度影响不大的方向移动。例如车床主轴箱和床身连接的结构中，图 10-20(a)的结构就优于图 10-20(b)所示的结构。因为图 10-20(a)中主轴轴线与安装基准 a 在同一垂直平面内，主轴轴线相对于装配基准 a 只有 Z 方向的热变形，它对加工精度的影响很小，而图 10-20(b)中主轴轴线离安装基准 a 在 Y 方向有一定距离，主轴轴线除 Z 方向的热位移外，还产生 Y 方向的热位移，它对加工精度有直接影响。

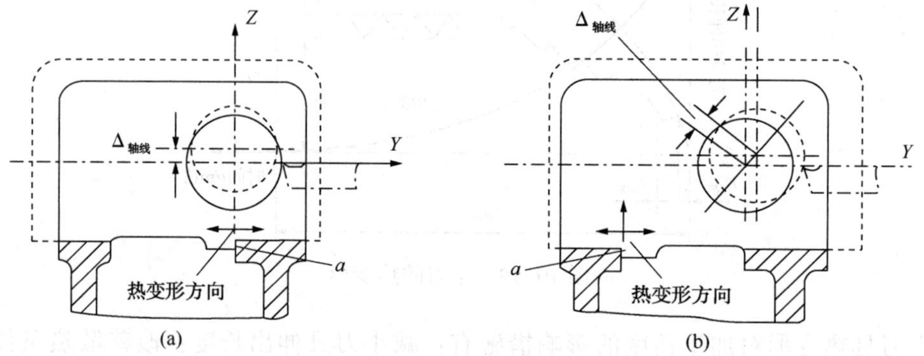

图 10-20　主轴箱两种装配结构的热位移示意图

④ 控制环境温度。环境温度的变化将会引起机床精度的变化。机床床身会因室温上升而变成中凸形状，室温降低又会变成中凹形状。一台中型的卧式镗床，昼夜温差所引起的弯曲变形量可达 5~11μm。室温的变化不仅影响机床的几何精度，而且还会直接影响到工件的加工质量。坐标镗床、螺纹机床和齿轮机床等精密机床应安装在恒温室中使用。恒温室的恒温指标有两个：恒温基数(即恒温车间内空气的平均温度)和恒温精度(即平均温度的允许偏差)。恒温室的平均温度为 20℃，夏季为 23℃，冬季为 17℃。恒温精度应严格控

制，一般控制在±1℃，精密级为±0.5℃，超精密级为±0.01℃。

10.1.3.9 工件残余应力引起的误差

残余应力是指外部载荷去除后，仍残存在工件内部的应力。零件中的残余应力，往往处于一种很不稳定的相对平衡状态。在常温下，特别是在外界某些因素的影响下很快失去原有状态，使残余应力重新分布，在应力重新分布过程中会使零件产生相应的变形，从而破坏了原有的精度。残余应力产生的实质原因是金属内部组织发生了不均匀的体积变化。因此，必须采取措施减少残余应力对加工零件精度的影响。

(1) 残余应力产生的主要原因。

① 工件各部分受热不均或冷却速度不同产生的残余应力。铸、锻、焊等毛坯制造过程中和热处理时，由于工件各部分冷热不均及金相组织转变时产生的体积变化，会产生残余应力，而且毛坯结构越复杂、壁厚越不均匀，散热的条件差别越大，毛坯内部的残余应力也越大。具有残余应力的毛坯暂时处于平衡状态，当切去一层金属后，这种平衡便被打破，残余应力重新分布，工件就会出现明显的变形，直至达到新的平衡为止。

图 10-21(a)表示一个内外壁厚度相差较大的铸件，在浇铸后的冷却过程中，由于壁 A 和壁 C 较薄，冷却较快；而壁 B 较厚，冷却较慢。当壁 C 和壁 A 从塑性状态冷却到弹性状态时，壁 B 的温度还比较高，处于塑性状态。

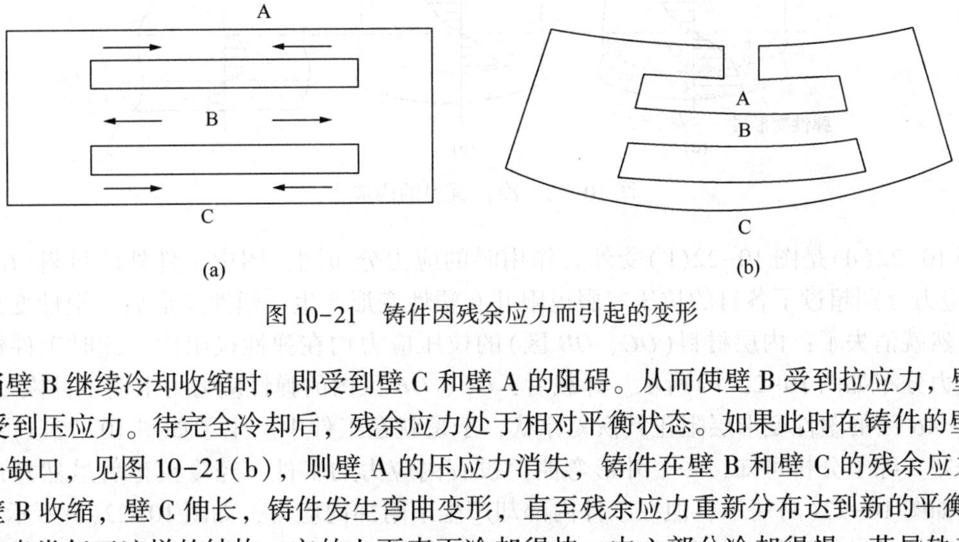

图 10-21　铸件因残余应力而引起的变形

当壁 B 继续冷却收缩时，即受到壁 C 和壁 A 的阻碍。从而使壁 B 受到拉应力，壁 C 和壁 A 受到压应力。待完全冷却后，残余应力处于相对平衡状态。如果此时在铸件的壁 A 上切开一缺口，见图 10-21(b)，则壁 A 的压应力消失，铸件在壁 B 和壁 C 的残余应力作用下，壁 B 收缩，壁 C 伸长，铸件发生弯曲变形，直至残余应力重新分布达到新的平衡为止。机床床身类似于这样的结构，它的上下表面冷却得快，中心部分冷却得慢。若导轨表面粗加工时刨去一层，就像图 10-21(b)中铸件壁 A 上切去一缺口，引起残余应力的重新分布而产生弯曲变形。

② 工件在冷校直时产生的残余应力。某些刚度低的零件，如细长轴、曲轴和丝杠等，由于机加工产生弯曲变形不能满足精度要求时，常采用冷校直工艺进行校直。冷校直就是在原有变形的相反方向加力使工件向相反方向弯曲而使表层产生塑性变形，从而达到校直的目的，冷校直时产生的残余应力的过程如图 10-22 所示。

在室温状态下，将有弯曲变形的轴放在两个支承上(如 V 形块)，使凸起部位朝上，如图 10-22(a)所示；然后对凸起部位施加外力 F，如果 F 的大小仅能使工件产生弹性变形，

那么在去除 F 力后工件仍将恢复原状，不会有校直效果，根据矫枉必须过正的一般原理，外力 F 必须使工件产生反向弯曲并使轴件外层材料产生一定的塑性变形才能取得校正效果，如图 10-22(b)所示。

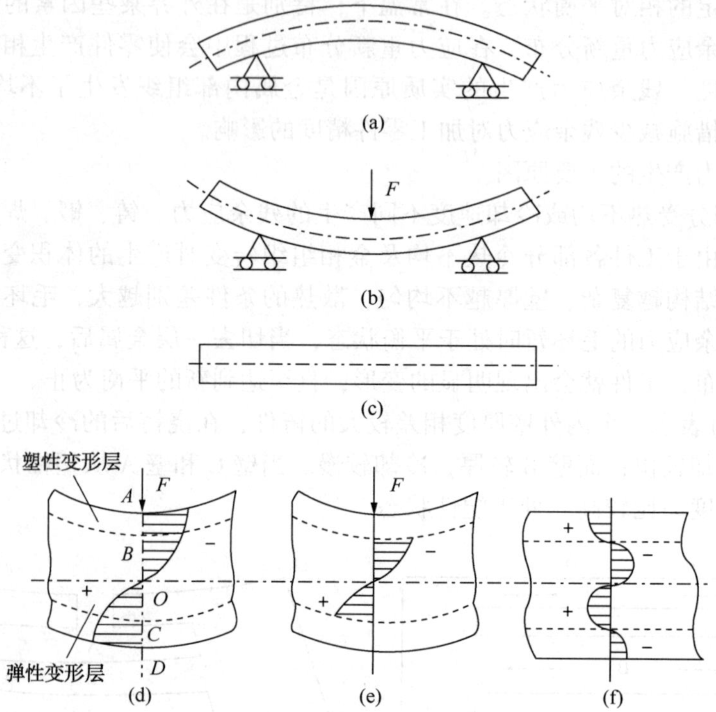

图 10-22　冷校直引的内应力

图 10-22(d)是图 10-22(b)受外力作用时的应力分布图，图中工件外层材料(*CD*、*AB* 区)的应力分别超过了各自的拉压屈服极限并有塑性变形产生，塑性变形后，塑性变形层的应力自然就消失了；内层材料(*OC*、*OB* 区)的拉压应力均在弹性极限内，此时工件横截面内的应力分布如图 10-22(e)所示。卸载后，*OC*、*OB* 区内的弹性应力力求使工件恢复原状，但 *CD*、*AB* 区的塑性变形层阻止其恢复原状，于是就在工件中产生了如图 10-22(f)所示的应力分布。综上分析可知，一个外形弯曲但没有内应力的工件，经冷校正后虽然外形是校直了，如图 10-22(c)所示，但在工件内部却产生了附加内应力，如图 10-22(f)所示。

经冷校直过的工件，外形虽然校直了，但在工件内部产生了附加内应力，如图 10-23(a)所示。如对此校直件继续加工，例如从外圆上车去一层材料，上层材料的拉应力减小，下层材料的压应力减小，内应力处于不平衡状态，如图 10-23(b)所示。它将通过变形向新的平衡状态转变[图 10-23(c)]。比较图 10-23(b)和图 10-23(c)可知，工件应朝着“使上层材料拉应力增大，下层材料压应力增大”的方向变形，如图 10-23(c)所示。

冷校直并不能完全解决工件的弯曲变形，对于精度要求很高的细长零件(如高精度丝杠)，不允许采用冷校直，而是采取增加余量、经多次车削和时效处理来消除残余应力。

(2) 切削加工产生的残余应力。切削加工中，由于切削力和切削热的作用，使工件表面会出现不同程度的弹性变形、塑形变形和金相组织变化，同时也伴随有金属体积的改变，因而必然产生内应力，并在加工后引起工件变形。

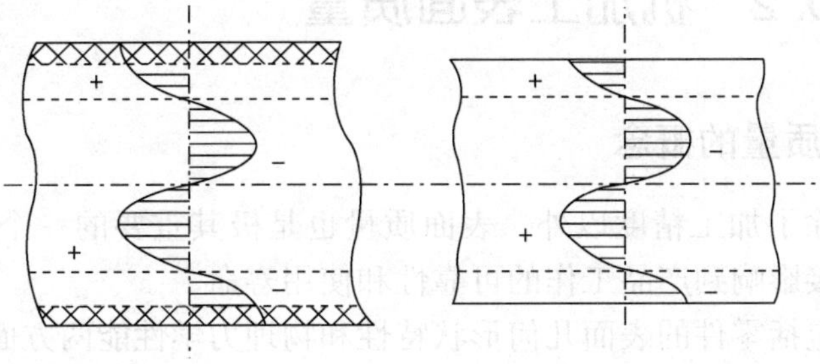

图 10-23 内应力重新分布引起的工件变形

(3)减小残余应力的措施。

① 合理设计零件结构。简化零件结构，尽量缩小零件各部分尺寸和壁厚之间的差值，焊缝分布均匀等，都可以减小内应力的产生。

② 合理安排工艺过程。合理安排工艺过程可以减小残余应力对加工精度的影响，例如粗加工和精加工宜分阶段进行，使工件在粗加工后有一定的时间让残余应力重新分布，以减少对精加工的影响。

③ 增设消除残余应力的工序。铸件、锻件、焊接件在进入机械加工之前，应进行退火等热处理；对箱体、床身、主轴等重要零件，在机械加工工艺中需适当安排时效处理工序。常用的时效处理方法如下。

a. 高温时效。高温时效是指将工件经 3~4h 的时间均匀地加热到 500~600℃，保温 4~6h 后，以每小时 20~50℃的冷却速度随炉冷却到 100~200℃取出，然后在空气中自然冷却。这种方法一般适用于毛坯或粗加工后的工件。

b. 低温时效。低温时效是指将工件均匀地加热到 200~300℃，保温 3~6h 后取出，在空气中自然冷却。这种方法一般适用于半精加工后的工件。

c. 热冲击时效。热冲击时效是指先将加热炉预热到 500~600℃，保持恒温。然后将铸件放入炉内，当铸件的薄壁部分温度升到 400℃左右，厚壁部分因热容量大而温度只升到 150~200℃左右时，及时将铸件取出，在空气中冷却。此时由温差而引起的应力场会与铸造时产生的内应力场相叠加而抵消，从而达到消除内应力目的。这种方法耗时少(一般只需几分钟)，适用于具有中等应力的铸件。

d. 振动时效。振动时效是指用激振器或振动台使工件以一定的频率进行振动来消除内应力，该频率可选择为工件的固有频率或在其附近为佳。由于振动时效没有氧化皮，因此较适用于最后精加工前的时效工序。

10.1.3.10 测量误差

工件在加工过程中，要用各种量具进行测量和检验。测量误差是工件的测量尺寸与实际尺寸的差值。加工一般精度的零件时，测量误差可占工序尺寸误差的 1/5~1/10；加工精密零件时，测量误差可占工序尺寸误差的 1/3 左右。

产生测量误差的原因主要有：量具、量具本身的制造误差及磨损；测量过程中环境温度的影响，测量者的测量读数误差；测量者用力不当引起量具量仪的变形等。

10.2 机加工表面质量

10.2.1 机械加工表面质量的概念

机器零件的机械加工质量除了加工精度以外，表面质量也是极其重要的一个方面。机器中主要零件的表面质量将直接影响到产品工作的可靠性和使用寿命。

零件的机械加工表面质量包括零件的表面几何形状特性和物理力学性能两方面。

10.2.1.1 零件的表面几何形状特性

根据加工表面轮廓的特征（波距 L 与波高 H 的比值），可将零件表面轮廓分为以下三种（图 10-24）：$L/H>1000$ 称为宏观几何形状误差，例如圆度误差、圆柱度误差等，它们属于加工精度范畴；$L/H=50\sim1000$，称为波纹度，它是由机械加工振动引起的；$L/H<50$，称为微观几何形状误差，亦称表面粗糙度。

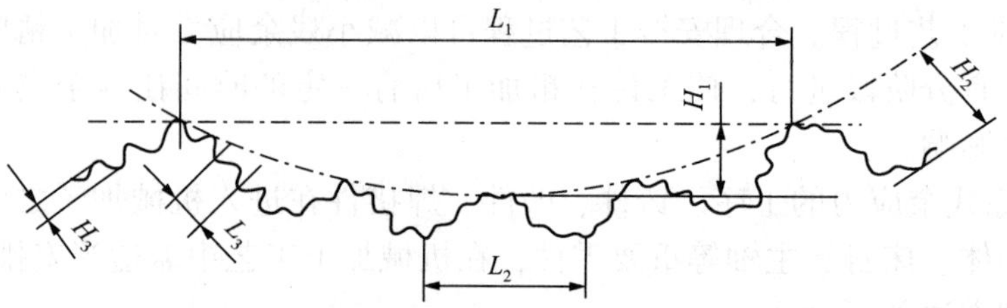

图 10-24　表面粗糙度、波纹度与宏观几何形状误差

（1）表面粗糙度。表面粗糙度是指加工表面上具有的较小距离的峰谷所组成的表面似几何形状特性。一般由加工中切削刀具的运动轨迹及工艺系统的高频振动等多种因素所形成。其大小由表面轮廓算术平均偏差 R_a、微观不平度十点高度 R_z 和轮廓最大高度 R_y 等参数来评定，其中优先推荐 R_a 参数。

（2）表面波度。表面波度是指介于宏观几何形状误差与微观几何形状误差（即表面粗糙度）之间的一种周期性几何形状误差。表面波度一般有两种表征方法，一种是根据其周期来表征，即波幅和波长；另一种是根据波纹的轮廓形状来表征，如圆弧形、尖峰形和锯齿形等。

10.2.1.2 零件表面的物理、力学性能

零件表面的物理、力学性能包括表面层的冷作硬化、金相组织以及残余应力的变化。

（1）表面层的冷作硬化。在切削过程中，工件表面层由于受到切削力的作用而产生强烈的塑性变形，使晶格扭曲、畸变，晶粒间产生剪切滑移，晶粒被拉长，这些都会使表面层金属的强度和硬度增加，塑性减小，这种现象称为冷作硬化（也称加工硬化）。

（2）表面层金相组织的变化。机械加工过程中，在工件的加工区域，温度会急剧升高，当温度升高到超过工件材料金相组织变化的临界点时，就会发生金相组织的变化。

（3）表面层残余应力。机械加工过程中表面由于切削变形和切削热等因素的作用在工件表面层材料中产生的内应力称为表面层残余应力。在铸、锻、焊、热处理等过程产生的

内应力与这里介绍的表面层残余应力的区别在于前者是在整个工件上平衡的应力，它的重新分布会引起工件的变形；而后者则是在加工表面材料中平衡的应力，它的重新分布不会引起工件的变形，但它对机器零件的表面质量有重要影响。

10.2.2 机械加工表面质量对零件使用性能的影响

10.2.2.1 表面质量对零件耐磨性的影响

零件的耐磨性不仅与摩擦副的材料、热处理情况和润滑条件有关，而且还与摩擦副的表面质量有关。

（1）表面粗糙度对耐磨性的影响。当两个零件表面相互接触时，起初只有很少的凸峰顶部真正接触，在外力作用下凸峰接触部分将产生很大的压强，且表面越粗糙，接触的实际面积越小，产生的压强就越大。这时，当两零件表面做相对运动时，接触部分就会因相互咬合、挤裂等而产生表面磨损现象。

在有润滑的条件下，零件的磨损过程一般可分为初期磨损、正常磨损和急剧磨损三个阶段，如图 10-25 所示，在机器开始运转时，由于实际接触面积很小，压强很大，因而磨损很快，这个时间比较短，称为初始磨损阶段，如图中Ⅰ区所示。随着机器的继续工作，相对运动表面的实际接触面积逐步增大，压强逐渐减小，因此磨损变缓，进入正常磨损阶段，这段时间较长，如图中Ⅱ区所示。随着磨损的延续，接触表面的凸峰被磨平，粗糙度变得很小，此时，不利于润滑油的储存，润滑油也难以进入摩擦区，从而使润滑情况恶化。同时，紧密接触的表面间会产生很大的分子亲和力，甚至会发生分子黏合，使摩擦阻力增大，结果使磨损进入急剧磨损阶段，如图中Ⅲ区所示。此时，零件实际上已处于不正常的工作状态。

实践证明，初期磨损量与零件的表面粗糙度有很大关系。图 10-26 表示在轻载和重载两种情况下粗糙度对初期磨损量的影响情况。由图可以看出，表面粗糙度的最佳值与机器零件的工况有关，载荷加大时，磨损曲线向上向右移动，最佳粗糙度值也随之右移。最佳粗糙度的参数值可根据实际使用条件通过试验求得，一般 R_a 值在 0.04~0.08μm。

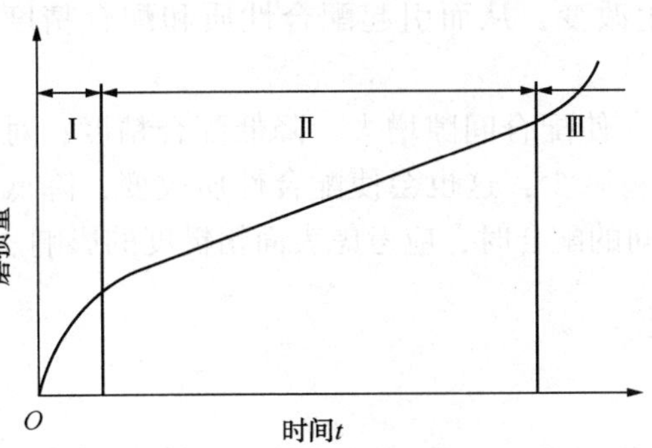

图 10-25 磨损过程的三个阶段

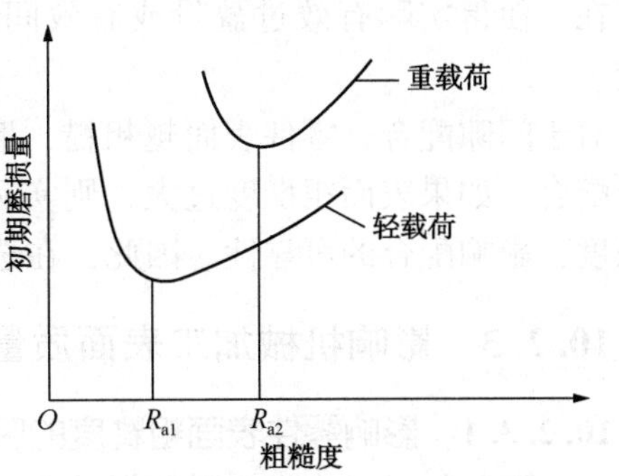

图 10-26 表面粗糙度与初期磨损量的关系

（2）表面纹理对耐磨性的影响。机器零件的表面纹理与该表面采用的加工方法和成形原理有关。实验证明，在一般情况下，上下摩擦件的纹理方向与相对运动方向一致时，初期磨损量最小；纹理方向与相对运动方向相垂直时，初期磨损量最大。

(3) 表面冷作硬化对耐磨性的影响。机械加工后的表面，由于冷作硬化使表面层金属的显微硬度提高，可降低磨损。表面冷作硬化一般能提高耐磨性 0.5~1 倍。但也不是冷作硬度越高越好，因为过度的冷作硬化会使局部金属组织变得“疏松”，严重时甚至出现裂纹，此时，在外力作用下，表面层易产生剥落现象而使磨损加剧。

10.2.2.2 表面质量对零件疲劳强度的影响

表面粗糙度对零件的疲劳强度影响很大，在交变载荷作用下，粗糙度的凹谷部位容易产生应力集中，出现疲劳裂纹，加速疲劳损坏。零件上容易产生应力集中的沟槽、圆角等处的表面粗糙度，对零件疲劳强度的影响更大，试验表明，减小表面粗糙度可以使疲劳强度提高 30%~40%。

零件表面存在一定的冷作硬化可以阻碍表面裂纹的产生和已有裂纹的扩展，有助于提高零件的疲劳强度，但冷作硬化强度过高时，可能会产生较大的脆性裂纹反而降低疲劳强度。

表面残余应力对疲劳强度的影响也很大。当表面层的残余应力为压应力时，能部分抵消外力产生的拉应力，起着阻碍疲劳裂纹扩展和新裂纹产生的作用，因而能提高零件的疲劳强度。而当残余应力为拉应力时，则与外力施加的拉应力方向一致，会助长疲劳裂纹的扩展，从而使疲劳强度降低。

10.2.2.3 表面质量对零件耐腐蚀性能的影响

在过程机器中，许多工作介质对材料有腐蚀性。当零件的加工表面凹凸不平时，则在凹谷底部易储存腐蚀性介质，腐蚀破坏作用容易深入到金属内部。凹谷深度越大，其底部圆角半径越小，则介质对零件表面的腐蚀作用越强烈。因此在腐蚀条件下，工件表面应有较低的表面粗糙度。

当零件表面存在残余压应力时，会使零件表面紧密而使腐蚀性物质不易侵入，从而提高腐蚀能力，但残余拉应力则相反，会降低耐腐蚀性。

10.2.2.4 表面质量对配合性质的影响

配合零件的配合性质是由它们之间的过盈量或间隙量来表示的。由于表面微观不平度的存在，使得实际有效过盈量或有效间隙量发生改变，从而引起配合性质和配合精度的改变。

对于间隙配合，零件表面越粗糙，磨损越大，使配合间隙增大，降低配合精度；对于过盈配合，如果表面粗糙度过大，则实际过盈量将减少，这也会使配合性质改变，降低连接强度，影响配合的可靠性。因此，在选取零件间的配合时，应考虑表面粗糙度的影响。

10.2.3 影响机械加工表面质量的因素

10.2.3.1 影响零件表面粗糙度的因素

(1) 切削加工对表面粗糙度的影响因素。切削加工时，形成表面粗糙度的主要原因，一般可归纳为几何原因和物理原因。几何原因主要指刀具相对工件做进给运动时，在加工表面留下的切削层残留面积。残留面积越大，表面越粗糙。物理原因是指切削过程中的塑性变形、摩擦、积屑瘤、鳞刺以及工艺系统中的高频振动等。

由表面粗糙度的形成原因可以看出，影响表面粗糙度的工艺因素主要有下列几个方面。

① 刀刃几何形状及切削运动的影响。刀具相对于工件做进给运动时，在加工表面形成切削层残留面积，从而产生表面粗糙度。残留面积的形状是刀刃几何形状的复映，如图10-27(a)所示，残留面积的高度 H 受刀具几何角度和切削用量大小的影响。减小进给量 f、主偏角 k_r、副偏角 k'_r，以及增大刀尖圆弧半径 r，均可减小残留面积的高度，如图10-27(b)所示。此外，适当增大刀具前角以减小切削时塑性变形的程度，合理选择切削液和提高刀具刃磨质量以减小切削时的塑性变形，抑制积屑、鳞刺的生成，这些措施也能有效地减小表面粗糙度值。

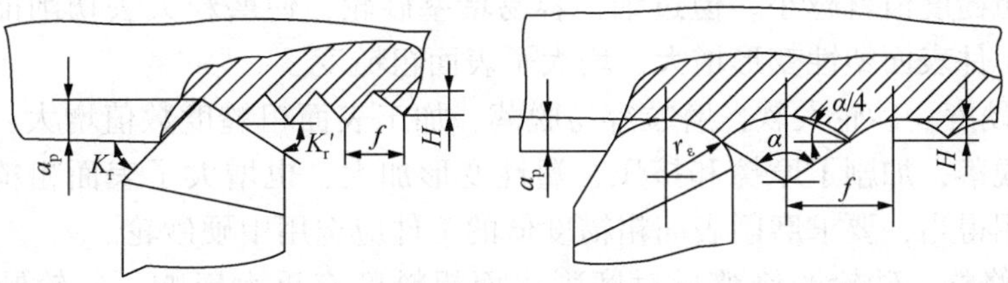

图 10-27 车削时工件表面的残留面积

② 工件材料的影响。工件材料的力学性能对切削过程中的切削变形有重要影响。加工塑性材料时，由于刀具对加工表面的挤压和摩擦，使之产生较大的塑性变形，加之刀具迫使切屑与工件分离时的撕裂作用，使表面粗糙度数值加大。一般而言，材料的塑性越大，加工表面越粗糙。例如低碳钢工件加工表面粗糙度就不如中碳钢低。加工脆性材料时，塑性变形很小，形成崩碎切屑，由于切屑的崩碎而在加工表面留下许多麻点，使表面粗糙。

③ 积屑瘤和鳞刺的影响。在切削过程中，当刀具前刀面上存在积屑瘤时，由于积屑瘤的顶部很不稳定，容易破裂，一部分黏附于切屑底部而排出，一部分则残留在加工表面上使表面粗糙度增大。另外积屑瘤突出刀刃部分的尺寸发生变化，会引起切削层厚度的变化，从而使加工表面的粗糙度数值增大。因此，在精加工时应该避免或减小积屑。

在比较低的切削速度下切削塑性金属时，已加工表面常会出现周期性的鳞片状毛刺，称为鳞刺。鳞刺往往使表面粗糙度等级降低2~4级。

④ 切削用量的影响。切削用量中，切削速度对切削塑性材料和切削脆性材料影响不同。切削塑性材料时，提高切削速度(u)，可减小加工表面的粗糙度。这是由于高速切削时刀具不易产生积屑瘤，同时也可使切屑和加工表面层的塑性变形程度减轻。加工脆性材料时，由于塑性变形很小，主要形成崩碎切屑，切削速度的变化，对脆性材料的表面粗糙度影响较小。

进给量大时，不仅残留面积的高度大，而且切屑变形也大，切屑与前刀面的摩擦以及后刀面与已加工表面的摩擦都加剧，这些都使加工表面粗糙度增大。因此，减小进给量对降低表面粗糙度很有利。但进给量 f 过小，会增加刀具和工件表面的挤压次数，使塑性变形增大，反而增大了表面粗糙度值。

背吃刀量对表面粗糙影响不明显，一般可忽略，但在精密加工中，过小的背吃刀量将使切削刃圆弧对加工表面产生强烈的挤压和摩擦，引起附加的塑性变形，增大了表面粗糙度值。

⑤ 切削液的影响。切削液的主要作用为润滑、冷却和清洗排屑。在切削过程中，切削

液能在刀具的前、后刀面上形成一层润滑油膜，减小金属表面间的直接接触，减轻摩擦及黏结现象，降低切削温度，从而减小切屑的塑性变形，抑制积屑瘤与鳞刺的产生。故切削液对减小加工表面粗糙度有很大作用。

(2) 磨削加工对表面粗糙度的影响因素。磨削是多数零件精加工的主要方法，磨削过程比其他切削加工过程复杂。磨削加工的表面粗糙度与其他切削加工有很大的不同，这是由砂轮结构和磨削特点所决定的。下面就影响磨削表面粗糙度的主要因素作简要叙述。

① 砂轮的粒度。砂轮粒度越细，单位面积上的磨粒就越多，磨削的刻痕就越密、越细，加工表面粗糙度值就越小。但过细，容易堵塞砂轮，使磨粒失去切削能力，增加摩擦热，反而造成工件表面塑性变形增大，增大了表面粗糙度。

② 砂轮的硬度。砂轮太软，磨粒容易脱落，加工表面粗糙度数值增大；砂轮太硬，磨钝的磨粒不易脱落，加剧了摩擦和挤压，塑性变形加大，也增大了表面粗糙度值。所以砂轮的硬度应选用得当，要求磨削表面粗糙度低的工件应选用中硬砂轮。

③ 砂轮的修整。砂轮的修整量对磨削表面粗糙度有重大影响。砂轮钝化必须进行修整，修整导程(即砂轮转一转，金刚石的纵向移动量)和修整比(即修整时的切深与修整导程之比)越小，则砂轮上切削微刃越多，其等高性也越好，加工出的表面粗糙度就越低。

④ 磨削用量的影响。砂轮的线速度对工件表面粗糙度有显著影响，一般取35m/s左右，提高其速度，则同一时间内参与切削的磨粒微刃增多，每个微刃的去除量减少，残留面积减小，从而减小磨粒和塑性变形，并同时降低工件的表面粗糙度。

减小工件线速度和纵向进给量，有利于降低工件表面粗糙度。但太低会使工件烧伤和产生形状误差，工件线速度根据砂轮线速度确定，砂轮和工件线速度之比一般在50～140为宜。

磨削深度小，工件塑性变形小，表面粗糙度值也小，通常在磨削过程中，开始采用较大磨削深度，以提高生产率，而后采用小磨削深度或无进给磨削(光磨)，以减小粗糙度值。光磨次数越多，则实际磨削深度越来越小，可以获得极小的表面粗糙度值。

⑤ 工件材料的影响。一般说来，太硬、太软、韧性大的材料都不易磨光，太硬的材料使磨粒易钝，磨削时的塑性变形和摩擦加剧，使表面粗糙度增大，且表面易烧伤甚至产生裂纹而使零件报废。铝、铜合金等较软的材料，由于塑性大，在磨削时磨屑容易堵塞砂轮，使表面粗糙度增大。韧性大、导热性差的耐热合金易使砂粒崩落，使砂轮表面不平，导致磨削表面粗糙度值增大。

⑥ 切削液的影响。切削液的加入可减少磨削热，减小塑性变形，从而减小表面粗糙度的数值，并能防止磨削烧伤。

10.2.3.2 影响零件表面层物理力学性能的因素

(1) 影响切削加工表面层物理力学性能的因素。

① 表面层的冷作硬化。表面层冷作硬化的程度决定于产生塑性变形的力、变形速度和切削温度。切削力越大，则塑性变形越大，硬化程度越高；变形速度越大，塑性形变越不充分，硬化程度就越低。切削温度高，会使已硬化的金属产生回复现象(称为软化)。冷作硬化的最终结果取决于硬化和软化的综合效果。

影响表面层冷作硬化的因素主要有以下几个方面。

a. 刀具。刀具的刃口圆角半径和后刀面的磨损量越大，刀具对工件表面层金属的挤压和摩擦作用越大，则冷硬层的硬化程度和深度都将增加。

b. 切削用量。切削用量中切削速度和进给量的影响最大。当切削速度增大时，刀具与工件接触时间短，塑性变形程度减小，另外切削速度大时温度也会增高，因而有助于冷硬的回复，故硬化层的深度和硬度都有所减小。当进给量增大时，切削力增加，塑性变形也增加，硬化现象加强。但当进给量太小时，由于刀具刃口圆角在加工表面单位长度上的挤压次数增多，硬化程度也会增大。

c. 被加工材料。材料的硬度越低，塑性越大，则切削后的冷作硬化现象越严重。因此铸铁与钢相比，钢易于冷作硬化，低碳钢比高碳钢易于硬化。

② 表面层的残余应力。经机械加工后的工件表面层，一般都存在一定的残余应力。残余应力的分布深度可达 25~30μm。残余应力对零件的使用性能影响较大，残余压应力可提高工件表面的耐蚀性和疲劳强度，而残余拉应力则使耐蚀性和疲劳强度降低，若拉应力超过工件材料的疲劳强度极限，还会使工件表面产生裂纹，加速工件的损坏。产生表面层残余应力的原因有以下三方面。

a. 冷塑性变形的影响。由于切削力作用，使表面层金属受拉应力，产生伸长塑性变形，但里层处于弹性变形状态，当切削力去除后，里层要复原，但受到已产生塑性变形的表层金属的牵制不得复原，在表面金属产生残余压应力，而在里层金属中产生残余拉应力与之相平衡。

b. 热塑性变形的影响。切削加工中，切削区产生的大量切削热使表层温度高于里层，因就外层热受到里层的限制而产生热压应力，当表层应力超过材料的弹性变形范围时就产生了热塑性变形。切削加工结束后，表面温度下降，但表层的收缩受到温度较低的基体的限制而产生了残余拉应力，里层产生了残余压应力，当表层的残余拉应力超过材料的强度极限时，表层出现微裂纹。

c. 金属组织变化的影响。切削时的高温，引起表面层金相组织的变化，不同的金相组织具有不同的密度，亦即具有不同的比体积(比体积指单位质量所具有的体积)。马氏体的密度最小，为 7.75g/cm^3；奥氏体的密度最大为 7.96g/cm^3；珠光体的密度为 7.78g/cm^3；铁素体密度为 7.88g/cm^3。若相变后引起比体积增大，则将产生残余压应力。相反，当相变引起比体积减小时，将产生残余拉应力。例如，淬火马氏体的比体积比较大，奥氏体比体积比较小，若相变使淬火马氏体含量减少，则金属组织的体积将减小，结果产生残余拉应力，如果相变使奥氏体含量减少，则将引起金属体积增加，从而产生残余压应力。切削加工时，切削热大部分被切屑带走，多数情况下，表层金属的金相组织没有质的变化。

如上所述，加工后表面层的实际残余应力是以上三方面原因综合的结果。在一定条件下，可能由某一种或两种原因起主导作用。例如在切削过程中，当切削热不高时，表面层中没有热塑性变形，而是以冷塑性变形为主，此时表面层产生的是残余压应力。

(2) 影响磨削加工表面层物理力学性能的因素。

① 表面层金相组织变化与磨削烧伤。磨削加工中，磨粒以很高的速度(一般为 35m/s)

和很大的负前角切削薄层金属，在工件表面会产生很大的摩擦和摩擦热，其单位切削功率远比一般切削加工大。由于磨削热的很大一部分传给工件，使得磨削层的温度很高，一般可达到500~600℃，在某些情况下甚至达到1000℃。这时，就会引起工件表面层的金相组织发生变化，称为磨削烧伤。磨削烧伤严重时，表面会出现黄、褐、紫、青等不同的烧伤颜色，不同的烧伤颜色，表明工件表面受到的烧伤程度不同。这些不同的颜色是工件表面在瞬时高温下产生的氧化膜颜色。在磨削淬火钢时，可能产生以下三种磨削烧伤。

a. 回火烧伤。如果磨削区的温度未超过淬火钢的相变温度，但已超过马氏体的转变温度(一般为350℃)，工件表层金属的回火马氏体组织将转变成硬度较低的回火组织(回火屈氏体或回火索氏体)，这种烧伤称为回火烧伤。

b. 淬火烧伤。如果磨削区的温度超过了相变温度(一般中碳钢为720℃)时，马氏体将转变为奥氏体。若此时进行快速冷却，则会产生二次淬火现象，即表面出现二次淬火马氏体，其硬度比原来的回火马氏体高，但很薄，这种情况称为淬火烧伤。在它的下层，因冷却较慢，出现了硬度比原先的回火马氏体低的回火组织。二次淬火层很薄，表层硬度总的来说是下降的，这种烧伤称为淬火烧伤。

c. 退火烧伤。如果磨削区温度超过了相变温度，而磨削区域又无切削液进入，则因工件冷却缓慢，表层金属将产生退火组织，使磨削后工件表面的硬度急剧下降，这种烧伤称为退火烧伤。

磨削烧伤使零件的使用寿命和性能大大降低，有些零件甚至因此而报废，所以磨削时应尽量避免烧伤。三种烧伤中，退火烧伤最严重。

引起磨削烧伤最直接的因素是磨削温度。大的磨削深度及过高的砂轮线速度是引起磨削温度升高造成零件表面烧伤的重要因素，此外，零件材料也是不能忽视的一个方面。一般而言，零件热导率低，比热容小、密度大的材料，磨削时容易烧伤，使用硬度太高的砂轮，也容易发生磨削烧伤。

避免磨削烧伤主要是应设法减少磨削区的高温对工件的热作用。例如，采用效果好的切削液，加大磨削液的流量，提高磨削液的压力等都能有效地防止烧伤。合理地选用磨削用量、适当地提高工件转动的线速度，也是减轻烧伤的方法之一，但过大的工件线速度会影响工件表面粗糙度。合理地选择砂轮硬度，无疑也是减小工件表面烧伤的一条途径。

② 表面层的残余应力与磨削裂纹。前面已经指出，机械加工后表面层的残余应力，是由冷态塑性变形、热态塑性变形及金相组织变化三方面原因的综合结果引起的，对磨削加工来说，热态塑性变形和相变起主导作用，当磨削后表层的残余拉应力超过材料的强度极限时，工件表层会出现微裂纹。

提高工件速度、减小磨削深度和降低砂轮速度，对减少或防止磨削裂纹有利；工件材料对磨削裂纹影响也较大，导热性差的高强度合金钢易产生裂纹，硬质合金因其脆性大、抗拉强度低及导热性不好而极易产生裂纹。对碳钢，含碳量越高，越容易产生裂纹，当含碳量小于0.6%~0.7%时，几乎不产生裂纹。

磨削时表面层的冷作硬化也是影响磨削加工表面层物理、力学性能的一个重要因素。有关磨削硬化的机理及影响因素，与切削时的冷作硬化相近，这里不再赘述。

10.3　提高机械加工质量的途径与方法

10.3.1　提高机械加工精度的途径

10.3.1.1　直接减小误差法

直接消除或减少误差法是在生产中应用较广泛的一种基本方法，它是在查明产生加工误差的主要因素之后，设法对其直接进行消除或减少。

例如，加工细长轴时，如图10-28(a)所示，由于工件刚性很差，切削时受切削力和切削热的作用，工件容易产生弯曲和振动，影响工件的几何精度，若采用“大进给反向切削法”，同时使用弹性的尾座顶尖，如图10-28(b)所示，这时消除了限制拉伸变形和热变形伸长的因素，基本消除了因进给力和受热伸长引起的弯曲变形所产生的加工误差。

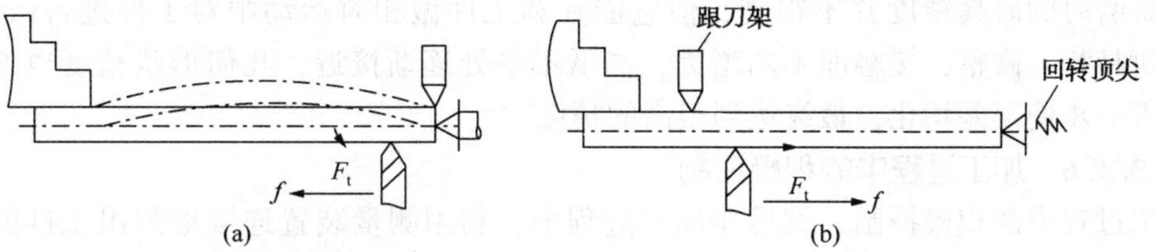

图10-28　顺向进给和反向进给车削细长轴的比较

10.3.1.2　误差补偿法

误差补偿法是人为地造出一种新的误差，去抵消工艺系统中原有的原始误差，并尽量使两者误差大小相等、方向相反，从而达到减少加工误差，提高加工精度的目的。例如，在滚齿加工中，由于分度蜗轮的安装偏心误差会使工件产生运动偏心误差，其大小和方向在机床工作台上是固定的，在精确测量出分度蜗轮安装偏心误差的大小和方向之后，在安装工件时就可以用人为的工件安装偏心产生几何偏心误差去补偿机床这种固有的运动偏心。

10.3.1.3　误差分组法

在机械加工中有时会遇到这样的情况，本工序的工艺精度是稳定的，可是由于上工序或毛坯的精度太低，引起定位误差或复映误差过大，若按原来的工艺加工，就会产生超差。要解决这类问题，最好用误差分组法。误差分组法是把毛坯或上工序加工的工件尺寸经测量后按大小分为n组，每组工件的尺寸误差就缩小为原来的$1/n$，然后按各组的误差范围分别调整刀具和工件的相对位置或调整定位元件，就可使整批工件的尺寸分布范围大大缩小。

10.3.1.4　误差转移法

误差转移法实质上是将工艺系统的几何误差、受力变形和热变形转移到不影响加工精度的方向上，例如图10-29所示的转塔车床的转塔在使用中经常不断地转来转去，其转位时的分度误差将直接影响有关表面的加工精度，要长期保持六个位置的定位精度很困难。若采用“立刀”安装法，可将转塔刀架转位时的重复定位误差转移到零件内孔加工表面的误差不敏感方向上，减小加工误差的产生，提高加工精度。

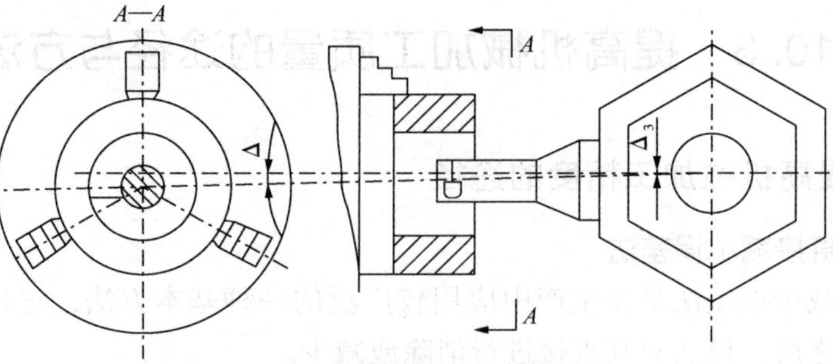

图 10-29　刀具转移误差的转移

10.3.1.5　误差均分法

误差均分法就是使被加工表面原有的误差不断缩小而使误差均分的方法，利用有密切联系的表面之间的相互比较和相互修正或者互为基准进行加工，以达到很高的加工精度。例如，研磨时的研具精度并不很高，但它能在和工件做相对运动中对工件进行微量切削，工件与研具相互修整，接触面不断增大，高低不平处逐渐接近，几何形状精度也逐步共同提高并进一步使误差均化，最终达到很高的精度。

10.3.1.6　加工过程中的积极控制

加工过程中的积极控制，就是在加工过程中，利用测量装置连续地测出工件的实际尺寸(或形状及位置精度)并与基准值进行比较，随时修正刀具与工件的相对位置，直至二者差值不超过预定的公差为止。在机械加工中，对于常值系统误差，可以应用前述的误差补偿方法进行消除或减小，但对于变值系统误差，就必须采用积极控制方法进行补偿。在加工过程中用可变补偿的方法来减少加工误差，或者在数控机床上根据变值系统误差的变化规律利用程序进行自动补偿。例如在外圆磨床上，利用气压传感器监测工件直径尺寸，当工件尺寸达到设定值时，砂轮架自动退出，这样就可以消除由于砂轮磨损和修正而产生的变值系统误差。

10.3.2　提高机械加工表面质量的方法

提高机械加工表面质量的方法主要有以下三类。

10.3.2.1　精密加工

精密加工要求机床运动精度高、刚性好、有精确的微量进给装置，工作台有很好的低运动稳定性，能有效消除各种振动对工艺系统的干扰，同时要求稳定的环境温度等。

(1) 精密车削。精密车削的速度 v_c 在 160m/min 以上，背吃刀量 a_p=0.02～0.2mm，进给量 f=0.03～0.05mm/r，由于切削速度高，切削层截面小，故切削力和热变形影响很小，加工精度可达 IT5～IT6 级，表面粗糙度值为 R_a0.8～0.2μm。

(2) 高速精镗。高速精镗(又称金刚镗)要求机床精度高、刚性好、传动平稳，能实现微量进给。一般采用硬质合金刀具，其主要特点是主偏角较大(45°～10°)，刀尖圆弧半径较小，故径向切削力小，有利于减小变形和振动。当要求表面粗糙度小于 R_a0.08μm 时，须使用金刚石刀具。金刚石刀具主要适用于铜、铝等有色金属及其合金的精密加工。

高速精镗广泛用于不适宜用内圆磨削加工的各种结构零件的精密孔，如：活塞销孔、连杆孔、箱体孔等，切削速度为 $v_c = 150 \sim 500 m/min$。为保证加工质量，高速精镗一般分为粗镗和精镗两步进行。粗镗时一般取 $a_p = 0.12 \sim 0.3 mm$，$f = 0.04 \sim 0.12 mm/r$；精镗时一般取 $a_p < 0.075 mm$，$f = 0.02 \sim 0.08 mm/r$。高速精镗的切削力小，切削温度低，加工表面质量好，加工精度可达 IT6～IT7 级，表面粗糙度值为 $R_a 0.8 \sim 0.1 \mu m$。

(3) 宽刃精刨。宽刃精刨要求机床有足够高的刚度和很高的运动精度。刀具的材料常用 YG8、YT5 或 W18Cr4V 等。加工铸铁时前角 $\gamma_0 = -10° \sim 15°$，加工钢件时 $\gamma_0 = 25° \sim 30°$。为使刀具平稳切入，一般采用斜角切削。加工中最好能在刀具的前刀面和后刀面同时浇注切削液。

宽刃精刨的刃宽为 60～200mm，适用于龙门刨床上加工铸铁和钢件。切削速度低（$v_c = 5 \sim 10 m/min$），背吃刀量小（$a_p = 0.0005 \sim 0.1 mm$）。如刃宽大于工件加工面宽度时，无需横向进给。加工直线度可达 1000mm：0.0005mm，平面度不大于 1000mm：0.02mm，表面粗糙值 R_a 在 0.8μm 以下。

(4) 高精度磨削。高精度磨削可使加工表面获得很高的尺寸精度、位置精度和几何形状精度以及较小的表面粗糙度值。通常表面粗糙度 R_a 为 0.1～0.5μm 时，称为精密磨削，表面粗糙度 R_a 为 0.025～0.012μm 时，称为超精密磨削；表面粗糙度小于 $R_a 0.008 \mu m$ 时，称为镜面磨削。

10.3.2.2 光整加工

光整加工是用粒度很细的磨料（自由磨粒或烧结成的磨条）对工件表面进行微量切削、挤压和刮擦的一种加工方法。其目的主要是减小表面粗糙度值并切除表面变质层。加工特点是余量极小，磨具与工件定位基准间的相对位置不固定，不能修正表面的位置误差，其位置精度只能靠前道工序来保证。光整加工可获得小的表面粗糙度值和高于磨具原始精度的加工精度，但切削效率很低。

常用的光整加工方法主要有以下几种。

(1) 研磨。研磨是指在研磨剂的作用下，利用研具与工件加工表面间的相对运动对工件进行切削加工的方法。在一定压力下两表面作复杂的相对运动，使磨粒在工件表面上滚动或滑动，产生切削、刮擦和挤压作用，从加工表面上切下极薄的金属层。

研磨余量在 0.01～0.03mm 范围内，如果表面质量要求很高，必须进行多次粗、精研磨。研磨的压强越大，生产率越高，但工件表面粗糙度增大；相对速度增加可提高生产率，但很容易引起工件发热。一般研磨压强取 $10 \sim 40 N/cm^2$，相对滑动速度取 10～50m/min，研磨可达到很高的尺寸精度（0.1～0.3μm）和很光洁的表面（$R_a 0.04 \sim 0.01 \mu m$），而且几乎不产生残余应力和硬化等缺陷，但研磨的生产率很低。

(2) 超精研磨。超精研磨的研具为细粒度磨条。研磨时对工件施加很小的压力，并沿工件轴向振动和低速进给，工件同时作慢速旋转。超精研磨的加工原理如图 10-30 所示。超精研磨的加工余量小，一般只有 0.008～0.010mm，表面粗糙度值 R_a 可达 0.01～0.008μm，超精研磨的切削力小、切削温度低、表面硬化程度低，故不会产生表面烧伤，不会产生残余拉应力。

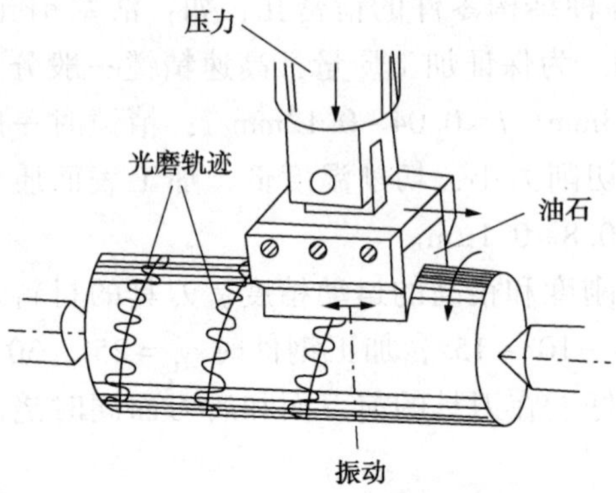

图 10-30　超精研磨加工原理

（3）珩磨。珩磨是低速大面积接触的磨削加工，所用磨具由几根粒度很细的油石所组成，一般用于加工直径 15~150mm 的通孔，也可以用于加工深孔或盲孔。

珩磨的磨粒很细，每颗磨粒的切深又很小，因此能使加工表面达到 R_a0.4~0.02μm，珩磨后精度可达 IT4~1T6 级。珩磨头与机床主轴采用浮动连接，故不能纠正位置误差。珩磨的加工余量很小，加工铸铁时为 0.02~0.05mm，加工钢为 0.005~0.08mm，需要经过如金刚镗等精细加工，然后才能进行珩磨。珩磨的生产率比研磨高，适用于大批大量生产中精密孔的终加工，不适宜加工韧性较大的有色合金以及断续表面，如带槽的孔等。

（4）抛光。抛光是利用布轮、布盘等软性器具涂上抛光膏来抛光工件表面。它利用抛光器具的高速旋转，靠抛光膏的机械刮擦和化学作用去除掉工件表面粗糙度的顶峰，使工件表面获得光泽。抛光时，一般不去除加工余量，因而不可能提高工件的精度，有时甚至还会损伤上道工序已获得的精度，抛光也不能减少零件的形状和位置误差。经抛光后，表面层的残余拉应力会有所减少。

10.3.2.3　表面强化工艺

机械表面强化是指在常温下通过冷压力加工方法，使表面层产生冷塑变形，增大表面硬度，在表面层形成压缩残余应力，提高表面的抗疲劳性能，同时将微观不平的顶峰压平，减小表面粗糙度值，使加工精度有所提高。常用的表面强化工艺有滚压强化和喷丸强化。

（1）滚压强化。滚压强化是指利用经过淬硬和精细抛光过的、可自由旋转的滚柱或滚珠，对零件表面进行挤压，以提高加工表面质量的一种表面强化工艺。滚压强化可以加工外圆、内孔和平面等不同的表面。图 10-31 和图 10-32 分别为外圆和内孔的滚压强化示意图。

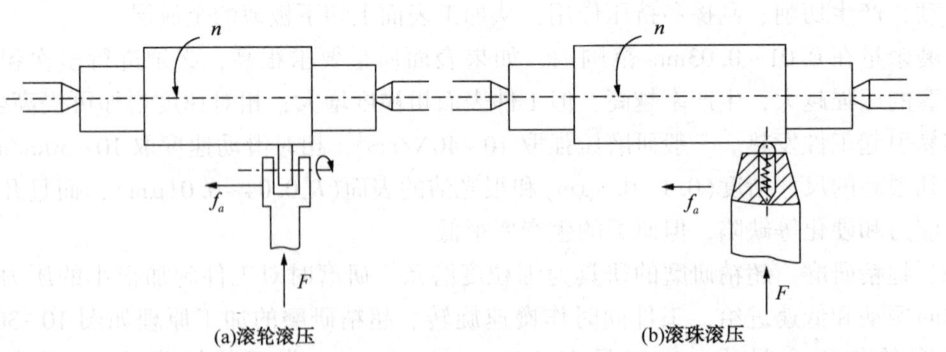

图 10-31　外圆滚压强化示意图

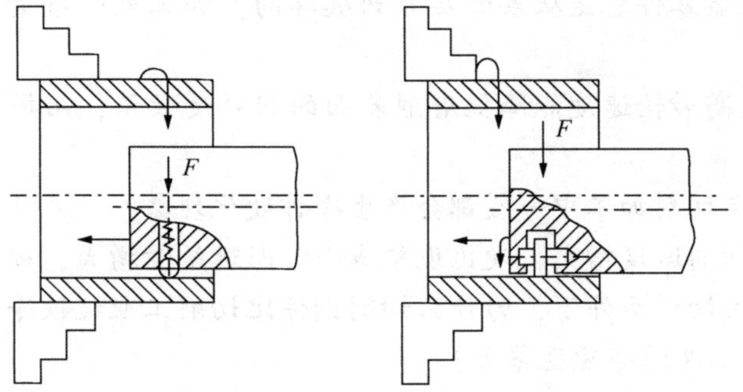

图 10-32 内孔滚压强化示意图

滚压强化工序常安排在精车后或粗磨后进行，滚压前的表面粗糙度 R_a 不低于 5μm，滚压前表面要清洁，直径方向加工余量为 0.02~0.03mm。滚压后表面粗糙度为 R_a0.63~0.16μm。滚压强化可提高硬度 10%~40%，表面层耐疲劳强度一般可提高 30%~50%，其效果与工件材料、滚压前表面状态、滚压工具和滚子表面性能及采用的工艺参数等有关。滚压使零件加工表面得到强化，而形状精度及相互位置精度主要取决于前道工序。

滚压的生产率大大高于研磨和珩磨加工，所以，常常以滚压代替珩磨。

(2) 喷丸强化。喷丸强化是指利用压缩空气或机械离心力将小珠丸高速喷出打击工件表面，使工件表面产生冷硬层和残余压应力的一种表面强化工艺。喷丸强化可显著提高零件的疲劳强度和使用寿命。

喷丸用的珠丸可以是铸铁的，也可以是切成小段的钢丝(使用一段时间，自然变成球状)，其尺寸为 0.2~4mm，铸铁珠丸易损坏，一般情况下宜用钢珠丸。

喷丸强化后表面粗糙度值与珠丸的直径成正比，尺寸较小、表面粗度值要求较小的工件，要用较细小的珠丸，但珠丸过小则强化作用不大，只能增加美观。

喷丸强化主要用于强化形状比较复杂的零件，如直齿轮、连杆、曲轴等，也可用于强化一般零件，如板弹簧、螺旋弹簧、焊缝等。

喷丸强化常用的设备是压缩空气喷丸装置和机械离心式喷丸装置，这些装置能使珠丸以 35~50m/s 的速度喷出。

思考题

10-1 试举例说明加工精度、加工误差和公差等概念以及它们之间的区别。

10-2 工艺系统的几何(静态)误差及动态误差各包含哪些内容？试举例说明各种原始误差如何产生加工误差。

10-3 何谓工艺系统刚度？工艺系统刚度有何特点？影响工艺系统刚度的因素有哪些？

10-4 影响零件加工表面之间位置精度的主要因素有哪些？如何提高加工表面间的位置精度？

10-5 为什么对车床床身导轨水平面的直线度要求较垂直面的直线度要求高？而平面磨床床身导轨的要求则相反？

10-6 说明误差复映的概念，误差复映系数的大小与哪些因素有关？

10-7 机械加工表面质量包括哪些具体内容？

10-8　为什么机器零件总是从表面层开始破坏的？加工表面质量对机器使用性能有哪些影响？

10-9　为什么提高砂轮速度能降低磨削表面的粗糙度数值，而提高工件速度却得到相反的结果？

10-10　为什么在切削加工中一般都会产生冷作硬化现象？

10-11　为什么切削速度增大，硬化现象减小？而进给量增大，硬化现象却增大？

10-12　在相同的切削条件下，为什么切削钢件比切削工业纯铁冷硬现象小？而切削钢件却比切削有色金属工件的冷硬现象大？

10-13　什么是回火烧伤、淬火烧伤和退火烧伤？

10-14　为什么磨削高合金钢比普通碳钢容易产生烧伤现象？

10-15　机械加工中，为什么工件表面层金属会产生残余应力？磨削加工工件表面层产生残余应力的原因与切削加工产生残余应力的原因是否相同？为什么？

10-16　试述加工表面产生压缩残余应力的原因，试述加工表面产生拉伸残余应力的原因。

11 机械加工工艺规程

11.1 机械加工工艺过程

11.1.1 机械加工工艺过程的组成

一台机器的生产过程包括从原材料到成品出厂的整个过程。它可以由一个工厂来完成，但更多的是由许多工厂联合起来完成。它既包括毛坯制造、机械加工、装配等工艺过程；又包括为其服务的辅助过程，例如运输、储存、油漆和包装等。

机械加工工艺过程是指通过机械加工(切削或磨削)的方法，逐次改变毛坯的尺寸、形状、相互位置和表面质量等，使之成为合格零件的过程。工艺是指产品制造(加工和装配)的方法和手段。工艺过程是指按一定的顺序改变生产对象的形状、尺寸、相对位置和性质等，使其成为成品的过程。机械制造工艺过程分为：毛坯制造工艺过程、机械加工工艺过程、机械装配工艺过程等，本章主要介绍机械加工工艺过程。

在机械加工工艺过程中，根据被加工零件的结构特点和技术要求，要采用不同的加工方法和装备，按照一定的顺序依次进行加工才能完成由毛坯到零件的整个过程。因此，机械加工工艺过程是由一系列顺序排列的加工工序组成的，工序是机械加工工艺过程的基本组成单元，每一个工序又可分为一个或若干个安装、工位、工步和走刀。

11.1.1.1 工序

由一个或一组工人，在一个工作地点对同一个或同时对几个工件所连续完成的那一部分工艺过程，称为工序。工序是工艺过程的基本单元。图 11-1 所示的阶梯轴，当零件为中批生产时，其工序划分见表 11-1。

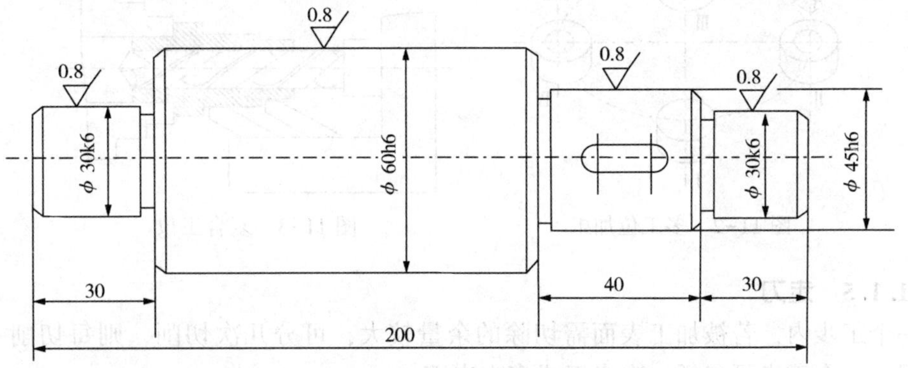

图 11-1 阶梯轴

表 11-1　阶梯轴的加工工艺过程

工序号	工序内容	设备
1	车端面、钻中心孔、车全部外圆、车槽与倒角	车床
2	铣键槽、去毛刺	铣床
3	磨外圆	外圆磨床

11.1.1.2　安装

加工前，使工件相对于机床、刀具占据一个正确位置的过程，称为定位。使工件在加工过程中保持所占据的正确位置不变的过程称为夹紧，定位后一般都需要可靠夹紧才能进行加工。工件加工前，使其在机床(或夹具)上定位和夹紧的整个过程，称为安装。

在一道工序中，工件在加工位置上可能只装夹一次，也可能装夹若干次。工件在加工过程中，应尽量减少装夹次数，因为装夹次数越多，误差就越大，而且装夹工件的辅助时间也要增加。

11.1.1.3　工位

工位是指为了完成一定的工序部分，在一次装夹下，工件与夹具或工件与设备的可动部分一起相对于刀具或设备的固定部分所占据的每一个位置。当然，如果无转位或移位功能，就不存在工位。图 11-2 所示为利用自动回转工作台在一次装夹中顺次完成装卸工件(工位Ⅰ)、钻孔(工位Ⅱ)、扩孔(工位Ⅲ)和铰孔(工位Ⅳ)四个工位的示意图。

11.1.1.4　工步

工步是指在零件的加工表面和加工刀具不变的条件下所连续完成的那一部分工序。一个工序可以包括几个工步，也可以只包括一个工步。例如在表 11-1 中的工序 2，包括车各外圆表面及车槽等多个工步，而工序 3 用键槽铣刀铣键槽时，就只包括一个工步。

为了提高生产效率，用几把刀具同时加工几个表面的工步，称为复合工步。复合工步应视为一个工步。图 11-3 为复合工步的加工实例。

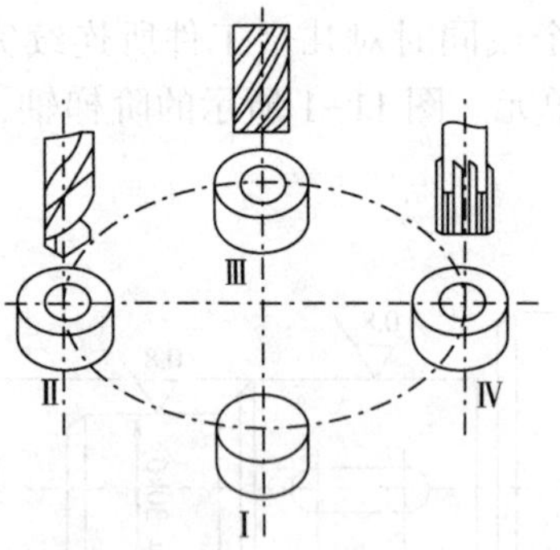

图 11-2　多工位加工

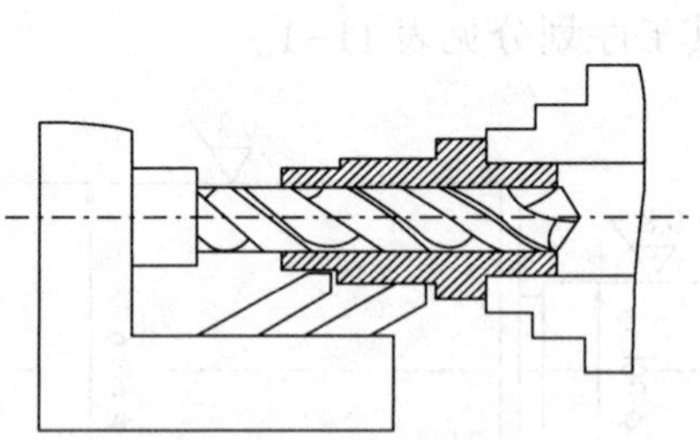
图 11-3　复合工位

11.1.1.5　走刀

在一个工步内，若被加工表面需切除的余量较大，可分几次切削，则每切削一次即为一次走刀。一个工步可包括一次走刀或多次走刀。

11.1.2　生产纲领及生产类型

生产纲领是指企业在计划期内应当生产的产品产量和进度计划。由于一般企业都是以年作为计划期限，这样，零件的年生产纲领就是包括备品和废品在内的年产量。零件的生产纲领可按下式计算：

$$N = Qn(1 + \alpha)(1 + \beta)$$

式中，N 为零件的生产纲领，件/a；Q 为产品的年产量，台/a；n 为每台产品中该零件的数量，件/台；α 为零件的备品率，%；β 为零件的废品率，%。

生产类型是指某生产单位(企业、车间、工段、班组等)生产专业化程度的分类。根据生产纲领和产品的大小，生产类型可分为单件生产、成批生产和大量生产三大类。

生产类型与生产纲领的关系见表 11-2，可供确定生产类型时参考。

表 11-2　生产类型与生产纲领的关系

生产类型		零件生产纲领/(件/a)		
		重型零件	中型零件	轻型零件
单件生产		5 以下	10 以下	100 以下
批量生产	小批生产	5~100	10~200	100~500
	中批生产	100~300	200~500	500~5000
	大批生产	300~1000	500~5000	5000~50000
大量生产		1000 以上	5000 以上	50000 以上

不同生产类型零件的加工工艺有很大的不同，各种生产类型的工艺特征见表 11-3。生产类型对其工艺规程的制定有很大的影响。

表 11-3　各种生产类型的工艺特征

特　点	单 件 生 产	成 批 生 产	大 量 生 产
工件的互换性	广泛用钳工修配，缺乏互换性	大部分有互换性，少数用钳工修配	全部有互换性，某些精度较高的配合件用分组选择装配法
毛坯的制造方法及加工余量	铸件用木模手工造型；锻件用自由锻，毛坯精度低，加工余量大	部分铸件用金属模；部分锻件用模锻，毛坯精度中等；加工余量中等	铸件广泛采用金属模机器造型；锻件广泛采用模锻，以及其他高生产率的毛坯制造方法，毛坯精度高，加工余量小
机床设备	通用机床。按机床种类及大小采用“机群式”排列	部分通用机床和部分高生产率机床，按加工零件类别分工段排列	广泛采用高生产率的专用机床，按流水线形式排列
夹具	多用通用夹具和标准附件，靠划线及试切法达到精度要求	广泛采用夹具，部分靠划线法达到精度要求	广泛采用专用高效夹具，靠调整法达到精度要求

续表

特 点	单件生产	成批生产	大量生产
刀具与量具	采用通用刀具和万能量具	较多采用专用刀具及专用量具	广泛采用高生产率的刀具和量具
对工人的技术要求	需要技术熟练程度较高的工人	需要一定熟练程度的工人	对操作工人的技术要求较低，对调整工人的技术要求较高
工艺规程	有简单的工艺过程卡片	有简单的工艺规程，对关键零件有详细的工艺规程	有详细的工艺规程
生产率	低	中	高
成本	高	中	低
发展趋势	箱体类复杂零件采用加工中心加工	采用集成技术、数控机床或柔性制造系统等进行加工	在计算机控制的自动化制造中加工，并可能实现在线故障诊断、自动报警和加工误差自动补偿等

(1) 单件生产。产品种类较多，而同一产品的数量很少，工作地点的加工对象经常改变，这种生产称为单件生产，例如新产品试制、重型机械制造、专用设备的制造等。

(2) 大量生产。产品数量很多，大多数工作地点经常重复进行某一零件的某一道工序加工，这种生产称为大量生产。例如汽车、拖拉机、轴承、洗衣机等的生产就是大量生产。

(3) 成批生产。年中分批地制造相同的产品，生产呈周期性的重复，这种生产称为成批生产。例如机床、压缩机、电动机的生产等多属于成批生产。

每批被加工产品的数量称为批量。根据产品的特征和批量的大小，成批生产又可分为小批生产、中批生产和大批生产。小批生产的工艺特点与单件生产相似；大批生产的工艺特点与大量生产相似，一般称为大批大量生产；中批生产的工艺特点介于单件小批生产和大批大量生产之间。

11.2 机械加工工艺规程

11.2.1 机械加工工艺规程主要内容

用来规定零件机械加工工艺过程和操作方法等的工艺文件称为机械加工工艺规程，它一般应包括下列内容：零件的加工基准，加工工艺路线，各工序的具体加工内容及精度，切削用量，时间定额及所用的设备和工艺装备等。机械加工工艺规程是企业长期生产经验的总结，是企业生产中的指导性技术文件，有关人员必须严格执行，不得违反或任意改变工艺规程所规定的内容，否则就有可能影响产品质量，打乱正常的生产秩序。

当然，机械加工工艺规程也不是长期固定不变的，随着生产的发展和科学技术的进步，新材料和新工艺的出现可能会使原来的工艺规程不相适应。这就要求技术人员及时汲取合理化建议，采用新技术、新工艺及国内外的先进工艺技术，对现行工艺进行不断完善和改进，并通过有关部门论证和审批，以使其更好地发挥工艺规程的作用。

11.2.2 机械加工工艺规程的作用

(1) 指导生产的主要技术文件。工艺规程是最合理的工艺过程的表格化，是在工艺理论和实践经验的基础上制定的。工人只有按照工艺规程进行生产，才能保证产品质量和较高的生产率以及较好的经济效益。

(2) 组织和管理生产的基本依据。产品投产前要根据工艺规程进行有关的技术准备和生产准备工作，如原材料供应、毛坯制造，通用工艺装备的选择，专用工艺装备的设计和制造，产品生产中的调度，生产计划的编排，经济核算等工作。生产中对工人业务的考核也是以工艺规程为主要依据。

(3) 新建和扩建工厂或车间的基本资料。新建和扩建工厂或车间时，要根据工艺规程来确定所需要的机床设备的品种和数量、机床的布置、占地面积、辅助部门的安排等。

(4) 进行技术交流的重要手段。通过工艺规程可以进行技术交流，推广先进生产经验，从而缩短产品试制周期和提高工艺技术水平。这对提高整个行业的技术水平和降低产品成本有着重要的现实意义。

11.2.3 制定机械加工工艺规程的原则

(1) 应能保证产品的加工质量，达到设计图样上规定的各项技术要求。

(2) 尽可能提高生产率，降低制造成本，使产品尽快投放市场。

(3) 在充分利用本企业现有生产条件的基础上，尽可能采用国内外先进的工艺技术和经验。

(4) 尽量减轻工人的劳动强度，保证生产安全。

由于工艺规程是直接指导生产和操作的主要技术文件，因此，工艺规程应做到正确、完整、统一和清晰，所用术语、符号、计量单位和编号等都要符合相应的标准。

11.2.4 机械加工工艺规程的格式

通常，机械加工工艺规程都填写成表格(卡片)的形式。目前中国各机械制造厂所使用的机械加工艺规程的表格形式不尽相同。各厂都是按照一些基本内容根据具体情况自行确定。机械加工工艺规程的基本格式有以三种：

11.2.4.1 机械加工工艺过程卡

它是以工序为单位，简单说明零件整个工艺过程如何进行的一种工艺文件(见表11-4)。在单件小批生产中，通常不编制其他较详细的工艺文件，而是以这种卡片指导生产。

11.2.4.2 机械加工工艺卡

它是按产品或零件的某一加工工艺阶段而编制的一种工艺文件(见表11-5)。它以工序为单位，详细说明零件制造工艺过程的工艺文件，它用来帮助管理人员及技术人员进行生产管理和技术管理，广泛用于大批量生产的零件和小批生产的重要零件。

表 11-4 机械加工工艺过程卡

<table>
<tr><td rowspan="5">（工厂名）</td><td rowspan="5">机械加工工艺过程卡片</td><td colspan="2" rowspan="2">产品名称及型号</td><td rowspan="2"></td><td colspan="3">零件名称</td><td colspan="5">零件图号</td></tr>
<tr><td rowspan="2">毛坯</td><td>种类</td><td></td><td colspan="2" rowspan="2">零件质量/kg</td><td>毛重</td><td></td><td>第　页</td></tr>
<tr><td rowspan="3">材料</td><td>名称</td><td></td><td>尺寸</td><td></td><td>净重</td><td></td><td>共　页</td></tr>
<tr><td>牌号</td><td></td><td rowspan="2">每料件数</td><td rowspan="2"></td><td rowspan="2">每台件数</td><td colspan="2" rowspan="2"></td><td rowspan="2"></td><td rowspan="2">每批件数</td><td rowspan="2"></td></tr>
<tr><td>性能</td><td></td></tr>
<tr><td rowspan="2">工序号</td><td colspan="4" rowspan="2">工序内容</td><td rowspan="2">加工车间</td><td rowspan="2">设备名称及编号</td><td colspan="3">工艺装备名称及编号</td><td rowspan="2">技术等级</td><td colspan="2">时间定额/min</td></tr>
<tr><td>夹具</td><td>刀具</td><td>量具</td><td>单件</td><td>准备终结</td></tr>
<tr><td></td><td colspan="4"></td><td></td><td></td><td></td><td></td><td></td><td></td><td></td><td></td></tr>
<tr><td>更改内容</td><td colspan="12"></td></tr>
<tr><td>编制</td><td></td><td colspan="2">抄写</td><td></td><td></td><td>校对</td><td></td><td colspan="2">审核</td><td></td><td>批准</td><td></td></tr>
</table>

11.2.4.3 机械加工工序卡

它是在工艺过程卡的基础上，按每道工序所编制的一种工艺文件(见表 11-6)。卡片上详细说明了工序的内容和加工步骤，绘有工序简图，注明了该工序的定位基准和工件的装夹方式、加工表面及其工序尺寸和公差、加工表面的粗糙度和技术要求、刀具的类型及其位置、切削用量等，用于指导工人的操作。机械加工工序卡主要用于大批量生产或成批生产中的重要零件和关键工序。对半自动和自动机床，则要求有机床调整卡，对检验工序则要求有检验工序卡等。

表 11-5 机械加工工艺卡

<table>
<tr><td colspan="3" rowspan="4">（工厂名）</td><td rowspan="4">机械加工工艺卡片</td><td colspan="2">产品名称及型号</td><td></td><td colspan="2">零件名称</td><td colspan="5">零件图号</td><td colspan="2"></td></tr>
<tr><td rowspan="3">材料</td><td>名称</td><td rowspan="2">毛坯</td><td>种类</td><td></td><td colspan="2" rowspan="2">零件质量/kg</td><td colspan="2">毛重</td><td></td><td colspan="2">第　页</td></tr>
<tr><td>牌号</td><td>尺寸</td><td></td><td colspan="2">净重</td><td></td><td colspan="2">共　页</td></tr>
<tr><td>性能</td><td colspan="2">每料件数</td><td></td><td colspan="2">每台件数</td><td colspan="2"></td><td colspan="2">每批件数</td><td></td></tr>
<tr><td rowspan="2">工序</td><td rowspan="2">安装</td><td rowspan="2">工步</td><td rowspan="2">工序内容</td><td rowspan="2">同时加工零件数</td><td colspan="4">切削用量</td><td rowspan="2">设备名称及编号</td><td colspan="4">工艺装备名称及编号</td><td colspan="2">时间定额/min</td></tr>
<tr><td>背吃刀量/mm</td><td>切削速度/(m/min)</td><td>切削速度/($r \cdot min^{-1}$)或双行程数/min^{-1}</td><td>进给量/(mm/r 或 mm/min)</td><td>夹具</td><td>刀具</td><td>量具</td><td>技术等级</td><td>单件</td><td>准备终结</td></tr>
<tr><td></td><td></td><td></td><td></td><td></td><td></td><td></td><td></td><td></td><td></td><td></td><td></td><td></td><td></td><td></td><td></td></tr>
<tr><td colspan="3" rowspan="2">更改内容</td><td colspan="13"></td></tr>
<tr><td colspan="13"></td></tr>
<tr><td colspan="2">编制</td><td colspan="2"></td><td colspan="2">抄写</td><td></td><td>校对</td><td></td><td colspan="2">审核</td><td colspan="2"></td><td>批准</td><td colspan="2"></td></tr>
</table>

表 11-6 机械加工工序卡

(工厂名)	机械加工工序卡片	产品名称及型号	零件名称	零件图号	工序名称	工序号	第 页
							共 页

(画工序简图处)					
	车间	工段	材料名称	材料牌号	力学性能
	同时加工件数	每料件数	技术等级	单件时间/min	准备-终结时间/min
	设备名称	设备编号	夹具名称	夹具编号	工作液
	更改内容				

工步号	工步内容	计算数据/mm			走刀次数	切削用量				工时定额			刀具量具及辅助工具				
		直径或长度	进给长度	单边余量		背吃刀量/mm	进给量/(mm/r或mm/min)	切削速度/(r/min)或双行程数/min	切削速度/(mm/min)	基本时间	辅助时间	工作地点服务时间	工步号	名称	规格	编号	数量
编制		抄写		校对		审核		批准									

11.2.5 制定机械加工工艺规程所需的原始资料

制定零件的机械加工工艺规程时，通常应具备下列原始资料。

(1) 产品装配图和零件图。

(2) 产品验收的质量标准。

(3) 产品的生产纲领。

(4) 现场生产条件，包括毛坯的制造条件或协作关系、现有设备和工艺装备的规格、功能和精度，专用设备和工艺装备的制造能力及工人的技术水平等。

(5) 有关手册、标准及工艺资料等。

11.2.6 制定机械加工工艺规程的步骤

制定工艺规程的步骤大致如下。

(1) 零件的工艺分析。通过分析产品装配图和零件图，了解零件的结构和功能，分析零件的结构工艺性和各项技术要求。

(2) 确定毛坯，主要确定毛坯的种类和选择合适的毛坯。

(3) 拟定加工工艺路线。即确定零件由粗加工到精加工的全部加工工序。

(4) 确定各工序采用的加工设备和工艺装备。包括加工时所用的各种机床、刀具、夹具、量具和必需的轴助工具。

(5) 确定各工序的加工余量，计算工序尺寸及其偏差。

(6) 确定用量及时间定额。

(7) 确定关键工序的技术要求及检验方法。

(8) 填写有关工艺文件。

11.3 零件的工艺分析

11.3.1 分析部件装配图，审查零件图

零件工作图及其有关部件装配图是了解零件结构和功用及制定其工艺规程最主要的原始资料。制定加工工艺时，必须对图纸进行认真仔细的分析和研究。

通过分析产品的装配图，可熟悉产品的用途、性能、工况，明确被加工零件在产品中的作用，进而审查设计图样是否完整和正确。

了解被加工零件的功用，可以加深对各项技术要求的理解，这样在制定工艺规程时，就能抓住为保证零件使用要求应解决的主要矛盾，为合理制定工艺规程奠定基础。

在了解零件形状和结构之后，应检查零件视图是否正确、足够，表达是否直观、清楚，绘制是否符合国家标准，尺寸、公差以及技术要求的标注是否齐全、合理等。

11.3.2 零件的技术要求分析

零件的技术要求分析包括以下几个方面。

(1) 加工表面的尺寸精度。

(2) 主要加工表面的形状精度。

(3) 主要加工表面的相互位置精度。

(4) 加工表面的粗糙度和物理、力学性能。

(5) 热处理及其他要求，如动平衡、无损检测等。

同时还应审查零件材料选用是否恰当、技术要求是否合理。过高的精度要求，粗糙度以及其他要求，会使工艺过程复杂化，加工困难，成本增加。

11.3.3 零件的结构工艺性分析

结构工艺性是指在不同生产类型的具体生产条件下，毛坯的制造、零件加工、产品装配和维修的可行性与经济性。零件结构工艺性的好坏对其工艺过程的影响非常大，不同结构的两个零件尽管都能满足使用性能要求，但它们的加工方法和制造成本却可能有很大的差别。良好的结构工艺性是指在满足使用性能的前提下，能以较高的生产率和最低的成本方便地加工出来。制定机械加工工艺规程时主要是对零件的切削加工工艺性进行分析，表

11-7 列出了一些零件机械加工结构工艺性对比的实例。

表 11-7 零件机械加工结构工艺性示例

序号	零件结构			
	工艺性不好		工艺性好	
1	车螺纹时，螺纹根部易打刀且不能清根	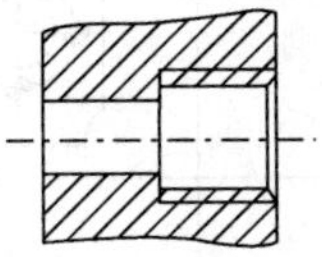	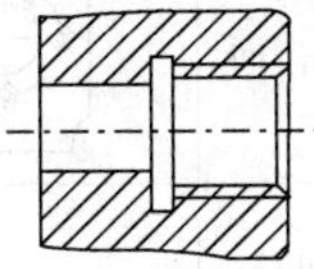	留有退刀槽，可使螺纹清根，操作相对容易，可避免打刀
2	插键槽时底部无退刀空间，易打刀	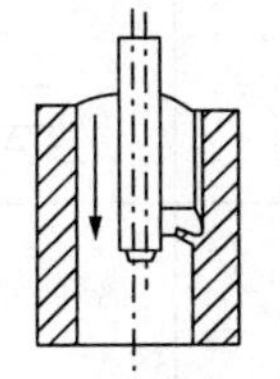	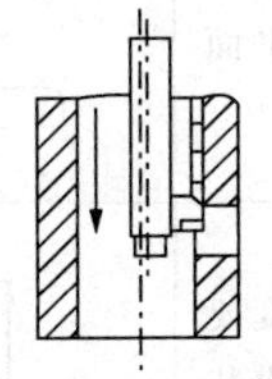	留出退刀空间，避免打刀
3	键槽底与左孔母线齐平，插键槽时易划伤左孔表面	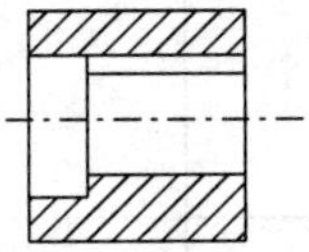	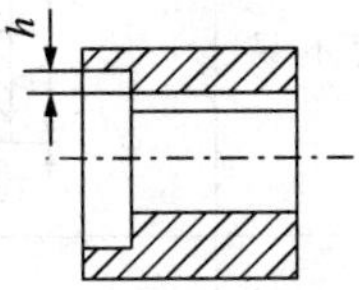	左孔尺寸稍大，可避免划伤左孔表面，操作方便
4	小齿轮无法加工，无插齿退刀槽	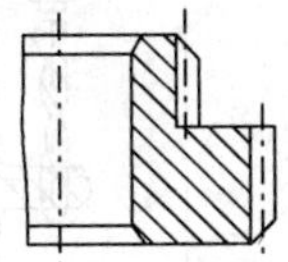	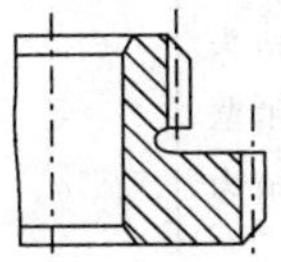	大齿轮可滚齿或插齿，小齿轮可以插齿加工
5	两端轴径需磨削加工，因砂轮圆角而不能清根	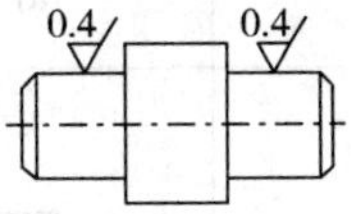	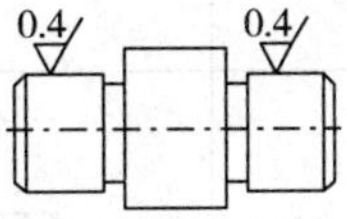	留有退刀槽，磨削时可以清根
6	锥面需磨削加工，磨削时易碰伤圆柱面，并且不能清根	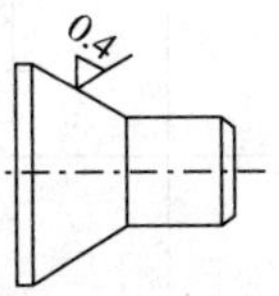	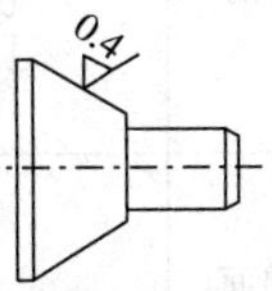	可方便地对锥面进行磨削加工
7	三个退刀槽的宽度有三种尺寸，需用三把不同尺寸的刀具加工	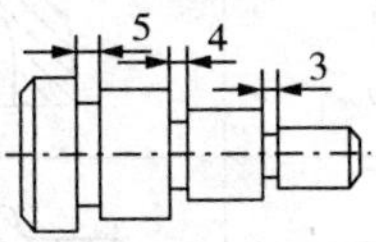	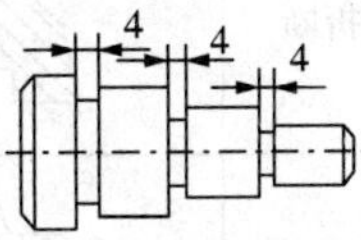	同一个宽度尺寸的退刀槽，使用一把刀具即可加工
8	键槽设置在阶梯轴 90°方向上，需两次装夹才能加工	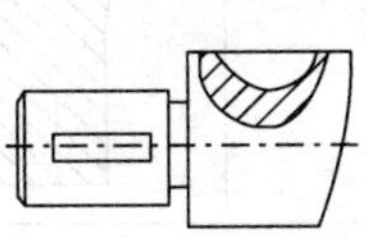	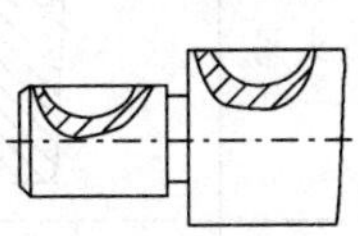	将阶梯轴的两个键槽设计在同一方向上，一次装夹即可对两个键槽进行加工
9	加工面高度不同，需两次调整刀具进行加工，影响生产率	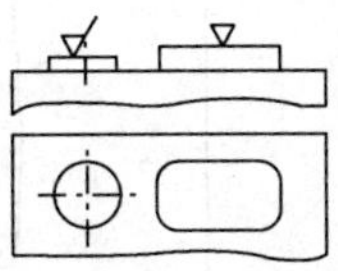	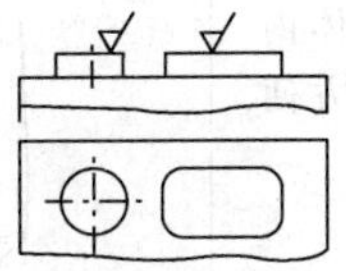	加工面在同一高度，一次调整刀具，可同时加工两个平面

续表

序号	零件结构			
	工艺性不好		工艺性好	
10	同一端面上的螺纹孔，尺寸相近，由于需更换刀具，因此加工不方便，而且装配也不方便	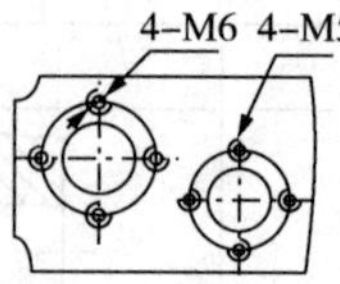	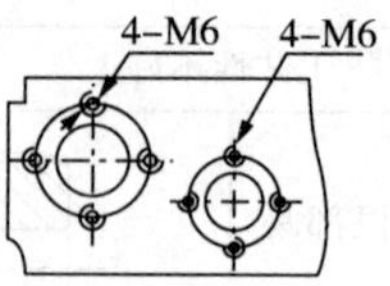	尺寸相近的螺纹孔，应该为同一尺寸螺纹孔，方便加工和装配
11	加工面大，加工时间长；并且零件尺寸越大，平面度误差越大	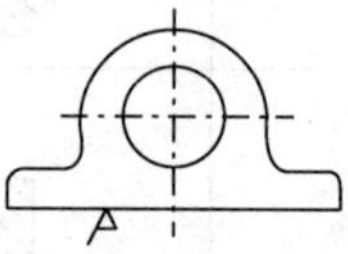	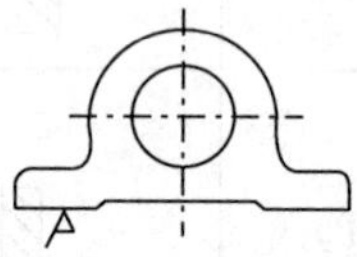	加工面减小，节省工时，减少刀具损耗，并且容易保证平面度要求
12	外圆和内孔有同轴度要求，由于外圆需在两次装夹下加工，同轴度不易保证	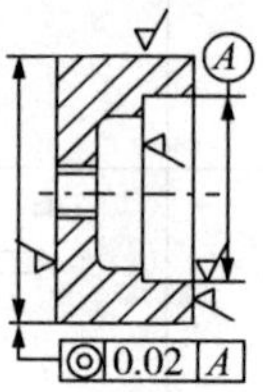	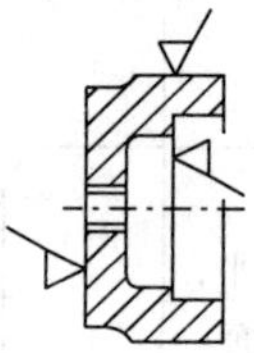	可在一次装夹下加工外圆和内孔，同轴度要求容易得到保证
13	孔离箱壁太近：①钻头在两角处易引偏；②箱壁高度尺寸大，需加长钻头方能钻孔		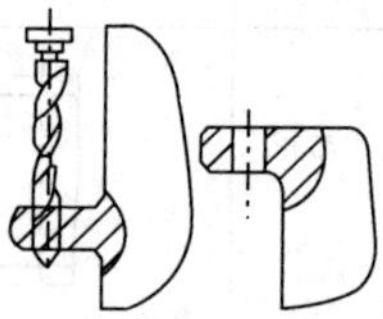 (a)　(b)	①加长箱耳，不需加长钻头即可钻孔；②只要使用上允许，将箱耳设计在某一端，则不需加长箱耳，即可方便加工
14	斜面钻孔，钻头易引偏	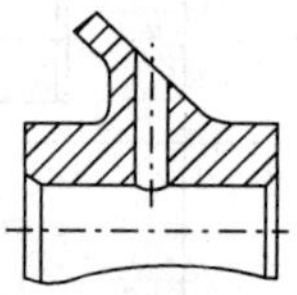	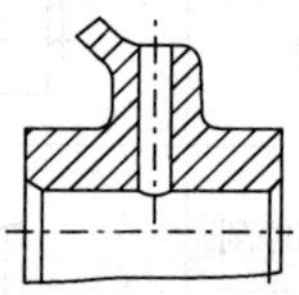	只要结构允许，留出平台可直接钻孔
15	内壁孔出口处有阶梯面，钻孔时易钻偏或钻头折断	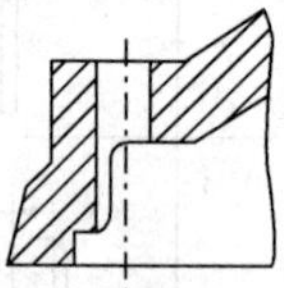	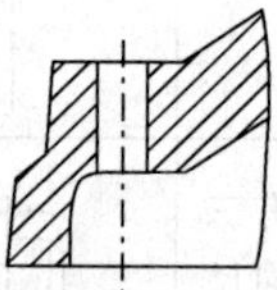	内壁孔出口处平整，钻孔方便，容易保证孔中心的位置度
16	钻孔过深，加工时间长，钻头损耗大，并且钻头易偏斜	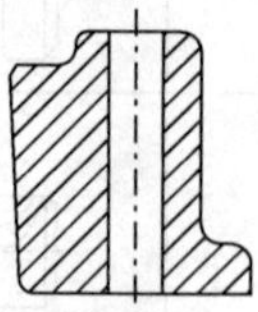	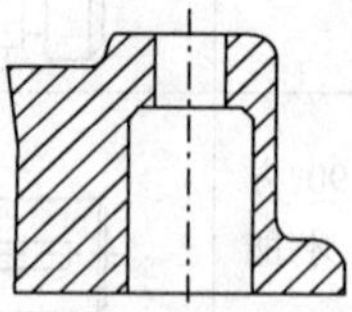	钻孔的一端留空，钻孔时间短，钻头寿命长且不易偏斜
17	加工面设计在箱体内，加工时调整刀具不方便，观察也困难	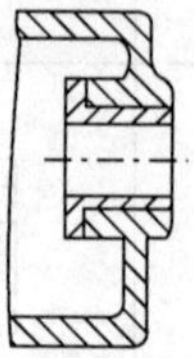	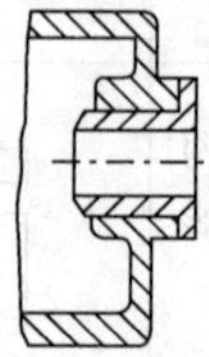	加工面设计在箱体外部加工方便

续表

序号	零件结构			
	工艺性不好		工艺性好	
18	进、排气(油)通道设计在孔壁上，加工相对困难	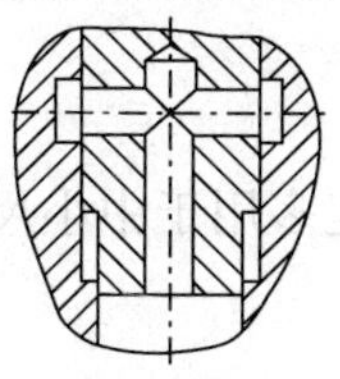	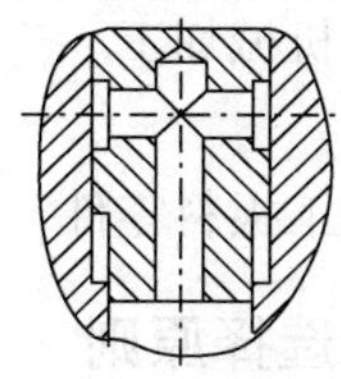	进、排气(油)通道设计在轴的外圆上，加工相对容易
19	加工 *B* 面时，以 *A* 面为定位基准，由于 *A* 面较小定位不可靠	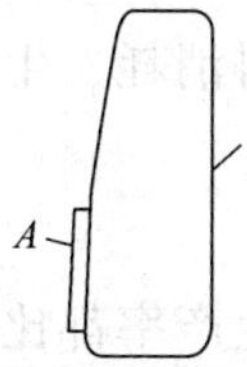	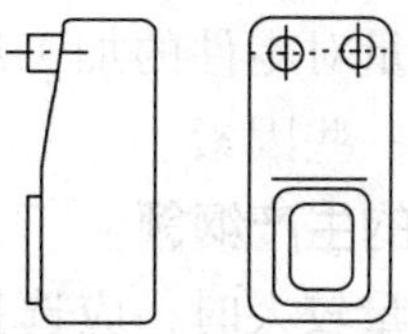	附加定位基准，加工时保证 *A*、*B* 面平行，加工后将附加定位基准去掉

11.4　毛坯的选择

选择毛坯的基本任务是选定毛坯的种类、制造方法及毛坯的制造精度。毛坯的选择不仅影响毛坯的制造工艺和费用，而且影响到零件机械加工工艺及其经济性。毛坯的形状、尺寸越接近成品，切削加工余量就越少，从而可以提高材料的利用率和生产效率。然而这样往往会使毛坯制造困难，需要采用昂贵的毛坯制造设备，从而增加毛坯的制造成本。所以选择毛坯时应综合考虑机械加工成本和毛坯制造成本，以达到降低生产成本，提高产品质量的目的。

11.4.1　毛坯的种类

机械制造中的常用毛坯有铸件、锻件、型材、焊接件和冲压件等。

11.4.1.1　铸件

铸件适用于形状复杂的零件毛坯，如箱体、机架、底座、床身等宜采用铸件。铸造方法主要有砂型铸造、金属型铸造、离心铸造、压力铸造等，较常用的是砂型铸造。

11.4.1.2　锻件

锻件毛坯由于能获得纤维组织结构的连续性和均匀分布，可提高零件的强度。所以锻件适用于强度较高，形状比较简单的零件毛坯。锻造方法有自由锻和模锻两种。自由锻毛坯精度低，加工余量大，生产效率低，适用于单件小批生产以及大型零件的毛坯。模锻毛坯精度高、加工余量小、生产率高，但成本较高，适用于中小型零件毛坯的大批大量生产。

11.4.1.3　型材

机械制造中的型材按截面形状可分为圆钢、方钢、六角钢、扁钢、角钢、槽钢及工字钢等。按照制造方法有热轧和冷拉两种型材。热轧型材的尺寸较大、规格多、精度低，多用于一般零件的毛坯。冷拉型材的尺寸较小、精度较高，而规格不多、价格较贵，多用于毛坯精度要求较高的情况。

11.4.1.4 焊接件

焊接件一般是指根据需要将型材或钢板焊接而成的零件毛坯。其优点是结构重量轻，制造周期短。但焊接件抗震性差，热变形大，存在较大的残余应力。因此焊接件一般需经过时效处理后才能进行机械加工。

11.4.1.5 冲压件

冷冲压件适用于加工板料零件，质量稳定多用于中小尺寸零件的大批、大量生产。

11.4.2 毛坯的选择原则

毛坯的种类与质量对零件的加工质量、材料消耗、生产率和成本密切相关。在选择零件毛坯时应考虑下列一些因素。

11.4.2.1 零件的生产纲领

当零件的生产批量较大时，应选择精度和生产率都比较高的毛坯制造方法，虽然一次性投资较大，但均分到每个毛坯上的成本较小。

11.4.2.2 毛坯材料及其工艺特性

材料的工艺特性，决定了其毛坯的制造方法。当零件的材料选定后，毛坯的类型就大致确定了，例如铸铁材料往往采用铸件，钢材大多采用锻件和型材。

11.4.2.3 零件形状和尺寸

零件的形状和尺寸也是决定毛坯制造方法的重要因素，形状复杂的毛坯常采用铸件；板状零件多采用冲压件；一般钢质阶梯轴类零件，若直径相差不大，可用棒料毛坯，如直径相差很大时，则宜选择锻件。零件尺寸不大时，一般不采用模锻和压铸。

11.4.2.4 现有生产条件

选择毛坯时，应根据本企业的具体生产设备和工艺水平，同时也要结合产品发展的空间，采取先进的毛坯制造方法，在本单位不能解决时，要考虑外协的可能性和经济性。

11.4.2.5 充分利用新工艺、新材料

为节约材料和能源，提高机械加工生产率，应充分考虑应用新工艺、新技术和新材料。如精铸、精锻、冷轧、冷挤压和粉末冶金等在机械制造中的应用日益广泛，这些方法可以大大减少机械加工，节约材料，提高经济效益。

11.5 加工工艺路线的拟定

拟定零件机械加工工艺路线，主要包括选择各个表面的加工方法，安排各个表面的加工顺序，确定工序集中与分散的程度，合理选用机床、刀具等。

11.5.1 表面加工方法的选择

零件表面的加工方法，首先取决于加工表面的技术要求。在满足表面加工技术要求的前提下，根据各种加工方法的经济精度、经济表面粗糙度和工艺特点等来选择，为此，选择加工方法时应考虑下列因素。

11.5.1.1 表面加工经济精度

一般说来，任何一种加工方法所能获得的加工精度和表面粗糙度都有一个相当大的范围，但只有在某一个较窄的范围内才是经济的。这个经济的加工范围就是加工经济精度。

具体地说，加工经济精度是在正常的加工条件下(即采用符合质量标准的设备、工艺装备，使用标准技术等级的工人及不延长加工时间等)所能保证的加工精度。若加工条件不同，则所能达到的精度及其加工成本也不相同。例如，选用较低的切削用量，进行精细操作，则所得的加工精度提高，但加工时间延长，生产率降低，加工成本增加。反之，若增加切削用量，则增大加工误差，使加工精度降低。

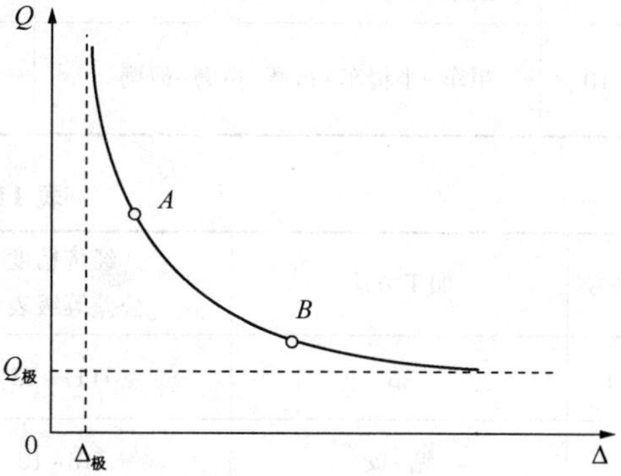

图 11-4 加工误差与加工成本的关系

各种加工方法的加工误差与加工成本的关系如图 11-4 所示。由图 11-4 可见，加工误差 Δ 与加工成本 Q 成反比关系。这表明：同一种加工方法，精度越高，加工成本越大；加工精度有一定极限(见图 11-4 中 $\Delta_{极}$)，超过这个极限，即使再增加成本，加工精度几乎再不能提高；成本也有一定极限(见图 11-4 中 $Q_{极}$)，超过此点后，即使加工精度再降低，加工成本几乎不再降低；曲线中的 *AB* 段，加工精度和加工成本是相互适应的，是属于经济精度的范围。

表 11-8、表 11-9 和表 11-10 分别摘录了外圆、孔和平面等典型表面的加工方法及其所能达到的经济精度和粗糙度。表 11-11 摘录了各种加工方法加工轴线平行孔的位置精度，供选择加工方法时参考。

表 11-8 外圆柱面加工方法

序号	加工方法	经济精度（公差等级表示）	经济粗糙度 R_a/μm	适用范围
1	粗车	IT11~13	12.5~50	适用于淬火钢以外的各种金属
2	粗车-半精车	IT8~10	3.2~6.3	
3	粗车-半精车-精车	IT7~8	0.8~1.6	
4	粗车-半精车-精车-滚压(或抛光)	IT7~8	0.025~0.2	
5	粗车-半精车-磨削	IT7~8	0.4~0.8	主要用于淬火钢，也可用于未淬火钢，但不宜加工有色金属
6	粗车-半精车-粗磨-精磨	IT6~7	0.1~0.4	
7	粗车-半精车-粗磨-精磨-超精加工(或轮式超精磨)	IT5	0.012~0.1（或 R_z0.1）	
8	粗车-半精车-精车-精细车(金刚车)	IT6~7	0.025~0.4	主要用于要求较高的有色金属加工

续表

序号	加工方法	经济精度 （公差等级表示）	经济粗糙度 R_a/μm	适用范围
9	粗车-半精车-粗磨-精磨-超精磨（或镜面磨）	IT5 以上	0.006~0.025 （或 R_z0.05）	极高精度的外圆加工
10	粗车-半精车-粗磨-精磨-研磨	IT5 以上	0.006~0.1 （或 R_z0.05）	

表 11-9　孔加工方法

序号	加工方法	经济精度 （公差等级表示）	经济粗糙度 R_a/μm	适用范围
1	钻	IT11~13	12.5	加工未淬火钢及铸铁的实心毛坯，也可用于加工有色金属。孔径小于15~20mm
2	钻-铰	IT8~10	1.6~6.3	
3	钻-粗铰-精铰	IT7~8	0.8~1.6	
4	钻-扩	IT10~11	6.3~12.5	加工未淬火钢及铸铁的实心毛坯，也可用于加工有色金属。孔径大于15~20mm
5	钻-扩-铰	IT8~9	1.6~3.2	
6	钻-扩-粗铰-精铰	IT7	0.8~1.6	
7	钻-扩-机铰-手铰	IT6~7	0.2~0.4	
8	钻-扩-拉	IT7~9	0.1~1.6	大批量生产（精度由拉刀的精度而定）
9	粗镗（或扩孔）	IT11~13	6.3~12.5	除淬火钢外各种材料，毛坯有铸出孔或锻出孔
10	粗镗（粗扩）-半精镗（精扩）	IT9~10	1.6~3.2	
11	粗镗（粗扩）-半精镗（精扩）-精镗（铰）	IT7~8	0.8~1.6	
12	粗镗（粗扩）-半精镗（精扩）-精镗-浮动镗刀精镗	IT6~7	0.4~0.8	
13	粗镗（扩）-半精镗-磨孔	IT7~8	0.2~0.8	主要用于淬火钢，也可用于未淬火钢，但不宜用于有色金属
14	粗镗（扩）-半精镗-粗磨-精磨	IT6~7	0.1~0.2	
15	粗镗-半精镗-精镗-精细镗（金刚镗）	IT6~7	0.05~0.4	主要用于精度要求高的有色金属加工

续表

序号	加工方法	经济精度（公差等级表示）	经济粗糙度 R_a/μm	适用范围
16	钻-(扩)-粗铰-精铰-珩磨；钻-(扩)-拉-珩磨；粗镗-半精镗-精镗-珩磨	IT6~7	0.025~0.2	精度要求很高的孔
17	以研磨代替上述方法中的珩磨	IT5~6	0.006~0.1	

表 11-10 平面加工方法

序号	加工方法	经济精度（公差等级表示）	经济粗糙度 R_a/μm	适用范围
1	粗车	IT11~13	12.5~50	端面
2	粗车-半精车	IT8~10	3.2~6.3	
3	粗车-半精车-精车	IT7~8	0.8~1.6	
4	粗车-半精车-磨削	IT6~8	0.2~0.8	
5	粗刨(或粗铣)	IT11~13	6.3~25	一般不淬硬平面（端铣表面粗糙度 R_a 较小）
6	粗刨(或粗铣)-精刨(或精铣)	IT8~10	1.6~6.3	
7	粗刨(或粗铣)-精刨(或精铣)-刮研	IT6~7	0.1~0.8	精度要求较高的不淬硬平面，批量较大时宜采用宽刃精刨方案
8	以宽刃精刨代替上述刮研	IT7	0.2~0.8	
9	粗刨(或粗铣)-精刨(或精铣)-磨削	IT7	0.2~0.8	精度要求高的淬硬平面或不淬硬平面
10	粗刨(或粗铣)-精刨(或精铣)-粗磨-精磨	IT6~7	0.025~0.4	
11	粗铣-拉	IT7~9	0.2~0.8	大量生产，较小的平面（精度视拉刀精度而定）
12	粗铣-精铣-磨削-研磨	IT5 以上	0.006~0.1（或 R_z0.05）	高精度平面

表 11-11　轴线平行的孔的位置精度(经济精度)

加工方法	工具的定位	两孔轴线间的距离误差或从孔轴线到平面的距离误差/mm	加工方法	工具的定位	两孔轴线间的距离误差或从孔轴线到平面的距离误差/mm
立钻或摇臂钻上钻孔	用钻模	0.1~0.2	卧式镗床上镗孔	用镗模	0.05~0.08
	按划线	1.0~3.0		按定位样板	0.08~0.2
立钻或摇臂钻上镗孔	用镗模	0.05~0.08		按定位器的指示读数	0.04~0.06
	按划线	1.0~2.0		用块规	0.05~0.1
车床上镗孔	用带有滑座的角尺	0.1~0.3		用内径规或用塞尺	0.05~0.25
坐标镗床上镗孔	用光学仪器	0.004~0.015		用程序控制的坐标装置	0.04~0.05
金刚镗床上镗孔	—	0.008~0.02		用游标尺	0.2~0.4
多轴组合机床上镗孔	用镗模	0.03~0.05		按划线	0.4~0.6

应予指出，随着工艺技术的发展，各种加工方法所能达到的加工精度不断地提高，粗糙度不断减小。例如外圆磨床一般可达 IT7 级精度和表面粗糙度 R_a 为 0.4μm，但在采用适当措施提高磨床精度、抗震性和改进磨削工艺后，加工外圆精度可达 IT5 级，表面粗糙度 R_a 达到 0.1~0.04μm。

不同的加工方法，其加工经济精度也不同。

11.5.1.2　工件材料和物理力学性能

不同的材料，或同一种材料、具有不同物理力学性能的，其加工方法均不尽相同。例如对淬火钢应采用磨削加工，对有色金属采用磨削加工就会产生困难，一般宜采用金刚镗削或高速车削。

11.5.1.3　工件的结构形状和尺寸

一般回转工件可以用车削或磨削等方法加工孔，而箱体上 IT7 级公差的孔，一般就不宜采用车削或磨削，而通常采用镗削或铰削加工。孔径小时宜采用铰孔，孔径大或长度较短的孔则宜用镗削。

11.5.1.4　生产类型

为了满足生产率和经济性要求，大批量生产时，应采用高效率的先进工艺，如平面和孔的加工采用拉削代替普通的铣、刨和镗孔等加工方法。也可采用组合铣和组合磨来同时加工几个表面；单件小批生产则一般采用通用机床加工的方法，避免盲目采用高效加工方法和专用设备而增加成本。

11.5.1.5　现场设备条件

选择加工方法时应考虑充分利用现有设备，挖掘企业潜力，发挥工人和技术人员的积极性和创造性。不断改进现有的加工方法和设备，采用新技术和提高工艺水平。

11.5.2　工件的定位基准及其选择

11.5.2.1　基准的分类

在设计、加工、检验、装配机器零件时，必须选择一些点、线、面，根据它们来确定零件上其他点、线、面的尺寸和位置。所谓基准就是零件上用以确定其他点、线、面位置所依据的点、线、面。基准根据其功用不同，可分为两大类。

（1）设计基准。在零件图上用以确定其他点、线、面位置所依据的基准称为设计基准。设计基准是根据零件工作条件和性能要求而确定的，零件的尺寸及相互位置要求，均以设计基准为依据进行标注。图 11-5 所示零件中 F 面是 C 面和 E 面的尺寸的设计基准，也是两孔垂直度和 C 面平行度的设计基准。作为设计基准的点、线、面在工件上不一定具体存在，例如表面的几何中心、对称线、对称平面等。

（2）工艺基准。在加工或装配过程中所采用的基准称为工艺基准。工艺基准按用途不同可分为工序基准、定位基准、测量基准和装配基准。

① 工序基准。在工序图上用来标注本工序被加工表面加工后的尺寸、形状、位置的基准，称为工序基准。依据工序基准所标注的确定被加工表面位置的尺寸称为工序尺寸。如图 11-6 所示，在轴套上钻孔时，图 11-6(a) 中孔的中心线到轴肩左侧面的距离 (20±0.1) mm 是以轴肩左侧面为工序基准时的工序尺寸。图 11-6(b) 中孔的中心线到轴肩右侧面的距离 (15±0.1) mm 是以轴右侧面为工序基准时的工序尺寸。

② 定位基准。加工时，使工件在机床或夹具中占据一个确定位置所用的基准称为定位基准。在使用夹具时，定位基准就是工件与夹具定位元件相接触的表面。如图 11-7 所示，加工平面 C 和 F 时是通过平面 A 和 D 放在夹具上进行定位的，所以平面 A 和 D 是加工平面 C 和 F 时的定位基准。

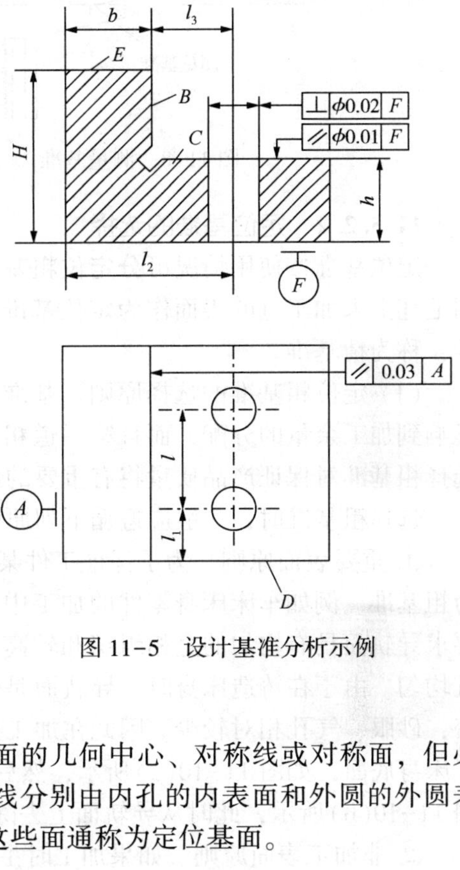

图 11-5　设计基准分析示例

定位基准可以是工件的实际表面，也可以是表面的几何中心、对称线或对称面，但必须由相应的实际表面来体现。如内孔和外圆的中心线分别由内孔的内表面和外圆的外圆表面来体现。V 形架的对称面用其两个斜面来体现。这些面通称为定位基面。

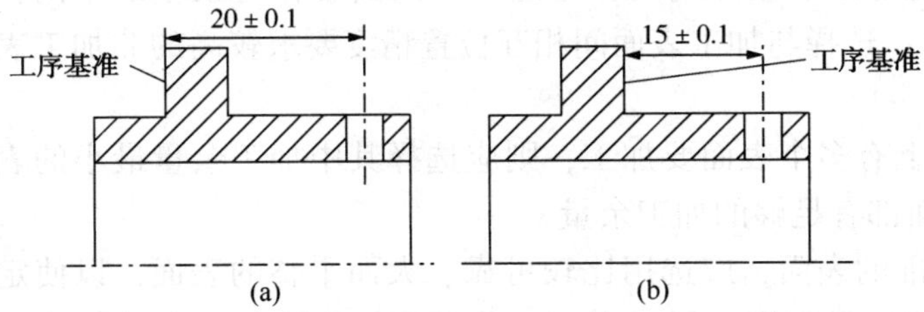

图 11-6　工序基准

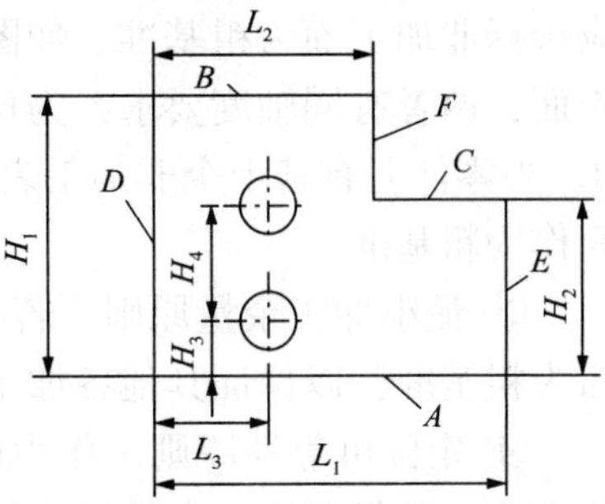

图 11-7　定位基准

③ 测量基准。零件检验时，用以测量已加工表面尺寸及位置的基准称为测量基准。例

如图 11-8 中，用游标卡尺测量尺寸 H 时，圆柱表面的下母线是测量基准。

④ 装配基准。装配时用以确定零件或部件在机器中位置时所用的基准，称为装配基准。如图 11-9 所示，齿轮的内孔和右端面是齿轮在传动轴上的装配基准。

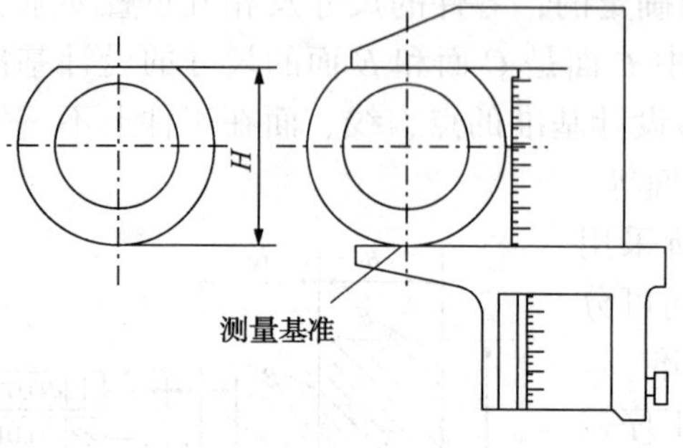

图 11-8　测量基准

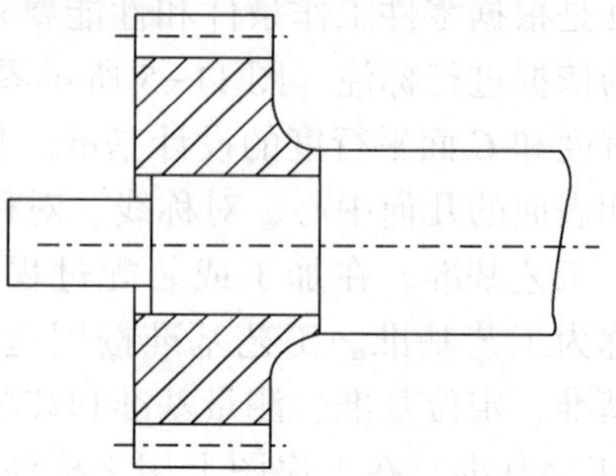
图 11-9　装配基准

11.5.2.2　定位基准的选择

定位基准按使用情况可分定位粗基准和定位精基准。在机加工的起始工序中，只能利用毛坯上未加工过的表面作为定位基准，称为粗基准。利用已经加工过的表面作为定位基准，称为精基准。

(1) 定位粗基准的选择原则。基准的选择将影响到加工面和非加工面的相互位置，或影响到加工余量的分配，而且第一道粗加工工序首先就遇到粗基准的选择问题。因此正确选择粗基准对保证产品质量将有重要的影响。

选择粗基准时，一般应遵循下列原则。

① 重要表面原则。为了保证工件某些重要表面的加工余量均匀，应选择该重要表面作为粗基准。例如车床床身零件的加工中导轨面是最重要的表面，它不仅精度要求高，而且要求导轨面具有均匀的金相组织和较高的耐磨性，因此希望加工时导轨面的去除余量小而且均匀。由于在铸造床身时，导轨面是倒扣在砂箱的最底部浇铸成形，导轨面材料质地致密，砂眼、气孔相对较少。因此在加工床身时，第一道工序应该选择导轨面作为粗基准加工床身底面，如图 11-10(a)所示，然后再以加工过的床身底面作为精基准加工导轨面，如图 11-10(b)所示，此时从导轨面上去除的加工余量均匀。

② 非加工表面原则。如果加工时主要要求保证加工面与非加工表面间的位置要求，则应选择非加工面为粗基准。如图 11-11 所示零件，外圆面 A 为不加工表面，内孔 B 为加工表面，两者有同轴度要求，为保证孔加工后壁厚均匀，应选择外圆面 A 作为粗基准车内孔 B。当零件上有若干个非加工表面时，选择与加工表面间相互位置精度要求较高的非加工表面作为粗基准。

③ 最小加工余量原则。若零件上有多个表面要加工，则应选择其中加工余量最小的表面为粗基准，以保证其他各加工表面都有足够的加工余量。

④ 定位可靠性原则。作为粗基准的表面，应选用比较可靠、大而平整的表面，以使定位准确，夹紧可靠。在铸件上不应该选择有浇、冒口表面、分型面、有飞刺或夹砂的表面做粗基准；在锻件上不应该选择有飞边的表面作粗基准。

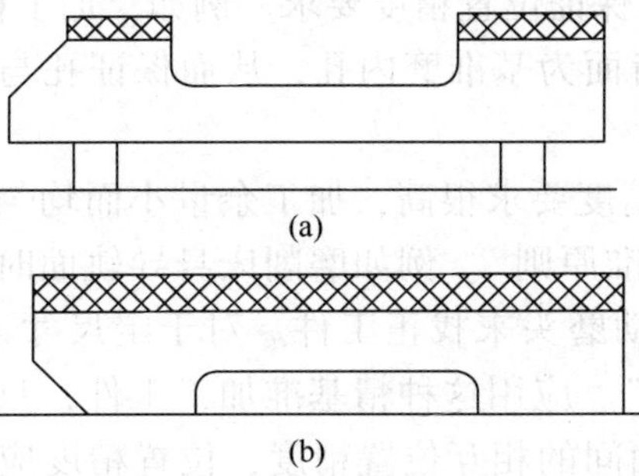

图 11-10 床身导轨的加工

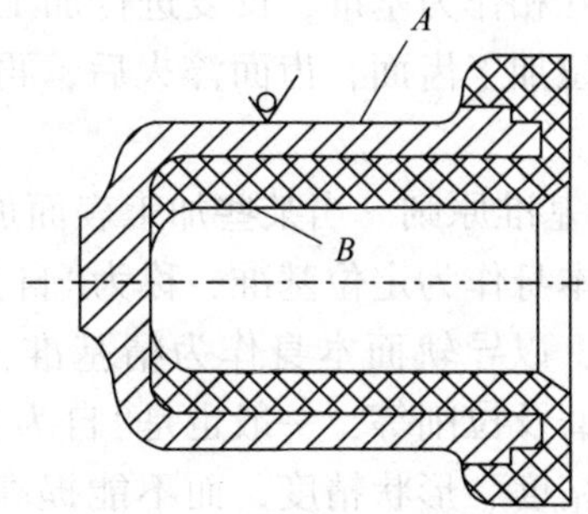

图 11-11 圆筒零件的加工

⑤ 不重复使用原则。由于粗基准的定位精度低，在同一尺寸方向上只能使用一次，不能重复使用，否则将产生较大的定位误差。

（2）定位精基准的选择原则。精基准的选择主要应从保证零件的加工精度要求出发，同时考虑装夹准确、可靠，夹具结构简单。选择精粗基准时，一般应遵循下列原则。

① 基准重合原则。指零件加工时选用设计基准作为定位基准的原则，这样可以避免由于定位基准与设计基准不重合而引起的定位误差。例如图 11-12 所示的车床床头箱，尺寸 $H_1=(205\pm0.1)$mm 为车床中心高，即床头箱底面 M 到主轴支撑孔的高度尺寸，设计基准是底面 M。加工主轴孔时可能采用的定位方案有两种。

方案一：定位基准与设计基准重合

单件小批生产主轴孔时，常以底面 M 为定位基准，直接保证尺寸 H_1。这时设计基准与定位基准重合，影响加工精度的只有与镗孔工序有关的加工误差，把此误差控制在 0.1mm 范围以内就可以保证规定的加工精度。

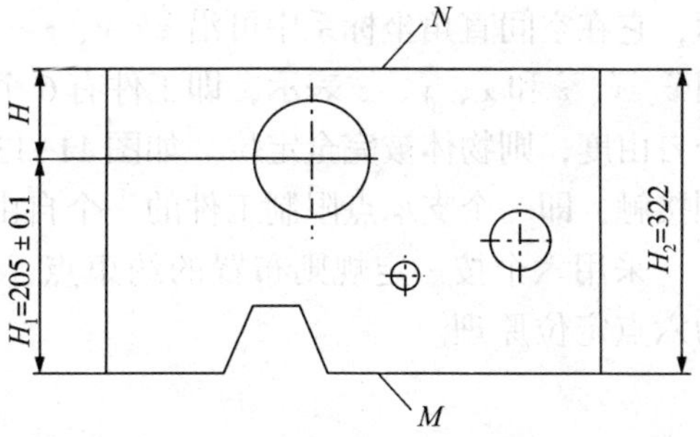

图 11-12 基准不重合误差

方案二：定位基准与设计基准不重合

大批生产镗主轴孔时，常以顶面 N 为定位基准，保证尺寸 H。这时定位基准与设计基准不重合，设计尺寸 H_1 由加工尺寸 H 和 H_2 间接保证，尺寸 H_1 的精度决定于尺寸 H 和 H_2 的加工精度。因此必须控制尺寸 H 和 H_2 的加工误差总和不超过 0.1mm。

比较上面两种定位方案可知：基准重合有利于保证加工精度，应尽量使定位基准与设计基准重合。基准不重合提高了本工序的加工要求，只有在满足上述不等式的条件下才允许基准不重合。

② 基准统一原则。在加工位置精度要求较高的某些表面时，尽可能选用统一的定位基准，这样有利于保证各加工表面的位置精度，如加工较精密的阶梯轴时，以中心孔为定位基准车削各表面；在磨削加工之前，还要修研中心孔，然后以中心孔定位，磨削各表面。采用同一基准还可使各道工序的夹具结构单一化，便于设计和制造。

③ 互为基准原则。对工件上两个相互位置精度要求比较高的表面进行加工时，可以利

用两个表面互相作为基准，反复进行加工，以保证位置精度要求。例如，加工精密齿轮时，先以内孔定位加工齿面，齿面淬火后，再以齿面为基准磨内孔，从而保证孔与齿面的位置精度。

④ 自为基准原则。当某些加工表面加工精度要求很高，加工余量小而均匀时，可选择该加工表面本身作为定位基准，称为“自为基准原则”。例如磨削床身导轨面时，常在磨头上装百分表，以导轨面本身作为精基准，移动磨头来找正工件。对于定尺寸刀具的加工，如绞孔、珩磨及拉削等，一般也是“自为基准”。应用这种精基准加工工件，只能提高加工表面的尺寸精度、形状精度，而不能提高表面间的相互位置精度，位置精度应由先行工序来保证。

有些原则之间是相互矛盾的，具体使用中要抓住主要矛盾和矛盾的主要方面，在确保加工质量的前提下，力求所选基准能实现低成本、低消耗，并使夹具结构简单。

11.5.3 工件的定位和夹紧

11.5.3.1 工件的定位

（1）工件的六点定位原理。工件在夹具中定位就是要确定工件与定位元件的相对位置，从而保证工件相对于刀具和机床的正确加工位置，工件在夹具中的定位，是由工件的定位基准与夹具定位元件的工作表面相接触或相配合实现的。

一个尚未定位的工件是一个自由刚体，其在空间的位置是不确定的。如图 11-13(a) 所示，它在空间直角坐标系中可沿 x、y、z 三个坐标轴任意移动，也可绕此三坐标轴转动，分别用 $\vec{x}$、$\vec{y}$、$\vec{z}$ 和 $\widehat{x}$、$\widehat{y}$、$\widehat{z}$ 表示，即工件有 6 个自由度。如果采取一定的约束措施，消除物体的六个自由度，则物体被完全定位。如图 11-13(b) 所示，用六个合理分布的定位支承点与工件分别接触，即一个支承点限制工件的一个自由度，使工件在夹具中的位置完全确定。

采用六个按一定规则布置的约束点，可以限制工件的六个自由度，实现完全定位，称为六点定位原理。

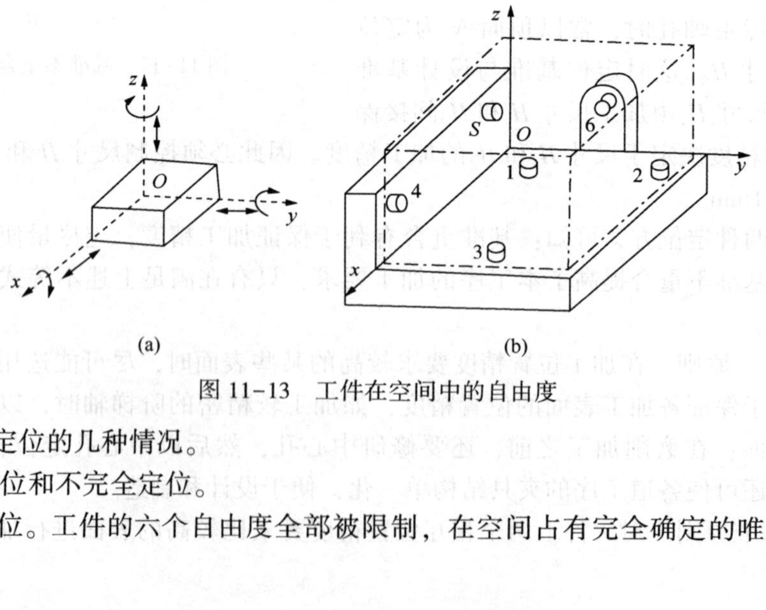

(a) (b)

图 11-13 工件在空间中的自由度

（2）工件定位的几种情况。

① 完全定位和不完全定位。

a. 完全定位。工件的六个自由度全部被限制，在空间占有完全确定的唯一位置，称为完全定位。如图 11-14 所示，在工件上铣键槽时，若要保证尺寸 z，则需要限制$\overrightarrow{z}$、$\overset{\frown}{x}$、$\overset{\frown}{y}$；若要保证尺寸 x，则需要限制$\overrightarrow{x}$、$\overset{\frown}{y}$、$\overset{\frown}{z}$；若要保证尺寸 y，则需要限制$\overrightarrow{y}$、$\overset{\frown}{z}$、$\overset{\frown}{x}$。综合起来，必须限制工件的六个自由度，即完全定位。

b. 不完全定位。工件定位时，仅需要限制一个或几个(少于六个)自由度，称为不完全定位。如图 11-15 所示，在工件上铣台阶面时，工件沿 y 轴的移动自由度$\overrightarrow{y}$，对工件的加工精度无影响，工件在这一方向上的位置不确定，只影响加工时的进给行程，故此时只需要限制五个自由度，即$\overrightarrow{x}$、$\overrightarrow{z}$、$\overset{\frown}{x}$、$\overset{\frown}{y}$、$\overset{\frown}{z}$，显然不完全定位也是合理的定位方式。

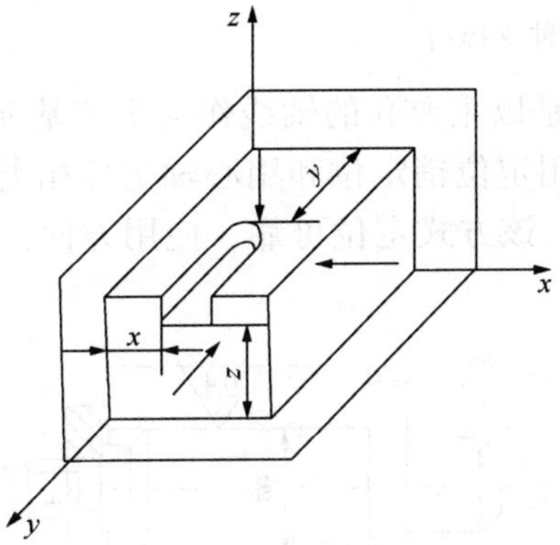

图 11-14　工件的完全定位

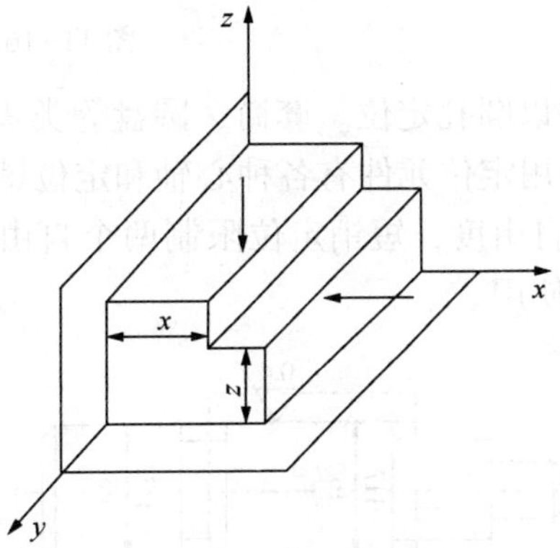

图 11-15　工件的不完全定位

② 欠定位和过定位。

a. 欠定位。根据工件的加工要求，应该限制的自由度没有完全被限制的定位称为欠定位，欠定位无法保证加工要求。因此，在确定工件的定位方案时，决不允许有欠定位的现象发生。

b. 过定位。工件定位时，同一个自由度被两个或两个以上的约束点约束，这样的定位称为过定位。过定位是否允许，应根据具体情况具体分析。

(3) 工件常用的定位方式。机器零件的形状各异，但主要由平面、圆柱面、圆锥面、成形面、圆柱孔、圆锥孔等组合而成。因此，工件就是以上述表面或是它们的组合面作为定位基准。根据工件上定位基准的不同采用不同的定位元件，使定位元件的定位面和工件的定位基准面相接触或配合，实现工件的定位。

常用的定位方式有以下几种。

① 工件以平面定位。一般加工箱体、机座、支架、圆盘、板类零件的平面和孔时，都用平面为定位基准。工件以平面定位时，定位元件常用三个支承钉或两个以上支承板组成的平面进行定位。各支承钉(板)的距离应尽量大，使得定位稳定可靠，平面定位常用的定位元件有支承钉和支承板。图 11-16(a)所示为平头支承钉，多用于精基准定位。图 11-16(b)为球头支承钉，图 11-16(c)为齿纹支承钉，这两种适用于粗基准定位，可减少接触面积，以便与粗基准有稳定的接触。其中，球头支承钉较易磨损而失去精度，齿纹支承钉能增大接触面间的摩擦力，防止工件受力移动，但落入齿纹中的切屑不易清除，故多用于侧面定位。图 11-16(d)为带套筒的支承钉，用于大批大量生产，便于磨损后更换。

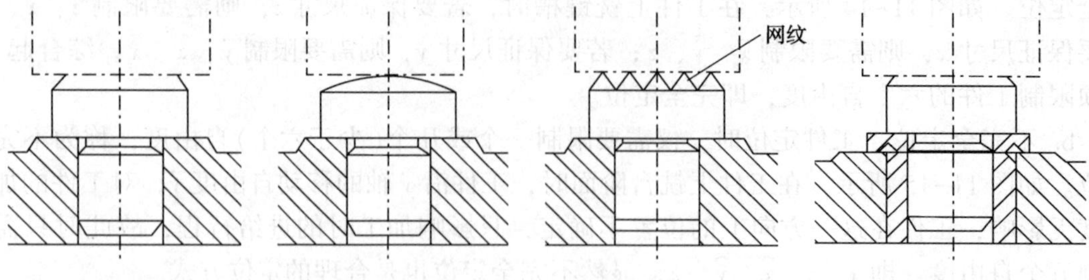

(a)平头支承钉　(b)球头支承钉　(c)齿纹支承钉　(d)带套筒的支承钉

图 11-16　各种支撑钉

② 工件以圆孔定位。套筒、圆盘等类零件是以主要孔的轴线作为定位基准，如图 11-17 所示。所用定位元件有各种心轴和定位销。用定位销定位和用心轴定位相类似，长销定位限制四个自由度，短销定位限制两个自由度，该方式定位可靠，使用方便，在实际生产中获得广泛使用。

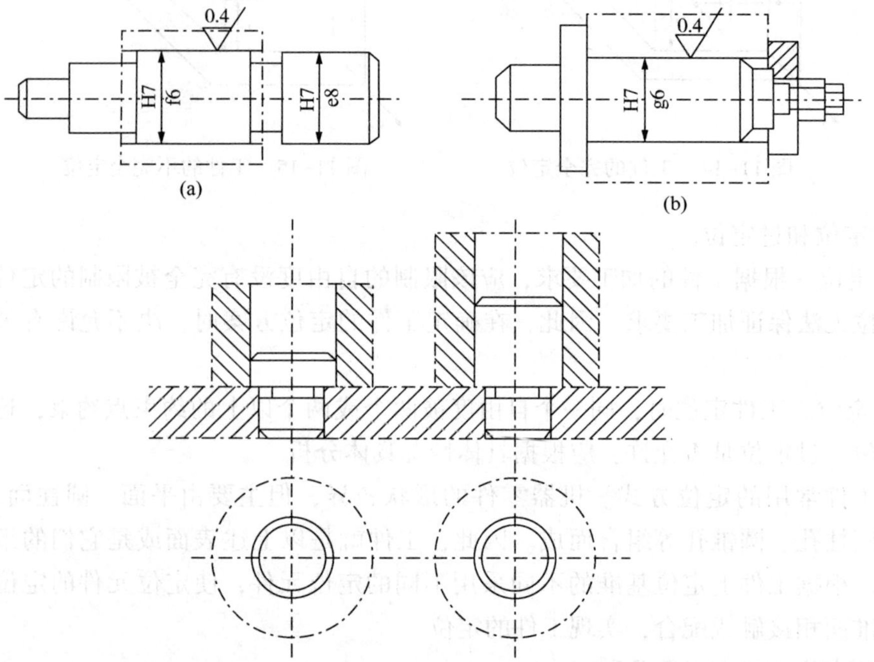

图 11-17　工件以圆孔定位

③ 工件以圆锥孔定位。在加工轴类零件或要求精密定位的工件时，常以工件锥孔作为定位基准。图 11-18(a)中的锥形套筒是以其锥孔在锥形心轴上定位加工外圆；而图 11-18(b)中的轴是以中心孔在顶尖上定位车外圆。这两类都是圆锥面和圆锥面的接触方式。根据接触面相对长度可分为：a. 接触面较长的圆锥面，相当于五个定位支承点，限制五个自由 $\vec{x}$、$\vec{y}$、$\vec{z}$、$\overset{\frown}{y}$、$\overset{\frown}{z}$；b. 接触面较短的圆锥面，相当于三个定位支承点，限制三个自由度 $\vec{x}$、$\vec{y}$、$\vec{z}$。轴类零件采用左右中心孔定位，当右中心孔用轴向可移动的后顶尖定位时，只限制

$\widehat{y}$、$\widehat{z}$ 两个自由度。

④ 工件以外圆柱面定位。工件以外圆柱面定位在生产中非常常见，例如凸轮轴、曲轴阀门以及套类零件的定位等。在夹具设计中，除通用夹具外，常用于外圆表面定位的定位元件有 V 形块(图 11-19)、定位套筒(图 11-20)和半圆孔定位座(图 11-21)等。

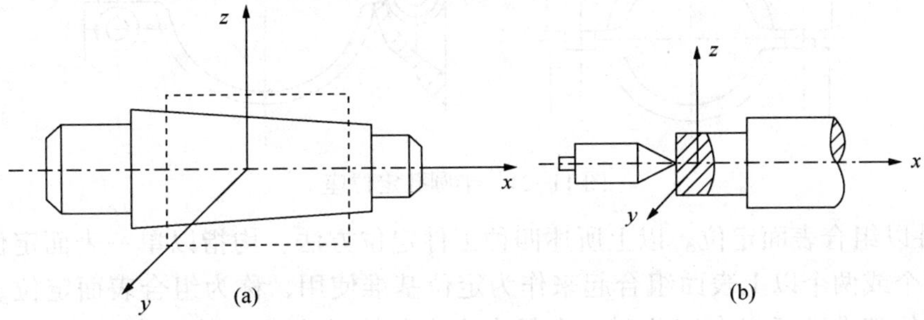

图 11-18 圆锥孔在圆锥体上定位

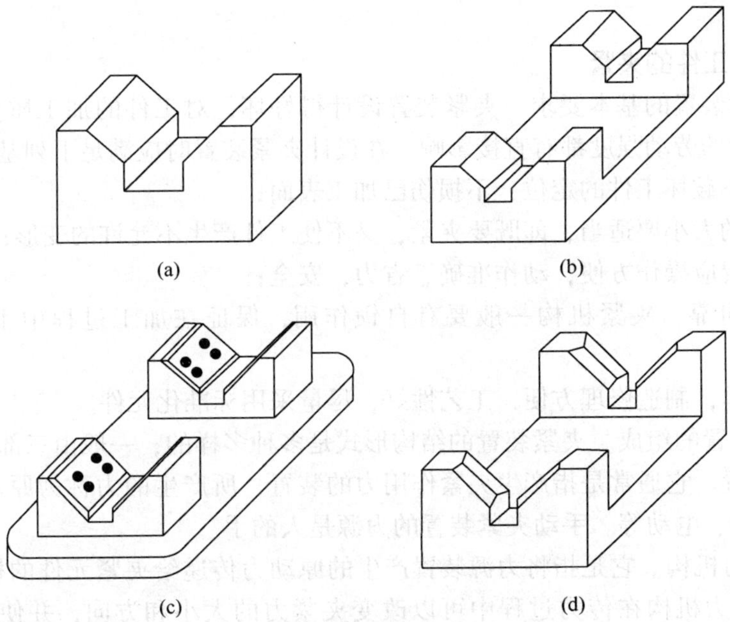

图 11-19 V形块

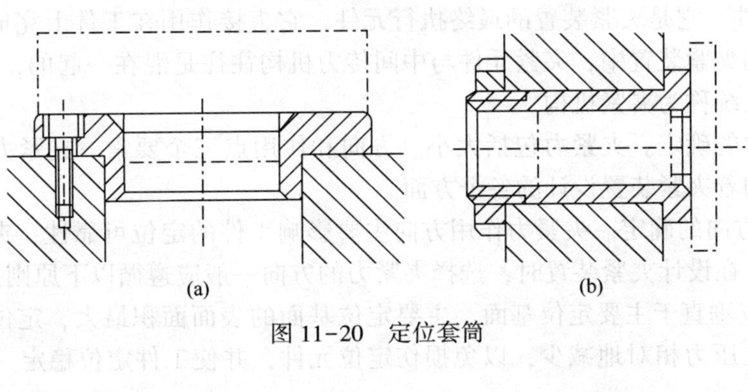

图 11-20 定位套筒

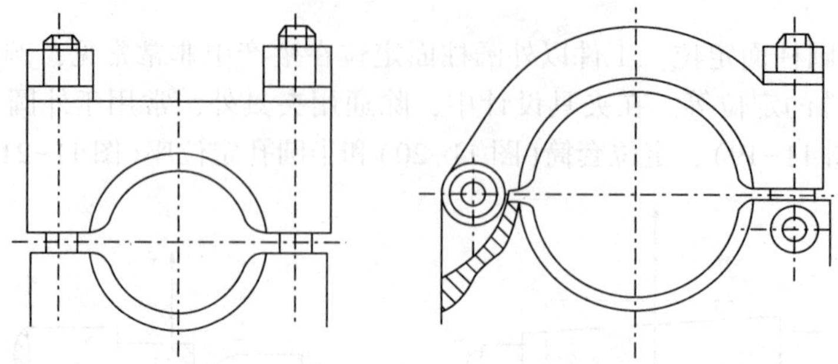

图 11-21 半圆孔定位座

⑤ 工件以组合表面定位。以上所述四种工件定位方法，均指以单一表面定位。通常工件多是以两个或两个以上表面组合起来作为定位基准使用，称为组合表面定位。当以多个表面作为定位基准进行组合定位时，夹具中也有相应的定位元件组合来实现工件的定位。由于工件定位基准之间、夹具定位元件之间都存在一定的位置误差。所以，必须注意工件的过定位问题。

11.5.3.2 工件的夹紧

(1) 对夹紧装置的基本要求。夹紧装置设计得好坏，对工件的加工质量、生产率的高低，以及操作者的劳动强度都有直接影响。在设计夹紧装置时应满足下列基本要求：

① 夹紧时不破坏工件的定位，不损伤已加工表面；

② 夹紧力的大小要适当，即既要夹紧，又不使工件产生不允许的变形；

③ 夹紧装置应操作方便，动作准确、省力，安全；

④ 夹紧应可靠，夹紧机构一般要有自锁作用，保证在加工过程中不会产生松动或振动。

⑤ 结构简单，制造修理方便，工艺性好，尽量采用标准化元件。

(2) 夹紧装置的组成。夹紧装置的结构形式是多种多样的，一般由三部分组成。

① 力源装置。它通常是指产生夹紧作用力的装置，所产生的力称为原动力，常用的动力有气动、液动、电动等。手动夹紧装置的力源是人的手。

② 中间传力机构。它是指将力源装置产生的原动力传递给夹紧元件的机构，根据夹紧的需要，中间传力机构在传力过程中可以改变夹紧力的大小和方向，并使夹紧实现自锁，保证力源提供的原始力消失后仍可靠地夹紧工件，这对手动夹紧尤为重要。

③ 夹紧元件。它是夹紧装置的最终执行元件，它直接作用在工件上完成夹紧作用。在一些简单的手动夹紧装置中，夹紧元件与中间传力机构往往是混在一起的，很难截然分开，因此常将二者又统称为夹紧机构。

(3) 夹紧力的确定。夹紧力包括大小、方向和作用点三个要素。夹紧力的确定至关重要，它直接影响着夹紧装置设计的各个方面。

① 夹紧力方向的确定。夹紧力作用方向主要影响工件的定位可靠性、夹紧变形、夹紧力大小等方面。在设计夹紧装置时，选择夹紧力的方向一般应遵循以下原则。

a. 夹紧力应垂直于主要定位基面。主要定位基面的表面面积最大，定位元件最多，能使接触点的单位压力相对地减少，以免损伤定位元件，并使工件定位稳定。如图 11-22 所示，在工件上镗一个孔，要求孔中心线与工件的 A 面垂直，故 A 面为主要定位基面，应使夹紧力垂直于 A 面，才能保证工件既定的位置，以满足精度要求。但若夹紧力指向 B 面，则由于 A 与 B 面间有垂直度误差，破坏了定位，无法满足加工精度的要求。

b. 夹紧力方向应使工件夹紧变形最小。如图 11-23 所示为加工薄壁套筒的两种夹紧方式，由于工件的径向刚度很差，用图 11-23(a)的径向夹紧方式将产生过大的夹紧变形而无法保证加工精度，若改用图 11-23(b)的轴向夹紧方式，则可大大减小工件的夹紧变形。

c. 夹紧力的方向应有利于减小夹紧力。夹紧力的方向应尽可能与切削力和工件的重力方向一致，这样既省力，又可减少工件的夹紧变形，还可减小夹紧装置的结构尺寸。如图 11-24(a)所示夹紧力 F_{j1} 与主切削力方向一致，切削力由夹具的固定支承承受，所需夹紧力较小。夹紧力 F_{j2} 的方向若如图 11-24(b)所示，则夹紧力至少要大于切削力，所需夹紧力较大。

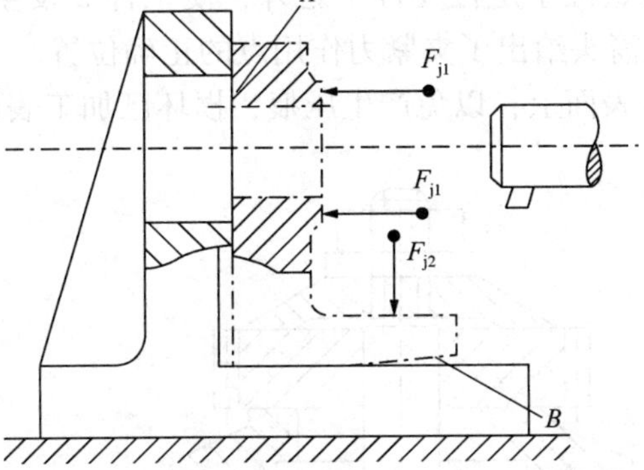

图 11-22 夹紧力垂直指向支撑面

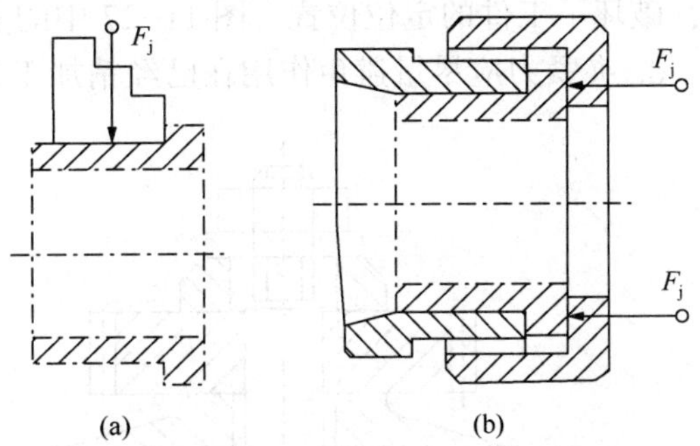

图 11-23 夹紧力方向对工件变形的影响

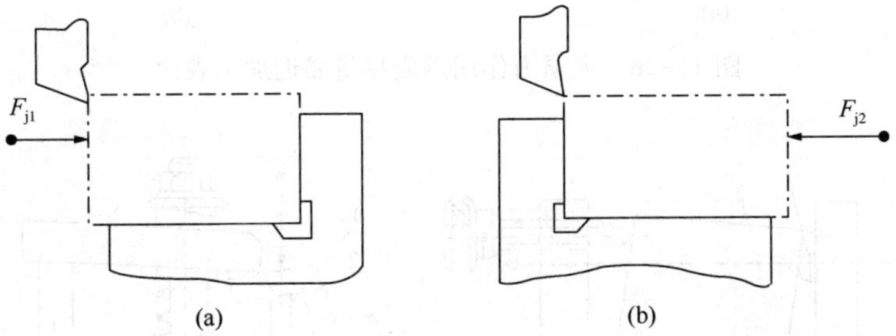

图 11-24 夹紧力与切削力方向的关系

② 夹紧力作用点的确定。夹紧力作用点的确定包括作用点的位置、数量、布局和作用方式。它们对工件的影响主要表现在定位的准确性、可靠性和夹紧变形；同时，作用点选择还影响夹紧装置的结构复杂性和工作效率。具体设计时应遵循以下原则。

a. 夹紧力应作用在工件刚度大的部位，使夹紧变形尽可能小。图 11-25 所示连杆进行加工时，夹紧力作用点位于图 11-25(a)所示位置时，连杆的刚度较小，容易产生变形；夹紧力作用点位于图 11-25(b)所示位置时，连杆的刚度较大，不容易产生变形。所以图 11-25(b)所示方案较合理。

b. 夹紧力作用点应尽量靠近加工表面，使夹紧稳定可靠。在图 11-26 所示两种滚齿加

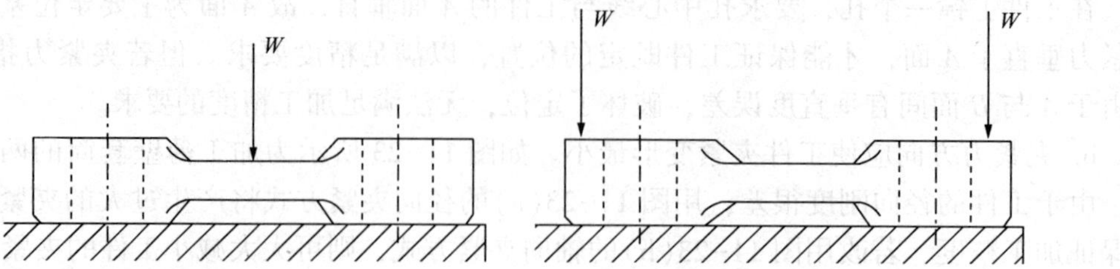

(a) (b)

图 11-25　夹紧力作用点对工件变形的影响

工工件装夹方案中，图 11-26(a)所示夹紧力的作用点离工件加工面远，不正确；图 11-26(b)所示的夹紧力作用点离工件加工面较近，比较合理。

c. 夹紧力的作用点应正对定位元件或定位元件所形成的支承面内。图 11-27 所示夹具的夹紧力作用点就违背了这项原则，夹紧力作用点位于定位元件 1 之外，使工件 2 发生翻转，破坏了工件的定位位置。图 11-27 中的实线箭头给出了夹紧力作用点的正确位置。

d. 夹紧力应尽量避免作用在已经精加工过的表面上，以免产生压痕，损坏已加工表面。

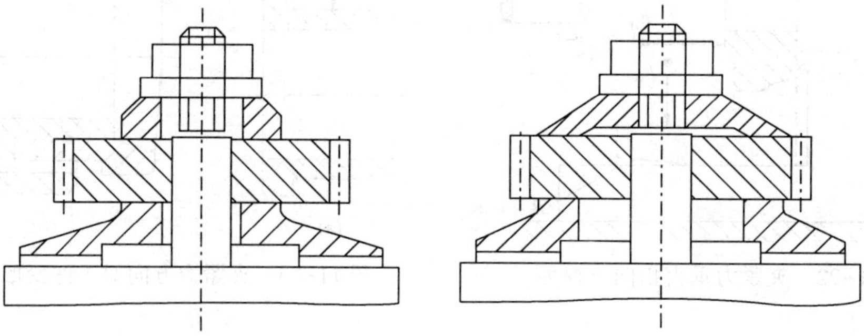

(a) (b)

图 11-26　夹紧力作用点应尽量靠近加工表面

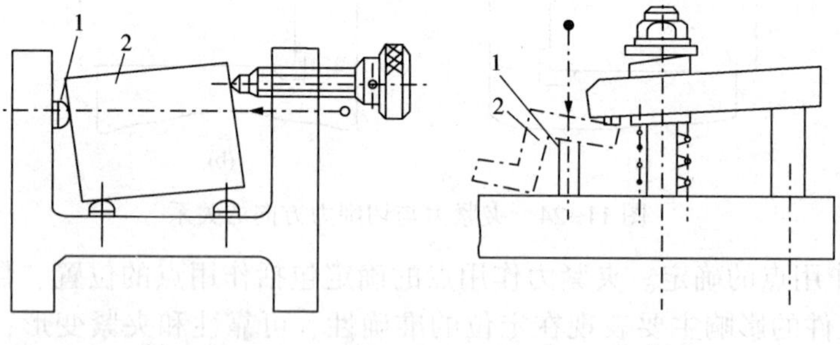

(a) (b)

图 11-27　夹紧力作用点的选择

1—定位元件；2—工件

③ 夹紧力的大小。夹紧力的大小主要影响工件定位的可靠性、工件的夹紧变形以及夹紧装置的结构尺寸和复杂性。因此，夹紧力的大小必须适当。夹紧力过小，工件在加工过程中会发生移动破坏定位；夹紧力过大，会使工件和夹具发生夹紧变形，影响加工质量。

11.5.3.3　夹具简介

(1) 机床夹具是机械加工中不可缺少的一种工艺装备，应用十分广泛，其主要作用如下。

① 保证加工质量。采用夹具后，工件各表面间的相互位置精度由夹具保证，而不是依靠工人的技术水平与熟练程度，所以产品质量容易保证。

② 提高劳动生产率。使用夹具可使工件装夹迅速、方便，从而大大缩短了辅助时间，提高了生产率。特别是对于加工时间短、辅助时间长的中、小零件，效果更为显著。

③ 减轻工人的劳动强度，保证安全生产。有些工件，特别是比较大的工件，调整和夹紧很费力气，而且注意力要高度集中，很容易疲劳。如果使用机床夹具，采用气动或液压等自动化夹紧装置，既可减轻工人的劳动强度，又能保证安全生产。

④ 扩大机床的使用范围。使用机床夹具，可实现一机多用，一机多能。如在铣床上安一个回转台或分度装置，可以加工有等分要求的零件；在车床上安装镗模，可以加工箱体零件上的同轴孔系。

(2)机床夹具的组成。机床夹具的种类繁多、结构各异，但它们的工作原理基本相同。下面以图 11-28 所示的钻床夹具为例说明机床夹具的组成。

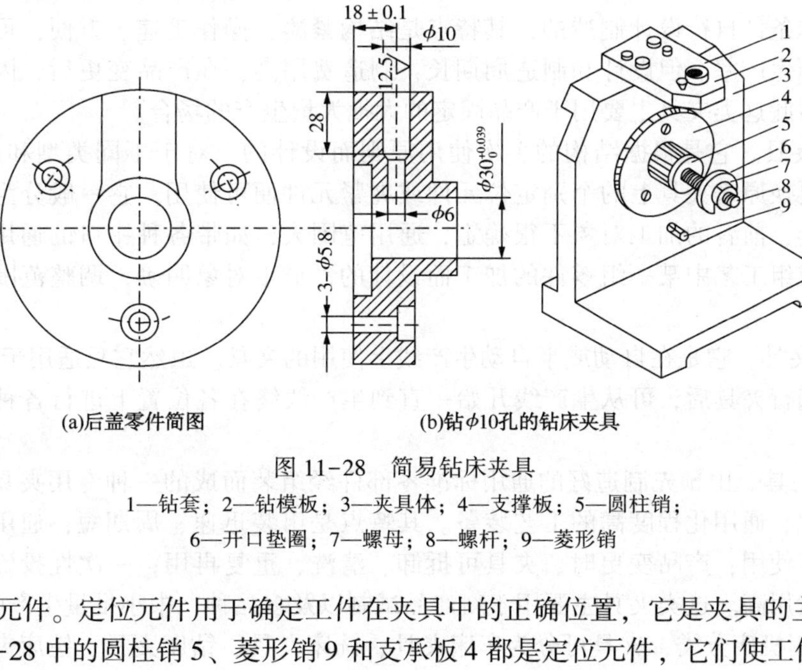

(a)后盖零件简图　　(b)钻ϕ10孔的钻床夹具

图 11-28　简易钻床夹具

1—钻套；2—钻模板；3—夹具体；4—支撑板；5—圆柱销；6—开口垫圈；7—螺母；8—螺杆；9—菱形销

① 定位元件。定位元件用于确定工件在夹具中的正确位置，它是夹具的主要功能元件之一。图 11-28 中的圆柱销 5、菱形销 9 和支承板 4 都是定位元件，它们使工件在夹具中占据正确位置。

② 夹紧装量。夹紧装置用于保证工件在加工过程中受到外力(如切削力、重力、惯性力等)作用时，已经占据的正确位置不被破坏。如图 11-28 所示钻床夹具中的开口垫圈 6 是夹紧元件，与螺母 7 和螺杆 8 一起组成夹紧装置。

③ 对刀-导向元件。对刀-导向元件用于确定刀具相对于夹具的正确位置和引导刀具进行加工。其中对刀元件是在夹具中起对刀作用的零部件，如铣床夹具上的对刀块。导向元件是在夹具中起对刀和引导刀具作用的零部件，如图 11-28 中的钻套 1 是导向元件。

④ 夹具体。夹具体是机床夹具的基础件，它用于连接夹具上各个元件或装置，使之成为一个整体，并与机床有关部件相连接，如图 11-28 中的夹具体 3。

⑤ 连接元件。确定夹具在机床上正确位置的元件，如定位键、定位销及紧固螺栓等。

⑥ 其他元件和装置。根据夹具上的特殊需要而设置的其他装置和元件主要有分度装置、上下料装置、吊装元件、工件的顶出装置(或让刀装置)等。

在上述各组成部分中，定位装置、夹紧装置、夹具体是机床夹具的基本组成部分。

(3) 机床夹具的种类。机床夹具的种类繁多，可按不同的方式进行分类，常用的分类方法有以下几种。

① 按夹具的使用范围和特点分类，分为通用夹具、专用夹具、可调夹具、随行夹具和组合夹具。

a. 通用夹具。指结构、尺寸已经规格化，具有一定通用性的夹具。如车床使用的三爪卡盘、四爪卡盘，铣床使用的平口虎钳等。其特点是适应性强，不需调整或稍加调整就可用来安装一定形状和尺寸范围内的各种工件进行加工。采用这种夹具可缩短生产准备周期，减少夹具品种，从而降低零件的制造成本。但是它的定位精度不高，操作复杂，生产效率低，且较难装夹形状复杂的工件，故主要用于多品种的单件小批生产。

b. 专用夹具。指专门为某一工件的某一道工序设计和制造的专用装置，一般是由使用单位按照具体条件自行设计制造的，其特点是结构紧凑，操作迅速、方便；可以保证较高的加工精度和生产率。但设计和制造周期长，制造费用高；在产品变更后，因无法重复利用而报废。因此这类夹具主要用于产品固定的大批大量生产的场合。

c. 可调夹具。它是根据结构的多次使用原则而设计的，对于不同类型和尺寸的工件，只需调整或更换原来夹具上的个别定位元件或夹紧元件便可使用。它一般分为通用可调夹具和成组夹具，前者的加工对象不很确定，通用范围大，如带各种钳口的通用虎钳等；后者则是针对成组工艺中某一组零件的加工而设计的，加工对象明确，调整范围只限于本组内的工件。

d. 随行夹具。它是在自动或半自动生产线上使用的夹具。虽然它只适用于某一种工件，但毛坯装到随行夹具后，可从生产线开始一直到生产线终在各位置上进行各种不同工序的加工。

e. 组合夹具。由预先制造好的通用标准零部件经组装而成的一种专用夹具，是一种标准化、系列化、通用化程度高的工艺装备。其特点是组装迅速、周期短；通用性强，元件和组件可反复使用；产品变更时，夹具可拆卸、清洗、重复再用；一次性投资大，夹具标准元件存放费用高。这类夹具主要用于新产品试制以及多品种、中小批量生产中。

② 按使用机床分类，夹具可分为车床夹具、铣床夹具、钻床夹具、镗床夹具、拉床夹具、磨床夹具、齿轮加工机床夹具等。

③ 按夹紧的动力源分类，夹具可分为手动夹具、气动夹具、液压夹具、气液夹具、电磁夹具、真空夹具等。

11.5.4 加工阶段的划分

11.5.4.1 加工阶段的划分

当零件精度要求较高时，为保证零件的加工质量，零件往往不可能在一个工序内完成全部工作，而必须将工件的机械加工划分为几个加工阶段，一般零件的加工常分为三个加工段：粗加工阶段、半精加工阶段和精加工阶段。毛坯误差大时可安排去毛皮加工阶段，精度要求较高时可安排光整加工阶段。

(1) 粗加工阶段。粗加工阶段的任务是高效地切除各加工表面的大部分加工余量、提高生产率，使毛坯在形状和尺寸上接近成品，留有均匀而恰当的加工余量，为半精加工和精加工做准备。

(2) 半精加工阶段。半精加工阶段的任务是消除粗加工留下的误差，使工件达到一定精度，为主要表面的精加工做准备，并完成一些次要表面的加工(如钻孔、攻丝和铣键槽等)。

(3) 精加工阶段。精加工阶段的任务是完成各主要表面的最终加工，使零件的尺寸精度、位置精度及表面粗糙度均达到图纸规定的质量要求。

(4) 光整加工阶段。对于尺寸精度及表面粗糙度要求很高的零件(尺寸精度6级以上表面粗糙度要求在 $R_a0.2$ 以上)需要安排光整加工阶段，其主要任务是提高表面粗糙度和进一步提高尺寸精度和形状精度，但一般不用纠正位置精度。

11.5.4.2　划分加工阶段的原因

(1) 保证加工质量。粗加工的任务是尽快切除多余的金属层，工件粗加工时产生较大的切削力和切削热，此时所需的夹紧力也较大，工件会产生较大的受力变形和受热变形，从而产生较大的加工误差和较大的表面粗度，不可能达到高的加工精度和表面质量。半精加工阶段是为精加工做准备，精加工阶段加工余量小，振动小，受力和受力变形小，切削热小，受热变形也小，通过精加工，就能保证加工质量。

(2) 便于及时发现毛坯缺陷，避免浪费。粗加工时切除的加工余量较多，可及时发现毛坯缺陷，并采取措施，减少或降低继续进行加工的费用，避免浪费。精加工安排在最后，也有利于保护精加工过的表面不受损伤。

(3) 合理使用机床设备。不同的机床设备具有不同的精度能力和精度寿命。粗加工时，主要应提高生产效率，可采用功率大、精度不高、刚度好的机床设备。而精加工时，主要应保证精度，应采用相应的高精度设备。加工阶段划分后，可发挥粗精加工设备各自的性能特点，做到合理使用设备，也有利于保持精加工机床设备的精度，延长使用寿命。

(4) 便于安排热处理工序。为了在机械加工工艺中安排必要的热处理工序，并充分发挥热处理的效用，使冷、热加工工序更好地配合，也要求将工艺过程划分为不同的阶段。例如，对于一些精度要求高的零件，可在粗加工阶段安排去除残余应力和降低表面粗糙度的热处理，以便减小残余应力所引起的变形对加工精度的影响及有利于切削加工。

上述加工阶段的划分不是绝对的，对于那些加工精度和表面质量要求不高、工件刚性好、毛坯精度高、加工余量小的工件，可以不划分加工阶段。对于有些刚性好的重型工件，装夹和运输费时，常在一次装夹下完成全部加工。

11.5.5　工序集中和工序分散

零件上所需加工的表面加工方案确定及加工阶段划分以后，需将各加工表面按不同加工阶段组合成若干个工序，拟定出整个加工路线。工序集中和工序分散是拟定工艺路线时，确定工序数目的两种原则。

11.5.5.1 工序集中

工序集中是把工件的许多加工表面只集中在少数几道工序中完成，而每道工序所包括的加工内容却较多，其主要特点如下。

(1) 工件装夹次数少，相应的夹具数目也减少，易于保证表面的位置精度，可减少工序间的运输量，对重型零件加工比较方便。

(2) 减少了设备数量和操作工人人数，生产占地面积少，有利于简化生产计划和生产组织工作。

(3) 采用高效专用设备和工艺装备，结构比较复杂，并要求有较高的可靠性。在大批量生产中，多采用转塔车床、多刀车床、自动半自动机床和多工位铣床等。这些设备生产率较高，投资大，同时，调整维修比较困难，生产准备工作量大。

11.5.5.2 工序分散

工序分散就是将零件的加工分散到很多道工序内完成，每道工序加工的内容少，工艺路线很长。其主要特点如下。

(1) 采用结构简单的设备和工艺装备，调整和维修方便，对工人的技术水平要求不高。易于组织流水线生产，要求较低，容易适应产品的变换。

(2) 生产准备工作量少、易于产品更换。

(3) 所需设备和工艺装备的数目多，操作工人多，占地面积大。

(4) 可以采用最合理的切削用量，减少基本时间。

11.5.5.3 工序集中和工序分散的选用

工序集中与工序分散各有优缺点，在制定工艺路线时应根据生产类型、零件的结构特点、技术要求、现有条件等进行综合考虑。

一般情况下，单件小批生产时，只能工序集中，在一台普通机床上加工出尽量多的表面。大批大量生产时，既可以采用高效专用机床、多刀多轴自动机床或加工中心等，将工序集中，也可以将工序分散后组织流水生产。中批生产应尽可能采用高效机床，使工序适当集中。

对于重型零件，为了减少工件装卸和运输的劳动量，工序应适当集中；对于刚性差且精度高的精密工件，则工序应适当分散。

11.5.6 加工顺序的安排

11.5.6.1 机械加工工序的安排

机械加工工序是机械加工工艺的主要内容，加工时应遵循以下原则。

(1) 先基准后其他。选作精基准的表面，应在起始工序先行加工，以免粗基准多次使用，同时也可为后续工序提供可靠的精基准。在主要表面精加工前，应安排定位基准的精加工。

(2) 先粗后精。一个零件由多个表面组成，各表面的加工一般都需要分阶段进行。在安排加工顺序时，应先集中安排各表面的粗加工，中间根据需要依次安排半精加工，最后安排精加工和光整加工。对于精度要求较高的工件，为了减小因粗加工引起的变形对精加工的影响，通常粗、精加工不应连续进行，而应分阶段、间隔适当时间进行。

(3) 先主后次。零件的主要表面一般都是加工精度或表面质量要求比较高的表面，它们的加工质量好坏对整个零件的质量影响很大，其加工工序往往也比较多，因此应先安排主要表面的加工，再将其他表面的加工适当安排在它们中间穿插进行，通常将装配基面、工作表面等视为主要表面，而将键、紧固用的光孔和螺孔等视为次要表面。

(4) 先面后孔。对于箱体、支架和连杆等工件，应先加工平面后加工孔。因为平面的轮廓平整，面积大，先加工平面，再以平面定位加工孔，既能保证加工孔时有稳定可靠的定位基准，又有利于保证孔与平面间的位置精度要求。例如：箱体加工中，先以毛坯轴承孔定位，加工出平面(精基准)，再以该平面定位，加工出轴承孔。

11.5.6.2 热处理工序的安排

热处理工序在工艺路线中的位置应根据热处理目的而定。

(1) 改善金相组织和加工性能的热处理，应安排在机械加工以前。如低碳钢零件一般采用正火，以提高硬度，使切削时不粘刀；高碳钢零件一般采用退火，以降低硬度。

(2) 消除内应力的热处理(如人工时效和自然时效)，最好安排在粗加工以后，可同时消除毛坯制造和粗加工引起的内应力，减少后续工序的变形。但对于精度要求不太高的零件，为了避免工件在车间之间往返运输，一般把消除内应力的人工时效放在毛坯进入机械加工车间之前进行。对于高精度的复杂铸件，则应在半精加工后安排第二次时效处理，使精度稳定。工序可列为铸造粗加工—时效处理—半精加工—时效处理—精加工。

除了铸件，对于一些刚性差的精密零件(例如镜面丝杠、主轴等)，也需要进行多次人工时效处理，以消除内应力，稳定零件的加工精度。

(3) 获得良好综合力学性能的热处理(如调质处理)，一般安排在粗加工以后进行。

(4) 提高表面硬度和耐磨性的热处理(如表面淬火、渗碳、氮化等)，一般安排在工艺过程后面，该表面精加工之前。

11.5.6.3 辅助工序安排

辅助工序包括工件的检验、倒角、去毛刺、清洗、防锈、平衡及一些特殊的轴助工序，如退磁、探伤等。其中检验工序是辅助工序中必不可少的工序，它对保证工序质量、及时发现不合格产品及分清加工责任等都起重要作用。除了工序中的自检外，还需要在下列阶段单独安排检验工序：粗加工阶段结束后；工件从一个车间转到另一个车间加工的前后；重要工序加工前后以及全部加工工序结束后。

有些特殊的检查工件内部质量的工序，如退磁、探伤等一般安排在精加工阶段。密封性检验、工件的平衡和重量检验，一般都安排在工序过程的最后进行。

11.6 机床和工艺装备的选择

11.6.1 机床的选择

机床选择时要考虑的因素有以下几点：

(1) 机床的加工尺寸范围应尽量与零件形状尺寸相适应。

(2) 机床的精度应与工序要求的加工精度相适应。机床精度过低，则不能满足零件加工精度的要求；机床精度过高，则不仅浪费也不利于保护机床精度。

(3) 机床的生产率应与被加工零件的生产类型相适应。一般单件小批量生产选择通用机床，大批量生产采用高生产率的专用机床、组合机床或自动机床。

(4) 机床的选择应与现有设备条件相匹配，应考虑工厂现有设备的类型、规格及精度状况，设备负荷的平衡情况和设备的分布排列情况等。

11.6.2 工艺装备的选择

(1) 夹具的选择。在单件小批生产中应尽量选用通用夹具，有时为保证加工质量和提高生产率，可选用组合夹具；在大批量生产中应选用高生产率的专用夹具。

(2) 刀具的选择。刀具的选择主要取决于工序所采用的加工方法、加工表面的尺寸、工件材料、所要求的精度和表面粗糙度、生产率和经济性等。刀具的选择包括刀具的类型、结构和材料的选择，选择刀具时应尽可能选择标准刀具，必要时可采用高生产率的复合刀具和其他一些专业刀具。

(3) 量具的选择。量具选择应考虑的主要因素是生产类型和所要检验的精度。在单件小批量生产时，应尽可能选用通用量具；在大批量生产时则要选用各种规格的高生产率的专用检验仪器和检验工具。

(4) 辅具的选择。工艺装备中也要注意辅具的选择，如吊装用的吊车、运输用的叉车和运输小车、各种机床附件、刀架、平台和刀库等，以便于生产的组织管理，提高工作效率。

11.7 加工余量

11.7.1 加工余量的概念

加工余量是指在机械加工中从工件加工表面切去的金属层厚度。加工余量的确定是机械加工中很重要的问题。加工余量过大，必然会增加机械加工的工作量，浪费材料，能源消耗增大，成本增加。加工余量过小，又往往会造成某些毛坯表面的缺陷层尚未切掉就已达到规定的尺寸，使工件成为废品。因此，在拟定工艺规程的过程中，必须确定合适的加工余量。加工余量有总加工余量和工序余量之分。

11.7.1.1 总加工余量 Z_0

指零件从毛坯变为成品的整个加工过程中，从某一表面所切除的金属总厚度，即某一表面的毛坯尺寸与零件图的设计尺寸之差。

11.7.1.2 工序余量 Z_i

指相邻两道工序的工序尺寸之差。

总加工余量 Z_0 和工序余量 Z_i 的关系可用下式表示：

$$Z_0 = \sum_{i=1}^{n} Z_i$$

工序余量有单边余量和双边余量之分。

(1) 单边余量。对于非对称表面(如平面)，其加工余量用单边余量 Z_b 来表示。如图11-29(a)、(b)所示。

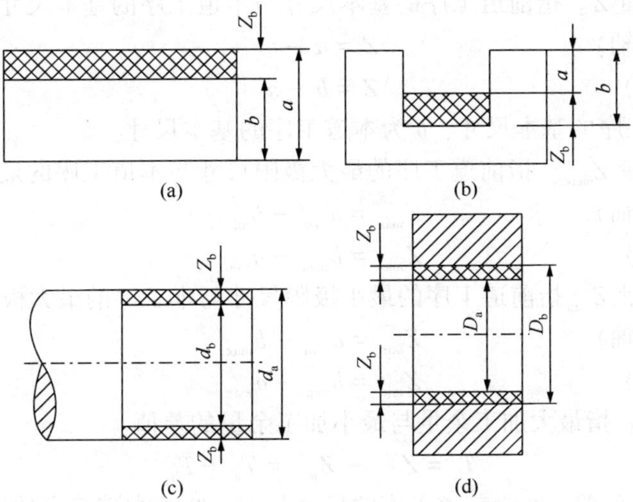

图 11-29　单边余量与双边余量

对于外表面　　　　　　　　　　　$Z_b = a - b$

对于内表面　　　　　　　　　　　$Z_b = b - a$

式中，Z_b为本工序的工序余量；a为上工序的基本尺寸；b为本工序的基本尺寸。

(2)双边余量。对于外圆与内孔这样的对称表面，其加工余量用双边余量$2Z_b$来表示，如图 11-29(c)、(d)所示。

对于外圆表面　　　　　　　　　$2Z_b = d_a - d_b$

对于内孔表面　　　　　　　　　$2Z_b = D_b - D_a$

式中，$2Z_b$为本工序的双边余量；D_a、d_a为上工序的基本尺寸(直径)；D_b、d_b为本工序的基本尺寸(直径)。

由于工序尺寸存在误差，故各工序实际切除的加工余量值是变化的。加工余量和加工尺寸的分布如图 11-30 所示，因此工序余量又有公称加工余量、最大加工余量 Z_{max}、最小加工余量 Z_{min}之分。加工余量的变动范围称为余量公差。

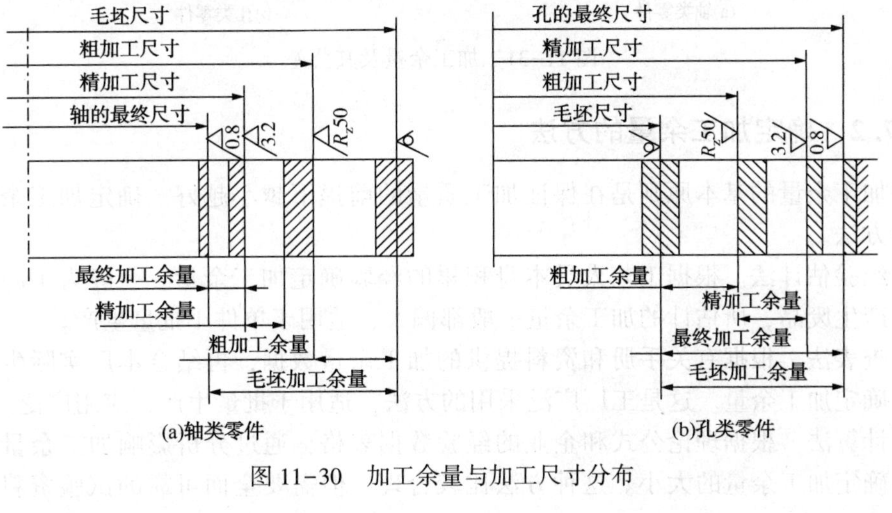

图 11-30　加工余量与加工尺寸分布

① 公称加工余量 Z。指前道工序的基本尺寸与本道工序的基本尺寸之差。

对于被包容面(轴) $Z = a - b$

对于包容面(孔) $Z = b - a$

其中 a 为前道工序的基本尺寸，b 为本道工序的基本尺寸。

② 最大加工余量 Z_{max}。指前道工序的最大极限尺寸与本道工序的最小极限尺寸之差。

对于被包容面(轴)。 $Z_{max} = a_{max} - b_{min}$

对于包容面(孔) $Z_{max} = b_{max} - a_{min}$

③ 最小加工余量 Z_{min} 指前道工序的最小极限尺寸与本工序的最大极限尺寸之差。

对于被包容面(轴) $Z_{min} = a_{min} - b_{max}$

对于包容面(孔) $Z_{min} = b_{min} - a_{max}$

④ 余量公差 T_z。指最大加工余量与最小加工余量的差值。

$$T_z = Z_{max} - Z_{min} = T_a + T_b$$

式中，T_z为余量公差；T_a为前道工序的尺寸公差；T_b为本道工序的尺寸公差。

工序尺寸的公差带布置，一般都采用“入体原则”，即对于被包容面(轴类)，取上偏差为零，下偏差为负：对于包容面(孔类)，取下偏差为零，上偏差为正，对于毛坯的尺寸偏差，一般取对称偏差。加工余量及其公差的关系如图 11-31 所示。

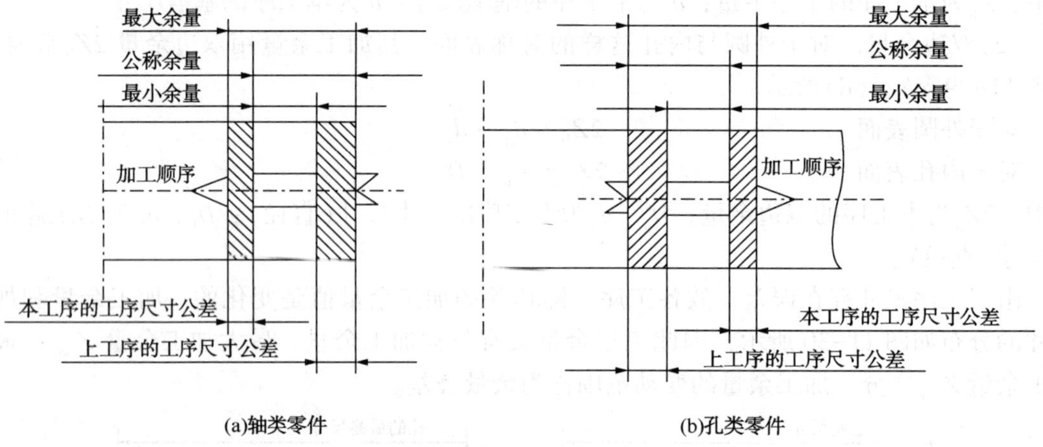

图 11-31 加工余量及其公差

11.7.2 确定加工余量的方法

确定加工余量的基本原则是在保证加工质量的前提下越小越好。确定加工余量一般有如下三种方法。

(1) 经验估计法。根据工艺人员本身积累的经验确定加工余量。一般为了防止加工余量过小而产生废品，所估计的加工余量一般都偏大，适用于单件小批量生产。

(2) 查表法。根据有关手册和资料提供的加工余量数据，再结合本厂实际生产情况加以修正后确定加工余量。这是工厂广泛采用的方法，适用于批量生产，应用广泛。

(3) 计算法。根据理论公式和企业的经验数据表格，通过分析影响加工余量的各个因素来计算确定加工余量的大小。这种方法比较合理，但需要全面可靠的试验资料，计算也较复杂，一般只在材料十分贵重或少数大批、大量生产的工厂中使用。

11.7.3 影响加工余量的因素分析

为了合理确定各工序的加工余量，必须分析影响加工余量的因素。影响加工余量的因素主要有以下几种。

(1) 上道工序形成的表面粗糙度和表面缺陷层。本道工序必须把前道工序形成的表面粗糙度和表面缺陷层全部切去，否则就失去了设置本道工序的意义。

(2) 上道工序的工序尺寸公差。由于前道工序加工后，表面存在尺寸误差和形位误差，这些误差一般包括在工序的尺寸公差中，所以为了使加工后工件表面不残留前道工序的这些误差，本工序的加工余量值应比前道工序的尺寸公差值大。

(3) 上道工序产生的形状和位置误差。当工件上有些形状和位置偏差不包括在尺寸公差的范围内，而这些误差又必须在本工序中加工纠正时，则在本工序的加工余量中应包括这些误差。

(4) 本道工序的装夹误差。装夹误差包括工件的定位误差和夹紧误差，若用夹具装夹时，还应考虑夹具本身的误差。这些误差会使工件在加工时的位置发生偏斜，所以加工余量还必须考虑这些误差的影响。本道工序的余量必须大于本道工序的装夹误差。

11.8 切削用量和时间定额的确定

应当从保证工件加工表面的质量、生产率、刀具耐用度以及机床功率等方面来考虑选择切削用量。

11.8.1 粗加工切削用量的选择

粗加工毛坯余量大，加工精度和表面粗糙度要求不高。因此，粗加工时切削用量的选择应在保证必要的刀具耐用度的前提下尽可能提高生产率和降低成本。

通常生产率以单位时间内的金属切除率 Z_w 来表示：

$$Z_w = 1000\, a_p f v_c (\mathrm{mm^3/s})$$

式中，v_c为切削速度；a_p为背吃刀量；f为进给量。

可见，提高切削速度、增大进给量和背吃刀量都能提高切削加工生产率。其中 v_c 对刀具耐用度 T 影响最大，a_p 最小。在选择粗加工切削用量时，应首先选用尽可能大的背吃刀量 a_p；其次选用较大的进给量f；最后根据合理的刀具耐用度，用计算法或查表法确定合适切削速度 v_c。

11.8.1.1 背吃刀量的选择

粗加工时，背吃刀量由工件加工余量和工艺系统的刚度决定。在保留后续工序余量的前提下，尽可能将粗加工余量一次切除掉；若总余量太大，可分几次走刀。

11.8.1.2 进给量的选择

限制进给量的主要因素是切削力。在工艺系统的刚度和强度良好的情况下，可选用较大的进给量f值。f值可根据工件材料和尺寸大小、刀杆尺寸和初选的背吃刀量 a_p，用查表法选取。

11.8.1.3 切削速度的选择

切削速度主要受刀具耐用度的限制，在 a_p及 f 选定后，切削速度 v_c 可按公式计算得到。切削用量、a_p、f 和 v_c 决定切削功率，确定 v_c 时应考虑机床的许用功率。

11.8.2 精加工切削用量的选择

在精加工时，加工精度和表面粗糙度的要求都较高，加工余量小而均匀。因此，在选择精加工的切削用量时，着重考虑保证加工质量，并在此基础上尽量提高生产率。

11.8.2.1 背吃刀量的选择

精加工时的背吃刀量 a_p 由粗加工后留下的余量决定，一般 a_p 不能太大，否则会影响加工质量。

11.8.2.2 进给量的选择

限制精加工时进给量的主要因素是表面粗糙度。应根据加工表面的粗糙度要求、刀尖圆弧半径 r、工件材料、主偏角 k_r 及副偏角 k_r' 等选取 f。

11.8.2.3 切削速度的选择

精加工时的切削速度主要考虑表面粗糙度要求和工件的材料种类，当表面粗糙度要求较高时，切削速度也较大。

11.8.3 时间定额

时间定额是指在一定生产条件下，规定生产一件产品或完成一道工序所消耗的时间。时间定额是安排生产计划、进行成本核算的重要依据，也是设计或扩建工厂(或车间)时计算设备和工人数量的依据。

时间定额一般是由技术人员通过计算或类比的方法或者通过对实际操作时间的测定和分析来确定。合理制定时间定额能提高工人的积极性和创造性，对保证产品质量、提高劳动生产率、降低生产成本具有重要意义

完成零件一道工序的时间定额称为单件时间定额，它包括下列组成部分。

11.8.3.1 基本时间($T_{基本}$)

基本时间指直接改变生产对象的尺寸、形状、相对位置、表面质量或材料性质等工艺过程所消耗的时间。对机械加工来说，则为切除金属层所耗费的时间(包括刀具的切入、切出的时间)。时间定额中的基本时间可以根据切削用量和行程长度来计算。

11.8.3.2 辅助时间($T_{辅助}$)

辅助时间指为实现工艺过程所必须进行的各种辅助动作所消耗的时间，它包括装卸工件，开、停机床，改变切削用量，试切和测量工件，进刀和退刀等所需的时间。

11.8.3.3 布置工件场地时间($T_{服务}$)

布置工件场地时间指为使加工正常进行，工人管理工作场地和调整机床等(如更换、调整刀具，润滑机床，清理切屑，收拾工具等)所需时间。一般按操作时间的 2%~7%计算。

11.8.3.4 生理和自然需要时间($T_{休息}$)

生理和自然需要时间指工人在工作时间内为恢复体力和满足生理需要等消耗的时间。

一般按操作时间的2%~4%计算。

以上四部分时间的总和称为单件时间定额，即：

$$T_{单件} = T_{基本} + T_{辅助} + T_{服务} + T_{休息}$$

11.8.3.5 准备与终结时间($T_{准终}$)

准备与终结时间指工人在加工一批产品、零件时进行准备和结束工作所消耗的时间。加工开始前，通常都要熟悉工艺文件，领取毛坯、材料、工艺装备，调整机床，安装刀具和夹具，选定切削用量等。加工结束后，需送交产品，拆下、归还工艺装备等。准备与终结时间对一批工件(N件)来说只消耗一次，故分到每个零件上的时间为$T_{准终}/N$，所以批量生产时单件时间定额为上述时间之和，即：

$$T_{定额} = T_{基本} + T_{辅助} + T_{服务} + T_{休息} + T_{准终}/N$$

大批大量生产中，由于N的数值很大，$T_{准终}/N$很小，可以忽略不计，所以大批大量生产的单件时间定额为：

$$T_{定额} = T_{单件} = T_{基本} + T_{辅助} + T_{服务} + T_{休息}$$

11.9 典型零件的加工工艺

机器种类很多，而构成机器的零件更是数目庞大，形状各异。但就其结构形式和主要加工要求来看，可以把常用的零件分为轴类零件、轮盘类零件、杠杆类零件、箱体类零件等。每类零件都有其共性，同类零件的机械加工工艺过程有其相似性。本节在分析轴类、轮盘类等四类零件加工共性的基础上，论述过程机器常见的典型零件加工工艺。

11.9.1 离心机主轴的加工

11.9.1.1 离心机主轴结构特点及技术要求

在过程工业的生产过程中，广泛使用不同类型的离心机将悬浮液或乳浊液分离。离心机的分离推动力——离心力是由原动机驱动离心机的主轴，带动转鼓及内部物料作高速旋转运动而产生的，所以主轴是离心机的重要零件。

离心机主轴如图11-32所示，在主轴的外圆柱表面上，有两个安装轴承的主轴颈；右端的圆锥轴颈用以安装转鼓；密封环以螺纹固定在主轴右端；主轴左端为与油缸配合的轴颈，并用端面螺栓固定油缸，主轴通孔两端有两轴套，用以支承推杆。

总之，主轴一方面要传递运动和动力，并承受弯曲和扭转载荷；另一方面要保证安装在主轴上的转数、皮带轮(油缸)具有一定的回转精度。因此其加工质量将直接影响整台离心机的工作质量和使用寿命。

主轴技术要求如下：

(1) 主轴上安装轴承的支承轴颈的精度及表面粗糙度。支承轴颈是回转体部件的装配基准，这两轴颈的加工精度关系到整个部件的回转精度，当两轴颈的同轴度误差过大时，将引起回转部件的不平衡和振动。要求公差带为js6，表面粗糙度R_a为1.6μm，且两轴颈的同轴度不大于0.01mm。

(2) 主轴贯穿通孔两端安装支承推杆的轴套内孔的精度及表面粗糙度。轴套内孔的精

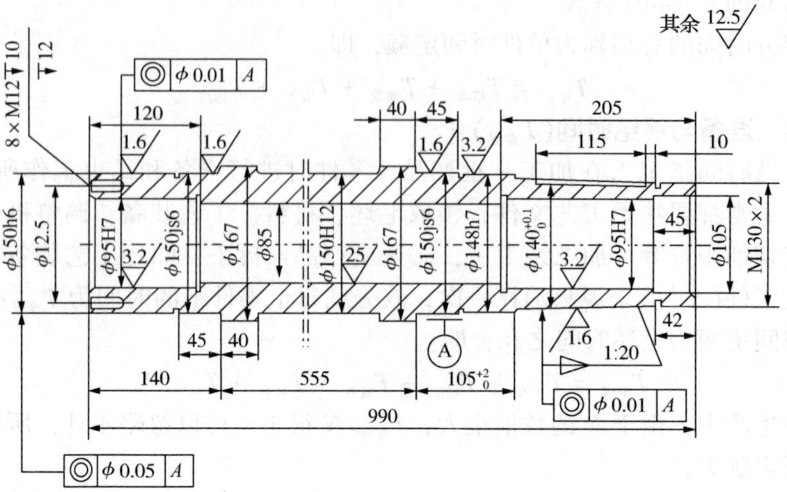

技术要求：

1.粗加工后进行定型热处理，消除应力。

2.进行磁粉及超声波探伤，不得有裂纹、疏松、夹杂物等影响密度的缺陷。

3.圆锥部分的表面粗糙度用专用环规着色检查，在轴向沿母线全长的贴合面不得少于75%；周向整个圆周上的贴合面不得少于85%；靠大端轴向全长的1/4长度内贴合面在圆周上应均匀达到90%。

图 11-32 卧式活塞推料离心机主轴零件简图

度及表面粗度将影响推杆在主轴孔中的运动精度，从而影响推料器与转鼓内壁的相对位置，因此要求这两内孔公差带为 H7，表面粗糙度 R_a 为 3.2μm，两孔对支承轴颈的同轴度不大于 0.01mm。

（3）主轴右端的圆锥轴颈对支承轴颈的同轴度及表面粗糙度。主轴右端的圆锥轴颈用来安装转鼓，它同转鼓内锥孔的配合质量，对支承轴颈的同轴度，将影响转鼓的回转精度、不平衡性和振动。因此，要求圆锥轴颈对支承轴颈的同轴度不大于 0.01mm，表面粗糙度 R_a 为 1.6μm，且用专用环规着色检查，在轴向沿母线全长的贴合面不得少于 75%，周向整个圆周上的贴合面不得少于 85%；靠大端轴向全长的 1/4 长度内贴合面在圆周上应均匀达到 90%。

（4）与油缸配合轴颈的尺寸精度及表面粗糙度。与油缸配合轴颈的公差带为 h6，表面粗糙度 R_a 为 1.6μm。右端安装螺母的螺纹表面粗糙度 R_a 值应不低于 3.2μm，且螺纹齿形不得有任何断缺。

（5）其他。为了保证强度、避免应力集中，主轴应经磁粉及超声波探伤，不允许有裂纹、疏松、夹杂物等缺陷。

11.9.1.2 主轴的材料、毛坯和热处理

离心机主轴的材料通常都选用优质碳素钢，其中 45 钢最多。为了提高工件的物理力学性能，可采用锻造毛坯，但一般都选用热轧圆钢作为主轴的坯料。粗加工后进行时效热处理，半精加工之后进行调质热处理，保证零件获得较高的综合力学性能。

11.9.1.3 主轴的机械加工工艺

加工主轴时，合理划分加工阶段可以减小变形。通常都是把主轴加工划分为粗加工、半精加工和精加工三个阶段。粗加工包括粗车外圆和钻中心孔；粗加工后安排探伤检验，以确定零件的材质是否符合要求；粗加工中切除了大量的金属，特别是深钻孔，必然带来内应力重新分布而引起变形，因而应将各个表面的粗加工集中，并在粗加工后进行时效处理，以消除内应力。

半精加工包括精镗支撑内孔、装上中心塞、精车外圆各个表面，以获得必要的尺寸、几何形状和位置精度，为主要表面的精加工做好准备。在半精加工过程中，常安排一些次要表面的加工，如车螺纹、铣削键槽等，技术要求规定作调质处理的工件，则在半精加工之后进行，以保证零件获得较高的综合力学性能。

精加工主要是对要求2级精度、表面粗糙度 R_a 为 1.6μm 以上的表面进行粗磨和精磨，其中磨削外圆锥面需要用专用锥套控制其接触面积和配合深度。某些主轴的支承内孔的精度和表面粗糙度要求较高，需要在外圆表面磨削之后，拆下中心塞，再粗、精磨支撑内孔；有的主轴则是在外圆表面磨削后，拆下中心塞，压入支承套，再精削或精磨支承套内孔。精加工内孔时，最好以主轴承的支承轴颈作为精基面，用中心架或专用夹具支承，这样可保证支承内孔对主轴颈具有较高的同轴度。

活塞推料离心机主轴的机械加工工艺过程见表 11-12。

表 11-12 活塞推料离心机主轴的机械加工工艺过程

工序号	工序内容	定位基准	设备
10	划线、定顶针孔位	—	划线平台
20	钻顶针孔	按划线	立式钻床
30	粗车外圆	顶针孔	车床
40	超声波探伤	—	探伤仪
50	钻中心通孔	两端轴颈	车床(改装)
60	时效处理	—	热处理设备
70	精镗支撑内孔，装上中心塞	两端轴颈	车床
80	精车外圆、车螺纹	中心塞顶针孔	车床
90	铣键槽	中心塞顶针孔	立式铣床
100	磨外圆、磨外圆锥面	中心塞顶针孔	万能外圆磨床
110	磁力探伤	—	探伤仪
120	压入支撑套-精镗支撑套内孔	主轴颈	车床
130	钻螺孔	—	立式钻床
140	钳工攻丝去毛刺	—	钳台

11.9.2 活塞式压缩机活塞的加工

轮盘类零件主体结构一般是同轴圆柱面，盘类零件多用于传动、连接、支撑、分度等，轮盘类零件主要随轴高速旋转，利用自身的结构特点提高气体的流动速度和压力，从而起到压缩气体的作用。活塞式压缩机的活塞、离心式压缩机叶轮均属于轮盘类零件。

11.9.2.1 活塞的功用、结构特点和技术要求

活塞式压缩机曲轴的旋转运动通过连杆、十字头、活塞杆带动活塞(或连杆直接带动活塞)在气缸内作连续的往复运动，以压缩气体，提高气体的压力。活塞在工作过程中承受交

变载荷，所以要求活塞具有一定的机械强度，同时为了减小惯性力，应减轻活塞的重量。在一定程度上活塞的加工质量关系到压缩机的性能，工作缸的寿命。图 11-33 为立式或 L 形压缩机垂直列气缸中的盘形活塞零件图。水平列气缸中的盘形活塞与垂直列的结构稍有不同，即水平列盘形活塞浇有巴氏合金托瓦。

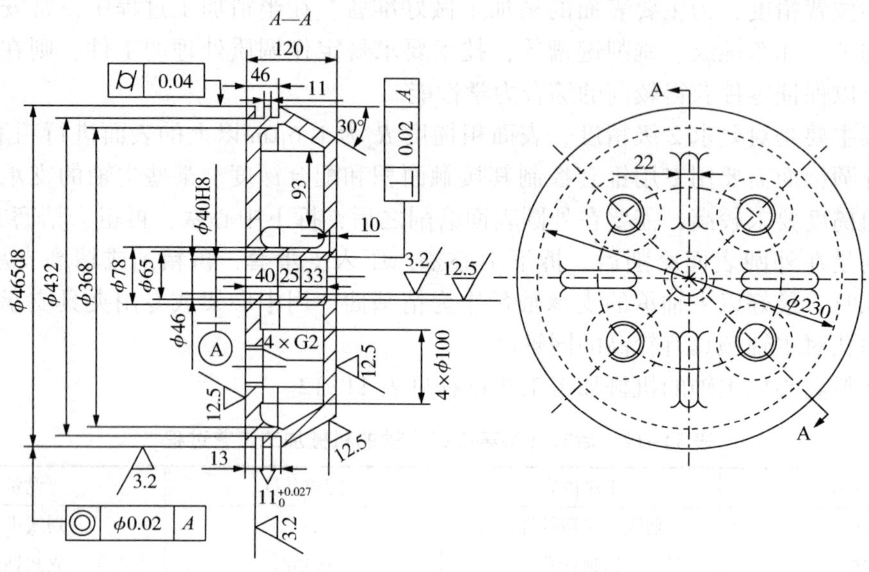

图 11-33　立式或 L 形压缩机垂直列气缸中的盘形活塞零件图

活塞的主要技术要求如下：

(1) 活塞的外圆表面与气缸(或缸套)镜面配合，对于垂直列气缸中的盘形活塞，其外圆表面还是它的导向面，为了保证活塞的轴心线对气缸的同轴度，要求两者间具有小而稳定的环隙，因此一般规定，活塞外圆表面公差带为 d8，表面粗糙度 R_a 为 3.2μm。

(2) 为了保证活塞在气缸中正常运动、配合均匀，避免单边或局部接触，造成不均匀磨损或因环隙不均而泄漏，要求活塞外圆柱面的圆柱度不大于 0.03~0.04mm，外圆柱面对内孔表面的同轴度不大于 0.02mm。

(3) 内孔表面是活塞的装配基面，对于圆柱孔公差带为 H7，内孔表面的表面粗糙度 R_a 为 3.2μm；对于圆锥孔要求涂色检查应接触均匀，接触面积不少于 70%；内孔的支承端面对其轴心线的垂直度不低于 6 级精度。

(4) 为了保证活塞环与气缸镜面接触均匀，要求活塞环槽的侧表面相互平行，并应垂直于外圆柱面的轴心线，垂直度 5 级精度，活塞环槽侧面表面粗糙度 R_a 不大于 3.2μm。

(5) 不允许活塞有任何砂眼、气孔等缺陷。为此，活塞应用 1.5 倍工作压力作水压试验，历时 5min，不应有渗漏或残余变形。同时要求它的壁厚均匀，成品的重量误差必须在一定的范围内。

11.9.2.2　活塞的材料、毛坯和热处理

活塞的常用材料为灰铸铁，一般采用砂型铸造，少数高速轻负荷的压缩机或某些特殊气体的压缩机采用铸造铝合金，批量较大时，毛坯可采用硬模铸造。中、大型压缩机也有用钢、低碳钢板焊接的活塞。

对于铸铁活塞，为了消除铸造时的残余应力，宜在机械加工前进行退火处理。为了进一步消除残余应力，粗加工后可安排一次人工时效处理。如果铸件质量比较稳定，也可以只考虑一次热处理工序。对于焊接活塞，焊后需进行低温退火处理。

11.9.2.3 活塞的机械加工工艺过程。

(1) 活塞机械加工的工艺特点

活塞的主要加工表面是外圆柱面、顶盖端面，以及内孔表面。基本加工方法是车削，在中、小批生产条件下，通常都是采用普通车床进行加工。大量生产时，外圆增加磨削以保证质量。活塞销孔经钻、扩、铰加工，大活塞销孔最后还要精镗加工。

活塞壁薄刚性差而又要求壁厚均匀，另外对工作表面的加工精度，以及表面间的相互位置精度要求都较严。为了保证加工质量，就必须正确地选择基准，合理地安排加工顺序。

(2) 机械加工工序顺序的安排。

在拟定活塞机械加工工序顺序时主要考虑如下一些问题。

① 工艺过程应利用内腔作为粗基准加工出精基准。对于盘形活塞则是按照控制壁厚均匀，根据内腔划线作为粗基准找正安装。如采用辅助精基准的方案，即在第一个机械加工工序加工出工艺止口；采用基本精基准的方案，则首先加工出过渡精基准——外圆表面。

② 划分粗加工和精加工阶段。把切除余量较多的机械加工都集中在粗加工阶段，以减小由于加工变形而引起的尺寸和形状误差。

③ 在加工阶段内使工序集中。在一个工序，甚至一次安装中，尽量集中加工多个表面。例如外圆表面、顶盖端面、活塞环槽等集中在一次安装中加工，以利于缩短辅助时间，保证加工精度。

④ 热处理工序。对于铸铁活塞，在机械加工前进行退火处理，粗加工后可安排一次人工时效处理。如果铸件质量比较稳定，可以只进行一次热处理工序。对于焊接活塞，焊后进行低温退火。

⑤ 盘形活塞水压试验工序。第一种方案是将水压试验工序安排在粗加工之后精加工之前，第二种方案是在工件全部加工完毕之后。第一种方案的优点：粗加工已将毛坯上大部分余量切去，毛坯上的缺陷(缩孔、气孔等)通过水压试验可以早期暴露，并及时淘汰废品，从而避免了精加工工种的浪费；同时还可起到将粗、精加工分开，消除粗加工中产生的残余应力的作用。第二个方案的优点：可以避免加工期间进行水压试验必需的车间内外的往返搬运，使机械加工工序集中进行。质量比较稳定的铸件，宜采用第二种方案。

表 11-13 是批量不大，加工盘形铸铁活塞采取工艺止口的辅助精基准方案时的机械加工工艺过程。

表 11-13 盘形铸铁活塞机械加工工艺过程

工序号	工序内容	工艺基准	设备
10	车工艺止口(内环面、端面、倒角)	四爪卡盘按划线找正	车床
20	粗车外圆柱、外圆锥面、内孔、端面及环槽	工艺止口	车床
30	粗镗销孔	工艺止口	车床
40	钻丝堵孔、攻丝、配丝堵	—	钻床、钳台

续表

工序号	工序内容	工艺基准	设备
50	水压试验	—	水压试验设备
60	人工时效		热处理设备
70	精车外圆柱、内孔、活塞杆支撑端面、活塞环槽及端面	工艺止口	车床
80	精车顶盖端面、车平丝堵	外圆	车床
90	精镗销孔	工艺止口	专用镗床
100	钻齐缝螺孔	—	钻床
110	攻丝、配螺塞、修平去毛	—	钳台

11.9.3 杠杆类零件的加工

杠杆类零件基本组成部分有两个带孔的杆体(以连接不同的零件)和与杆体连接的杆身，两孔轴线平行，且与上、下端面垂直，两杆体的上、下端面不一定在同一水平面上。杆身截面形状有矩形、圆柱形或工字形等。从这类零件的加工表面来看主要是圆柱孔及与其轴线垂直的上、下端面。连杆是杠杆类零件中较为典型的一种。现以往复活塞式压缩机连杆为例分析其加工工艺。

(1) 连杆的功用、结构及主要技术要求

连杆是活塞式压缩机中一个重要的传动零件。连杆由大头、小头以及连接大、小头的变截面的杆身三部分组成。连杆大头通过轴瓦与曲柄的曲柄销相连，小头通过轴套、十字头销(或活塞销)与十字头(或活塞)相连，从而将曲轴的转动变为十字头或活塞的往复直线运动。工作过程中，连杆在空间做转动与平移合成的平面运动，沿杆身轴线交替地传递很大的拉伸力或压缩力，所以它受到的是往复活塞力引起的交变载荷。

图 11-34 为连杆简图。连杆杆身截面可做成圆形或工字形。自由锻造的连杆杆身为圆形(图 11-34)，模锻或球墨铸铁连杆杆身为工字形(图 11-35)。为了保证连杆大、小头轴瓦摩擦面获得充分的液体润滑，在杆身全长上加工出油孔，并在大、小头孔中镗出油槽。

连杆的主要技术要求：

① 大、小头孔的公差带及表面粗糙度。为保证大头孔与轴瓦以及小头孔与铜套的良好配合，公差带为 H7，圆柱度公差等级不低于 7 级(GB/T 1184—1996)。表面粗糙度 R_a 不大于 2.5μm。

② 两孔中心距。大、小头孔中心距影响余隙大小，因此也规定了较高要求。

③ 两孔轴线在两个互相垂直方向上的平行度。平行度误差会使活塞在气缸中倾斜或是十字头体在机身滑道孔内倾斜，引起磨损不均匀同时也会造成曲轴颈边缘磨损。一般规定连杆体大小头孔轴心线在轴心线所在平面内的平行度不低于 6 级，在连杆横向剖面上的平行度不低于 7 级。

④ 连杆大头孔轴心线对其端面的垂直度为 7 级。

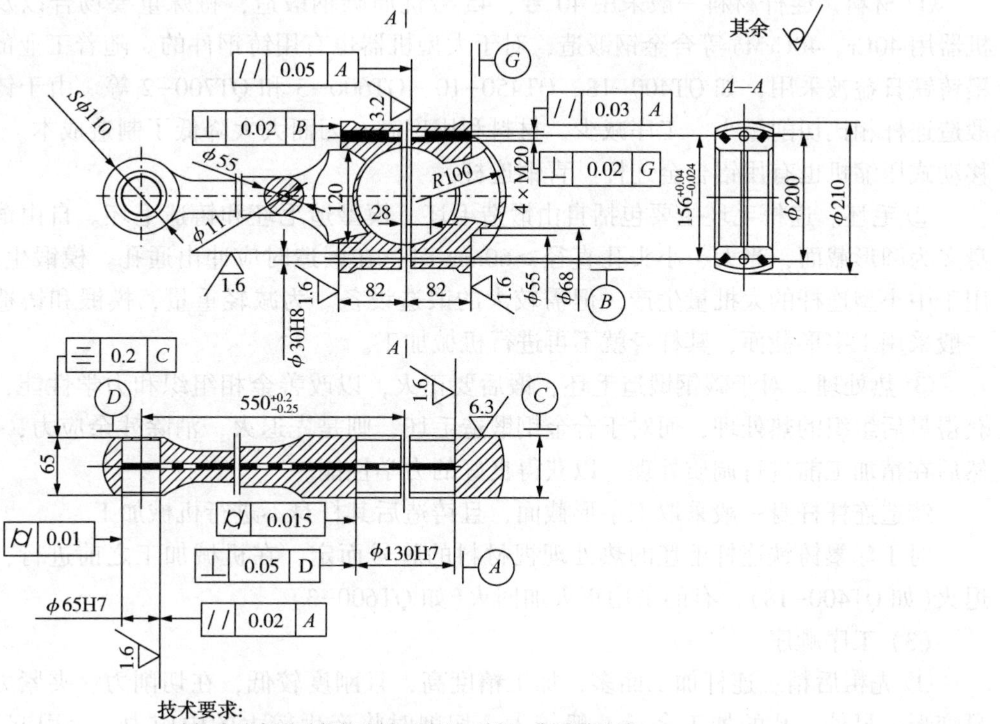

技术要求：

1.连杆成品表面不应有毛刺、裂纹、缩松、气孔等缺陷。

2.连杆重量偏差不大于规定重量的3%。

3.未注铸造圆角为$R3$~8。

4.连杆大头剖分面对连杆中心线的垂直度误差不大于0.05mm。

5.连杆螺栓孔中心线与其端面垂直度用着色法检查，接触面积不小于70%。

图 11-34　连杆简图

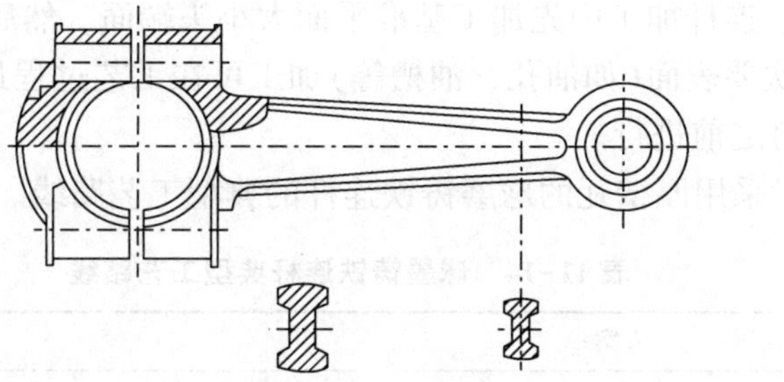

图 11-35　工字形杆身的连杆

⑤ 两螺栓孔的位置精度。连杆工作时承受急剧变化的动载荷，该载荷又传递到两个螺栓和螺母上，因此除了对螺栓提出较高技术要求外，对螺栓孔也应提出一定要求。上述平行度和垂直度误差会使连杆体和连杆盖结合不良，影响螺栓承载能力，并引起大头孔轴瓦和曲柄销配合不良，而产生不均匀磨损。一般规定两螺栓孔轴线的平行度公差不低于 9 级，对结合面的垂直度应不低于 6 级。

⑥ 连杆重量偏差。不超过图纸规定重量的±3%，以保证运转平稳。

⑦ 应进行无损探伤。

（2）连杆材料、毛坯及热处理

① 材料。连杆材料一般采用40号、45号优质碳钢锻造，特殊重要场合以及一些高速机器用40Cr、40CrMo等合金钢锻造，对于大型机器也有用铸钢件的。随着工业的发展，球墨铸铁日益被采用，如QT400-18、QT450-10、QT600-3和QT700-2等。由于铸造连杆与锻造连杆相比切削量小、工序减少、材料利用率高，因而大大降低了制造成本。对于小型、移动式压缩机也有用铝合金连杆、青铜连杆。

② 毛坯。连杆毛坯主要包括自由锻造毛坯、模型造毛坯和铸造毛坯。自由锻造连杆杆身多为圆形截面，当大、小头孔直径≥60mm时，在锻造时应冲出通孔。模锻生产率较高，用于中小型连杆的大批量生产，但需较大的锻造设备。为减轻重量，模锻和铸造连杆杆身一般采用工字形截面，其杆身就不再进行机械加工。

③ 热处理。对于碳钢锻造毛坯，锻后要正火，以改善金相组织和力学性能，它是锻件获得最后组织的热处理，而对于合金钢锻造毛坯，则是先退火，消除残余应力，再粗加工，然后在精加工前进行调质处理，以获得良好的力学性能。

铸造连杆杆身一般采取工字形截面，且铸造后其杆身不进行机械加工。

对于球墨铸铁连杆毛坯的热处理视材料的牌号而定，在机械加工之前进行，有的采用退火(如QT400-18)，有的采用正火加回火(如QT600-3)。

(3) 工序顺序

① 先粗后精。连杆加工面多，加工精度高，且刚度较低，在切削力、夹紧力作用下容易变形；另外，孔的加工余量一般较大，切削时将产生较大的内应力，会引起工件变形，破坏原有的加工精度，故必须把各主要表面的粗精加工分开，前面的加工产生的误差可通过后面的加工予以修正。

② 先基准后其他。在分析定位基面的基础上，根据先基准、后其他的原则，依次安排各表面的先后加工顺序。

③ 先平面后孔。连杆加工中先加工基准平面大小头端面，然后再镗大、小头孔。

④ 先主后次。次要表面(如油孔、油槽等)加工可在工艺过程最后或在精加工主要表面(如精镗大、小头孔)之前进行。

表11-14列出了采用厚壁瓦的球磨铸铁连杆的典型工艺路线。

表11-14　球墨铸铁连杆典型工艺路线

工序号	方案一	方案二
10	铣两侧工艺凸台端面	粗铣大、小头两端面
20	划连杆厚度线，对称平面线，两端中心孔线	划线
30	钻中心孔	钻中心孔
40	粗刨大、小头端面	粗车辅助精基准 ϕ210、螺栓孔端面
50	精铣大、小头端面	精车辅助精基准 ϕ210
60	划大、小头孔中心十字线、圆线等	精铣大、小头两端面
70	粗、精车辅助精基准 ϕ164、螺栓孔端面	划剖分面线
80	粗镗小头孔	剖分大头
90	钻-扩-铰连杆螺栓孔	精铣连杆体剖分面

续表

工序号	方案一	方案二
100	检查，并打钢印号于非基准面，位于剖分面两侧	精铣连杆盖剖分面
110	半精镗大头孔	车去连杆盖中心孔凸台
120	精镗小头孔	车去连杆体中心孔凸台
130	精镗大头孔	钻-粗镗-精镗连杆螺栓孔
140	车大头孔油槽	精车连杆盖螺栓孔端面
150	车小头孔油槽	精加工连杆体螺栓孔端面
160	剖分大头	检查两螺栓孔端面接触面
170	车连杆盖剖分面	装成整体，粗镗大、小头孔
180	车连杆体剖分面	加工油孔、螺孔等次要表面及去毛刺等
190	车连杆盖两螺栓孔端面，端面涂色检查，接触面达到 80%	连杆体、盖间装入专用垫片，连成整体，精镗大、小头孔
200	钻杆身油孔	检验(包括称重)
210~240	其他次要面加工、去毛刺等	—
250	去除中心孔搭子	—
260	最终检验(包括称重)	—

11.9.4 箱体类零件的加工

11.9.4.1 概述

(1) 箱体类零件的功用、结构特点和技术要求

箱体是机器的基础零件，具有较大的承托和容纳空腔，它将机器中的一些零部件组成一个整体，并使之保持正确的相对位置，完成预定的运动。图 11-36 是几种常见箱体的结构形式。不同机器中的箱体形状虽有较大差别，如有整体式、分离式等，但各种箱体仍有一些共同特点，如内外形较复杂、箱壁较薄且不均匀、内部腔形；在箱体壁上有各种形状的平面以及较多的轴承支撑孔和紧固孔，而这些平面和支撑孔的精度较高和粗糙度较低。因此，一般来说，箱体零件不仅需要加工的部位较多，且加工难度也较大。箱体的加工质量直接影响着机器的性能、精度和寿命。

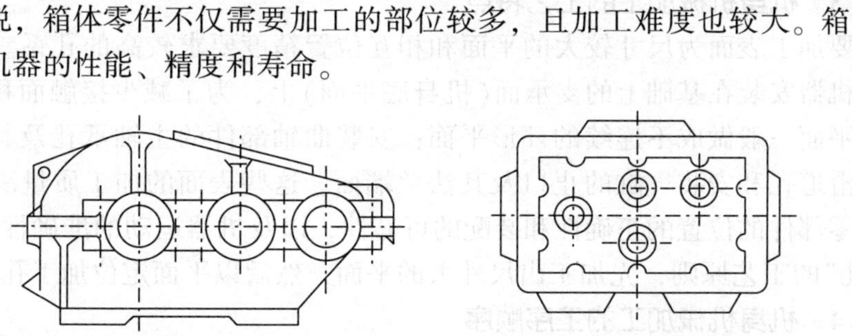

(a)减速箱　　(b)组合机床主轴箱

图 11-36 几种箱体的结构简图

(2) 箱体零件的主要技术要求。

① 支承孔的尺寸精度、形状精度和表面粗糙度。箱体上轴承支承孔的尺寸精度、形状精度及表面粗糙度都有严格要求。如果达不到这些要求，会使轴承和箱体上的孔配合不好，工作时引起振动和噪声。支承孔的公差等级一般为 IT6~7 级，粗糙度 R_a1. 6~0. 8μm。几何形状精度要求高时，应不超过孔公差的 1/2~1/3。

② 支承孔之间的孔距尺寸精度及相互位置精度。箱体上有齿轮啮合关系的相邻孔之间应有一定的孔距、尺寸精度及平行度要求，否则会影响齿轮的啮合精度。箱体上同轴线的孔应有同轴度要求。如果同轴线孔的同轴度误差超差，不仅会给箱体中轴的装配带来困难，亦会使轴的运转情况恶劣，轴承磨损加剧，温度升高，影响机器的精度和正常运转。

③ 主要平面的形状精度、相互位置精度和粗糙度要求。箱体的主要平面大多是装配基面或加工时的定位基面，其加工质量直接影响箱体与其他零部件总装时的相对位置和接触刚度，影响箱体加工时的定位精度，因而对主要平面有较高的平面度和较低粗糙度要求。另外，箱体上其他平面对装配基面也有平行度、垂直度要求。

④ 支承孔与主要平面的尺寸精度和相互位置精度。箱体上各支承孔对装配基面有一定的尺寸精度与平行度要求，对端面有垂直度要求。

11. 9. 4. 2　箱体类零件的材料和毛坯

箱体由于体积庞大，形状复杂，通常都采用灰铸铁铸造毛坯，具有容易成形、切削性能好、价格低廉以及较好的吸振性等优点。只有在单件小批量生产时，为了缩短生产周期，有时采用钢板焊接。在某些特定条件下，为了减轻重量，也有采用镁铝合金或其他铝合金的，如航空发动机上的箱体。

毛坯余量应根据铸铁精度而定。小批量生产时，一般采用木模手工造型，毛坯精度较低，余量大。而大批量生产时，通常采用金属模机器造型，毛坯精度较高。小批生产中，大于 50mm 的孔，大批量生产中大于 30mm 的孔，一般直接铸出，以减少加工余量。

机身零件形状复杂，且加工精度要求高，为消除铸造和粗加工中造成的内应力，应安排时效处理，并将粗、精加工分开。通常，机身毛坯在铸造后进行人工时效处理，这样可以避免在加工过程中往返运输工件。对个别精度要求高或形状特别复杂的机身，在粗加工后再进行毛坯一次退火的人工时效处理，以消除粗加工本身形成的内应力。

11. 9. 4. 3　机身机械加工的工艺特点

机身主要加工表面为尺寸较大的平面和相互位置精度要求较高的孔系。其主要加工表面有：整个机器安装在基础上的支承面(机身底平面)上，为了减少接触面积，降低加工成本，机身底平面一般做成不连续的环形平面；安装曲轴部件的主轴承孔及其端面；水平列和垂直列的滑道孔和安装气缸的止口及其法兰端面。这些表面的加工质量决定了装配在机身上的各个零部件的位置的正确性和装配的可靠性，以及机器运动的准确性。加工过程中，按“先面后孔”的工艺原则，先加工出尺寸大的平面，然后以平面定位加工孔系。

11. 9. 4. 4　机身机械加工的工序顺序

拟定压缩机机身机械加工顺序时需考虑如下问题。

(1) 时效处理。机身是尺寸较大、形状复杂的铸件，为了保证加工精度，需安排时效处理以消除铸造和粗加工产生的内应力。通常机械加工前采取毛坯一次退火的人工时效处理，在加工中不再安排时效处理，以避免加工过程中往返运输。对于精度要求高或形状特别复杂的机体，粗加工后再进行一次人工时效处理，消除粗加工产生的内应力，使变形稳定。

(2) 划线工序。过程机器的制造，由于批量不大，毛坯精度不高，形状又复杂，在加工中采用夹具(如铣床、刨床夹具、镗床夹具、钻模等)的套数和复杂程度受到一定限制，所以在加工机身时，除了特别必需的工序，采用少数结构简单的定位夹具外，普遍采用按划线加工。通过划线以检查毛坯各部分的尺寸，确定各中心线的位置，分配加工余量，保证某些不加工表面对加工表面的相互位置等。

(3) 粗、精加工工序的安排。根据上面对各主要加工面定位基准的分析，就可以确定其工艺路线：划线—粗铣(或刨)底平面—粗镗轴承孔及其端面—粗镗滑道孔及其端面—精加工底平面—精镗轴承孔及其端面—精镗滑道孔及其端面。也有的工厂将粗、精加工底平面安排在粗镗轴承孔、粗镗滑道孔，并经时效处理后进行，或者一开始就粗、精加工底平面。一般来说，各主要表面粗加工全部完成之后，再进行精加工，以保证精度，提高机床的利用率。但对于机身，由于形状庞大复杂，如果采用粗精加工分开，会带来工件在车间内的反复吊装、搬运问题，在机床上的校正、调整、安装、夹紧的困难，使工时大量增加，因此一般对某一主要表面连续完成粗加工和精加工后，再加工另一主要表面。为了减小内应力、夹紧力等对精加工质量的影响，在粗加工之后，将工件的夹紧机构松开，适当停留，让工件自由变形，然后再以较小的夹紧力夹紧，进行精加工。

表 11-15 是批量不大的条件下，机身加工的工艺过程。

表 11-15 活塞式压缩机机身机械加工工艺过程

工序号	工序内容	定位基准	设备
10	划全线	—	划线平台
20	加工底平面，及各侧面方窗口	按划线找正	龙门刨床
30	粗、精镗主轴承孔及其端面	底平面及按划线找正	镗床
40	粗、精镗滑道孔、气缸贴合面端面及止口，铰或珩磨滑道孔	主轴承孔及其端面，按划线	镗床
50	划各法兰螺纹孔线	—	划线平台
60	钻、扩、铰、攻各光孔及螺孔，刮平各孔凸台	按划线及钻模	组合钻床
70	钳工攻丝去毛刺		钳台

11.9.4.5 箱体零件的高效自动化加工

在单件、小批和成批生产中，应用加工中心机床在一次安装中加工出箱体零件，既降低加工费用，又提高生产效率。目前，多功能的精密卧式或立式加工中心正在取代单一用途的机床。国内压缩机制造业也已经利用加工中心加工机身、壳体等形状复杂零件。

箱体类零件结构形状复杂，工序转换多，加工要求高，而在结构上一般允许采用统一基准，所以箱体类零件适宜于采用加工中心。加工中心是多工序自动换刀数控铣床，各种刀具都存放在刀库内。如 TC-800 卧式加工中心有 60 把刀具。换刀时间一般只有 3~10s，加工中心的定位精度为±5μm。可对工件的各个表面(除定位安装面)连续完成铣、钻、镗、铰及攻丝等多种工序。各工序可按任意顺序安排。另外还开发了交换工作台或可变主轴箱式的加工中心机床，可实现在线检测监控、精度补偿、操作过程显示等功能。表 11-16 是 L 形机身在加工中心的主要加工过程。

表 11-16　L 形机身主要加工过程

工序号	工序内容	工艺基准	设备
10	划中心线和主要加工面线	—	划线平台
20	粗镗两轴承孔、半精镗大轴承孔（定位用）及其端面	底平面，并按划线找正	镗床
30	粗镗滑道孔及其端面	大轴承孔及其端面，按划线找正	镗床
40	时效处理		
50	粗精刨底平面	大轴承孔及其端面，按划线找正	刨床
60	铣各窗口平面	底平面	铣床
70	精镗轴承孔及其端面	底平面，并找正轴承孔	镗床
80	精镗滑道孔及其端面	大轴承孔及其端面，找正滑道孔	镗床
90	钻、铰、攻各光孔及螺孔，刮平各孔平台	钻模及划线	钻床

由于加工中心实现了多工序自动连续加工循环，减少了零件周转、搬运和装夹次数，节省了大量工时。加工过程按指定的参数和程序进行，减轻了工人劳动强度，提高了效率，更好地保证了复杂零件的精度要求。

思考题

11-1　什么叫机械加工工艺过程，由哪些部分组成？

11-2　什么叫机械加工工艺规程，机械加工工艺规程卡片有几种，各用于什么场合？

11-3　简述工序、安装、工位、工步和走刀的概念。

11-4　生产类型与生产纲领之间有什么关系？

11-5　什么叫基准？简述基准的分类。

11-6　何谓“六点定位原则”？工件的合理定位是否一定要限制其在夹具中的六个自由度？举例说明工件的完全定位、不完全定位、欠定位和过定位。

11-7　简述定位粗基准的选择原则。

11-8　简述定位精基准的选择原则。

11-9　机床夹具的种类有哪些？

11-10　制定机械加工工艺规程时，为什么要划分加工阶段？

11-11　什么叫工序集中和工序分散？它们各适用于什么场合？

11-12　简述尺寸链的分类。

11-13　批量生产时单件时间定额由哪些部分组成？

11-14　离心机主轴的结构特点是什么？简单论述其加工工艺过程。

11-15　连杆的结构特点是什么？简单论述其加工工艺过程。

11-16　减速箱的结构特点是什么？简单论述其加工工艺过程。

12　装配工艺

12.1　概述

12.1.1　装配的概念

任何机器都是由零件、组件和部件等装配而成的。机器中可以独立装配的部分称为装配单元。零件是最小的装配单元。有些零件由于工艺或材料上的原因，常分成几件制造，再套装在一起，称为合件。如组装式蜗轮，为了节省贵重的青铜材料，可将青铜轮缘套装在铸铁轮芯上成为合件。

图 12-1 所示的双联齿轮也是合件，因小齿轮轮齿不易加工，故将大小齿轮分开制造，而后再合装在一起。合件在装配中一般作为一个零件而不再拆开。组件由几个零件或合件接合而成，它在机器中没有完整的功能，如一般齿轮箱中的轴系组件就是由轴、齿轴、轴套、键和轴承等零件组成。部件由若干零件、组件接合而成，在机器中具有某一完整的功能，如车床中的主轴箱、进给箱、溜板箱及尾架等。

所谓装配就是按规定的技术要求，将零件、组件或部件等进行配合和连接，使之成为半成品或成品的工艺过程。把零件装配成组件或把零件和组件装配成部件，及把零件、组件和部件装配成最终产品的过程分别称为组装、部装和总装。

结构简单的产品可以由零件直接装配而成。但对于结构比较复杂，特别是大批量生产的产品，为了便于组织平行或流水线装配，以便缩短装配周期和提高装配效率，则应将产品划分成多个装配单元，进行组装和部装，而后总装成产品。

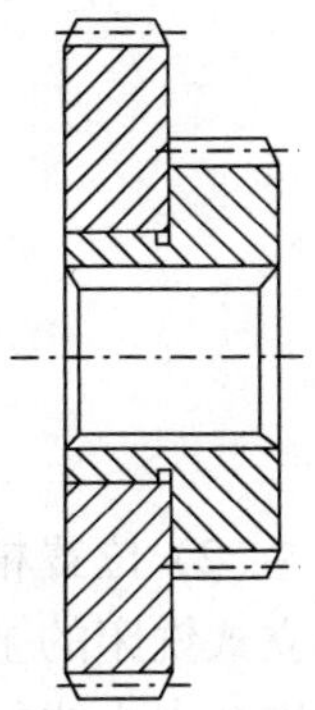

图 12-1　双联齿轮

各种产品由于其结构和性能的不同，其具体装配工艺也不一样，但装配工件的基本内容和方法大致相同。常见的装配工作有清洗、连接、调整、检验和试验等，总装后的试运转、油漆及包装等一般也属装配工作内容。

装配是决定产品质量的重要环节，产品质量最终是由装配工艺来保证的。通过装配又可发现产品设计、零件加工及产品装配中存在的问题，从而为改进和提高质量提供依据。

装配工作量在机器制造过程中占有较大比重，大量生产时，零件加工精度较高，互换性较好，装配工时约为机械加工工时的 20%；对单件、小批生产、因修配工作量大，则装配工时为机械加工工时的 40%～60%。化工机器的制造大多属于中、小批生产，零部件的互换性差，装配工作量较大。

可见，装配在产品制造过程中占有重要地位，研究和发展新的装配工艺和装配方法对提高产品质量、提高生产效率及降低制造成本等均有重要意义。

12.1.2 装配精度

12.1.2.1 装配精度的概念及内容

装配精度是指产品装配后实际达到的精度。机器的装配精度影响其工作性能，对于机床，直接影响被加工零件的精度；对于过程装备则关系到使用稳定性和可靠性。

装配精度要求是产品装配时应达到的最低精度，它是确定零件加工精度要求、选择装配方法和制定装配工艺规程的主要依据。正确规定机器及其部件的装配精度要求是产品设计的重要内容。

对已系列化、通用化和标准化的产品(如通用机床和减速器)，其装配精度要求已由国家有关部门规定相应的标准。对一些无标准可循的产品，其装配精度要求可根据用户提出的使用要求，通过分析或参照经实践验证可行的类似产品进行确定。对于重要的产品不仅要进行分析计算，还需通过试验研究和样机试制才能最后确定其精度要求。

为了保证产品性能的可靠性和精度的保持性，装配精度应略高于规定的精度要求。装配精度一般包括零部件间的尺寸精度、位置精度、相对运动精度和接触精度等。

(1) 尺寸精度。是指零部件间的距离精度和配合精度，包括零部件间的轴向间隙、轴线距离和配合面间的间隙或过盈等的精度。如车床前后两顶尖间的等高度(见图 12-2)、齿轮啮合中非工件齿面间的侧隙及轴承中轴颈与轴承孔的配合间隙等的精度。

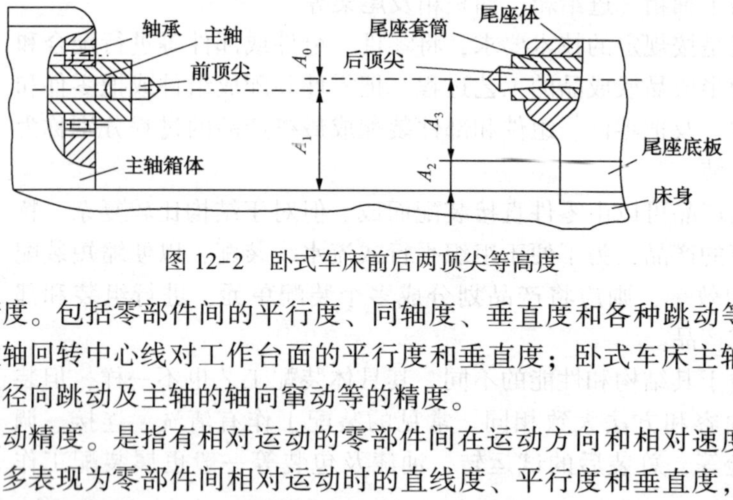

图 12-2 卧式车床前后两顶尖等高度

(2) 位置精度。包括零部件间的平行度、同轴度、垂直度和各种跳动等。如卧式铣床和立式铣床的主轴回转中心线对工作台面的平行度和垂直度；卧式车床主轴定心轴颈对主轴锥孔中心线的径向跳动及主轴的轴向窜动等的精度。

(3) 相对运动精度。是指有相对运动的零部件间在运动方向和相对速度上的精度。运动方向上的精度多表现为零部件间相对运动时的直线度、平行度和垂直度，如卧式车床上的溜板移动在水平面内的直线度、尾座移动对溜板移动的平行度及横刀架横向移动对主轴轴线的垂直度等。相对速度上的精度即为传动精度，如滚齿机上滚刀主轴与工作台的相对转动及车床上车螺纹时的主轴转动相对刀架移动等的精度。

(4) 接触精度。表示两配合表面、接触表面和连接表面间的接触面积大小与接触点分布情况。如锥体配合、齿轮啮合和导轨面之间的接触精度等。接触精度关系到接触刚度的大小和配合质量的优劣。

应当指出，上述各装配精度之间并不是互相独立的，它们彼此间存在一定的关系。如接触精度影响配合精度和相对运动精度的稳定性，位置精度是保证相对运动精度的基础等。

12.1.2.2　装配精度与零件精度的关系

零件是组成机器及部件的基本单元，其加工精度与产品的装配精度有很大的关系。对于大批量生产，为简化装配工作，使之易于组织流水线装配，常通过控制零件的加工精度来直接保证装配精度要求，如图 12-3 所示的轴、孔配合结构，其孔和轴的加工误差构成配合间隙的累积误差。此时，控制孔(A_1)和轴(A_2)的加工精度即可保证配合间隙(A_0)的装配精度要求。车床装配中，尾座移动对溜板移动的平行度要求也是由床身上的导轨面 A 与导轨面 B 之间的平行度来直接保证的(见图 12-4)。

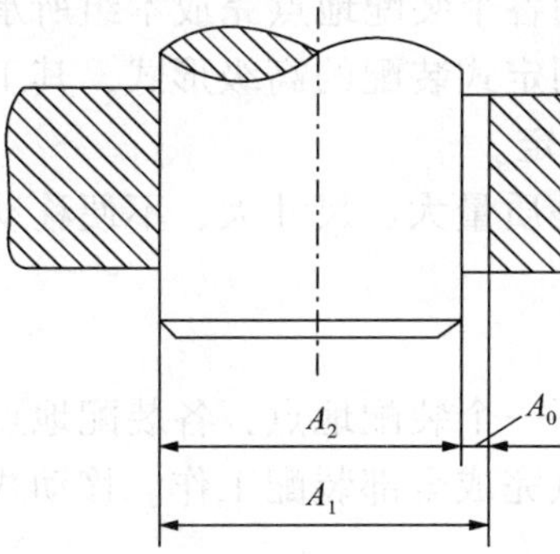

图 12-3　轴和孔的配合尺寸

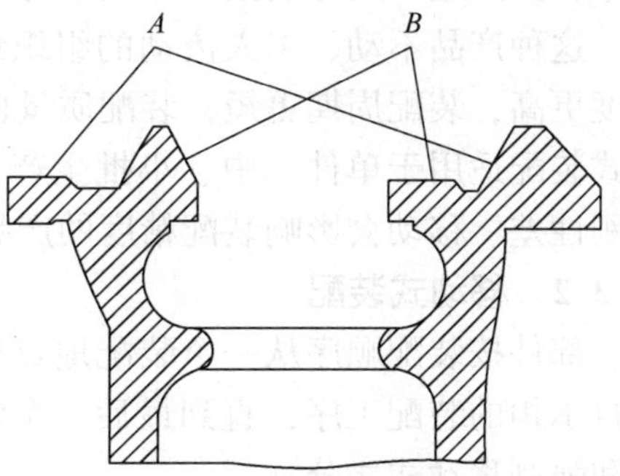

图 12-4　床身导轨

A—溜板移动导轨；B—尾座移动导轨

对于装配精度要求较高、组成零件较多的结构，如果仍由零件的加工精度来直接保证装配精度要求，则由于误差的累积，零件将需很高的加工精度要求，从而给零件加工带来困难，同时加工也不经济，因此在现有生产条件下难以达到加工精度要求。图 12-2 所示的车床两顶尖间的等高度要求(A_0)，主要与 A_1、A_2及 A_3等尺寸的精度有关，而这些尺寸的精度又分别由主轴箱体、尾座底板、尾座套筒及尾座体等多个零件的加工精度所决定。在这种情况下，由这些零件的加工精度直接保证装配精度要求是很困难的。为此，生产中常采用修配法装配，即尺寸 A_1和 A_3按经济精度的公差加工，装配时通过修刮底板，即改变尺寸 A_2来最后保证 A_0的精度要求。

从以上分析可知，零件加工精度是保证装配精度要求的基础，但装配精度并不总是完全由零件的加工精度所决定，它是由零件的加工精度和合理的装配方法共同保证的。换言之，零件的加工精度要求取决于产品或部件的装配精度要求及所采用的装配方法。因此，如何正确处理装配精度与零件精度之间的关系是产品设计和制造的一个重要课题。

12.1.3　装配的组织形式

按照产品在装配过程中移动与否，装配组织形式可分为固定式和移动式两种，主要根据产品特点(如质量、尺寸和结构复杂性等)、生产批量和现有生产条件(如工作场地、设备及工人技术条件)等进行选择。装配的组织形式影响装配效率和装配的工艺过程。

12.1.3.1　固定式装配

固定式装配是将机器或部件安排在固定的工作地点进行装配，装配过程中产品位置不变，需要装配的零件集中在工作地点附近。根据装配地点的集中程度与装配工人流动与否，又可将固定式装配细分为以下三种。

(1) 集中固定式装配。全部装配工作由一组工人在一个工作地点集中完成。此时，要求工人技术水平高，装配时间长，多用于单件小批生产。

(2) 分散固定式装配。把装配过程分为部装和总装，分别在不同的工作地点由不同组别的工人进行装配，故又称多组固定式装配。这种组织形式要求工人操作专业化，且装配周期较短，可提高装配场地的利用率及装配效率。

(3) 固定流水式装配。将产品分散在几个装配地点，并将其装配过程分成若干道独立的装配工序，由几组工人分别按工序的顺序，依次到各个装配地点完成本组所承担工序的装配工作。这种产品不动、工人流动的组织形式是固定式装配的高级形式，其工人操作专业化的程度更高，装配周期更短，装配质量也比较稳定。

固定式装配适用于单件、中、小批生产，特别是质量大、尺寸大、不便移动的重型产品，或因刚性差、移动会影响装配精度的产品。

12.1.3.2　移动式装配

将零、部件按装配顺序从一个装配地点移动到下一个装配地点，各装配地点的工人分别完成各自承担的装配工序，直到最后一个装配地点完成全部装配工作。移动式装配有自由移动式和强制移动式之分。

(1) 自由移动式装配。零部件由人工或机械运输装置传送，各装配点完成装配的时间无严格规定，产品从一个装配点传送到另一装配点的节拍是自由的。这种组织形式有时会造成某些装配点的在装品阻塞或所装零件供应不足，为此，应备有一定量的储备件进行调节。因其移动节拍具有柔性，故常用于多品种产品的装配。

(2) 强制移动式装配。零部件用输送带或输送链传送，传送节拍有严格要求。其移动方式有连续式和间歇式两种。前者，工人在产品移动过程中进行操作，装配时间与传送时间重合，故生产率高，但操作条件较差，装配时不便检验和调整；后者，工人在产品停留时间内进行操作，故易于保证装配质量。

移动式装配常组成流水作业线或自动装配线，适用于大批量生产，如汽车、仪器、仪表和家用电器等产品的装配线。

12.2　装配尺寸链

12.2.1　基本概念

装配尺寸链是机器或部件在装配过程中，由相关零件、组件和部件中的相关尺寸所形成的封闭尺寸组。与工艺尺寸链一样，装配尺寸链由封闭环和组成环组成。封闭环不具独立变化的特性，它是通过装配最后形成的；组成环是指那些对封闭环有直接影响的相关零件上的相关尺寸。装配尺寸链的基本特征仍然是尺寸组合的封闭性和关联性，即由一个封闭环和若干个组成环所构成的尺寸链，呈封闭图形，其中任一组成环的变动都将引起封闭环的变动，组成环是自变量，封闭环是因变量。如图 12-5(a)所示的轴组件中，齿轮 1 两端各有一个挡板2和5，右端轴槽装有弹簧卡环4。轴3固定不动，齿轮在轴上回转。为使齿轮能灵活转动，齿轮两端面与挡板之间应留有间隙，图中将此间隙绘在右边一侧(即A_0)。A_0与组件中五个零件的轴向尺寸A_1 ~A_5构成封闭尺寸组，形成该组件的装配尺寸链，如图12-5(b)所示。间隙A_0通过装配最后形成，为封闭环：A_1 ~A_5为对封闭环A_0有直接影响的相关尺寸，是组成环。其中，A_3为增环，A_1、A_2、A_4和A_5为减环。

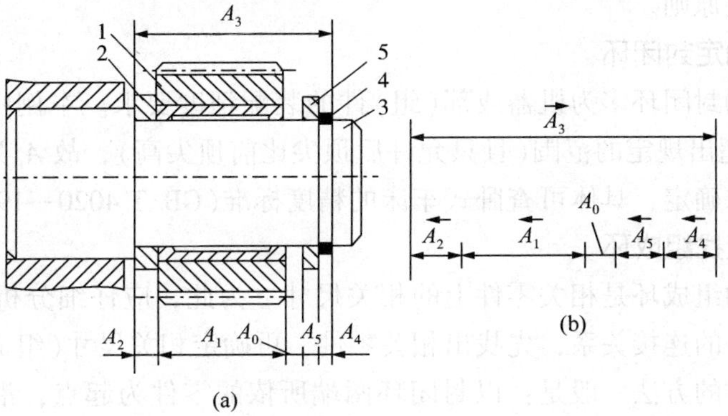

图12-5　轴组件的结构及其装配尺寸链

1—齿轮；2，5—挡板，3—轴；4—弹簧卡环

应予指出，由于装配尺寸链表达的是产品或部(组)件装配尺寸间的关系，故其尺寸链中的两种环都不是在同一零件或部(组)件上的尺寸。对封闭环，是不同零件或部(组)件的表面之间或轴心线之间的距离尺寸或相互位置关系(平行度、垂直度或同轴度等)，一般多为装配精度指标或某项装配技术要求；对组成环，则为各相关零件上的相关尺寸(指零件图上标注的有关尺寸)或相互位置关系。

装配尺寸链表示装配精度与零件精度之间的关系。解算装配尺寸链可以定量地分析这种关系，从而在既定的装配精度要求下，经济、合理地确定装配方法和零件的加工精度要求；或在一定的装配方法和零件精度要求下，核算产品可能达到的装配精度，并在结构设计或制造(加工和装配)工艺上采取相应措施，使之达到既保证质量又降低成本的目的。

装配尺寸链可能出现的形式较多，除常见的直线尺寸链外，还有角度尺寸链、平面尺寸链和空间尺寸链。

直线尺寸链为全部组成环平行于封闭环的尺寸链，如图12-5所示。它所涉及的是长度尺寸的精度问题。角度尺寸链是全部环为角度尺寸的尺寸链，如图12-6所示的立式铣床角度尺寸链。其封闭环和组成环为角度、平行度或垂直度等，所涉及的是相互位置的精度问题。

以上各尺寸链中，直线尺寸链是最普遍、最基本的尺寸链，其他尺寸链可转化成直线尺寸链的形式进行解算。

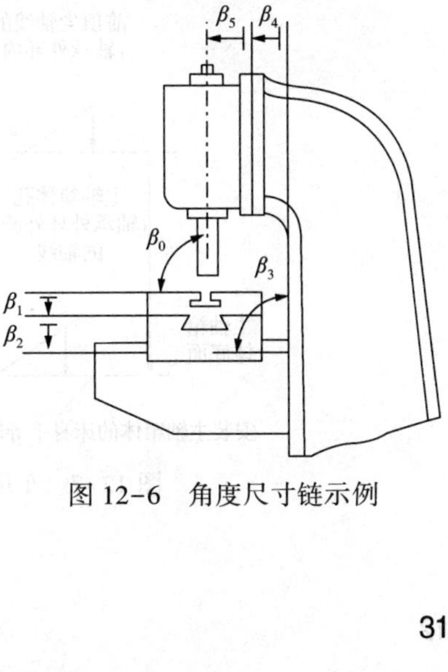

图12-6　角度尺寸链示例

12.2.2 装配尺寸链的建立

应用装配尺寸链分析和解决装配精度问题时，首先应建立尺寸链，即确定封闭环、查找组成环、画尺寸链图及判别组成环的性质(即判别增减环)等。

现以图 12-2 所示卧式车床前、后两顶尖等高度要求为例，分析直线装配尺寸链的建立步骤、方法及有关原则。

12.2.2.1 确定封闭环

装配尺寸链的封闭环多为机器或部(组)件的装配精度要求。本例中，要求前、后两顶尖的等高度 A_0 不超出规定的范围(且只允许后顶尖比前顶尖高)，故 A_0 为封闭环。A_0 值的允许范围由设计要求确定，具体可查卧式车床的精度标准(GB/T 4020—1997)。

12.2.2.2 查找组成环

装配尺寸链的组成环是相关零件上的相关尺寸。为此，应仔细分析机器或部(组)件的结构，了解各零件的连接关系，先找出相关零件，再确定相关尺寸(组成环)。

查找相关零件的方法一般是：以封闭环两端所依的零件为起点，沿着封闭环位置的方向，以相邻零件的装配基准面为联系，由近及远地查找相关零件，直至找到同一零件或同一基准面把两端封闭为止。

根据以上分析，本例的组成环(参见图 12-7)依次为：

e_1—主轴轴承的外环内滚道(或主轴前锥孔)轴线与外环外圆(即主轴箱体轴承孔)轴线间的同轴度；

A_1—主轴箱体的轴承孔轴线至箱体底面的尺寸；

e_2—尾座套筒锥孔轴线与套筒外圆轴线间的同轴度；

e_3—尾座套筒外圆与尾座体孔间的配合间隙所引起的轴线偏移量；

A_3—尾座体孔轴线至尾座体底面的尺寸；

A_2—尾座底板厚度；

e_4—床身上安装主轴箱体与安装尾座底板的平导轨面之间的平面度。

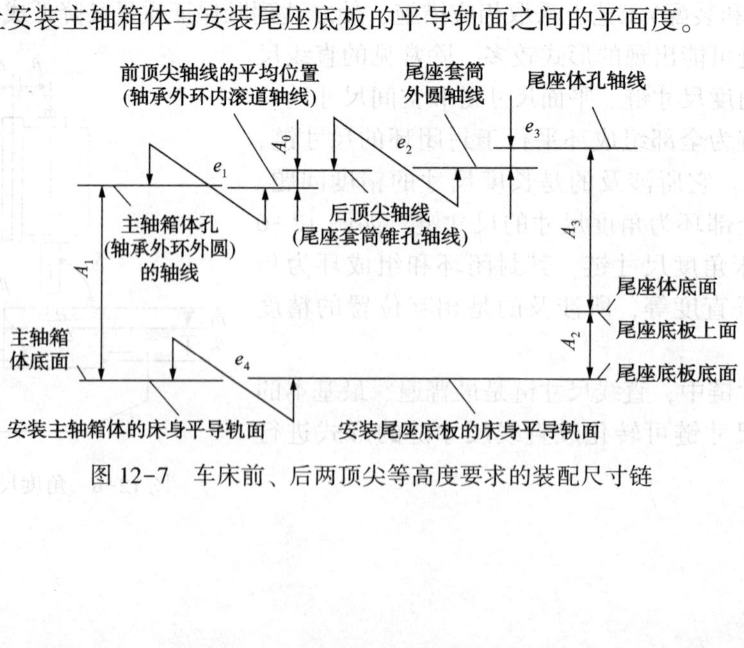

图 12-7 车床前、后两顶尖等高度要求的装配尺寸链

12.2.2.3 画装配尺寸链

将封闭环 A_0及各组成环用规定的符号画成封闭尺寸组，即为装配尺寸链图，如图 12-7 所示。机械产品的结构通常都比较复杂，对装配精度有影响的因素很多。在保证装配精度的前提下，可忽略那些影响较小的因素，使装配尺寸链适当简化。本例中由于 e_1、e_2、e_3、e_4的数值相对 A_1、A_2、A_3而言是较小的，对装配精度的影响也较小，故装配尺寸链图可简化成图 12-8 所示的结果。

12.2.2.4 判别组成环的性质

本例中，组成环 A_1的变动将引起封闭环 A_0的反向变动，故 A_1为减环；A_2和 A_3的变动引起 A_0同向变动，故为增环。

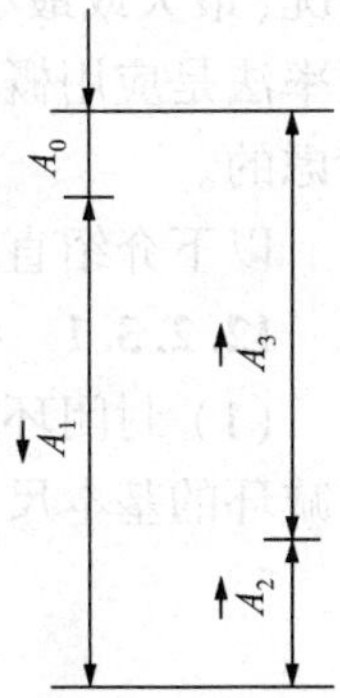

图 12-8 简化的装配尺寸链

以上为建立直线装配尺寸链的主要步骤和方法。建立尺寸链除应满足关联性和封闭性的原则外，还需符合下列要求。

(1) 组成环环数最少原则。当尺寸链封闭环的公差一定时，组成的环数愈少，则分配到各组成环的公差愈大，零件加工愈易。因此，在建立装配尺寸链时，应使组成环环数最少。如图 12-5 中的轴组件装配尺寸链，若将其尺寸 A_3标注为 B_1减 B_2，则其尺寸链为图 12-9 所示。比较图 12-5 和图 12-9 的尺寸链图可以看出，后者多了一个组成环，其原因是组成环 A_3由尺寸 B_1减 B_2间接获得，即在图 12-5 中相关零件轴 3 上存在两个组成环，这是不合理的。为使组成环环数最少，应使每一相关零件上只有一个组成环列入尺寸链，即组成环环数应等于相关零件的数目。

(2) 按封闭环的不同位置和方向分别建立装配尺寸链。在同一装配结构中封闭环的数目往往不止一个，例如蜗轮副传动结构，为了保证其正确啮合，应保证蜗杆与蜗轮的轴线距离、两轴线间的垂直度及蜗杆轴线与蜗轮中心平面间的重合度等装配精度要求，此时，需在此三个不同位置和方向分别建立装配尺寸链。

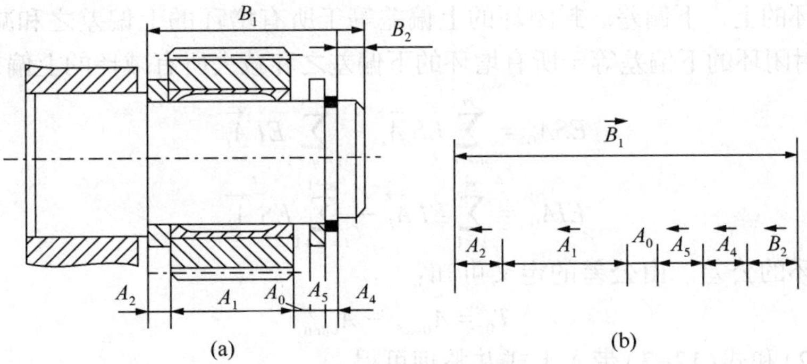

图 12-9 组成环不是最少时的示例

12.2.3 装配尺寸链的计算

装配尺寸链的计算主要有三类问题：解正面问题(正计算)，即已知各组成环(基本尺寸、公差及偏差)，求解封闭环(基本尺寸、公差及偏差)；解反面问题(逆计算)，即已知封闭环，求解各组成环；解问题(中间计算)，即已知封闭环和部分组成环(如标准件尺寸)，求解其余组成环。

无论解哪一类问题，其尺寸链的计算方法均有两种：极值法(即极大极小法)和概率法(即统计法)。极值法是在各环尺寸处于极端情况下来确定封闭环与组成环关系的一种方法。例如，按尺寸链中各增环为最大极限尺寸、各减环为最小极限尺寸来求解封闭环的最大极限尺寸；或反之，求解封闭环的最小极限尺寸，极值法简单、可靠，但逆计算时求得的组成环公差较小，从而使零件加工困难和制造成本增加。事实上尺寸链中各组成环处于极端情况(最大或最小)是极少出现的，故当逆计算求得的组成环公差过小时，常用概率法计算。概率法是应用概率论原理进行尺寸链计算的，根据这一原理，上述极少出现的情况是不予考虑的。

以下介绍直线装配尺寸链的计算公式。

12.2.3.1　极值算法

(1) 封闭环基本尺寸的确定。封闭环的基本尺寸等于所有增环的基本尺寸之和减去所有减环的基本尺寸之和，即：

$$A_0 = \sum_{i=1}^{m} \overrightarrow{A}_i - \sum_{i=m+1}^{n-1} \overleftarrow{A}_i \tag{12-1}$$

式中，A_0为封闭环的基本尺寸；A_i为第 i 个组成环的基本尺寸；n 为包括封闭环在内的总环数；m 为增环的环数。

(2) 封闭环极限尺寸计算。封闭环的最大极限尺寸等于所有增环的最大极限尺寸之和减去所有减环的最小极限尺寸之和，封闭环的最小极限尺寸等于所有增环的最小极限尺寸之和减去所有减环的最大极限尺寸之和，即：

$$A_{0\max} = \sum_{i=1}^{m} \overrightarrow{A}_{i\max} - \sum_{i=m+1}^{n-1} \overrightarrow{A}_{i\min} \tag{12-2}$$

$$A_{0\min} = \sum_{i=1}^{m} \overrightarrow{A}_{i\min} - \sum_{i=m+1}^{n-1} \overleftarrow{A}_{i\max} \tag{12-3}$$

(3) 封闭环的上、下偏差。封闭环的上偏差等于所有增环的上偏差之和减去所有减环的下偏差之和，封闭环的下偏差等于所有增环的下偏差之和减去所有减环的上偏差之和，即：

$$ESA_0 = \sum_{i=1}^{m} ES\overrightarrow{A_i} - \sum_{i=m+1}^{n-1} EI\overleftarrow{A_i} \tag{12-4}$$

$$EIA_0 = \sum_{i=1}^{m} EI\overrightarrow{A_i} - \sum_{i=m+1}^{n-1} ES\overleftarrow{A_i} \tag{12-5}$$

(4) 封闭环的公差。由公差的定义可知：

$$T_0 = A_{0\max} - A_{0\min}$$

将式(12-2)和式(12-3)带入上式并整理可得：

$$T_0 = \sum_{i=1}^{m} \overrightarrow{T_i} - \sum_{i=m+1}^{n-1} \overleftarrow{T_i} = \sum_{i=1}^{n-1} T_i \tag{12-6}$$

由式(2-6)可知，封闭环公差等于各组成环公差之和。这说明，当封闭环公差一定，如果减少组成环的数目，就可使组成环的公差增大，从而使加工容易。

(5) 封闭环的平均尺寸。封闭环的平均尺寸等于所有增环的平均尺寸之和减去所有减环的平均尺寸之和：

$$A_{0M} = \sum_{i=1}^{m} \overrightarrow{A}_{iM} - \sum_{i=m+1}^{n-1} \overleftarrow{A}_{iM} \tag{12-7}$$

式中，各组成环的平均尺寸为 $A_{iM} = \dfrac{A_{i\max} + A_{i\min}}{2}$

(6) 封闭环的中间偏差。封闭环的中间偏差等于所有增环的中间偏差之和减去所有减环的中间偏差之和：

$$\Delta A_0 = \sum_{i=1}^{m} \Delta \overrightarrow{A_i} - \sum_{i=m+1}^{n-1} \Delta \overleftarrow{A_i} \tag{12-8}$$

式中，各组成环的中间偏差为：

$$\Delta A_i = \frac{ESA_i + EIA_i}{2}$$

12.2.3.2　概率算法

尺寸链中各环参数间的关系如图 12-10 所示。

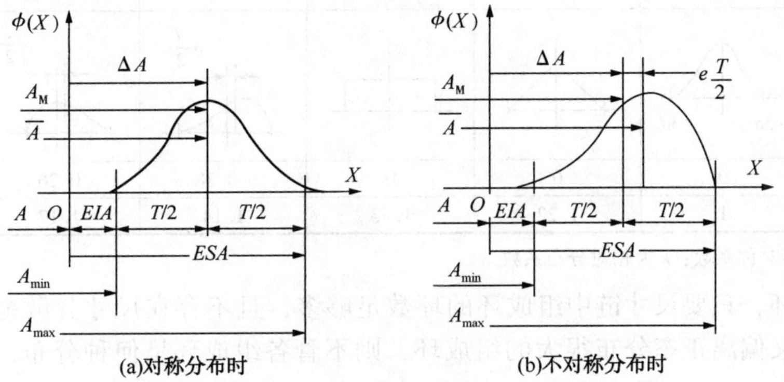

图 12-10　尺寸链中各环参数间的关系

(1) 封闭环的基本尺寸 A_0。该尺寸的计算公式与工艺尺寸链相同，即：

$$A_0 = \sum_{i=1}^{m} \overrightarrow{A_i} - \sum_{i=m+1}^{n-1} \overleftarrow{A_i} \tag{12-9}$$

式中，A_i为第 i 个组成环的基本尺寸；n 为包括封闭环和组成环在内的尺寸链总环数；m 为增环的数目。

(2) 封闭环的公差 T_{os}。前已指出，装配尺寸链的组成环是各相关零件上的相关尺寸或相互位置关系。在制造过程中，这些组成环是彼此独立的随机变量，由概率论的知识可知，作为各组成环合成量的封闭环也是一个随机变量，且封闭环标准偏差 σ_0与各组成环标准公差 σ_i之间存在下列关系：

$$\sigma_0 = \sqrt{\sum_{i=1}^{n-1} \sigma_i^2} \tag{12-10}$$

① 当各组成环接近正态分布时，则封闭环也接近正态分布。此时，封闭环和各组成环的误差分布范围(即误差量)为 $W_0 = 6\sigma_0$，$W_i = 6\sigma_i$；即 $\sigma_0 = \frac{1}{6}W_0$，$\sigma_i = \frac{1}{6}W_i$。将 σ_0和 σ_i代入式(12-10)，可得：

$$W_0=\sqrt{\sum_{i=1}^{n-1}W_i^2}$$

若取封闭环和组成环的误差量 W_0、W_i 分别等于公差值 T_{os} 和 T_i，则上式可转化为：

$$T_{os}=\sqrt{\sum_{i=1}^{n-1}T_i^2} \tag{12-11}$$

可见，当各组成环呈对称分布时，封闭环公差等于各组成环公差平方和的算术平方根。

② 当各组成环呈非正态分布时，其误差分布范围应为 $W_i=\dfrac{6\sigma_i}{k_i}$，即 $\sigma_i=\dfrac{1}{6}k_iW_i$。$k_i$ 称为组成环相对分布系数，它表示各组成环的分布曲线与正态分布曲线的相异程度，其值与分布曲线的形状有关，可由表 12-1 查取。

表 12-1 常见的尺寸分布曲线及其 e 和 k 值

分布特征	正态分布	三角分布	均匀分布	瑞利分布	偏态分布	
					外尺寸	内尺寸
分布曲线	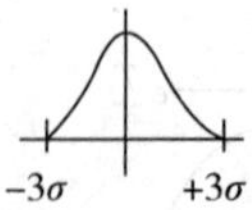	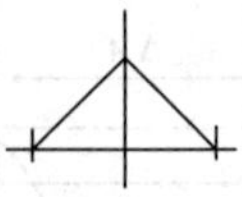	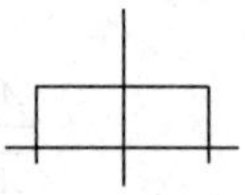	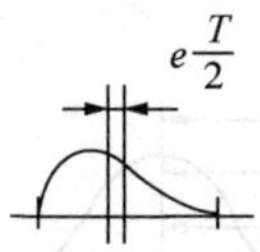	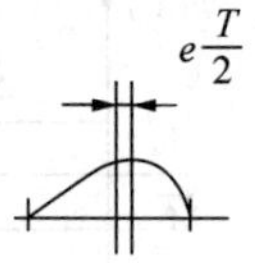	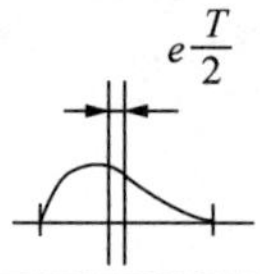
e	0	0	0	-0. 28	0. 26	-0. 26
k	1	1. 22	1. 73	1. 14	1. 17	1. 17

注：e 为相对不对称系数；k 为相对分布系数。

对于封闭环，只要尺寸链中组成环的环数足够多，且不存在尺寸分散范围较其余各组成环大很多而又偏离正态分布很大的组成环，则不管各组成环呈何种分布，其封闭环总是趋近正态分布，故其标准差仍为 $\sigma_0=\dfrac{1}{6}W_0$（即 $k_0=1$）。

将以上分析所得的 σ_i 和 σ_0 代入式（12-10），可得：

$$W_0=\sqrt{\sum_{i=1}^{n-1}k_i^2W_i^2}$$

仍取 $W_0=T_{os}$，$W_i=T_i$，代入上式，得：

$$T_{os}=\sqrt{\sum_{i=1}^{n-1}k_i^2T_i^2} \tag{12-12}$$

若设各组成环呈正态分布，且其公差值相等，即 $k_i=1$，$T_i=T_{av,s}$，可求得各组成环的平均公差 $T_{av,s}$ 为：

$$T_{av,s}=\frac{T_{os}}{\sqrt{n-1}}=\frac{\sqrt{n-1}}{n-1}T_{os} \tag{12-13}$$

将上式与用极值法求得的组成环平均公差 $L=\dfrac{\sqrt{2-1}}{n-1}T_{OL}$ 相比较，可知在同一装配精度要求下（即 $T_{os}=T_{OL}$），由概率法算得的组成环平均公差（$T_{av,s}$）比极值法算得的大 $\sqrt{n-1}$ 倍。组成环数目（$n-1$）愈大，其平均公差扩大愈多，也即零件的加工精度要求降低愈多。可见，概率算法适用于环数较多的尺寸链。

实际的概率法平均公差的扩大倍数比$\sqrt{n-1}$要小一些，因为各组成环未必都是正态分布，其$k_i>1$。

还应指出，极值算法的封闭环公差($T_{OL}=\sum_{i=1}^{n-1}T_i$)包含了封闭环可能出现的全部误差，即产品装配精度的合格率为100%。

概率算法的封闭环公差(T_{os})是在正态分布下取$6\sigma_0$的误差范围，而误差出现在该范围的概率为99.73%，故产品装配后存在0.27%的不合格率。此不合格率很小，实际上常忽略不计，只有在必要时才通过备件来解决废品问题。

③ 近似估算法。实际生产中，各组成环的误差分布情况往往难以准确确定，为简化计算，可近似假定各组成环误差为对称分布(即$e_i=0$)、公差带等于误差分布范围(即$T_i=W_i=6\sigma_i$)及各组成环的相对分布系数相等(即$k_i=k$)。由此按式(12-12)可得封闭环当量公差T_{OE}为：

$$T_{OE}=k\sqrt{\sum_{i=1}^{n-1}T_i^{\ 2}} \tag{12-14}$$

式中，k建议在1.2~1.7范围内选取，一般取$k=1.5$。

应予指出，采用概率近似估算法时，要求尺寸链中组成环的数目不能太少，例如，当各组成环公差相差不大时，组成环数目不应小于3(环数多时则无此限)。环数越多，近似估算法的实用性越大。

(3) 封闭环的平均尺寸A_{OM}和中间偏差ΔA_0。

由图12-10中尺寸链各环参数间的关系可知，当封闭环的基本尺寸A_0及公差T_0确定以后，如能确定其平均尺寸A_{OM}或中间偏差ΔA_0，则封闭环的极限尺寸A_{0max}和A_{0min}即可通过公差相对平均尺寸的对称关系方便地求出。

根据概率论原理，封闭环的算术平均值$\overline{A}_0$等于各增环的算术平均值之和减去各减环的算术平均值之和，即：

$$\overline{A_0}=\sum_{i=1}^{m}\overline{\overrightarrow{A}_i}-\sum_{i=m+1}^{n-1}\overline{\overleftarrow{A}_i} \tag{12-15}$$

① 当各组成环呈对称分布，且误差分布中心与尺寸公差带中点重合时[见图12-10(a)]，各环算术平均值$\overline{A}$即等于平均尺寸A_M结合式(12-15)，可得封闭环平均尺寸为：

$$A_{OM}=\sum_{i=1}^{m}\overrightarrow{A}_{iM}-\sum_{i=m+1}^{n-1}\overleftarrow{A}_{iM} \tag{12-16}$$

将上式各环尺寸减去基本尺寸(式12-9)，可得封闭环中间偏差为：

$$\Delta A_0=\sum_{i=1}^{m}\Delta\overrightarrow{A}_i-\sum_{i=m+1}^{n-1}\Delta\overleftarrow{A}_i \tag{12-17}$$

式中，$\Delta A_i=\frac{1}{2}(ESA_i+EIA_i)$，$ESA_i$和$EIA_i$分别为各组成环的上偏差和下偏差。

式(12-16)和式(12-17)与极值算法的计算公式相同。

② 当组成环呈非对称分布时[见图12-10(b)]，各组成环算术平均值$\overline{A_i}$相对公差带中点尺寸(即平均尺寸A_{iM})产生一偏移量$e_i\frac{T_i}{2}$，称相对不对称系数，表示各组成环误差分布

的不对称程度，其值可查表12-1，由图12-10(b)可知，此时各组成环$\overline{A}$、A_{iM}之间存在下列关系：

$$\overline{A_i} = A_{iM} + \frac{1}{2}e_i T_i = A_i + \Delta A_i + \frac{1}{2}e_i T_i \tag{12-18}$$

将式(12-18)代入式(12-17)，并考虑到封闭环仍为正态分布，即$e_0=0$；$\overline{A}_0=A_{OM}$，则可得封闭环平均尺寸为：

$$A_{OM} = \sum_{i=1}^{m}\left(\overrightarrow{A}_{iM} + \frac{1}{2}e_i T_i\right) - \sum_{i=m+1}^{n-1}\left(\overleftarrow{A}_{iM} + \frac{1}{2}e_i T_i\right) \tag{12-19}$$

相应封闭环中间偏差为：

$$\Delta A_0 = \sum_{i=1}^{m}\left(\overrightarrow{\Delta A}_i + \frac{1}{2}e_i T_i\right) - \sum_{i=m+1}^{n-1}\left(\overleftarrow{\Delta A}_i + \frac{1}{2}e_i T_i\right) \tag{12-20}$$

(4) 封闭环的极限偏差。

上偏差
$$ESA_0 = \Delta A_0 + \frac{T_0}{2} \tag{12-21}$$

下偏差
$$EIA_0 = \Delta A_0 - \frac{T_0}{2} \tag{12-22}$$

(5) 封闭环的极限尺寸。

最大极限尺寸
$$A_{0\max} = A_0 + ESA_0 \tag{12-23}$$

最小极限尺寸
$$A_{0\min} = A_0 + EIA_0 \tag{12-24}$$

式(12-21)~式(12-24)也适用于极值法计算。

以上是封闭环各参数的计算公式，计算时可根据已知条件灵活选用。

12.3 装配方法及其选择

保证产品装配精度要求的中心问题是：选择合理的装配方法；建立并解算装配尺寸链，以确定各组成环的尺寸、公差及极限偏差，或在各组成环尺寸和公差既定的情况下验算装配精度是否合乎要求。尺寸链的建立与解算和所用的装配方法密切相关，装配方法不同，其尺寸链的建立与解算方法也不相同，因此，首先应选择合理的装配方法。

生产中常用的装配方法有互换法、分组法、修配法及调整法等。

12.3.1 互换装配法

按装配时同种零件的互换程度，互换装配法有完全互换法和大数互换法两种。

完全互换法采用极值法计算装配尺寸链，装配时各组成环不需挑选或改变其大小和位置，装配后全部产品都能达到封闭环的公差要求。这种装配方法易于装配和维修，便于组织流水线作业、自动化装配及采用协作方式组织专业化生产等。其缺点是在一定的封闭环公差(即装配精度)要求下，允许的组成环公差较小，即零件的加工精度要求较高。这种装配方法只要组成环公差能满足经济加工精度要求，则无论何种生产类型均可适用，特别在大批量生产时，例如汽车、轴承、家用电器、手机及电子计算机等产品的装配中。

大数互换法的装配尺寸链采用概率法计算，装配时各组成环也不需挑选或改变其大小和位置，但装配时有少数零件不能互换，即装配后有少数产品达不到装配精度要求。为此，应采取适当的工艺措施，如更换不合格件或进行产品返修等。与完全互换法相比较，大数互换法可扩大组成环公差，即可降低零件的加工精度要求。选用时应进行经济性论证。只有当组成环公差扩大后所取得的经济效果超过采用上述工艺措施所花的代价时，方可考虑采用大数互换法。此法多用于装配精度要求较高和组成环数目较多的大批量生产的产品装配中，例如机床及仪器仪表等产品的装配。

从以上分析可知，互换装配法的实质就是通过控制零件的加工误差来保证产品的装配精度要求。为了达到这个要求，逆计算时就有一个如何将封闭环公差合理地分配给各组成环，以及如何确定这些组成环的公差带分布等问题。

12.3.1.1　组成环公差的大小及其分布位置的确定原则

组成环公差的大小一般按尺寸大小和加工难易程度进行分配。例如，对尺寸相近、加工方法相同的组成环可采用等公差分配原则，即取各组成环公差相等，且等于其平均公差 $T_{av,S}$ 或 $T_{av,L}$；对尺寸大小不同、加工方法相同的组成环可采用等精度分配原则，即各组成环取相同的精度等级，并以平均公差值为基础，由标准公差表最后确定各组成环公差，实际产品中，各组成环的加工方法、尺寸大小和加工难易程度等都不一定相同，此时宜按实际可行性分配公差。具体方法是，先按等公差分配原则初步确定各组成环公差，再根据尺寸大小、加工难易及实际加工可行性(可参考经济加工精度)等进行调整。一般说来尺寸较大和工艺性较差的组成环应取较大的公差范围；反之，应取较小的公差值。

当组成环为标准尺寸时，其公差大小和分布位置(上、下极限偏差)在标准中已有规定，是既定值。对同时为两个或多个装配尺寸链所共有的组成环(称公共环)，其公差和极限偏差应按公差要求最严的那个尺寸链来确定，这样，对其他尺寸链的封闭环也自然满足要求。

公差带的分布位置一般按入体原则标注，即对被包容件或与其相当的尺寸(如轴径及轴肩宽度尺寸)，分别取上、下极限偏差为 0 和 $-T_i$；对包容件或与其相当的尺寸(如孔径及轴槽宽度尺寸)，分别取上、下极限偏差为 $+T_i$ 和 0。当组成环为中心距时，则标注成对称偏差，即 $\pm 1/2T_i$ 的形式。

应予指出，按上述原则确定的公差及极限偏差，应尽可能符合国家标准《公差与配合》的规定，以便于利用标准量规(如卡规和塞规等)进行测量。

12.3.1.2　互换法的尺寸链计算

若各组成环的公差和极限偏差都按上述原则确定，则封闭环的公差和极限偏差要求往往不能恰好满足，为此需从组成环中选出一组成环，其公差和极限偏差通过计算确定，使之与其他各环相协调，以满足封闭环的公差和极限偏差要求。此选定的组成环称为协调环(又称相依环或从属环)，一般选取便于加工和便于采用通用量具测量的环作为协调环。

以下列举实例说明互换装配法尺寸链计算的过程和方法。

【例 12-1】　图 12-5(a)所示的轴组件装配简图中，要求装配后的轴向间隙(装配精度要求) $A_0=0.10\sim0.35$mm(即 $A_0=0^{+0.350}_{+0.100}$，公差 $T_0=0.25$mm)，已知相关零件的基本尺寸为 $A_1=30$，$A_2=5$，$A_3=43$，$A_4=3$，$A_5=5$。弹簧卡环 4 为标准件，按标准规定 $A_4=3^{0}_{-0.05}$(即公差 $T_4=0.05$mm)。试按完全互换法和大数互换法分别确定各尺寸的公差和上下极限偏差。

解 (1)极值解法(完全互换法)

① 建立并画出装配尺寸链，校验各环基本尺寸。A_0为封闭环，查得各组成环为$A_1 \sim A_5$。由此画出装配尺寸链图如图 12-5(b)所示。各组成环中，A_3为增环，其他各环为减环。总环数 $n=6$。

封闭环的基本尺寸由式(12-1)算得，为：

$$A_0 = \overrightarrow{A_3} - (\overleftarrow{A_1} + \overleftarrow{A_2} + \overleftarrow{A_4} + \overleftarrow{A_5}) = 43 - (30 + 5 + 3 + 5) = 0$$

符合规定要求，故各组成环的基本尺寸无误。

② 确定各组成环的公差和极限偏差。为验证采用完全互换装配法的可行性，可先按“等公差”法计算出各环所能分配到的平均公差 $T_{av,L}$为：

$$T_{av,L} = \frac{T_0}{n-1} = \frac{0.25}{6-1} = 0.05(\text{mm})$$

按此平均公差及各组成环基本尺寸查标准公差表，可估算出各组成环的平均公差等级约为 IT9~IT10 级。按此平均公差等级确定的公差能够加工，故采用完全互换装配法可行。若平均公差等级高于 8 级，则各组成环按此确定的公差加工则不经济，应考虑采用其他装配方法。

本例中各组成环的工件结构不同，加工方法也不相同，故不宜采用等公差和等精度原则确定各组成环公差，应按实际加工难易性进行合理分配。考虑到 A_1、A_2尺寸易于保证加工公差，取其为 IT9 级公差；A_3尺寸的加工公差相对难保证，取其为 T10 级公差。尺寸 A_5便于加工，且在成批生产中常用通用量具而不用标准极限量规测量，故取为协调环。

根据以上所定的公差等级查标准公差表，可得各组成环公差为：

$T_1=0.052$(IT9)，$T_2=0.03$(IT9)，$T_4=0.050$(已知)，$T_3=0.1$(IT10)

再按入体原则确定各组成环的上下极限偏差。

$$A_1 = 30^{0}_{-0.052},\ A_2 = 5^{0}_{-0.03},\ A_4 = 3^{0}_{-0.05},\ A_3 = 43^{+0.1}_{0}$$

③ 确定协调环的公差和极限偏差。按式(12-6)可算得协调环 A_5的公差为：

$$T_5 = T_0 - (T_1 + T_2 + T_3 + T_4)$$
$$= 0.250 - (0.052 + 0.03 + 0.05 + 0.1) = 0.018(\text{mm})(\text{IT8})$$

由式(12-4)和式(12-5)可求得组成环 A_5的上下极限偏差，即由：

$$ESA_0 = ES\overrightarrow{A_3} - (EI\overleftarrow{A_1} + EI\overleftarrow{A_2} + EI\overleftarrow{A_4} + EI\overleftarrow{A_5})$$
$$EIA_0 = EI\overrightarrow{A_3} - (ES\overleftarrow{A_1} + ES\overleftarrow{A_2} + ES\overleftarrow{A_4} + ES\overleftarrow{A_5})$$

求得 $EI\overrightarrow{A_3} = -0.118\text{mm}$ $ES\overrightarrow{A_3} = -0.1\text{mm}$

故 $A_3 = 5^{-0.1}_{-0.118}$

(2)概率解法(大数互换法)

① 确定各组成环的公差和极限偏差。因缺乏各组成环误差分布情况的统计资料，故采用概率估算公式求各组成环的平均当量公差 $T_{av,E}$。由式(12-13)可得：

$$T_{av,E} = \frac{T_0}{K\sqrt{n-1}} = \frac{0.250}{1.5 \times \sqrt{6-1}} = 0.075(\text{mm})$$

式中，取 $k=1.5$。其他参数同前面极值解法

仿照前面的方法可估算出各组成环平均当量公差的等级约为 10 级。根据同样考虑，取尺寸 A_1 的公差等级为 IT10 级；A_2 和 A_5 的公差为 IT11 级。仍取尺寸 A_3 为协调环。

查标准公差表，各组成环公差为：

$T_1=0.084(\mathrm{IT10})$，$T_2=0.075(\mathrm{IT11})$，$T_4=0.050$(已知)，$T_5=0.075(\mathrm{IT11})$

按入体原则确定各组成环上下极限偏差为：

$A_1=30^{0}_{-0.084}$，$A_2=5^{0}_{-0.075}$，$A_4=3^{0}_{-0.050}$，$A_5=5^{0}_{-0.075}$

② 确定协调环的公差和极限偏差。协调环 A_3 的公差可按式(12-14)求得。

因
$$T_0=K\sqrt{\sum_{i=1}^{n-1}T_i^2}=K\sqrt{T_1^2+T_2^2+T_3^2+T_4^2+T_5^2}$$

设 $k=1.5$，由上式求得协调环 A_3 的公差为：

$$T_0=\sqrt{\left(\frac{T_0}{K}\right)^2-(T_1^2+T_2^2+T_4^2+T_5^2)}$$

$$=\sqrt{\left(\frac{0.25}{1.5}\right)^2-(0.084^2+0.075^2+0.050^2+0.075^2)}$$

$$=0.084(\mathrm{mm})(\mathrm{IT9}\sim\mathrm{IT10})$$

协调环的上下极限偏差可通过中间偏差求得。近似估算中，设各组成环误差为对称分布(参见表 12-1)，即 $e_i=0$，由式(12-16)可求得协调环 A_3 的中间偏差 ΔA_3，即：

$$\Delta A_0=\sum_{i=1}^{m}\Delta\overrightarrow{A}_i-\sum_{i=m+1}^{n-1}\Delta\overleftarrow{A}_i=\Delta\overrightarrow{A}_3-(\Delta\overleftarrow{A}_1+\Delta\overleftarrow{A}_2+\Delta\overleftarrow{A}_4+\Delta\overleftarrow{A}_5)$$

由此求得 $\Delta\overrightarrow{A}_3$ 为：

$$\Delta\overrightarrow{A}_3=\Delta A_0+(\Delta\overleftarrow{A}_1+\Delta\overleftarrow{A}_2+\Delta\overleftarrow{A}_4+\Delta\overleftarrow{A}_5)$$
$$=0.225+(-0.042-0.0375-0.025-0.0375)=0.083(\mathrm{mm})$$

式中，ΔA_0 和 ΔA_i 由公式 $\Delta A=\frac{1}{2}(ESA+EIA)$ 求得。

协调环上下极限偏差由式(12-23)和式(12-24)求得，为：

$$ES\overrightarrow{A}_3=\Delta\overrightarrow{A}_3+\frac{1}{2}T_3=0.083+\frac{1}{2}\times0.084=0.125(\mathrm{mm})$$

$$EI\overrightarrow{A}_3=\Delta\overrightarrow{A}_3-\frac{1}{2}T_3=0.083-\frac{1}{2}\times0.084=0.041(\mathrm{mm})$$

故
$$A_3=43^{+0.125}_{+0.041}$$

从以上计算结果可以看出，在同等封闭环公差(T_0)要求下，按大数互换法确定的各组成环公差等级比按完全互换法确定的要低(平均约低一级)，也即其加工比较容易。

12.3.2　分组装配法

12.3.2.1　概述

当封闭环公差很小、按互换装配法确定的组成环公差很小时，为使零件能按经济精度加工，可将组成环公差扩大若干倍进行加工，并将加工后的零件按组成环实际大小分为若

干组，使每一组的组成环公差仍在原来所需的范围内，最后按对应组进行装配。这种装配方法称为分组装配法，其公差通常按极值法计算。因同组零件具有互换性，故又称为分组互换法。

分组法的实质仍是互换法，只不过按对应组互换，它可以在封闭环公差不变的前提下扩大组成环公差。此法增加了测量、分组、配套及零件管理等工作，当组成环环数较多时，这些工作很为繁琐。故分组装配法适用于装配精度要求很高、相关零件不多(一般为 2~3 个)的大批量生产中。例如内燃机中活塞销孔与活塞销、活塞销与连杆小头孔，滚动轴承内、外环与滚动体以及精密机床中精密偶件间的装配等。

分组法还有下列两种类似形式的装配方法。

(1) 直接选配法。此法也是先将组成环公差扩大，但零件加工后不经测量分组，凭工人经验直接从待装零件中选择合适的零件进行装配。这种方法的装配质量与装配工时在很大程度上取决于工人的技术水平，故不甚稳定。

一般用于装配精度要求相对不高、装配节奏要求不严及生产批量不大的产品装配中。例如发动机中活塞与活塞环的装配。

(2) 复合选配法。此法是分组装配法与直接选配法的复合形式。也是先将组成环公差扩大，零件加工后进行测量、分组，但分组数较少，每一组的零件数较多，公差范围较大。装配在各对应组内凭经验进行选择装配。其特点是既可避免分组装配法分组数过多，又可避免直接选配法的零件挑选范围过大，其装配质量、装配工时及装配节奏的稳定性等均介乎前两种装配方法之间。这种装配方法两配合件的公差可以不相等，常作为分组法的一种补充形式。发动机中气缸与活塞的装配多采用此法。

12.3.2.2　分组及计算

下面通过实例具体分析分组装配法的分组数和各组成环公差和极限偏差的确定方法。

【例 12-2】 图 12-11(a)所示为发动机中活塞销与活塞销孔的配合情况，要求在冷态装配时有 0.0025~0.0075mm 的过盈量(即封闭环公差要求为 $T_0=0.005$mm)，活塞销和销孔直径的基本尺寸为 28mm。试按分组装配法确定分组数和各组成环的公差和极限偏差。

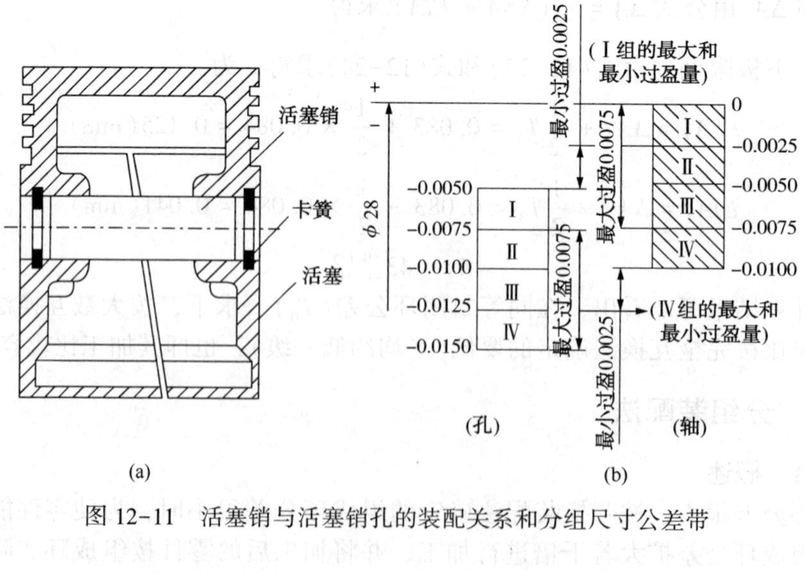

图 12-11　活塞销与活塞销孔的装配关系和分组尺寸公差带

解　首先计算各组成环的平均公差，以便分析本例采用分组装配法的合理性。

$$T_{\mathrm{av,\ L}}=\frac{T_0}{n-1}=\frac{0.005}{3-1}=0.0025(\mathrm{mm})$$

根据此平均公差值和组成环基本尺寸(28mm)查标准公差表，知组成环的平均公差等级约为IT2级。显然，此公差等级太高，加工不经济，故不宜采用互换法装配。生产中常采用分组法装配。具体过程如下：

① 确定组成环加工的经济精度及其公差活塞销外圆和销孔拟分别在无心磨床和金刚镗床上加工，查有关工艺手册可知，它们的加工经济公差等级均为IT6，相应公差值为0.013mm。

② 扩大组成环公差：为了使组成环公差接近经济加工公差，将设计所要求的公差同方向扩大4倍，即将组成环公差由0.0025m放大到0.01mm。这样，活塞销和销孔直径的极限偏差分别由 $d=28^{0}_{-0.0025}$ 和 $D=28^{-0.0050}_{-0.0075}$ 扩大到 $d=28^{0}_{-0.010}$ 和 $D=28^{-0.005}_{-0.015}$。

③ 测量和分组：零件加工后用精密量具测量尺寸，按其偏差大小分成四组，并涂上不同颜色，以便按对应组装配时加以区别。具体分组情况见图12-11(b)及表12-2。

表12-2　活塞销与活塞销控直径分组　mm

组别	标志颜色	活塞销直径 $d\,\phi 28^{0}_{-0.010}$	活塞销孔直径 $D\,\phi 28^{-0.005}_{-0.015}$	配合情况	
				最小过盈	最大过盈
Ⅰ	红	$\phi 28^{0}_{-0.0025}$	$\phi 28^{-0.0050}_{-0.0075}$	0.0025	0.0075
Ⅱ	白	$\phi 28^{-0.0025}_{-0.0050}$	$\phi 28^{-0.0075}_{-0.0100}$		
Ⅲ	黄	$\phi 28^{-0.0050}_{-0.0075}$	$\phi 28^{-0.0100}_{-0.0125}$		
Ⅳ	绿	$\phi 28^{-0.0075}_{-0.0100}$	$\phi 28^{-0.0125}_{-0.0150}$		

④ 按对应组进行装配。由表12-2可以看出，零件分组后各组零件的配合过盈量仍符合原来规定的要求。

分组装配法还应注意下列事项：

① 配合件的公差应相等，公差应按同方向扩大，扩大的倍数应等于分组数，如图12-11(b)所示。

② 分组数不宜过多，以免增加零件的测量、分组、储存、运输及装配时的工作量。一般分组数为3~6组。

③ 分组后各组零件的数量要相等，以便装配时配套，否则将出现某些尺寸的零件剩余积压。为此，装配时常备有一些用作配套的备件。

④ 配合件的表面粗糙度和形状公差不应随公差的扩大而增大，而应与分组后的公差大小相适应。因为装配精度取决于分组公差，也即取决于配合件原来所要求的公差。

12.3.3　修配装配法

12.3.3.1　概述

修配装配法是先将尺寸链中各组成环按经济精度加工，装配时根据实测结果，将预先选定的某一组成环去除部分材料以改变其实际尺寸，或就地配制此环，使封闭环达到其公差与极限偏差要求。此预先选定的环称为修配环(又称补偿环)，被修配的零件称修配件。修配法装配是逐个进行的，且多为手工操作，故被装配零件不能互换。装配时需要熟练的操作技术和一定的实践经验，生产效率低，无节奏，不易组织流水线装配，不宜用于大批量生产。修配法主要用于单件和成批生产，且封闭环公差较小及组成环环数较多时。此时若用分组法装配，则会因组成环太多而难以分组；若用互换法装配，又会因组成环公差太小而使加工不经济。

生产中常用的修配方法可归纳为以下三种。

(1) 单件修配法。就是在装配时以预先选定的某一零件为修配件进行修配。如图 12-2 中修配尾座底板的底面使车床前后两顶尖达到等高度要求，以及键连接中修配两侧面来保证键与键槽的配合精度要求等均属此法。

(2) 合并加工修配法。是将两个或多个零件合并在一起进行加工，并在装配时当作一个修配环进行修配的装配方法。合并加工减少了组成环数目，因而扩大了组成环的公差要求和相应减少修配环的修配量。现仍以图 12-2 的车床尾座装配为例，若生产批量较小，可采用合并加工修配法装配。即先把尾座和底板的接触面加工好，并配刮好横向小导轨，再将两者接合成一体，以底板底面为定位基准，樘尾座套筒孔，直接保证套筒孔轴线至底座底面的距离尺寸。图 12-12(a)和图 12-12(b)分别为该装配的原尺寸链和合并加工尺寸链。零件合并加工修配时，尺寸 A_2 和 A_3 合并为 $A_{2,3}$，尺寸链的组成环数目从三个减少为两个。

这种装配方法零件需对号入座，不能互换，因而给加工、装配和管理等带来不便，多用于单件小批生产。

(3) 自身加工修配法。这种装配方法就是在机床装配时利用其自身的加工能力、以自己加工自己的方法来达到装配精度要求。其实质就是合并所有组成环进行修配，直接保证封闭环的公差和极限偏差要求。

例如牛头刨床、龙门刨床及龙门铣床等的装配中，常以自刨、自铣工作台台面来达到工作台面与滑枕或导轨在相对运动方向上的平行度要求。又如转塔车床(见图 12-13)转塔上六个孔的加工，为保证多孔轴线与主轴轴线间的等高度要求，可以在车床主轴上安装镗刀作切削运动，转塔作纵向进给运动，依次镗出各孔。

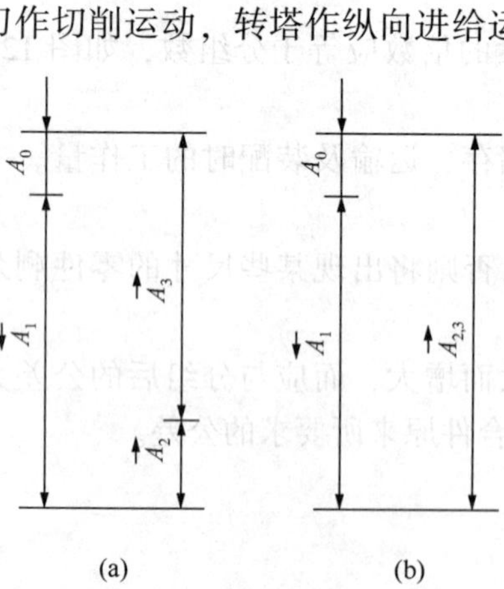

图 12-12 车床尾座装配时的原尺寸链和合并加工尺寸链

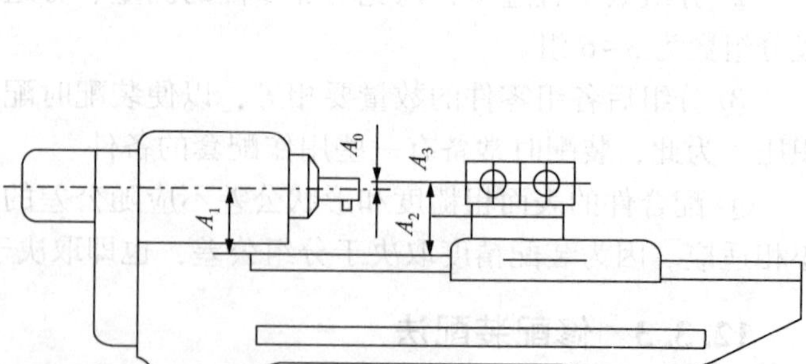

图 12-13 转塔车床上转塔孔的自身加工修配法

采用修配装配法的主要问题是正确选择修配环，确定修配环的尺寸、极限偏差及最大修配量等。

12.3.3.2　修配环的选择和计算

(1) 修配环的选择。修配环的选择应注意以下要求。

a. 修配件应结构简单、质量小、加工面小和易于加工；

b. 便于装配和拆卸；

c. 一般不选公共组成环作为修配环，以免保证了一个尺寸链的精度而又破坏另一个尺寸链的精度。

(2) 修配环的尺寸及极限偏差的确定。

为了保证修配环被修配时具有足够且为最小的修配量，需通过装配尺寸链的计算来正确确定修配环的尺寸及极限偏差。修配法尺寸链一般采用极值法计算并以修配环作为协调环。

解算尺寸链时，首先应了解修配环被修配时对封闭环的影响情况，影响不同其尺寸链的解法也有所不同。此影响情况不外两种：一种是使封闭环尺寸变大；另一种是使封闭环尺寸变小。如图 12-14 所示的机床导轨间隙尺寸链，导轨 1 与压板 3 之间的间隙 A_0 为封闭环，压板 3 为修配件，A_2 为修配环，且为增环。若修刮 D 面，则 A_2 增大，使封闭环尺寸 A_0 变大；若修刮 C 面，则 A_2 减小，使封闭环尺寸 A_0 变小。可见，同一增环的修配环，因修配的部位不同，可能使封闭环尺寸变大，也可能使其变小。同样，当修配环为减环时，则修配时对封闭环的影响也可能出现这两种情况。

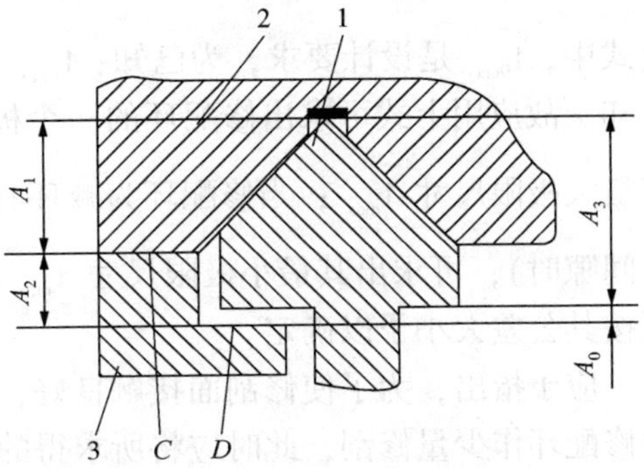

图 12-14　机床导轨间隙尺寸链

1—导轨；2—拖板；3—压板

以下分别叙述这两种情况时的尺寸链计算

① 修配环的修配使封闭环尺寸变大时。为保证修配环的修配量足够且最小，封闭环设计所要求的公差和极限尺寸值与修配前的实际值之间的相对关系应如图 12-15(a)所示。

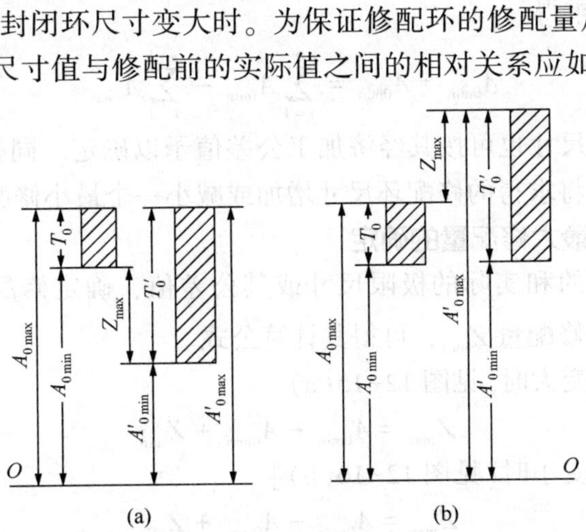

图 12-15　封闭环的要求值与实际值之间的相对关系

图中 T_0、$A_{0\max}$ 和 $A_{0\min}$ 分别表示修配前封闭环的实际公差和实际最大、最小极限尺寸；T_0'、$A_{0\max}'$ 和 $A_{0\min}'$ 分别表示修配前封闭环的实际公差和实际最大、最小极限尺寸；$Z_{\max}$ 为最大修配量。当封闭环的实际尺寸小于所要求的最小极限尺寸，即 $A_0' < A_{0\min}$ 时，可通过对修配环的修配，使封闭环尺寸逐步增大直至满足要求，即修配后的封闭环尺寸 $A_0'' > A_{0\min}$ 为止。相反，当 $A_0' > A_{0\max}$ 时，如再进行修配，则封闭环尺寸更大，此时即无法通过修配使封闭环尺寸达到要求。可见，在这种情况下为保证修配量足够，应使 $A_{0\max}' \leqslant A_{0\max}$。考虑到 T_0' 是各组成环(包括修配环)经济加工公差的累计值为一定值，故当 $A_{0\max}'$ 减小时，$A_{0\min}'$ 也随之减小，即使最大修配量 $Z_{\max}$(即 $A_{0\min} - A_{0\min}'$)增大。因此，为使修配量最小，应使 $A_{0\min}' = A_{0\min}$。根据这一关系，采用极值法解算尺寸链，可列出修配环被修配使封闭环尺寸变大时的极限尺寸关系式为：

$$A_{0\max}' = A_{0\max} = \sum_{i=1}^{m} \overrightarrow{A}_{i\max} - \sum_{i=1}^{n-1} \overleftarrow{A}_{i\min} \tag{12-25}$$

上式中，$A_{0\max}$ 是设计要求，为已知；$\overrightarrow{A}_{i\max}$ 及 $\overleftarrow{A}_{i\min}$ 中除修配环外，其他组成环的极限尺寸也为已知。故应用上式可求出修配环的一个极限尺寸。当修配环为增环时(图 12-14)，可求出其最大极限尺寸 $\overrightarrow{A}_{\max}$；当修配环为减环时(如键连接中，修配的两侧面来满足键与键槽的配合间隙时)，可求出其最小极限尺寸 $\overleftarrow{A}_{\min}$。修配环的一个极限尺寸确定后，另一极限尺寸即可按其公差大小予以确定。

应予指出，为了使修刮面接触良好，通常在封闭环尺寸 $A_0' = A_{0\max}'$($A_{0\max}' = A_{0\max}$)时仍需对修配环作少量修刮，此时应将所求得的修配环尺寸再减去(对增环)或增加(对减环)一个最小修配量。当然，并不是所有情况都需留以最小修配量，如键与键槽的修配即不必有此要求。

② 修配环的修配使封闭环尺寸变小时。仿前面分析可知，此时封闭环的设计要求值与修配前的实际值之间的相对关系应按图 12-15(b)所示，即应使 $A_{0\min}' = A_{0\min}$ 修配环的一个极限尺寸可按式(12-26)求得。

$$A_{0\min}' = A_{0\min} = \sum_{i=1}^{m} \overrightarrow{A}_{i\min} - \sum_{i=1}^{n-1} \overleftarrow{A}_{i\max} \tag{12-26}$$

修配环的另一极限尺寸也可按其经济加工公差值予以确定。同样，为防止修配后 $A_0'' < A_{0\min}$，应根据实际情况将求得的修配环尺寸增加或减小一个最小修配量。

12. 3. 3. 3　修配环最大修配量的确定

根据封闭环所要求的和实际的极限尺寸或其公差值，确定修配环的最大修配量 $Z_{\max}$。由图 12-15 并考虑最小修配量 $Z_{\min}$，可得其计算公式。

修配使封闭环尺寸变大时[见图 12-15(a)]

$$Z_{\max} = A_{0\min} - A_{0\min}' + Z_{\min} \tag{12-27}$$

修配使封闭环尺寸变小时[见图 12-16(b)]

$$Z_{\max} = A_{0\max}' - A_{0\max} + Z_{\min} \tag{12-28}$$

以上两种情况的最大修配量也可用式(12-29)计算：

$$Z_{max} = T_0' - T_0 + Z_{min} = \sum_{i=1}^{n-1} T_i - T_0 + Z_{min} \tag{12-29}$$

【例 12-3】 图 12-2 中卧式车床前、后两顶尖等高度要求的简化装配尺寸链如图 12-12(a)所示。已知各组成环的基本尺寸为 $A_1=202$mm，$A_2=46$mm，$A_3=156$mm，前、后两顶尖的等高度(即封闭环)要求为 0~0.06mm(只允许尾座高)，即 $A_0=0_0^{+0.06}$、$T_0=0.06$mm。若按修配法装配，试确定各组成环(含修配环)的公差、极限偏差及修配环的最大修配量。

解 若按完全互换法装配，则各组成环的平均公差为：

$$T_{av,L} = \frac{T_0}{n-1} = \frac{0.06}{4-1} = 0.02(\text{mm})$$

此组成环平均公差太小，加工困难，故不宜采用完全互换法装配。现采用修配法装配，其具体计算步骤和方法如下：

① 选择修配环。因尾座底板的形状简单，表面积较小，便于修刮，故选其为修配件，尺寸 A_2 为修配环。

② 确定各组成环的公差及极限偏差。根据各组成环的经济加工精度确定其公差。A_1 和 A_3 用镗模加工，取 $T_1=T_3=0.10$mm(IT9)；尾座底板用半精加工，取 $T_2=0.16$mm(IT11)。

各组成环(除修配环 A_2 外)的极限偏差为：A_1、A_3 是孔轴线至底面的位置尺寸，考虑到这两个尺寸的单向偏差不易控制，故取其偏差按对称分布，即 $A_1=202\pm0.05$，$A_3=156\pm0.05$。

修配环 A_2 作为协调环，应通过尺寸链计算来确定其极限偏差。

由图 12-12(a)可知，修配环 A_2 为增环，修刮后使封闭环尺寸变小，按式(12-16)可求出 A_2 的一个极限尺寸，即：

$$A_{0min}' = A_{0min} = \vec{A}_{2min} + \vec{A}_{3min} - \vec{A}_{1max}$$

由上式得：$\vec{A}_{2min} = A_{0min} - \vec{A}_{3min} + \vec{A}_{1max} = 0 - 155.95 + 202.05 = 46.1(\text{mm})$

又 $A_{2max} = A_{2min} + T_2 = 46.1 + 0.16 = 46.26(\text{mm})$

由此得：$A_2 = 46_{+0.10}^{+0.26}$

实际生产中，为提高底板底面的接触精度，装配时还须做少量修刮，也即修配环 A_2 需附加一最小修配量 Z_{min}，一般取 $Z_{min}=0.10$mm。由此得修配环 A_2 修刮前的尺寸为：

$$A_2' = 46_{+0.10}^{+0.26} + 0.10 = 46_{+0.20}^{+0.36}$$

③ 确定修配环最大修配量。由式(12-21)可得最大修配量为：

$$Z_{max} = T_0' - T_0 + Z_{min} = 0.36 - 0.06 + 0.10 = 0.4(\text{mm})$$

式中，$T_0' = T_1 + T_2 + T_3 = 0.10+0.16+0.10 = 0.36(\text{mm})$

为减小修配量，也可采用合并加工修配法装配，即将组成环 A_2 和 A_3 合并为一个组成环 $A_{2,3}$，其装配尺寸链如图 12-12(b)所示。$A_{2,3}=A_2+A_3=46+156=202$(mm)，$A_1$ 和 $A_{2,3}$ 用镗模加工，仍取 $T_1=T_{2,3}=0.10$mm(IT9)，$A_1=202\pm0.05$。修配环 A_2 作协调环，可仿照上面的计算确定其极限偏差，即：

$$\vec{A}_{2,3min} = A_{0min} + \overleftarrow{A}_{1max} = 0 + 202.05 = 202.05(\text{mm})$$

又 $A_{2,3max} = A_{2,3min} + T_{2,3} = 202.05 + 0.10 = 202.15(\text{mm})$

由此得：
$$A_{2,3}=202^{+0.15}_{+0.05}$$

最小修配量仍取 $Z_{min}=0.10mm$，则修配环在修刮前的尺寸为：
$$A'_{2,3}=202^{+0.15}_{+0.05}+0.1=202^{+0.25}_{+0.15}$$

最大修配量为：
$$Z_{max}=T'_0-T_0+Z_{min}=(T_1+T_{2,3})-T_0+Z_{min}$$
$$=(0.10+0.10)-0.06+0.10=0.24(mm)$$

比较以上计算结果可知，采用合并加工修配法可减少修配环的最大修配量，从而可提高装配效率。

12.3.4 调整装配法

调整装配法与修配装配法相似，各组成环也按经济精度加工。由此所引起的封闭环累积误差扩大，在装配时通过调整某一零件(调整环)的位置或尺寸来补偿其影响。因此，调整法和修配法的区别，是调整法不靠去除金属的方法，而是靠改变调整件的位置或更换调整件的方法来保证装配精度。

12.3.4.1 可动调整法

采用改变调整件的位置来保证装配精度的方法称为可动调整法。

在产品装配中可动调整法的应用较多。图 12-16(a)所示为调整套筒的轴向位置以保证齿轮轴向间隙 Δ 的要求，图 12-16(b)所示为调整镶条的位置以保证导轨副的配合间隙，图 12-16(c)所示为调整楔块的上下位置以调整丝杠螺母副的轴向间隙。

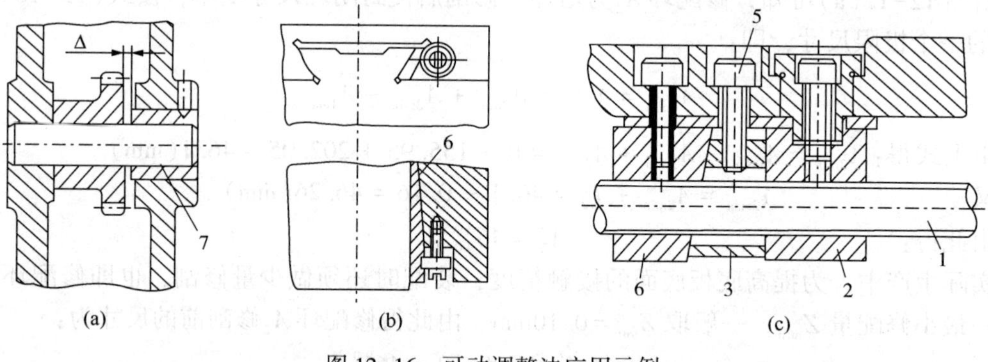

图 12-16 可动调整法应用示例

1—丝杠；2，4—光杠；3—楔块；5—螺钉；6—镶条；7—套筒

可动调整法能获得较理想的装配精度。在产品使用中，由于零件磨损而使装配精度下降时，可重新调整以恢复原有精度。可动调整法适用于装配精度要求高，在工作中容易磨损或变化的产品装配。

12.3.4.2 固定调整法

选定某一零件为调整件，根据装配精度来确定调整件的尺寸，以达到装配精度要求，这就是固定调整法。采用这种方法，在结构上需要增加一个调整件，常用的有垫圈、垫片和轴套等。

如图 12-17 所示，在装配锥齿轮时需保证其啮合间隙。若用互换法则零件加工精度要求太高，用修配法又比较麻烦。现用两个调整垫，装配时可选择不同厚度的垫圈来满足间隙要求。调整垫圈可事先按一定的间隔尺寸做好，如2.1mm，2.2mm，3.0mm，以备选用。

12.3.4.3 误差抵消调整法

在产品或部件装配时，通过调整某些相关零件误差的大小和方向，使其互相抵消，以提高装配精度，这种方法叫误差抵消调整法。

例如，根据机床精度标准，主轴装配后应在图12-18所示的*A*、*B*两处检验主轴孔中心线的径向圆跳动。影响此项精度的主要因素有：前后轴承内环的内孔对其外滚道的同轴度误差e_2和e_1，主轴锥孔中心线（*C*-*C*）对其轴颈中心线（*S*-*S*）的同轴度误差e_s。因为e_1、e_2和e_s彼此组合方式不同，其合成误差的结果不同，误差抵消调整法就是利用这一点来提高产品质量的。

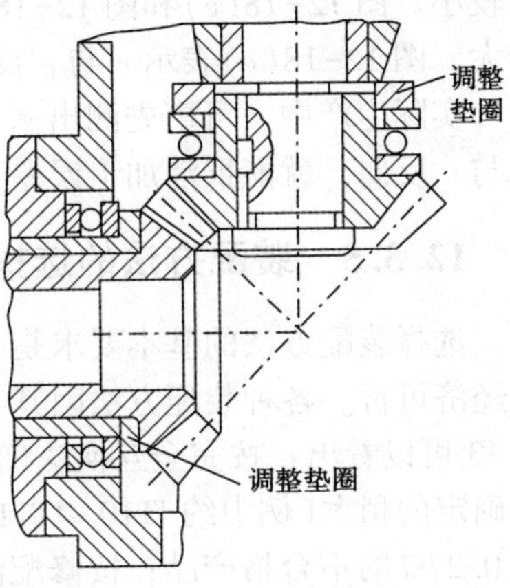

图12-17 锥齿轮啮合间隙的调整

图12-18（a）表示只存在e_2时，前轴承所引起的主轴同轴度误差的情况。图12-18（b）表示只存在e_1时，后轴承所引起的主轴同轴度误差的情况。

不难看出，前轴承的精度对主轴径向跳动的影响比后轴承要大，因此前轴承的精度应高于后轴承，一般可高1~2级。

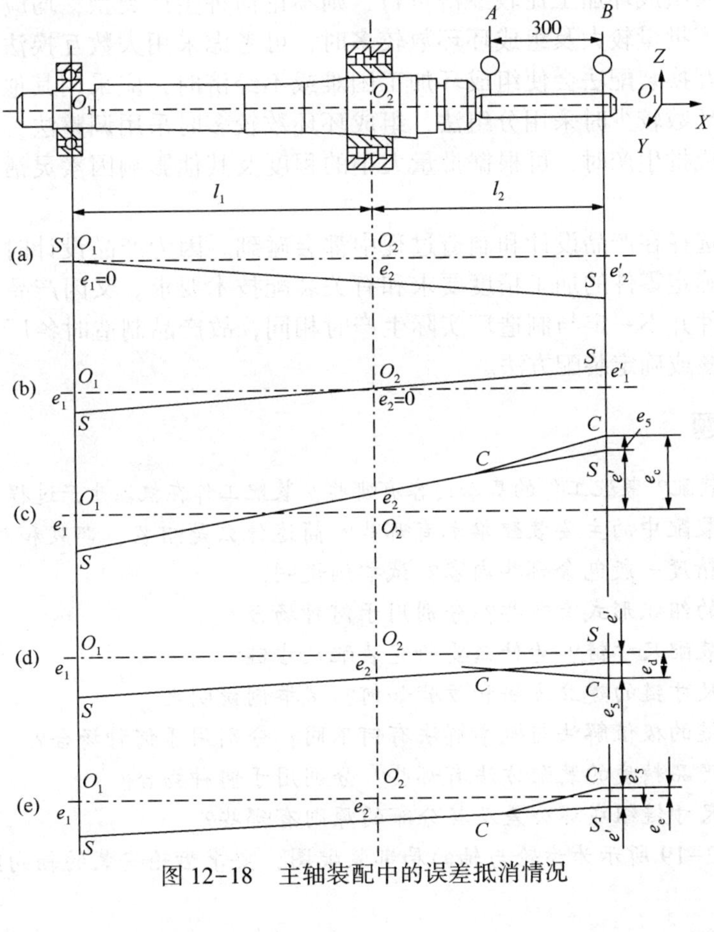

图12-18 主轴装配中的误差抵消情况

图 12-18(c)表示 e_1与 e_2方向相反时对主轴同轴度误差(e')的影响。图 12-18(d)表示 e_1与 e_2方向相同时对主轴同轴度误差(e')的影响。显然，e_1与 e_2方向相同时对主轴同轴度影响较小。图 12-18(c)和图 12-18(d)也表示了 e_s与 e'方向相同时对主轴同轴度误差的影响较大。图 12-18(e)表示 e_s与 e'反向时对主轴同轴度误差的影响较小。

实际生产中，可事先测出 e_1、e_2和 e_s的方向和大小，装配时仔细调整，使 e_1和 e_2同向，并与 e_s反向，就能抵消加工误差，提高装配精度。

12.3.5 装配方法的选择

选择装配方法的基本要求是，在保证装配精度要求的前提下使零件加工和产品装配达到经济可行。各种装配方法因其特点不同，它们所能达到的效果也不一样。由例 12-1 和例 12-3 可以看出：按完全互换法确定的组成环公差最小(例中约 IT9 ~IT10 级)，按大数互换法确定的稍大(例中约 IT10 ~IT11)，但前者可保证产品装配后全部合格，后者则可能出现约 0.27%的不合格产品；按修配法与调整法确定的组成环公差较大(例中约 IT11 ~IT12 级)，但前者增加修配工作量，后者需将调整环分组制造，并在装配时按实测尺寸配上相应的调整环。

具体选择时，主要考虑装配精度要求、结构特点(如组成环环数和结构形状等)、生产类型和生产条件(如工人技术水平和生产设备情况等)等因素。一般情况下，只要能满足封闭环的公差要求及组成环加工比较经济可行，则不论何种生产类型，均应优先采用完全互换装配法。当生产批量较大及组成环环数较多时，可考虑采用大数互换法。当封闭环公差要求较严，采用互换装配法会使组成环加工困难或不经济时，应采用其他装配方法。大量生产时若组成环环数较少时采用分组法，组成环环数较多时采用调整法。单件小批量生产时常用修配法。成批生产时，可根据批量大小的程度及其他影响因素灵活应用分组法、调整法及修配法等。

装配方法的选择在产品设计和制造过程中都会碰到。因为产品设计时，只有确定装配方法后才能合理确定零件的加工精度要求和有关装配技术要求。又因产品设计所依据的生产类型和生产条件并不一定与制造厂实际生产时相同，故产品制造时各厂常根据自身的实际情况，重新审核或确定装配方法。

思考题

12-1 何谓装配？装配工件的基本内容有哪些？装配工作在机器生产过程中有何重要作用？

12-2 机械装配中的主要装配单元有哪些？简述什么是组装、部装和总装？

12-3 装配精度一般包含哪些内容？试举例说明。

12-4 装配的组织形式有哪些？分别用于何种场合？

12-5 何谓装配尺寸链？为什么要研究装配尺寸链？

12-6 装配尺寸链的建立方法和步骤如何？试举例说明之。

12-7 尺寸链的极值解法与概率解法有何不同？分别用于何种场合？

12-8 保证产品精度的装配方法有哪些？分别用于何种场合？

12-9 确定尺寸链组成环公差及其分布的原则有哪些？

12-10 图 12-19 所示为齿轮与轴的局部装配图，要求齿轮安装的轴向间隙 A_0为 0.05 ~

0.20mm，已知 $A_1=42.5$mm，$A_2=40$mm，$A_3=2.5$。试分别确定按完全互换法和大数互换法装配时的各组成零件相关尺寸的公差和极限偏差。

12-11　图 12-20 所示为某发动机的活塞连杆组件的装配结构，已知活塞销与连杆小头孔的尺寸为 2mm，按照装配技术要求，规定其配合间隙为 0.0045~0.0095mm。现按分组法装配，试确定分组数、活塞销和连杆小头孔直径的分组尺寸(极限偏差)及各组最大和最小配合间隙，并列表说明。

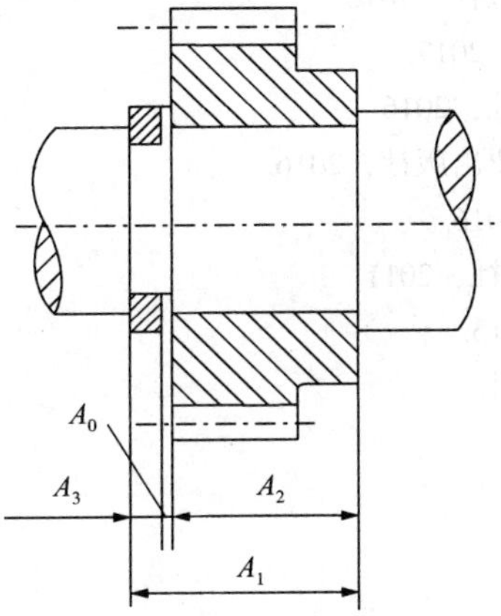

图 12-19　题 12-9 图

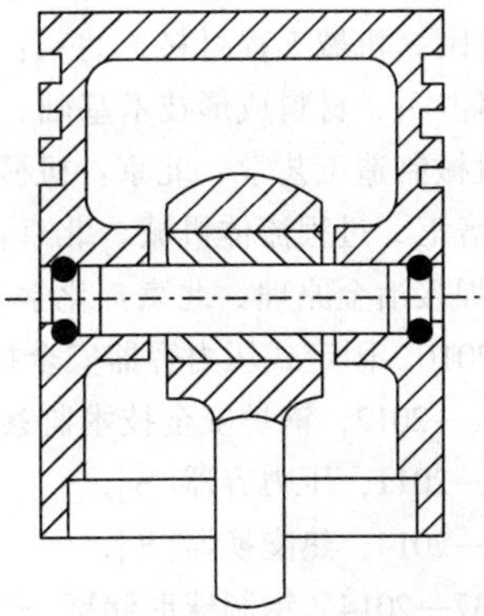

图 12-20　题 12-20 图

12-12　图 12-21 所示为键槽与键的装配结构。已知其尺寸为：$A_1=20$mm，$A_2=20$mm，$A_0=0^{+0.15}_{+0.05}$mm。

① 当大批量生产采用完全互换法装配时，试确定各组成零件相关尺寸的公差及极限偏差。

② 当小批量生产采用修配法装配时，试确定修配件、各组成零件相关尺寸的公差和极限偏差，并求出最大修配量。

12-13　图 12-22 所示为某机床溜板与导轨的局部装配结构。为保证板在导轨上的顺利滑动，要求装配间隙 $A_0=0.01$~0.04mm。已知尺寸 $A_1=30$mm，A_1和A_2的经济加工公差均为 0.10mm。现采用修配法装配，选 A_2为修配环，其最小修配量为零。试分别确定以 M 面或 N 面作为修配面时的尺寸 A_2及其极限偏差，并计算其最大修配量。

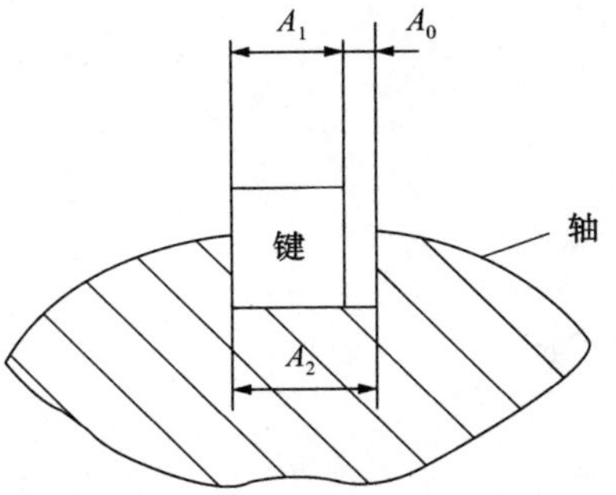

图 12-21　题 12-11 图

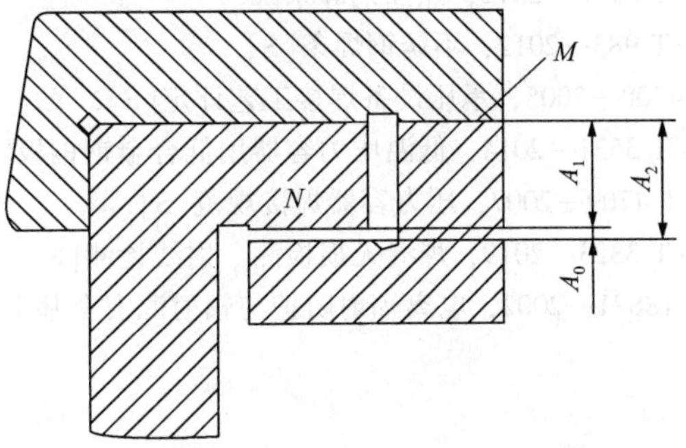

图 12-22　题 12-22 图

参 考 文 献

[1] 郑津洋，桑芝富．过程设备设计[M]．北京：化学工业出版社，2016.
[2] 邹广华，刘强．过程装备制造与检测[M]．北京：化学工业出版社，2011.
[3] 邵泽波．无损检测技术[M]．北京：化学工业出版社，2018.
[4] 朱振华，邵泽波．过程装备制造技术．北京：化学工业出版社，2018.
[5] 陈裕川．钢制压力容器焊接工艺．北京：机械工业出版社，2016.
[6] 王文友．过程装备制造工艺．北京：中国石化出版社，2017.
[7] 赵程，杨建民．机械工程材料．北京：机械工业出版社，2016.
[8] 施江澜，赵占西．材料成形技术基础．北京：机械工业出版社，2016.
[9] 朱焕池．机械制造工艺学．北京：机械工业出版社，2016.
[10] 李云，姜培正．过程流体机械．北京：化学工业出版社，2011.
[11] 李亚江．焊接冶金原理．北京：化学工业出版社，2015.
[12] TSG 21—2016，固定式压力容器安全技术监察规程[S].
[13] TSG G0001—2012，锅炉安全技术监察规程[S].
[14] GB/T 150—2011，压力容器[S].
[15] GB/T 151—2014，热交换器[S].
[16] GB/T 12337—2014，钢制球形储罐[S].
[17] GB/T 713—2014，锅炉和压力容器用钢板[S].
[18] NB/T 47013—2015，承压设备无损检测[S].
[19] HG/T 20584—2011，钢制化工容器制造技术要求[S].
[20] NB/T 47015—2011，压力容器焊接规程[S].
[21] GB 50094—2010，球形储罐施工规范[S].
[22] HG/T 20660—2017，压力容器中化学介质毒性危害和爆炸危险程度分类[S].
[23] GBZ 230—2010，职业性接触毒物危害程度分级[S].
[24] GB/T 229—2007，金属夏比缺口冲击试验方法[S].
[25] GB/T 985.1—2008，气焊、焊条电弧焊、气体保护焊和高能束焊的推荐坡口[S].
[26] GB/T 985.2—2008，埋弧焊的推荐坡口[S].
[27] GB/T 5185—2005，焊接及相关工艺方法代号[S].
[28] GB/T 5117—2012，非合金钢及细晶粒钢焊条[S].
[29] GB/T 5118—2012，热强钢焊条[S].
[30] GB/T 983—2012，不锈钢焊条[S].
[31] JB 4708—2005，承压设备焊接工艺评定[S].
[32] GB/T 3531—2014，低温压力容器用低合金钢钢板[S].
[33] JB/T 4709—2007，压力容器焊接规范[S].
[34] GB/T 3323—2019，焊缝无损检测　射线检测[S].
[35] GB 18871—2002，电离辐射防护与辐射源安全基本标准[S].